亀田 和久の
理論化学
が面白いほどわかる本

代々木ゼミナール講師
亀田 和久
kazuhisa kameda

＊本書には付録として「赤色チェックシート」が
　ついています。

はじめに

　化学の試験で高得点をとるために，問題のパターンを暗記するという学習法の人がいます。ところが，パターン学習には次のような欠点があります。

> 1　本当のところ，原理・原則がわからない
> 2　パターンをたくさん覚える必要があり，時間が経つと忘れてしまう
> 3　あまり楽しくない

　一番問題なのは，最後の「あまり楽しくない」ということです。**サイエンスは，スポーツや芸術のように非常に魅力的なものです**。そこで，原理・原則を理解し，感動して楽しんでもらえるように本書を書きました。理解に必要な，図やイラストを非常に多く使用しました。そのためページが多いのですが，まるでマンガを読んでいるように学習できるはずです。化学の本質がわかれば，パターン学習とは違って次のようになっていくはずです。

> 1　原理・原則がわかり，自然に頭に入ってくる
> 2　原理を考えながら問題を解くようになるから応用がきく
> 3　身のまわりの現象がわかり，化学が楽しく感じる

　理解して学べば，原理・原則がわかるだけでなく「化学は楽しい！」と感じるようになります。本質がわかれば，もちろん問題は解けるようになるばかりでなく応用もききます。**原理・原則がわかって問題を解いている人が，いちばん本番に強いのです。**

　私の感動した大好きなサイエンスをみなさんに是非，体感して楽しんでもらいたいんです！！

　最後に，本書のためにたくさんのイラストを提供くれたイラストレーター，イラストと図が非常に多く複雑な紙面にもかかわらず，すばらしい本に仕上げてくれた編集者の方々に心から感謝です。

亀田 和久

この本の使い方

この本は story , Point! , 確認問題 , そして**別冊（理論化学のデータベース）**という4つの部分で構成されています。この本を最大限に活用するために，次のような使用法を推奨します。

まずは学ぶ順番です。
1　化学はモルの計算が必要なシーンが多いので，**「Ⅲ 物質量」の章までを最初に読む。**
2　基本的に「Ⅲ 物質量」以降は，どこから読んでもよいが，なるべく章単位で学習する。

次に各章をどう読むかです。
1　各章の story をしっかり読む
　⇒基本的に対話形式で， とマンツーマンで教わっているように読めるので，楽しく集中して学べます。
2　Point! はしっかり覚える
　⇒重要な公式などは story に Point! としてまとめてあるので，原理・原則がわかったら Point! をしっかり覚えましょう。
3　確認問題 をやる
　⇒ story を読んで Point! を覚えたら，確認問題 を自力で解けるようになるまで解くようにしましょう。
4　別冊（理論化学のデータベース）で確認する
　⇒つねに持ち歩いて， story で学んだ内容を思い出しながら，知識の確認しましょう！

この4段階のくり返せば，原理・原則がわかり，「化学は楽しい」と感じながら学べるようになります!!

もくじ

はじめに 2　　この本の使い方 3

I ● 物質の構成　9

第1章 物質の分類　10
- story 1 元素と単体　10
- story 2 物質の分類　14
- story 3 混合物の分離法　17
- 確認問題　22

第2章 物質の三態　24
- story 1 熱運動と絶対温度　24
- story 2 物質の三態　27
- 確認問題　31

第3章 原子の構造　33
- story 1 原子の構造と同位体　33
- story 2 放射性同位体の利用　37
- story 3 電子殻　39
- story 4 イオンの生成　42
- 確認問題　46

第4章 元素の周期律　50
- story 1 元素の周期律　50
- story 2 電子親和力とイオン化エネルギー　53
- story 3 イオン化エネルギーの周期性　56
- story 4 周期律を示すグラフ　58
- 確認問題　61

II ● 化学結合　63

第5章 イオン結合　64
- story 1 イオン結合の形成　64
- story 2 組成式　68
- story 3 イオン結晶　70
- 確認問題　72

第6章 共有結合　73
- story 1 共有結合による分子の形成　73
- story 2 電子式　75
- story 3 配位結合　78
- 確認問題　81

第7章 分子　82
- story 1 分子の極性　82
- story 2 分子間力　84
- story 3 巨大分子と共有結合の結晶　87
- story 4 分子結晶　89
- 確認問題　90

第8章 金属結合と結合の強さ　92
- story 1 金属結合と金属結晶　92
- story 2 化学結合と物質の分類　94
- 確認問題　96

III ● 物質量 ... 97

第9章 化学式量と物質量 98
- story 1 原子量 98
- story 2 式　量 101
- story 3 物質量 102
- story 4 物質量とモル質量 104
- story 5 物質量と気体の体積 106
- 確認問題 109

第10章 溶液の濃度, 反応式からの計算 111
- story 1 溶液の濃度 111
- story 2 溶液の希釈 115
- story 3 化学反応式 119
- story 4 化学反応式とモル（物質量） 121
- 確認問題 122

IV ● 酸と塩基の反応 ... 127

第11章 酸と塩基の定義 128
- story 1 酸と塩基の定義 128
- story 2 電離度 130
- story 3 ブレンステッド・ローリーの酸と塩基の定義 133
- 確認問題 137

第12章 pHと中和反応 138
- story 1 水素イオン濃度とpH 138
- story 2 強酸, 強塩基のpHの計算 142
- story 3 弱酸, 弱塩基のpHの計算 145
- 確認問題 148

第13章 中和反応と塩の生成 150
- story 1 中和反応 150
- story 2 塩の性質 153
- story 3 弱酸, 弱塩基の遊離 154
- 確認問題 156

第14章 中和滴定 158
- story 1 中和滴定の操作と指示薬 158
- story 2 中和滴定の公式 161
- story 3 二段階の中和 164

V ● 酸化還元反応 ……………………………………………… 169

第15章 酸化と還元の定義　170
- story 1 酸化と還元の定義　170
- story 2 酸化数　173
- 確認問題　178

第16章 酸化剤と還元剤　180
- story 1 酸化剤と還元剤　180
- story 2 半反応式　182
- story 3 酸化還元の反応式の
    つくり方　186
- 確認問題　192

第17章 酸化還元滴定　193
- story 1 過マンガン酸カリウム水溶液
    の滴定　193
- story 2 酸化還元滴定の量的関係　195
- story 3 ヨウ素滴定　197
- story 4 ヨウ素滴定の応用　199
- 確認問題　203

第18章 金属の酸化還元反応　205
- story 1 金属のイオン化傾向　205
- story 2 金属と金属イオンの
    反応　207
- story 3 金属と水，酸などの
    反応　210
- 確認問題　215

VI ● 電池と電気分解 ……………………………………… 217

第19章 電　池　218
- story 1 電池の原理　218
- story 2 ダニエル電池　220
- story 3 鉛蓄電池　223
- story 4 燃料電池　225
- 確認問題　228

第20章 電気分解　230
- story 1 電気分解の原理　230
- story 2 水の電気分解　234
- story 3 食塩水の電気分解　236
- story 4 硫酸銅(Ⅱ)水溶液の
    電気分解　238
- 確認問題　239

VII ● 熱化学 … 241

第21章 熱化学方程式とエネルギー図　242
- story 1 熱化学方程式とエネルギー図　242
- story 2 状態変化とエネルギー　244
- story 3 反応熱　246
- 確認問題　249

第22章 ヘスの法則と反応熱の計算　251
- story 1 生成熱を使った計算　251
- story 2 ヘスの法則　254
- story 3 結合エネルギーを使った計算　256
- 確認問題　259

VIII ● 気　体 … 261

第23章 気体の状態方程式と気体の法則　262
- story 1 気体の状態方程式　262
- story 2 ボイルの法則・シャルルの法則　264
- story 3 理想気体のグラフ　267
- 確認問題　269

第24章 実在気体と飽和蒸気圧　272
- story 1 実在気体と飽和蒸気圧　272
- story 2 沸点の考え方　277
- story 3 分　圧　278
- story 4 実在気体の体積　281
- 確認問題　285

IX ● 固体結晶 … 287

第25章 金属結晶　288
- story 1 結晶格子の考え方　288
- story 2 体心立方格子　289
- story 3 面心立方格子　293
- story 4 最密構造　295
- story 5 充填率と密度の計算　298
- 確認問題　301

第26章 イオン結晶・共有結合の結晶　303
- story 1 塩化セシウム型のイオン結晶　303
- story 2 塩化ナトリウム型のイオン結晶　306
- story 3 ダイヤモンド型の共有結合の結晶　309
- story 4 密度の計算　311
- 確認問題　313

X ● 溶　液　　　315

第27章 溶解平衡　　316
- story 1　溶質と溶媒　　316
- story 2　溶解度曲線　　319
- story 3　溶解平衡と再結晶　　320
- story 4　結晶水をもつ結晶の析出　　323
- story 5　ヘンリーの法則　　326
- 確認問題　　329

第28章 希薄溶液の性質　　331
- story 1　沸点上昇　　331
- story 2　凝固点降下　　334
- story 3　冷却曲線　　338
- story 4　浸透圧　　341
- 確認問題　　344

第29章 コロイド溶液　　346
- story 1　コロイド粒子とコロイドの分類　　346
- story 2　コロイド溶液と沈殿　　351
- story 3　コロイド溶液の保護と精製　　355
- 確認問題　　357

XI ● 反応速度と化学平衡　　359

第30章 反応速度　　360
- story 1　反応速度の考え方　　360
- story 2　反応速度式　　363
- story 3　反応速度を変化させる要因　　367
- story 4　反応速度定数の算出　　372
- 確認問題　　376

第31章 化学平衡　　378
- story 1　可逆反応　　378
- story 2　化学平衡　　380
- story 3　質量作用の法則　　382
- story 4　ルシャトリエの原理　　387
- 確認問題　　392

第32章 電離平衡　　394
- story 1　電離定数　　394
- story 2　弱酸・弱塩基のpH　　396
- story 3　塩のpH　　401
- story 4　緩衝液　　409
- story 5　溶解度積　　415
- 確認問題　　419

さくいん　　421
元素周期表　　432

Point! 一覧　　427

本文イラスト　　：北　ピノコ
章見出しイラスト：中口　美保

I

物質の構成

第1章 物質の分類

▶花火は元素の色で光っている。

story 1　元素と単体

(1) 元　素

　元素って，何ですか？

　元素(げんそ)は，英語でいうと Element で，"万物の根源となる要素"という意味だよ。紀元前のギリシャ時代では，Element は「火・水・土・空気」の4つだったんだけど，今では"水兵リーベ僕の船"のゴロ合わせでおなじみの「H，He，Li，Be，B，C，N，O，F，Ne，……」だよ。

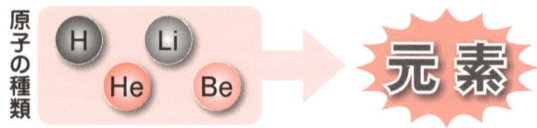

10　物質の構成

つまり，元素とは万物の根源ということだけど，現代的に言えば，万物の根源は原子だから，その「**原子の種類を指している**」と思えばいいよ。

 (2) 元素の確認

 ある物質にどんな元素が含まれているか，確認できるの？

 もちろん確認できるよ。次の3つの例を見てごらん！

❶ 炎色反応による確認

例えば，**一部の金属元素を含む物質を炎の中に入れると，特有の色が現れる**んだよ。これが **炎色反応** なんだ！

炎色反応は花火にも利用されていて，花火の原料にストロンチウム Sr を入れたら紅色の花火になるよ。また，ろうそくのロウの中に炎色反応をする元素を入れておけば，色のついた炎が出るろうそくができるよ！

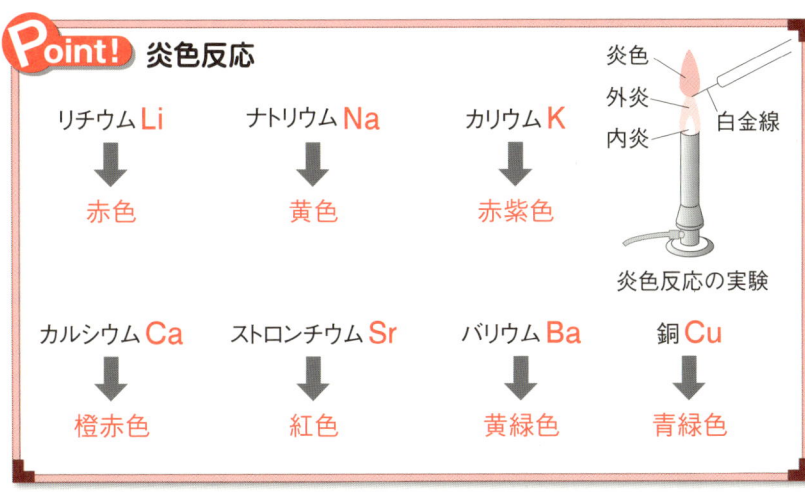

❷石灰水による炭素 C の確認

　小学生の頃から，二酸化炭素 CO_2 といえば，「**石灰水の白濁**」で確認していたよね。これを利用すれば，もとの物質の中に，炭素 C があったことが確認できるよ。

　例えば，大理石に塩酸を加えたら気体が発生するけど，その気体を石灰水に通すと白濁するから，二酸化炭素だってわかるね。よって，大理石には C が入っていたと確認できるんだ。

塩酸に炭素 C は含まれていないよ！

わかった！　じゃあ，大理石の中に炭素 C が入っていたんだ！

❸沈殿による塩素 Cl の確認

　食塩水に，硝酸銀水溶液を入れると**塩化銀 AgCl の白い沈殿が生成する**んだ。この反応は塩素 Cl の確認に使えるよ。

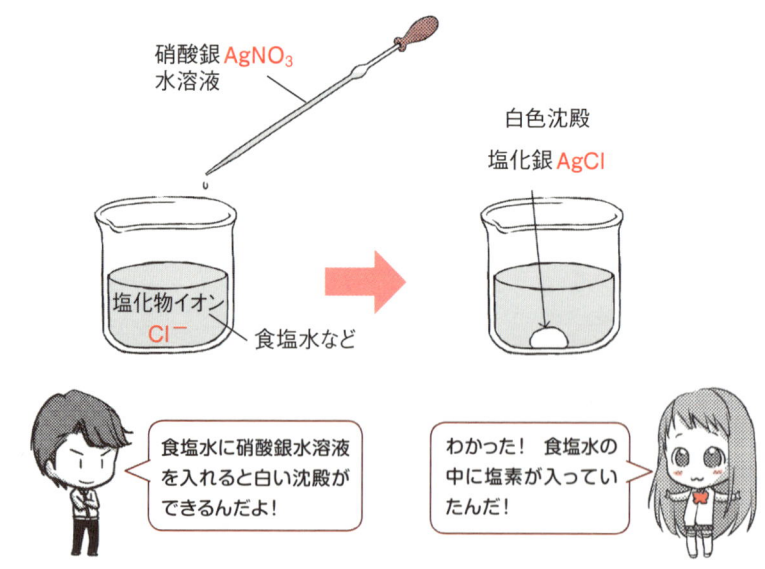

食塩水に硝酸銀水溶液を入れると白い沈殿ができるんだよ！

わかった！　食塩水の中に塩素が入っていたんだ！

12　物質の構成

(3) 単体

単体って，なんですか？

単体っていうのは，**1種類の元素で構成されている物質**だよ。だから，元素記号で書けば，H_2，O_2，P_4 みたいになるんだよ。水素 H が2つ結合していても，リン P が4つ結合していても，1種類の元素から構成されているから単体だよ。

(4) 同素体

同素体は，単体なんですか？

そうだよ。**同素体**とは，同じ1種類の元素でできているけど，**原子の配列や結合の仕方が異なる単体どうし**のことをいうんだよ。

　その結果，同じ元素1種類で構成されているのに，性質が異なるんだ。具体的な例はこれだよ。

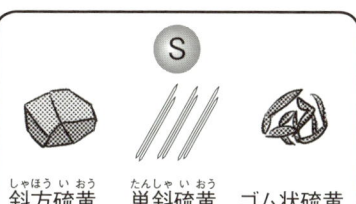

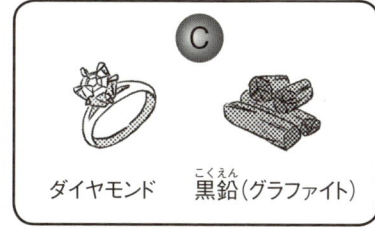

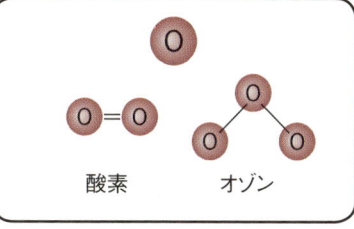

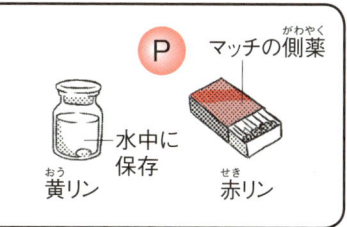

> **Point! 同素体**
>
> S：単斜硫黄は針状の結晶で，斜方硫黄は塊状の結晶。
> C：ダイヤモンドは電気を通さないが，黒鉛は通す。他にフラーレンなどがある。
> O：酸素は無色だが，オゾンは淡青色。
> P：黄リンは自然発火するので水中に保存する。赤リンは自然発火せずに安定。

　非金属元素の同素体は有名だから元素記号から右のように覚えたりするよ！

●ゴロ合わせ暗記
SCOP
（スコップ）

原子の結合の仕方で性質がかなり異なるんだ！

黄リンは自然発火するなんてこわい！赤リンと全く違うなんておもしろ〜い！

story 2　物質の分類

◯ (1) 純物質 ─ 単体と化合物 ─

純物質って，何ですか？

まずは，次の物質の分類を見てごらん！

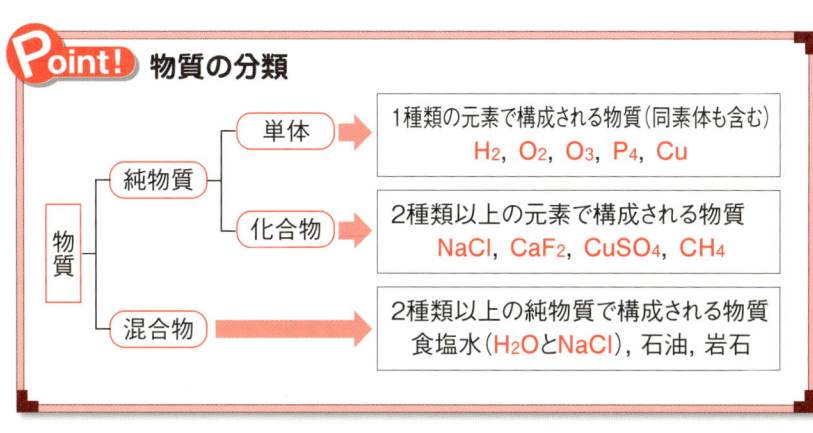

元素記号で書けば，分類するのは簡単だよ！ **単体**は**1種類の元素記号で表される物質**で，**化合物**は**2種類以上の元素記号で表される物質**だよ。

▲ 化合物の例

単体と化合物をまとめて**純物質**というんだよ。上の Point! の「物質の分類」を見たら明快だね！

(2) 純物質と混合物の違い

 混合物と純物質の違いをもっと知りた〜い！

 それは簡単だよ！　**混合物はいろいろな物理的方法で純物質を分離できるけど，純物質は物理的方法ではそれ以上分離できない**んだ。

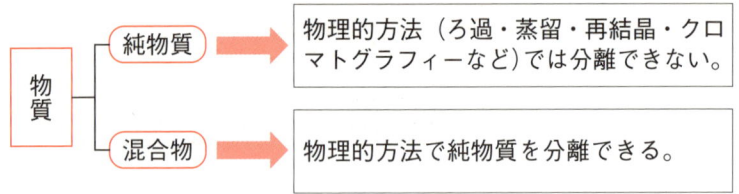

　また，**純物質は沸点・融点，一定温度下での密度，溶解度などが決まった値を示す**んだけど，混合物は混合している純物質の割合でそれらが異なるんだよ。

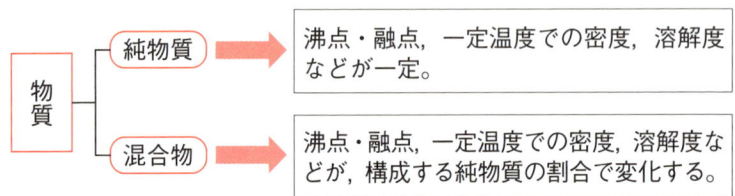

　お酒には主にエタノール C_2H_5OH という化合物と水 H_2O という化合物が含まれているんだけど，その沸点は次の図のように考えればいいんだよ。つまり，化合物は純物質だから沸点は決まっている。だけど，お酒は混合物だから，含まれる水やエタノールなどの割合によって沸点が変化するんだ。

エタノール C_2H_5OH
沸点78℃
純物質

エタノール＋水など
沸点78℃〜100℃
混合物

水 H_2O
沸点100℃
純物質

混合物か，純物質かはなるべく元素記号を使った化学式で認識すると，わかるようになるよ。一番身近な空気は代表的な混合物だよ。

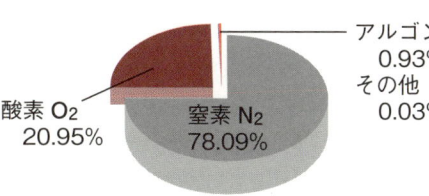
▲ 空気の組成

story 3　混合物の分離法

混合物を分離する方法には，どんなのがあるの？

まずは次の主要な混合物分離法の一覧表を見てもらおう！

▼ 混合物の分離法

分離法	方　法
ろ　過	液体と不溶の固体をろ紙などでこし分ける。
蒸留（分留）	・混合物を加熱し，揮発性物質を気体にしたあと，冷却して液体（留出液）にする。 ・適当な温度間隔で区切って留出液を取り出す方法を**分別蒸留**，または**分留**という。
再結晶	混合物を適当な溶媒に溶かし，不純物を溶液中に残したまま，冷却して目的物質のみを析出させる。
抽　出	目的物質のみを溶かす溶媒を加えて分離する。
昇華を利用した分離	混合物を加熱して，昇華する物質のみを気体にすることで分離する。
クロマトグラフィー	固定相とよばれるろ紙やシリカゲルの中を，純物質が通過するスピードの差を利用して分離する。

第1章　物質の分類

(1) 蒸　留

蒸留装置ってカッコいいんだけど，何がポイントなんですか？

蒸留装置は混合物の分離法で最も重要な装置といえるよ！
加熱して気体になる物質を揮発性物質というんだよ。混合物の中に揮発性物質があったら，加熱すると気体になるだろ。その気体を冷却器で冷却して液体（留出液）に戻すんだよ。装置を組み立てるときのポイントは次の5つだよ！

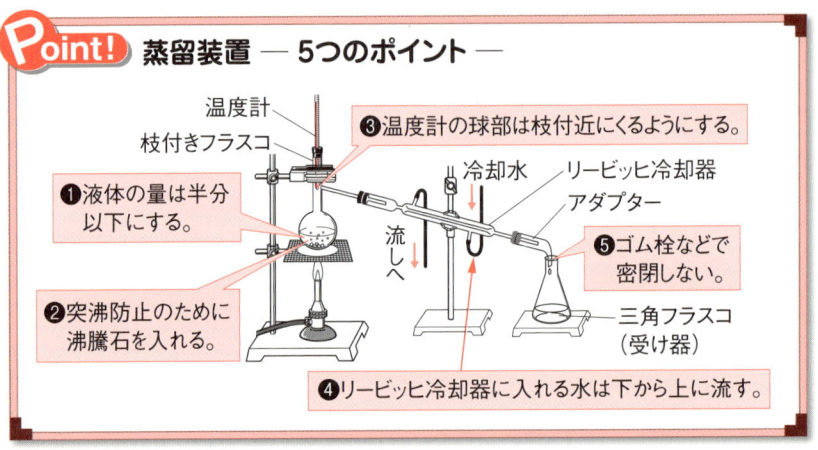

Point!　蒸留装置 ― 5つのポイント ―

- ❶液体の量は半分以下にする。
- ❷突沸防止のために沸騰石を入れる。
- ❸温度計の球部は枝付近にくるようにする。
- ❹リービッヒ冷却器に入れる水は下から上に流す。
- ❺ゴム栓などで密閉しない。

温度計／枝付きフラスコ／冷却水／リービッヒ冷却器／アダプター／流しへ／三角フラスコ（受け器）

　蒸留酒は，発酵させてできた醸造酒を，蒸留したお酒だ！　焼酎が有名だね！

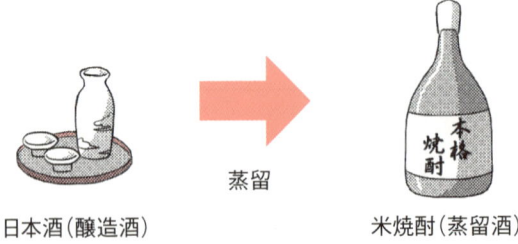

日本酒（醸造酒）　→　蒸留　→　米焼酎（蒸留酒）

(2) 抽　出

抽出って，何だか難しい感じがするんですが…

そんなことはないよ！　例えば，日本茶を飲むときには，茶葉とお湯をミキサーにかけてお茶ジュースみたいなものを飲むわけではないよね。茶葉とお湯を混ぜて，お湯に溶け出した成分を"お茶"として飲んでいるよね。**このお湯に溶かす操作を，お湯で抽出**するというんだよ。だから，お茶は抽出液を飲んでいるんだよ！　わかりやすいだろ！

　化学では，茶葉みたいな固体からだけではなく，液体の混合物からも抽出をするんだよ。そのときに大活躍するのが**分液漏斗**だ！　分液漏斗は，**二層になった液体を分ける漏斗**なんだよ。

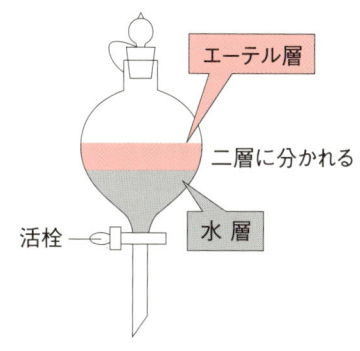

▲ **分液漏斗**

　例えば，ヨウ素ヨウ化カリウム水溶液（ヨウ素液）があるとしよう。この溶液は水 H_2O にヨウ素 I_2 とヨウ化カリウム KI が入っている混合物だよ。この水溶液からヨウ素だけを抽出してみよう！　次の手順を見てごらん。

Point! 抽出

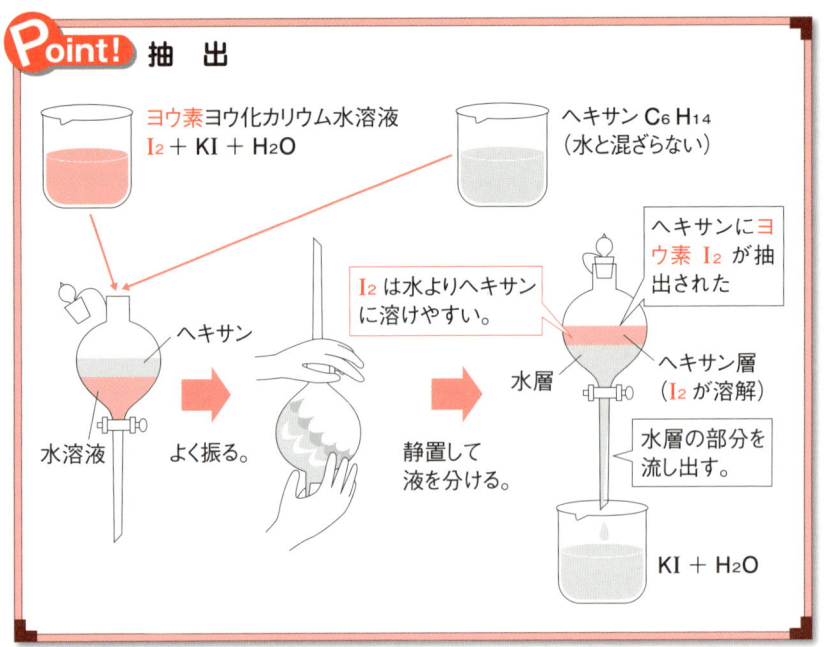

　ヨウ素 I_2 は水よりヘキサンに非常によく溶けるから，分液漏斗内にヘキサンに抽出されたヨウ素が残るんだよ。このように分液漏斗を使って，水とヘキサンみたいに混じり合わないで２層になる液体への溶解度の差を利用して分離するんだよ！

(3) クロマトグラフィー

　クロマトグラフィーって，原理がわからないんですが…

　確かに，**クロマトグラフィー**は実験だけしても原理がわかりにくいね。でも，説明を聞けば簡単な原理なんだよ。例えば，黒インクの水溶液に次の Point! のように紙の先端をつけておくと，インクは紙の中を上にどんどん移動してくるよね。この作業を**展開**というのだけれど，このとき，黒インクに入っていた数種類の色素も紙の中を通っていくよね。

Point! ペーパークロマトグラフィー

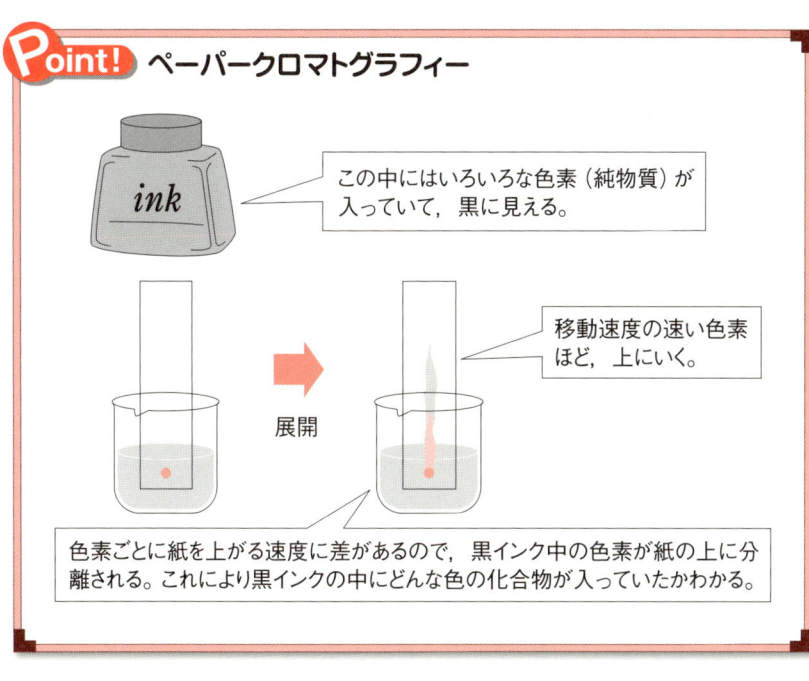

色素によって紙を上がる速度が違うから，色素ごとに分かれるんだよ。結果として，紙の上に色素が分離されるんだ。

紙をジャングルジムに，色素を人間に例えたら，体の大きさなどによってジャングルジムを通り抜ける速度が異なることは容易に理解できるね！　この原理を利用した分析装置は，広く利用されているんだよ。

確認問題

1 次の検出実験により確認できる元素として最も適当なものを，下の＜元素記号＞から選べ。

(1) 燃焼して，生成した気体を石灰水に通したら白濁した。

(2) 試料を水に溶かして，その溶液を白金線につけてガスバーナーの炎の中に入れたら，炎が赤紫色になった

(3) 試料を水に溶かして，その溶液を白金線につけてガスバーナーの炎の中に入れたら，炎が青緑色に変化した。

(4) 試料を水に溶かして硝酸銀水溶液を入れたら，白色沈殿ができた。

＜元素記号＞
H, He, Li, B, C, N, O, Ne, Na, Mg, Al, Si, Cu, Cl, K

解答
(1) C
(2) K
(3) Cu
(4) Cl

2 次の(1)〜(4)に該当する物質を，①〜⑤から1つずつ選べ。

(1) 混合物
① 塩化ナトリウム　② 黄リン　③ 石油
④ ベンゼン　⑤ 水

(2) 純物質
① 海水　② 空気　③ 血液
④ トルエン　⑤ コンクリート

(3) 化合物
① 空気　② 岩石　③ 水
④ 斜方硫黄　⑤ オゾン

(4) 単体
① 黒鉛　② 炭化ケイ素　③ 黄銅
④ ステンレス　⑤ 日本酒

(1) ③
(2) ④
(3) ③
(4) ①

解説

なるべく化学式で書いてみよう。
(1) 化学式で書くと③以外は次のようになるよ。
① NaCl, ② P_4, ④ C_6H_6, ⑤ H_2O
(2) ④のトルエン ⟨◯⟩-CH_3 だけが純物質。
(3) ①と②は混合物，あとは③ H_2O，④ S_8，⑤ O_3 なので，④と⑤は単体，③は化合物とわかるね！
(4) ① C, ② SiC で，③，④は合金（混合物），⑤もエタノールと水などの混合物だね。

3 次の(1)～(5)の操作は何という分離法か。

(1) 少量の食塩を含む硝酸カリウムの結晶を，温水に溶かしてから冷却すると固体が析出したので，ろ過して固体を得た。

(2) 冷却して液化した空気を加熱して，沸点の違いを利用して窒素や酸素に分けた。

(3) ヨウ素に食塩が混ざっている混合物を加熱して，ヨウ素だけを得た。

(4) 植物の葉を粉砕してアルコールを加えて加熱して生成した液を，少量ろ紙につけ，ろ紙をキシレンなどの展開液につけて展開した。

(5) 青梅にキズをつけて，焼酎に半年間漬け込んだ。

解答
(1) 再結晶
(2) 分留
(3) 昇華
(4) クロマトグラフィー
(5) 抽出

物質の三態

「ガスコンロの炎はメタンの燃焼による化学変化で発熱しているよ。」

「蒸発は化学式が変化しないから物理変化ね！」

▶変化には化学式が変化する化学変化と，化学式が変わらない物理変化がある。

story 1 熱運動と絶対温度

 (1) 拡　散

「拡散って，何ですか？」

物質の構成粒子が自然に広がっていく現象を**拡散**（かくさん）というんだよ。
　例えば，アロマオイルを加熱すると，しばらくすると部屋中に香りが広がるだろ？

もし，香りを出す粒子が拡散しなければ，アロマポットの近くでしか香りがしないということになるんだよ！

(2) 熱運動

どうして，拡散って起こるの？

それは，アロマオイルの例なら，香りを出す**粒子（分子）**が**熱運動**をしているからだよ！　仮に，この香りを出す粒子をアロマ君ということにすると，このアロマ君は常に動いているんだ！

これは，**分子は温度が高いほど激しく運動する性質がある**からなんだよ！　常温でもアロマ君が音速レベルの速度で動いて広がっていくから，香りも広がっていくんだね！　つまり，**拡散**するということだよ!!

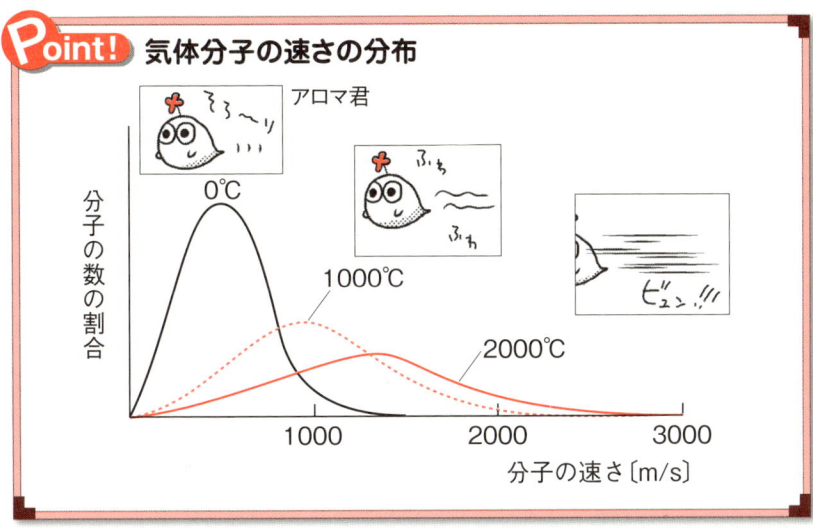

このグラフは大変有名なグラフだから，形をしっかり覚えておくんだよ!!

(3) 絶対温度と絶対零度

絶対零度って,何ですか?

粒子の熱運動は,温度が高いと激しくなるけど,逆に温度が低くなることを考えてみよう。粒子の運動はゆるやかになって,やがて停止してしまう。この**熱運動が停止してしまう温度**が**絶対零度**なんだよ。理論上は絶対零度には到達できないとされているんだけど,熱運動が止まる温度と考えればいいよ!

この**絶対零度を0(ゼロ)として定められた温度**が,**絶対温度**なんだよ。単位は**K**と書いて,**ケルビン**と読むんだ! だから,0Kで「ゼロケルビン」と読むんだよ! 簡単でしょ!

また,普段使っているセルシウス温度の**1℃と1Kの幅は同じ**に定義されているんだよ。

1Kの温度変化＝1℃の温度変化

だから℃ ⟶ Kの単位変換は非常に簡単で,次の公式で一発だよ。

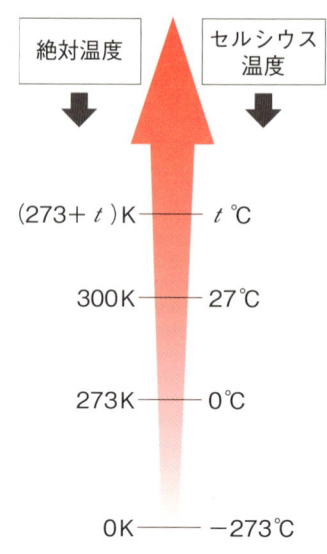
▲ 絶対温度とセルシウス温度

 t〔℃〕⟶ T〔K〕の単位変換

$$T = t + 273 \quad (T〔K〕, t〔℃〕)$$

story 2 物質の三態

(1) 物質の三態と状態変化

三態って，何ですか？

化学的にも物理的にも同じ性質をもつ場合，それを**状態**または**相**とよぶ．**気体**，**液体**，**固体**の3つの状態が特に有名で，これを**三態**というよ．

状態が変化することを"**状態変化**"または"**相転移**"とよぶんだ！状態変化には**蒸発**，**凝縮**，**融解**，**凝固**，**昇華**があるよ．

(2) 状態変化とエネルギー

ここで重要なのは，**温度が同じでも状態が違えば物質のもっているエネルギーは異なる**ということなんだよ！ 右の図は，上にあるほどエネルギーが高いというイメージだよ．つまり，同じ温度でもエネルギーに差があるから，**状態変化をすると，エネルギーの出入りがある**んだ！

具体的には，0℃の氷（固体）を0℃の水（液体）にするのにエネルギーが必要だ．同じく100℃の水（液体）を100℃の水蒸気（気体）にするのにもエネルギーが必要だよ．

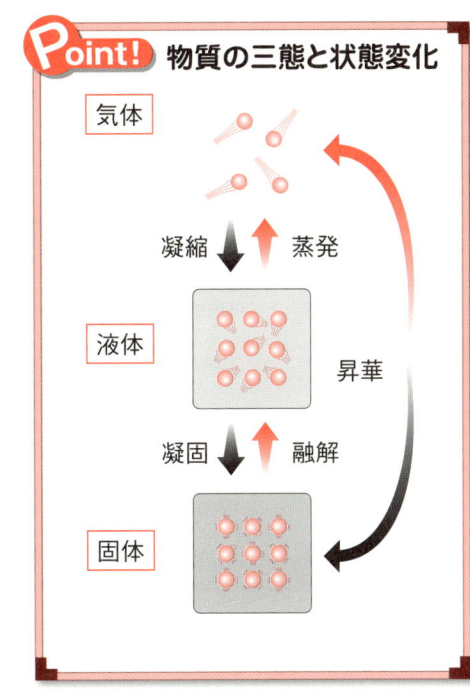

Point! 物質の三態と状態変化

第2章 物質の三態

(3) 化学変化と物理変化

物理変化って，何ですか？

物質が変化するっていう場合，2種類あるんだよ。それが**物理変化**と**化学変化**だ。**化学的な性質が変わる変化を化学変化**といって，たいていの場合，化学式が変わるよ。

❶化学変化の例

$$2H_2 + O_2 \longrightarrow 2H_2O$$

水素が燃焼して水になるとき，化学式が変化しているだろ。これは明らかに化学変化だね！

❷物理変化の例
- 物質が割れる，変形するなどの**力学的変化**
- 物質の状態が変化する**状態変化**

Point! 化学変化と状態変化

- **化学変化**…別の性質をもつ物質に変化すること。
 （化学式が変わる場合が多い）
- **物理変化**…化学変化を伴わない状態変化など。

高校化学の範囲の中では，
　　｛化学式が変わる変化　　⟶　**化学変化**
　　　化学式が変わらない変化　⟶　**物理変化**
と捉えておいて問題ないよ。これなら簡単だね！

(4) 融解熱と蒸発熱

氷を加熱すると0℃で温度が一定になるのは、なぜですか?

それはとても重要な話だね! 氷を加熱したときの加熱時間と温度の関係は次のようになるね! このグラフは非常に重要だよ!

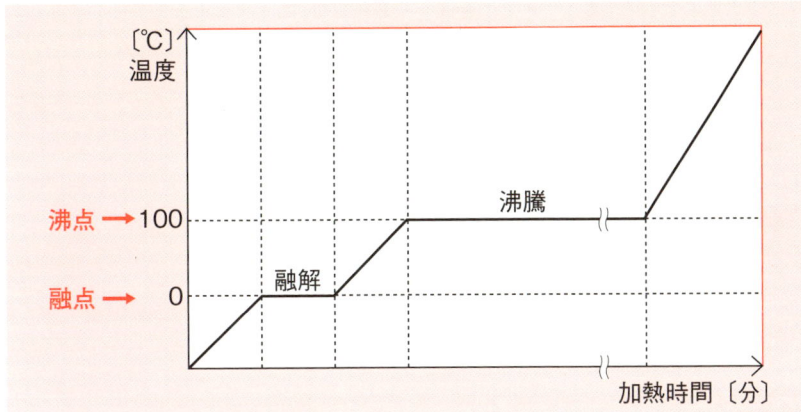

▲ 加熱による水の状態変化

❶ 0℃で温度が一定になる理由

氷→水の変化が起こっており、この変化は固体→液体の融解という状態変化だ! 状態変化にはエネルギーの出入りが伴うんだ。**加えた熱が状態変化のために使われているので、温度が0℃で一定になっている**んだよ!

❷ 100℃で温度が一定になる理由

水→水蒸気の変化が起こっており、この変化は液体→気体の状態変化だね。0℃のときと同様に加えた熱が状態変化に使われているんだが、**大気圧下では100℃以上の水ができないから**、100℃で温度が

止まって，液体の水がどんどん気体の水蒸気に変化しているんだ（状態変化と圧力については「第24章 実在気体と飽和蒸気圧」(▶P.272)で扱う）。

　沸点で，液体が全部気体になるまでに吸収する熱を**蒸発熱**という。グラフにイラストを入れると，よりわかりやすくなるよ。

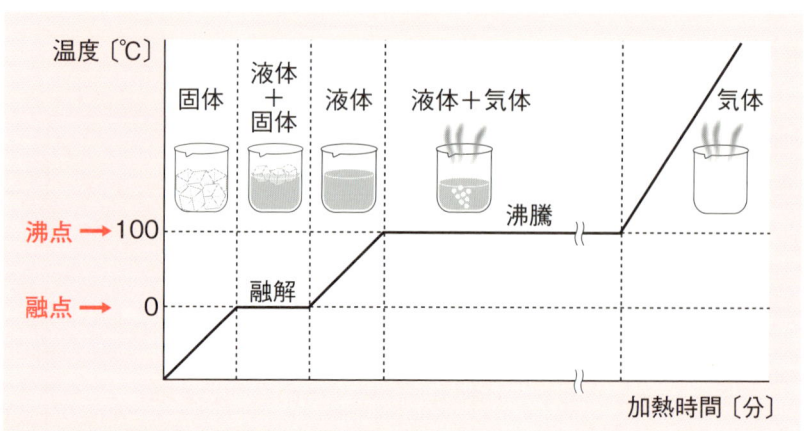

(5) 融点と沸点

　ここで，0℃を氷の**融点**といい，100℃を水の**沸点**というよ。

Point!　融点と沸点

- **融点**（mp：melting point）…固体が融解する温度
- **沸点**（bp：boiling point）…液体が沸騰する温度

　融点も沸点も圧力によって変わるから注意してね。通常は大気圧での温度を指すよ！

確認問題

1 次のセルシウス温度を絶対温度になおせ。
(1) 0℃
(2) 127℃
(3) 377℃
(4) －123℃

解答
(1) 273 K
(2) 400 K
(3) 650 K
(4) 150 K

解説

セルシウス温度 t〔℃〕，絶対温度 T〔K〕とすると変換公式 $T = t + 273$ より，
(1) $0 + 273 = 273$〔K〕
(2) $127 + 273 = 400$〔K〕
(3) $377 + 273 = 650$〔K〕
(4) $-123 + 273 = 150$〔K〕

2 次の状態変化を表す用語を，下の＜用語＞の①～⑤から選べ。
(1) 固体 → 気体
(2) 気体 → 液体
(3) 液体 → 固体

＜用語＞
① 融解　② 蒸発　③ 昇華
④ 凝固　⑤ 凝縮

解答
(1) ③
(2) ⑤
(3) ④

3 次の①～⑤の変化のうち，物理変化であるものを全て選べ。
① ドライアイスを室温で放置して気体にした。
② 炭を燃やすと，二酸化炭素が発生した。
③ 砂糖を加熱して焦がさずに溶かした。
④ アルミホイルを丸めた。
⑤ アルミホイルを燃やした。

解答
① ③ ④

| 解説 |

①と③は状態変化（①昇華，③融解）なので，物理変化。
②と⑤は化学変化。
 （② $C + O_2 \longrightarrow CO_2$, ⑤ $4Al + 3O_2 \longrightarrow 2Al_2O_3$）
④は力学的な変化だから物理変化。

4 次の①～④から，正しいものを1つ選べ。
① 沸点とは液体が蒸発する温度のことである。
② 融点とは液体が凝縮する温度のことである。
③ 0℃の氷と0℃の水がもつエネルギーは異なる。
④ 20℃の水と20℃の水蒸気がもつエネルギーは同じである。

解答
③

| 解説 |

① 沸点は液体が沸騰する温度。② 融点は固体が融解する温度。③④ 温度が同じでも状態が違えば，もっているエネルギーは異なる。

32　物質の構成

第3章 原子の構造

▶ 原子の中には原子核と電子殻で構成されている。

story 1 原子の構造と同位体

(1) 原子の構造

 アトムって，何ですか？

 アトムは英語で atom，つまり**原子**のことだよ！　例えば，ダイヤモンドを割って小さくしていくと，炭素原子という粒子になる。原子は，昔はそれ以上分割できないと思われていたんだけど，現在では原子は分割されて，かなり詳細な構造までわかっているんだよ。
　ちなみに atom は，もともとラテン語で，これ以上分割できないという意味なんだよ。

じゃあ，原子はどんな構造をしているの？

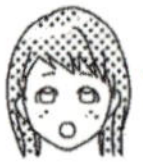

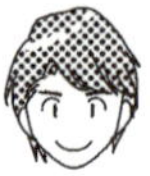

原子は**原子核**(げんしかく)と**電子**(でんし)で構成されているんだよ。さらに，原子核は**陽子**(ようし)，**中性子**(ちゅうせいし)に分割されるよ。
次のPoint!を見れば明らかだね。

Point! 原子のモデルとサイズ

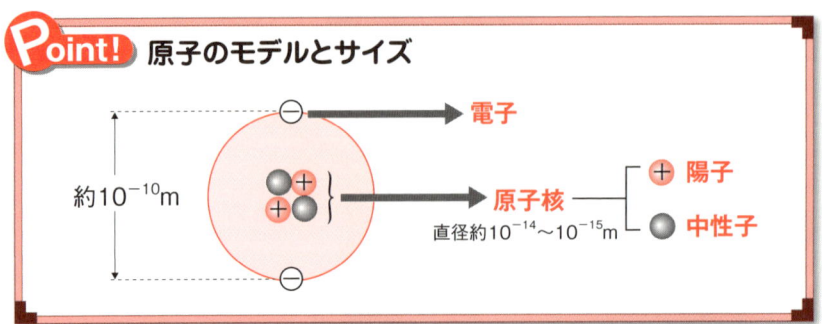

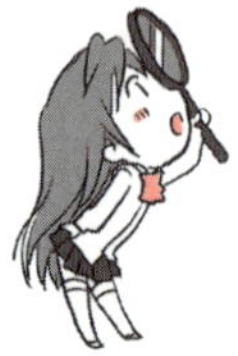

原子核はとても小さくて，**原子の$\frac{1}{10^5}$ ～ $\frac{1}{10^4}$**なんだよ。これは原子が東京ドームの大きさなら，原子核はピンポン球くらいだよ！ビックリでしょ！ 大きさの比は覚えようね！

また，**陽子はプラスに，電子はマイナスに帯電している**けど，中性子は名前のとおり帯電していないんだよ。ただし，質量は**電子は陽子や中性子の$\frac{1}{1840}$**だから，ほぼ無視していい質量なんだ。

● ゴロ合わせ暗記
「電子はいやよー(1840)」

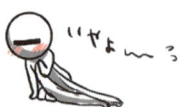

Point! 陽子，中性子，電子の質量比

陽子：中性子：電子 ≒ 1 ： 1 ： $\frac{1}{1840}$

(2) 原子番号

元素の種類って，何で決まるんですか？

いい質問だね！　**元素の種類は陽子の数で決まる**んだよ。例えば，水素なら陽子は必ず1個なんだ。だから，**陽子の数を原子番号**といって，元素記号の左下に書くよ！

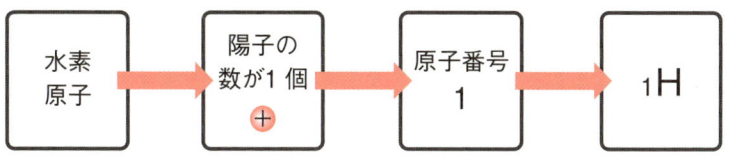

(3) 同位体

元素の種類は，**中性子の数とは関係なく，陽子が1個なら水素H**なんだよ！　だから，中性子の数が変わると，原子の質量は変わるけど，水素原子であることには変わりがない。このように中性子の数の違う原子どうしを**同位体（アイソトープ）**とよぶんだ！　水素の同位体を見てみよう！

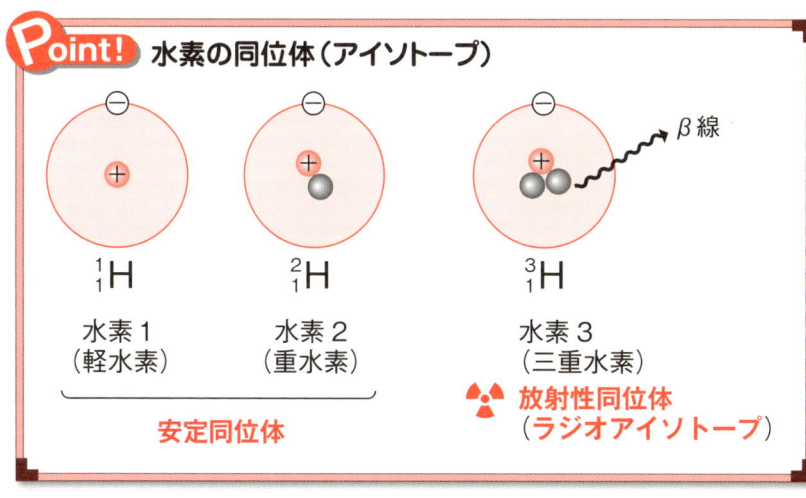

第3章　原子の構造

軽水素と重水素は地球上で安定に存在できる同位体なので安定同位体といわれているよ。三重水素は放射線を出すから**放射性同位体（ラジオアイソトープ）**とよばれるんだ。

ところで，同位体どうしは元素記号が同じになってしまうから，区別をするために**質量数**を表示する必要があるんだ。**質量数は原子核中の陽子の数と中性子の数の和で表す**よ。これは，電子は非常に軽いから無視しているんだね。また，質量数は元素記号の左上に表記するよ。

Point! 原子の表し方

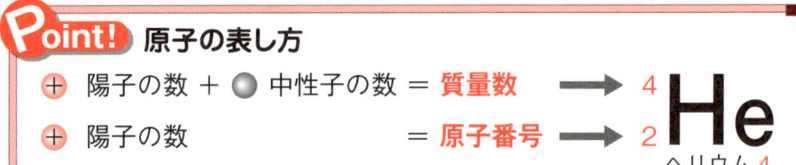

同位体を表すときには，上の例のように「ヘリウム4」と質量数だけを読むのが普通なんだ。そして，この表記法なら中性子の数がすぐにわかるね。

中性子数 ＝ 質量数 － 原子番号

例えば，ヘリウム4の中性子の数は

$${}^{4}_{2}\text{He}$$

中性子数＝4－2＝2

これなら簡単に右の図のような原子がイメージできるね!! 一般に中性子数は次のように求めるよ。

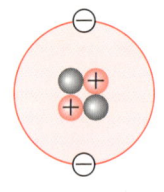

▲ He の原子モデル

Point! 中性子の数の求め方

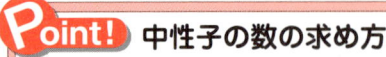

中性子の数 ＝ $m - a$

story 2　放射性同位体の利用

(1) 放射性同位体と放射能

　　放射能って，何ですか？

放射能とは**放射線を出す性質**をいうんだよ。例えば「水素の同位体で放射能をもつものは三重水素」という具合だよ。
　炭素の安定同位体は ^{12}C と ^{13}C なんだけど，^{14}C という放射性同位体もわずかに存在していて，**β線という放射線を出しながら窒素 ^{14}N に変わっていく**んだ。

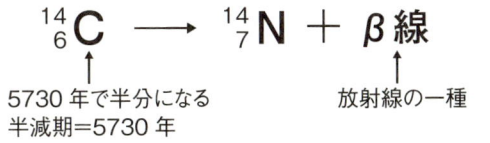

$$^{14}_{6}C \longrightarrow {}^{14}_{7}N + β線$$

5730年で半分になる
半減期＝5730年

放射線の一種

(2) 放射性同位体による年代測定

　^{14}C が ^{14}N に変わる速度は最初の量に関係なく，5730年で半分の量になるんだ。
　このように**放射性同位体の量が半分になる時間**を，**半減期**といい，^{14}C は年代測定に使われることで有名なんだ。なぜ年代測定に使われるのかを段階を追って説明すると，次のようになるよ。

^{14}C 年代測定法の仕組み
① 空気中の二酸化炭素 CO_2 は炭素に注目すると $^{12}CO_2$ と $^{13}CO_2$ と $^{14}CO_2$ があるけど，その存在比は大昔から常に一定と考えられている。
② 木は光合成により，常に①の3種類の CO_2 を吸収して体をつくっている。
③ 木が切り倒されたら，光合成ができなくなり，植物体の中の ^{14}C（放射性同位体）が ^{14}N に変わって減少していく。

第3章　原子の構造

④ 木から出る β 線の量から，^{14}C の減少率を測定すれば，何年前に切り倒されたのかがわかる。

　例えば，1万年以上前の人類が木を切り倒して木製のクマの人形を作ったとするよ。この木製のクマが君の家の庭から発掘されたとしよう。この木製のクマの中の ^{14}C は減少し続けているから，現在の木の中の ^{14}C の量を測定すれば，木が切り倒されてから何年たったかわかるわけだよ。

　測定した結果，はじめの $\frac{1}{4}=\left(\frac{1}{2}\right)^2$ に減少していたら，5730年の2倍だから11460年たったとわかるわけだ。グラフで見たら簡単だけど，公式もあるから覚えておくと便利だよ。

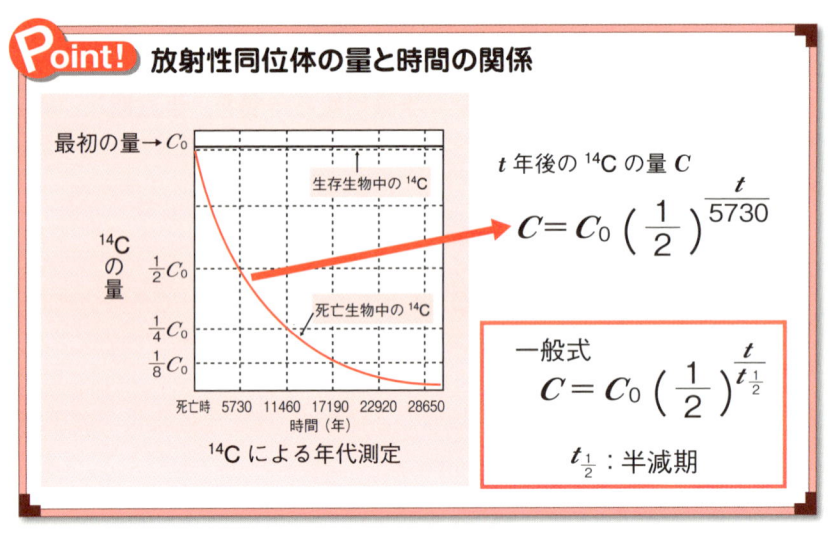

Point! 放射性同位体の量と時間の関係

^{14}C による年代測定

t 年後の ^{14}C の量 C

$$C = C_0 \left(\frac{1}{2}\right)^{\frac{t}{5730}}$$

一般式

$$C = C_0 \left(\frac{1}{2}\right)^{\frac{t}{t_{\frac{1}{2}}}}$$

$t_{\frac{1}{2}}$：半減期

この公式を使って計算すれば，^{14}C が最初の $\dfrac{1}{4}$ になったというのは $C=\dfrac{1}{4}C_0$ ということだから，$t_{\frac{1}{2}}=5730$ 年を代入して，

$$\dfrac{1}{4}C_0 = C_0 \left(\dfrac{1}{2}\right)^{\frac{t}{5730}}$$

$$\left(\dfrac{1}{2}\right)^2 C_0 = C_0 \left(\dfrac{1}{2}\right)^{\frac{t}{5730}} \text{より}$$

$$2 = \dfrac{t}{5730} \qquad t = \mathbf{11460\ 年}$$

と簡単に算出できるね！

story 3　電子殻

(1) 原子のボーアモデルと電子殻

電子殻って，何ですか？

　原子の中の電子はある決まった場所にしか存在できないことがわかっているんだよ。デンマークのコペンハーゲン大学のニールス・ボーア (Niels Bohr) 博士が唱えたこの理論を基につくられたのが，我々がよく目にする原子のボーアモデルだよ。電子の居場所である**電子軌道の集まりを電子殻**といい，内側から **K 殻，L 殻，M 殻，N 殻**，……としているよ。

(2) 電子殻の最大収容電子数

　電子殻の内側から $n=1$，$n=2$，$n=3$ という具合に番号をふっていくと，**各電子殻に収容できる電子の最大数は $2n^2$ で表せるから**覚えておくと便利だよ！　次のページの上の図は平面的にボーアモデルを表しているけど，その下の図のように立体的に捉えてイメージしておいてね！

第3章　原子の構造　39

K殼 L殼 M殼 N殼
$n=1$ $n=2$ $n=3$ $n=4$
2個 8個 18個 32個

原子核

最大収容電子数
$2n^2$個

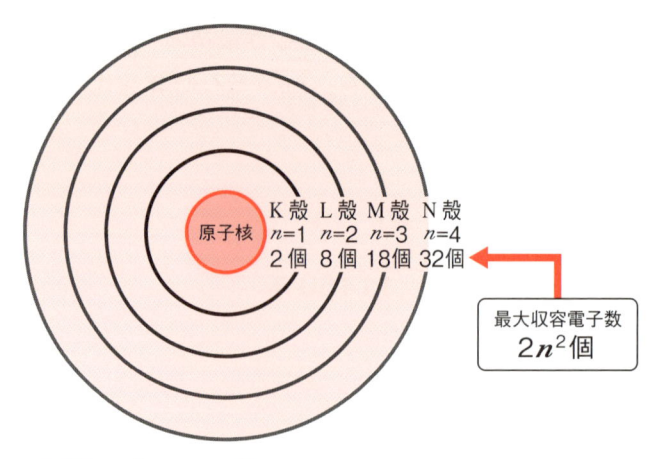

▲ 原子のボーアモデル

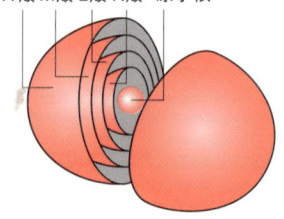

N殼 M殼 L殼 K殼 原子核

(3) 原子の電子配置

電子配置って，何ですか？

電子配置は，**原子やイオンがもつ電子がどの電子殼に配置されているかを表したもの**だよ。図で表せば非常にわかりやすいんだが，大変だから実際には右のように表すことが多いよ。電子は，エネルギー準位が低く安定な，内側のK殼から順に入っていくよ。赤い数字でかいてある，一番外側の電子を**最外殻電子**といっ

▼ 原子の電子配置

$_4$Be ： $K^2 L^2$

$_6$C ： $K^2 L^4$

$_{14}$Si ： $K^2 L^8 M^4$

$_{18}$Ar ： $K^2 L^8 M^8$

て，その数が化学的な性質を決めるうえで重要なんだ。最外殻ということは，人間でいえば一番外側だから，顔みたいなものだね。

　各原子の電子配置を図で表すと，下の表のようになるよ。18族以外は最外殻電子を赤丸で示しているよ。

▼ 電子配置と価電子数

族	1	2	13	14	15	16	17	18
電子配置	水素H							ヘリウムHe
	リチウムLi	ベリリウムBe	ホウ素B	炭素C	窒素N	酸素O	フッ素F	ネオンNe
	ナトリウムNa	マグネシウムMg	アルミニウムAl	ケイ素Si	リンP	硫黄S	塩素Cl	アルゴンAr
価電子数	1	2	3	4	5	6	7	0

(4) 価電子

　上の表に赤丸で示した**1～7個の最外殻電子は化学結合をつくる上で重要な役割を果たすので，結合数を意味する価という言葉をつけて**価電子**というよ。**ただし，一番右側にある18族の He，Ne，Ar は化学的に安定で他の元素とほとんど結合しないので，**価電子を0とする**から注意してね！　He，Ne，Ar などを希ガス（貴ガス）とよぶんだけど，He（K殻は2個でいっぱいになる）以外は最外殻電子が8個なんだよ。**最外殻電子はK殻以外は8個が安定**で，この安定な電子配置を閉殻とよぶから覚えておこう！

```
最外殻電子が8個      化学的に      閉殻      価電子は0
（K殻は2個）    →   安定     →           →
```

第3章　原子の構造　　**41**

また，**原子どうしが結合するときには価電子の数が重要で，その数が同じ元素は化学的な性質が似ている**んだ。だから，前ページの表は価電子数が同じ元素を縦に並べているんだよ。つまり，性質が似た元素が縦に並んでいる。元素をこのように並べた表を**元素の周期表**とよぶよ！　周期表については，「第4章 元素の周期律」(▶ P.50)で詳しく学ぶよ。

story 4　イオンの生成

(1) イオンの生成とイオン半径

原子とイオンって，どう違うんですか？

原子が電子をもらったら陰イオン，電子を失ったら陽イオンになるよ。イメージ的にはこんな感じだよ。

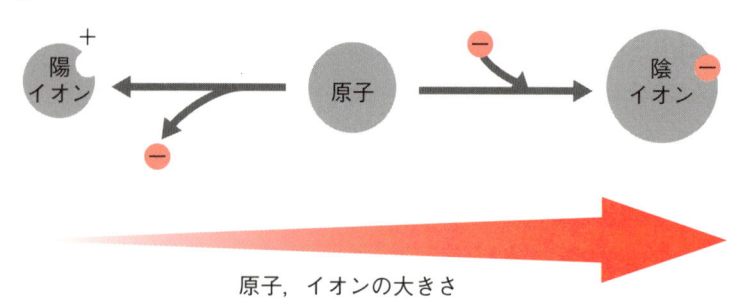

陽イオン ← 原子 → 陰イオン

原子，イオンの大きさ

▲ イオンの生成

実際に Li と F を例に電子配置を表してみると，次のようになる。

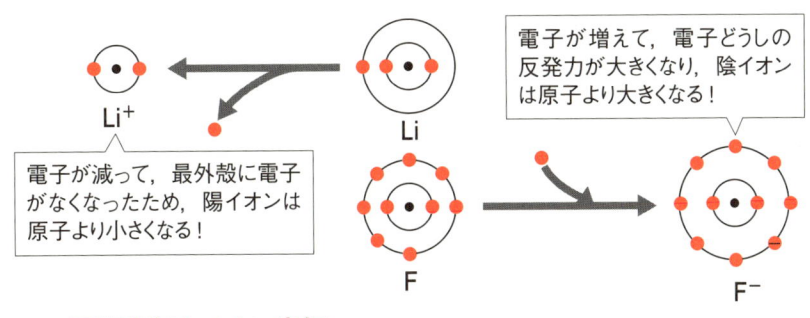

電子が減って、最外殻に電子がなくなったため、陽イオンは原子より小さくなる！

電子が増えて、電子どうしの反発力が大きくなり、陰イオンは原子より大きくなる！

▲ 原子半径とイオン半径

　上の図のように，原子が電子を受け取って陰イオンになると，**電子どうしの反発力のため，原子のときよりも半径が大きくなる**。逆に陽イオンになって**最外殻の電子がなくなると，半径が小さくなる**よ。

(2) イオンの価数とイオン式

希ガス型の電子配置って，何ですか？

　その前にイオンの表記の仕方から説明しよう。原子がイオンになるとき，**授受した電子（e^-）の数をイオンの価数**といい，Al^{3+}なら3価の陽イオンというよ。

　イオンの価数と電荷の種類（＋，－）を元素記号に書き添えたものを**イオン式**というんだが，原子がイオンになるのを化学式で表すと次のようになるよ。**単原子の陰イオンは「〜化物イオン」とよぶ**から気をつけてね！

Point! 電子の授受とイオンの表し方

$O + 2e^- \longrightarrow O^{2-}$　　酸化物イオン（**2価の陰イオン**）
$F + e^- \longrightarrow F^-$　　フッ化物イオン（**1価の陰イオン**）
$Na \longrightarrow Na^+ + e^-$　　ナトリウムイオン（**1価の陽イオン**）
$Mg \longrightarrow Mg^{2+} + 2e^-$　　マグネシウムイオン（**2価の陽イオン**）
$Al \longrightarrow Al^{3+} + 3e^-$　　アルミニウムイオン（**3価の陽イオン**）

第3章　原子の構造

(3) イオンの電子配置

そして，前の Point! で挙げたイオンは全て**希ガス**（He，Ne，Ar，Kr，Xe，Rn）と同じ**電子配置**なんだよ。周期表の右端にある希ガスは，最外殻の電子配置が**閉殻**で安定だから，各原子は**イオンになって希ガスと同じ電子配置をとろうとする**んだよ。

周期表で見ると，希ガスは右端だから，原子は原子番号が近い希ガスの電子配置をとってイオンになることがわかるよ。

$_1$H							$_2$He
$_3$Li	$_4$Be	$_5$B	$_6$C	$_7$N	$_8$O	$_9$F	$_{10}$Ne
$_{11}$Na	$_{12}$Mg	$_{13}$Al	$_{14}$Si	$_{15}$P	$_{16}$S	$_{17}$Cl	$_{18}$Ar

◀ 原子番号が Ne に近い原子は Ne 型の電子配置をとって安定なイオンになる。

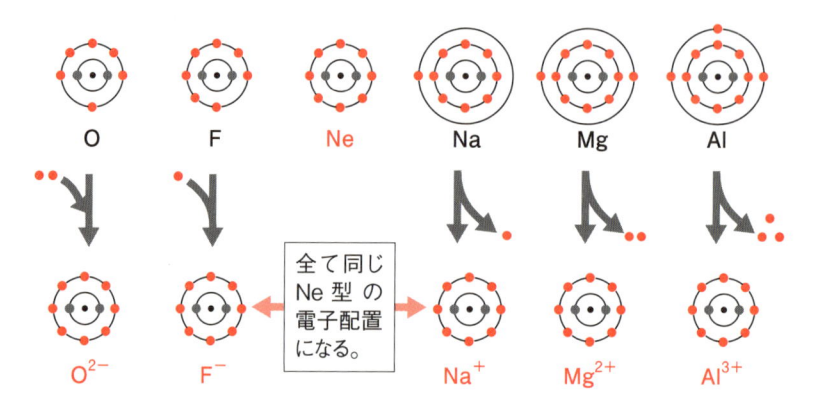

O　F　Ne　Na　Mg　Al

全て同じ Ne 型の電子配置になる。

O^{2-}　F^{-}　Na^{+}　Mg^{2+}　Al^{3+}

▲ Ne 型の電子配置をとる単原子イオン

(4) 電子配置が同じイオンの大きさ

> じゃあ，Ne 型の電子配置をとるイオンはみんな同じ大きさになるの？

いや，惜しい！　そこはちょっと違っていて，**原子番号が大きい原子のイオンほど小さくなる**んだよ。理由は簡単で，**原子番号＝陽子の数**だから，**原子核中のプラスの電荷が大きいほどマイナスの電荷である電子殻を強く引きつける**からなんだよ！
面白いでしょ！

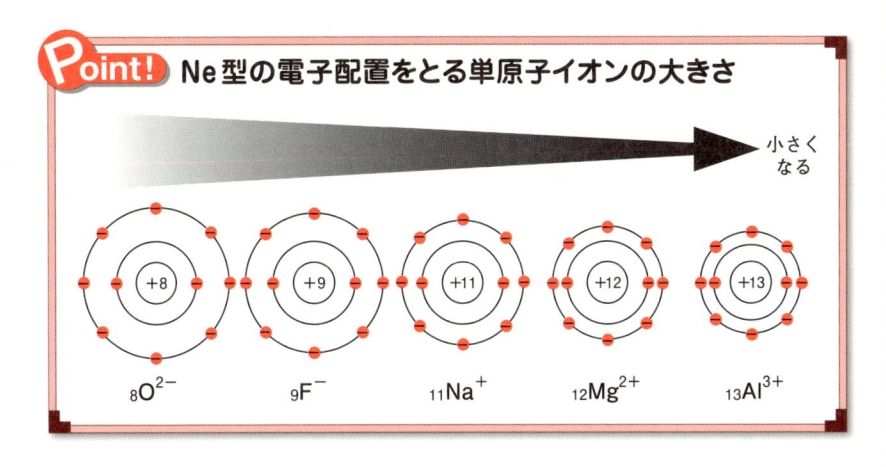

Point!　Ne 型の電子配置をとる単原子イオンの大きさ

小さくなる

$_8O^{2-}$　　$_9F^-$　　$_{11}Na^+$　　$_{12}Mg^{2+}$　　$_{13}Al^{3+}$

(+8)　(+9)　(+11)　(+12)　(+13)

第3章　原子の構造

| 確認問題 |

次の問いに答えよ。1〜3, 5の答えはそれぞれ下から選び番号で答えよ。

1　陽子の質量は電子の質量のおよそ何倍か。
　① 1840 倍　　② 184 倍
　③ $\frac{1}{184}$ 倍　④ $\frac{1}{1840}$ 倍

| 解 答 |

①

2　陽子の質量は中性子の質量のおよそ何倍か。
　① 100 倍　　② 10 倍　　③ 1 倍
　④ $\frac{1}{10}$ 倍　⑤ $\frac{1}{100}$ 倍

③

3　陽子の数＋中性子の数を何というか。
　① 原子番号　　② 同位体
　③ 質量数　　　④ 価数

③

4　放射線を出す三重水素のような同位体を何とよぶか。

放射性同位体（ラジオアイソトープ）

5　同位体についての記述として誤っているものはどれか。
　① 原子番号が同じで陽子の数が異なる。
　② 原子番号が同じで中性子の数が異なる。
　③ 原子番号が同じで質量数が異なる。
　④ 陽子の数が同じで中性子の数が異なる。
　⑤ 陽子の数が同じで質量数が異なる。

①

| 解 説 |

同位体は原子番号（または陽子の数）が同じで質量数（または中性子の数）が異なる原子どうしだよ。

6 次の原子の中性子の数を答えよ。
(1) $_2^5\text{He}$　　(2) $_4^7\text{Be}$
(3) $_6^{14}\text{C}$　　(4) $_{11}^{23}\text{Na}$

解答
(1) 3　　(2) 3
(3) 8　　(4) 12

解説
(1) $5 - 2 = 3$　　(2) $7 - 4 = 3$
(3) $14 - 6 = 8$　　(4) $23 - 11 = 12$

7 次の問いに答えよ。
(1) 放射線を出す能力のことを何というか。

(2) いろいろな木製の出土品の ^{14}C の量を測定した。現在の木の ^{14}C の割合1とするとその割合が次の①～③の値になった。^{14}C の半減期を5730年とすると材料となった木は，それぞれ何年前に切り倒されたものか。
① $\dfrac{1}{2}$　　② $\dfrac{1}{8}$　　③ $\dfrac{1}{16}$

解答
(1) 放射能
(2)
① 5730 年前
② 17190 年前
③ 22920 年前

解説
(2) 公式 $C = C_0 \left(\dfrac{1}{2}\right)^{\frac{t}{5730}}$ を使えば簡単。

① 半分なので，公式を使うまでもなく5730年前。

② $C = \dfrac{1}{8}C_0 = \left(\dfrac{1}{2}\right)^3 C_0$ より

$\left(\dfrac{1}{2}\right)^3 C_0 = C_0 \left(\dfrac{1}{2}\right)^{\frac{t}{5730}}$ 　∴ $3 = \dfrac{t}{5730}$
$t = 17190$

③ $C = \dfrac{1}{16}C_0 = \left(\dfrac{1}{2}\right)^4 C_0$ より

$\left(\dfrac{1}{2}\right)^4 C_0 = C_0 \left(\dfrac{1}{2}\right)^{\frac{t}{5730}}$ 　∴ $4 = \dfrac{t}{5730}$
$t = 22920$

第3章　原子の構造

8 電子殻や電子配置について，次の問いに答えよ。

(1) M 殻に入る電子は最大でいくつか。
(2) N 殻に入る電子は最大でいくつか。
(3) $_7$N の電子配置を例にならって表せ。
　　電子配置の例　　$_5$B：K^{2}L^3
(4) $_{13}$Al の電子配置を例にならって表せ。
(5) $_8$O の価電子数を答えよ。
(6) $_{18}$Ar の価電子数を答えよ。
(7) K 殻以外は最外殻電子数が8個が安定であるが，このような電子配置を何というか。

解答

(1) 18個
(2) 32個
(3) $_7$N：K^{2}L^5
(4) $_{13}$Al：K^{2}L^{8}M^3
(5) 6
(6) 0
(7) 閉殻

解説

(1) 電子殻の最大収容電子数の公式は $2n^2$
　　M 殻は $n = 3$ より，$2 \times 3^2 = 18$（個）
(2) N 殻は $n = 4$ より，$2 \times 4^2 = 32$（個）
(3) $_7$N は原子番号が 7 より，電子の数も 7 個。よって，
　　$_7$N：K^{2}L^5
(4) Al は原子番号が 13 より，電子の数も 13 個。よって，
　　$_{13}$Al：K^{2}L^{8}M^3
(5) O は原子番号が 8 より，電子の数も 8 個だから，K^{2}L^6
　　よって，最外殻電子が 6 個だから，価電子も 6
(6) Ar は原子番号が 18 より，電子の数も 18 個だから，
　　$_{18}$Ar：K^{2}L^{8}M^8
　　よって，最外殻電子は 8 個だけど，閉殻だから価電子は 0

9 次の問いに答えよ。
(1) Li と Li$^+$ の半径はどちらが大きいか。
(2) F と F$^-$ の半径はどちらが大きいか。
(3) Li$^+$ と同じ電子配置の原子は何という元素か。

解答

(1) Li
(2) F$^-$
(3) He（ヘリウム）

(4) Na^+ と同じ電子配置の原子は何という元素か。
(5) S^{2-}, Cl^-, K^+, Ca^{2+} と同じ電子配置の原子は何という元素か。
(6) S^{2-}, Cl^-, K^+, Ca^{2+} のうち一番半径が小さいものはどれか。

解 答
(4) Ne（ネオン）
(5) Ar（アルゴン）
(6) Ca^{2+}

|解 説|

(1)(2) 同じ元素であれば，陽イオン＜原子＜陰イオンが原則。
よって，Li^+＜Li，F＜F^-

(3) Li 原子が陽イオンになるときの反応式と，その電子配置は次のとおり。
　　Li（K^2L^1）⟶ Li^+（K^2）＋ e^-
よって He（K^2）と同じ電子配置。

(4) Na 原子が陽イオンになるときの反応式とその電子配置は次のとおり。
　　Na（$K^2L^8M^1$）⟶ Na^+（K^2L^8）＋ e^-
よって，Ne（K^2L^8）と同じ電子配置。

(5) Ar に原子番号が近い S^{2-}, Cl^-, K^+, Ca^{2+} は全て $K^2L^8M^8$ の Ar 型の電子配置だよ。

$S + 2e^- \longrightarrow S^{2-}$　硫化物イオン（2価の陰イオン）
$Cl + e^- \longrightarrow Cl^-$　塩化物イオン（1価の陰イオン）
$K \longrightarrow K^+ + e^-$　カリウムイオン（1価の陽イオン）
$Ca \longrightarrow Ca^{2+} + 2e^-$　カルシウムイオン
　　　　　　　　　　　（2価の陽イオン）
$Al \longrightarrow Al^{3+} + 3e^-$　アルミニウムイオン
　　　　　　　　　　　（3価の陽イオン）

(6) 同じ電子配置の単原子イオンは原子番号が大きくなるほど半径が小さくなるよ。$_{16}S^{2-}$＞$_{17}Cl^-$＞$_{19}K^+$＞$_{20}Ca^{2+}$

第3章　原子の構造

第4章 元素の周期律

▶ 学校も1週間が規則的にくり返すが元素にも規則性がある。

story 1 元素の周期律

(1) 元素の周期表

周期表って，何ですか？

1869年にロシアの化学者である**メンデレーエフ**は，**元素を原子量順に並べる**と性質の似た元素が周期的に現れることを発見したんだ。この元素の性質の周期性を**元素の周期律**といい，これをもとに縦の列に性質の似た元素が並ぶようにしてつくられた表を**元素の周期表**というんだよ。

現在の周期表は**元素を原子番号順**に並べて原子量順に並べて価電子に注目してつくられている**んだけど，原型はメンデレーエフがつくったものなんだ。

50　物質の構成

周期表の基本的な見方をマスターしよう！

(2) 典型元素と遷移元素

周期表の横の行を**周期**，縦の列を**族**という。同じ族の元素は性質がよく似ているので，**同族元素**（▶次ページ）とよばれる。周期表の両側にある1，2族と12〜18族の元素を**典型元素**といい，族の一の位の数が価電子と一致している。3〜11族の元素を**遷移元素**といい，横に並んだ同周期の元素の性質が似ているよ。

▼ 典型元素と遷移元素

周期＼族	1族	2族	3族	4族	5族	6族	7族	8族	9族	10族	11族	12族	13族	14族	15族	16族	17族	18族
第1周期	H																	He
第2周期	Li	Be											B	C	N	O	F	Ne
第3周期	Na	Mg											Al	Si	P	S	Cl	Ar
第4周期	K	Ca	Sc	Ti	V	Cr	Mn	Fe	Co	Ni	Cu	Zn	Ga	Ge	As	Se	Br	Kr
第5周期	Rb	Sr	Y	Zr	Nb	Mo	Tc	Ru	Rh	Pd	Ag	Cd	In	Sn	Sb	Te	I	Xe
第6周期	Cs	Ba	ランタノイド	Hf	Ta	W	Re	Os	Ir	Pt	Au	Hg	Tl	Pb	Bi	Po	At	Rn
第7周期	Fr	Ra	アクチノイド	Rf	Db	Sg	Bh	Hs	Mt	Ds	Rg	Cn						
	典型元素		遷移元素									典型元素						

周期表の横の行を周期，縦の列を族というよ。

典型元素と遷移元素に分かれているから覚えなきゃ！

(3) 金属元素と非金属元素

元素は，**金属元素**と**非金属元素**に分かれる。金属元素は周期表の左下に位置し，価電子が少ないので，電子を放出して陽イオンになりやすい。非金属元素は全て典型元素で，価電子が多く，電子を受け取って陰イオンになりやすい。

第4章　元素の周期律

▼ 金属元素と非金属元素

周期\族	1族	2族	3族	4族	5族	6族	7族	8族	9族	10族	11族	12族	13族	14族	15族	16族	17族	18族
第1周期	H																	He
第2周期	Li	Be											B	C	N	O	F	Ne
第3周期	Na	Mg											Al	Si	P	S	Cl	Ar
第4周期	K	Ca	Sc	Ti	V	Cr	Mn	Fe	Co	Ni	Cu	Zn	Ga	Ge	As	Se	Br	Kr
第5周期	Rb	Sr	Y	Zr	Nb	Mo	Tc	Ru	Rh	Pd	Ag	Cd	In	Sn	Sb	Te	I	Xe
第6周期	Cs	Ba	ランタノイド	Hf	Ta	W	Re	Os	Ir	Pt	Au	Hg	Tl	Pb	Bi	Po	At	Rn
第7周期	Fr	Ra	アクチノイド	Rf	Db	Sg	Bh	Hs	Mt	Ds	Rg	Cn						
	典型元素		遷移元素									典型元素						

■ 金属元素　■ 非金属元素

⬡ (4) 同族元素

化学結合を形成するとき，価電子の数が非常に重要な役割を果たすため，**価電子の数が同じ元素では化学的な性質が似ているんだ。典型元素だけを表した周期表**を見てみると，**価電子の数**が同じものが縦に並んでいるから，周期表の元素は縦の列（**同族**）で性質が似ているんだ。同じ族に属する元素を**同族元素**とよぶんだが，化学ではこの同族元素を意識して勉強すると効率よく学べるよ！　また，同族元素には固有名がついているものもあるので，しっかり覚えよう！　次の表に固有名詞を示したよ。

▼ 同族元素

| アルカリ金属 (Hを除く1族元素) | アルカリ土類金属 (Be, Mgを除く2族元素) | | | | | | ハロゲン | 希ガス |

周期\族	1族	2族	12族	13族	14族	15族	16族	17族	18族
第1周期	H								He
第2周期	Li	Be		B	C	N	O	F	Ne
第3周期	Na	Mg		Al	Si	P	S	Cl	Ar
第4周期	K	Ca	Zn	Ga	Ge	As	Se	Br	Kr
第5周期	Rb	Sr	Cd	In	Sn	Sb	Te	I	Xe
第6周期	Cs	Ba	Hg	Tl	Pb	Bi	Po	At	Rn
第7周期	Fr	Ra	Cn						
価電子数	1	2	2	3	4	5	6	7	0

● **ゴロ合わせ暗記**

第1族　H　Li Na K　　Rb　Cs　Fr
エッチでリッチな　母ちゃんが　ルビーをせしめてフランスへ

第2族　Be Mg Ca　Sr Ba Ra
弁慶に　借りるとすれば　らっきょうだ！

第12族　Zn　　Cd Hg
あえん！　かつらハゲとは！

第13族　B　　Al Ga In Tl
ボインではあるが，インテリだ！

第14族　C　　　Si Ge Sn Pb
タンス（炭素）の下にゲロ　すん　な～

第15族　N　P　As　Sb　Bi
ナンパで　あせったスケベな美人

第16族　O S Se　　Te Po
お猿さん！　てっぽうよ！

第17族　F Cl Br　I　At
ふっくらばれた愛のあと

第18族　He Ne Ar Kr　Xe Rn
変なネコある暗闇でキス乱発

story 2　電子親和力とイオン化エネルギー

(1) 電子親和力

「イオン化エネルギーが大きいって，どういうことですか？」

「イオン化エネルギーだけ覚えるのはもったいないから，**電子親和力**という言葉もいっしょにマスターしよう！
２つとも，エネルギーの大小を把握すれば簡単にマスターで

第4章　元素の周期律

きるよ！　**2つの物質が合体したら，粒子のもつ化学エネルギーは低くなる**のが基本なんだ。

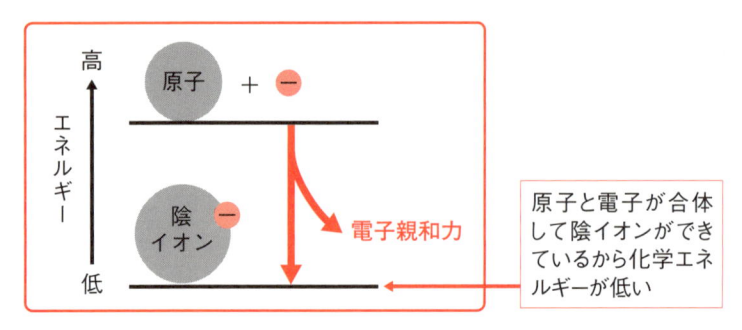

```
高 ↑
エ   原子 ＋ ―
ネ
ル              ↓ 電子親和力
ギ   陰
ー   イオン ―
低
```
原子と電子が合体して陰イオンができているから化学エネルギーが低い

▲ 電子親和力

　原子と電子が合体して陰イオンが生成するから，上の図のように原子より陰イオンの方がエネルギーが低い，つまり安定なんだ。エネルギー的に低い安定な方へ移動すると余ったエネルギーを放出するから，**電子親和力**は次のように定義されるよ！

電子親和力　→　**原子（気体）が電子を1個受け取って1価の陰イオンになるときに放出されるエネルギー**

　電子親和力が大きい原子ほど陰イオンになりやすいんだ。価電子が6個や7個の原子は電子親和力が大きく電子を受け取って希ガス型の電子配置をとり，陰イオンになりやすい傾向だね。陰イオンになりやすい原子のことを**陰性が強い原子**というよ！

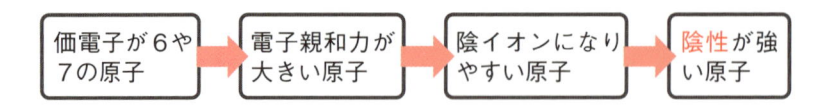

| 価電子が6や7の原子 | → | 電子親和力が大きい原子 | → | 陰イオンになりやすい原子 | → | **陰性**が強い原子 |

(2) イオン化エネルギー

さて，次にイオン化エネルギーについてだけど，電子親和力と同様に考えてみよう。原子というのは陽イオンと電子が合体してできていると考えれば，原子の方がエネルギーが低い，つまり安定なわけだ。逆に，原子から陽イオンをつくろうとすると，次の図のようにエネルギーを加える必要があるんだ。これが**イオン化エネルギー**だよ。

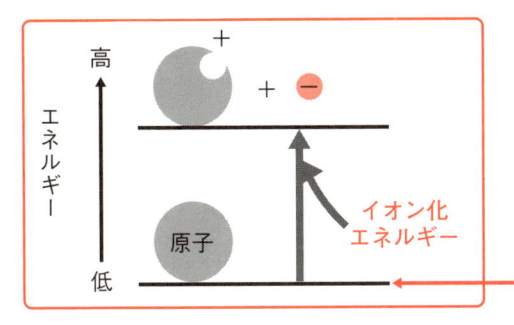

▲ イオン化エネルギー

だから，イオン化エネルギーは次のように定義されるよ。

（第一）イオン化エネルギー → 原子（気体）から電子を1個取り去って1価の陽イオンになるときに**吸収するエネルギー**

ちなみに，原子から電子を1個取り去って1価の陽イオンになるときに吸収するエネルギーを特に**第一イオン化エネルギー**，1価の陽イオンから電子1個を取り去って2価の陽イオンになるときに吸収するエネルギーを**第二イオン化エネルギー**とよぶよ。**イオン化エネルギーが小さい原子ほど陽イオンになりやすい**んだ。また，価電子が1個～3個の原子は，電子を失って陽イオンになりやすいから，**陽性が強い原子**とよぶんだ！

価電子が1〜3の原子 → イオン化エネルギーが小さい原子 → 陽イオンになりやすい原子 → **陽性**が強い原子

▼ 陽性が強い原子と陰性が強い原子

周期＼族	1族	2族	13族	14族	15族	16族	17族	18族
第1周期	H							He
第2周期	Li	Be	B	C	N	O	F	Ne
第3周期	Na	Mg	Al	Si	P	S	Cl	Ar
最外殻電子	1個	2個	3個	4個	5個	6個	7個	He以外は8個

　　　　　　└─ 陽性強 ─┘　　　　　　　　└ 陰性強 ┘

story 3　イオン化エネルギーの周期性

■ イオン化エネルギーの周期性のグラフって，重要？

■ 超〜重要だよ！　次のページのグラフは，周期表関連のグラフのなかで最も重要といってもいいんだ！　価電子が少ないアルカリ金属などは，電子を失いやすくイオン化エネルギーが小さい。**周期表の左下にいくほどイオン化エネルギーが小さくなる傾向**なんだよ！　イメージ的には「**大きな原子ほど，一番外側の電子がとれやすくて，陽イオンになりやすい**」と考えれば簡単だよ！　周期表の縦，つまり同族元素で見たら下に行くほど半径が大きい原子だからね。

Point! 周期表上のイオン化エネルギー

族\周期	1族	2族	12族	13族	14族	15族	16族	17族	18族
第1周期	H								He
第2周期	Li	Be		B	C	N	O	F	Ne
第3周期	Na	Mg		Al	Si	P	S	Cl	Ar
第4周期	K	Ca	Zn	Ga	Ge	As	Se	Br	Kr
第5周期	Rb	Sr	Cd	In	Sn	Sb	Te	I	Xe
第6周期	Cs	Ba	Hg	Tl	Pb	Bi	Po	At	Rn
第7周期	Fr	Ra	Cn						
価電子数	1	2	2	3	4	5	6	7	0

大 ↗ 小

イオン化エネルギーと原子番号の関係をグラフにするときれいな周期性が見えるよね。

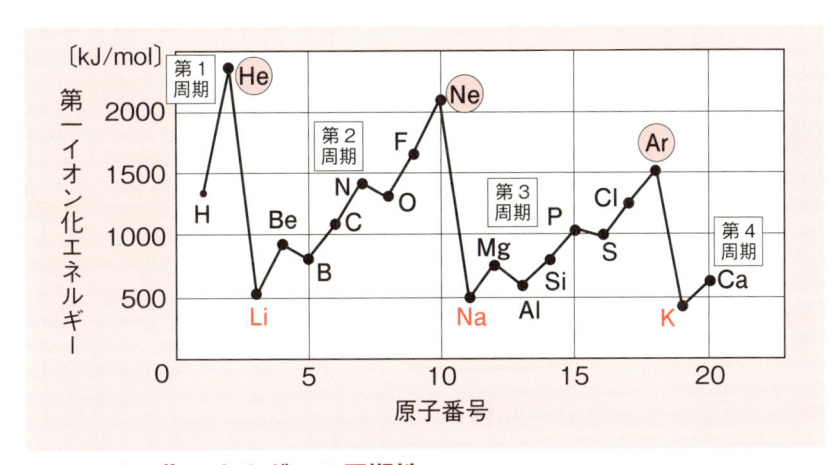

▲ イオン化エネルギーの周期性

例えば，希ガスの He，Ne，Ar は同一周期のなかで最もイオン化エネルギーが高いから，各周期で最大の値をとっているし，アルカリ金属である Li，Na，K は各周期で最小の値をとっていることもわか

第4章 元素の周期律

るね！

また，イオン化エネルギーが小さい原子ほど陽性が強い，つまり陽イオンになりやすいから，周期表は，左下に行くほど陽イオンになりやすいということになるね。イオンになりにくい希ガス（18族）を除くと，**周期表の左下にいくほど陽性が強く，右上にいくほど陰性が強いという傾向がある**よ。

Point! 周期表上の陽性と陰性

陰性強

	1族	2族	12族	13族	14族	15族	16族	17族
第1周期	H							
第2周期	Li	Be		B	C	N	O	F
第3周期	Na	Mg		Al	Si	P	S	Cl
第4周期	K	Ca	Zn	Ga	Ge	As	Se	Br
第5周期	Rb	Sr	Cd	In	Sn	Sb	Te	I
第6周期	Cs	Ba	Hg	Tl	Pb	Bi	Po	At
第7周期	Fr	Ra	Cn					
価電子数	1	2	2	3	4	5	6	7

陽性強

---

story 4 周期律を示すグラフ

◯ (1) 価電子の数の周期性

> イオン化エネルギー以外にも周期律を示すグラフはあるの？

もちろん，あるよ。簡単なグラフでは価電子の数がそうだよ。**17族のハロゲン**（F，Cl，Br，I など）**が最大で，希ガスが0** だから非常に周期的な変化を示すグラフだよ！

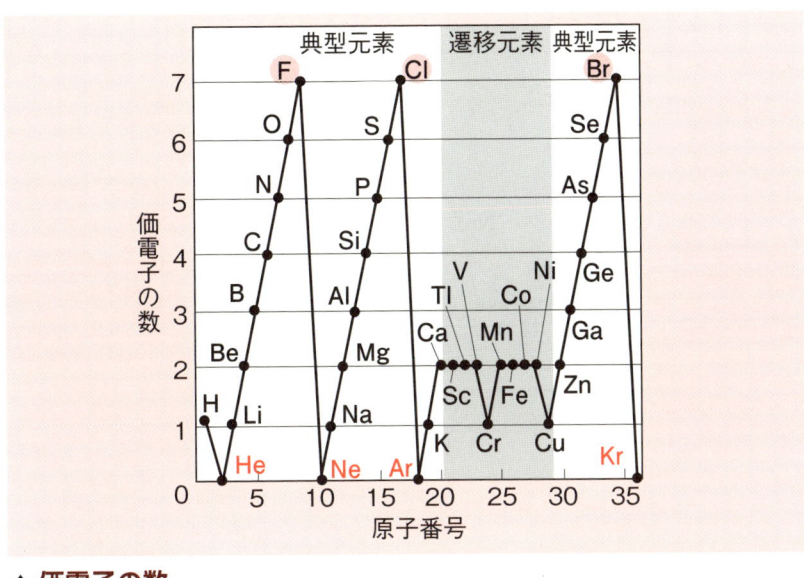

▲ 価電子の数

　遷移元素の価電子は1個か2個だから明確な周期性がないこともわかるね！　むしろ遷移元素は横に隣りあった元素どうしで似ているともいえるんだ。明確な周期性があるのは典型元素なんだよ！

(2) 原子半径の周期性

　次のページに図を示したけれど，**原子半径も周期性がある**ことがわかるよ！　原子半径は，同一周期ならアルカリ金属（Li，Na，Kなど）が最大であることがわかるね！

第4章　元素の周期律

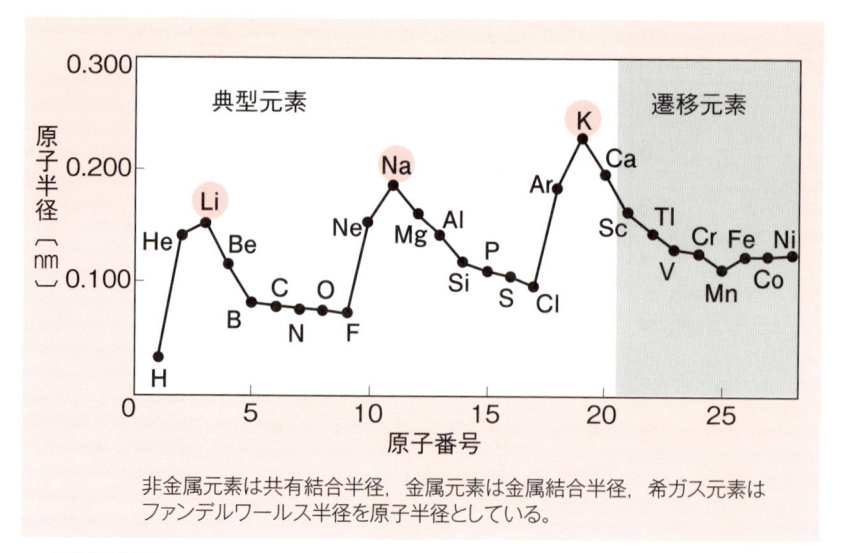

グラフ中の元素: 典型元素 / 遷移元素
H, He, Li, Be, B, C, N, O, F, Ne, Na, Mg, Al, Si, P, S, Cl, Ar, K, Ca, Sc, Ti, V, Cr, Mn, Fe, Co, Ni

縦軸: 原子半径 〔nm〕 (0.100, 0.200, 0.300)
横軸: 原子番号 (0, 5, 10, 15, 20, 25)

非金属元素は共有結合半径, 金属元素は金属結合半径, 希ガス元素はファンデルワールス半径を原子半径としている。

▲ **原子半径**

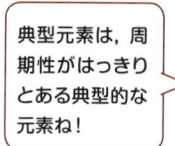

> 典型元素は, 周期性がはっきりとある典型的な元素ね！

60　物質の構成

| 確認問題 |

1 次の問いに答えよ。

(1) 遷移元素のなかに，非金属元素は何個あるか。

(2) 遷移元素は何族から何族までか。

(3) アルカリ土類金属元素の元素記号を全て書け。

(4) 同一周期において，1価の陽イオンになりやすい原子ほど小さい値になるものを①～④から選べ。
① イオン化エネルギー　② 電子親和力
③ 原子半径　　　　　　④ 融点

(5) 同一周期において，1価の陰イオンになりやすい原子ほど大きい値になるものを①～④から選べ。
① イオン化エネルギー　② 電子親和力
③ 原子半径　　　　　　④ 融点

(6) 原子が1価の陽イオンになるときには，イオン化エネルギーを吸収するか，放出するか。

(7) 原子が電子を受け取って1価の陰イオンになるときには，電子親和力を吸収するか，放出するか。

| 解答 |

(1) 0個

(2) 3族～11族

(3) Ca, Sr, Ba, Ra

(4) ①

(5) ②

(6) 吸収する。

(7) 放出する。

| 解説 |

(2) 遷移元素は3族から11族まで。
（覚え方：船医は　三食　いい食事）
　　　　　（遷移）　（3族）（11族）

第4章　元素の周期律

2 次の(1)〜(5)に該当する元素を元素記号で答えよ。

(1) 原子番号20までの元素のなかで，イオン化エネルギーが最大の元素は何か。
(2) 原子番号20までの元素のなかで，最も陽性の強い元素は何か。
(3) 第2周期の元素のなかで，最もイオン化エネルギーの小さい元素は何か。
(4) 第2周期の元素のなかで，最も陽性の強い元素は何か。
(5) 第3周期の元素のなかで，最も陰性の強い元素は何か。
(6) 第3周期の元素のなかで，価電子数が最小の元素は何か。
(7) 原子番号20までの元素のなかで，原子半径が最大の元素は何か。

解答
(1) He
(2) K
(3) Li
(4) Li
(5) Cl
(6) Ar
(7) K

解説
(1) イオン化エネルギーは周期表の右上ほど大きいので，ヘリウム He が最大。
(2) 陽性は周期表の左下ほど強いので，カリウム K が最も強い。
(3) イオン化エネルギーは周期表の左下ほど小さいので，第2周期なら1族のリチウム Li が最小。
(4) 陽性の強い元素はイオン化エネルギーが小さいので，(3)と同じ Li が正解。
(5) 同周期ではハロゲンが一番陰性が強いので，第3周期では塩素 Cl が最も強い。
(6) 価電子数は18族が0で最小なので，第3周期ならアルゴン Ar である。
(7) 原子半径は第4周期の K と Ca が大きいが，同周期なら1族のアルカリ金属が最も大きいので，K が最大。

II

化学結合

第5章 イオン結合

▶陰イオンと陽イオンの間には静電気的な引力が働く。

story 1 イオン結合の形成

(1) 電解質と非電解質

電解質って，何ですか？

電解質とは，**水などの溶媒に溶かすと，陽イオンと陰イオンに分かれる物質**のことをいうんだ！ 陽イオンと陰イオンに分かれることを，**電離**というよ。

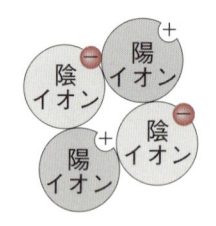

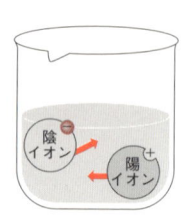

電離

水に溶かす → イオンは自由に動ける!!

64　化学結合

電解質を水などの溶媒に溶かすと，**溶媒中をイオンが自由に動けるようになるから電気を通す**んだ。

逆に，水などの溶媒に溶かしても電気を通さない（電離しない）物質を**非電解質**というから，これも覚えるんだよ。

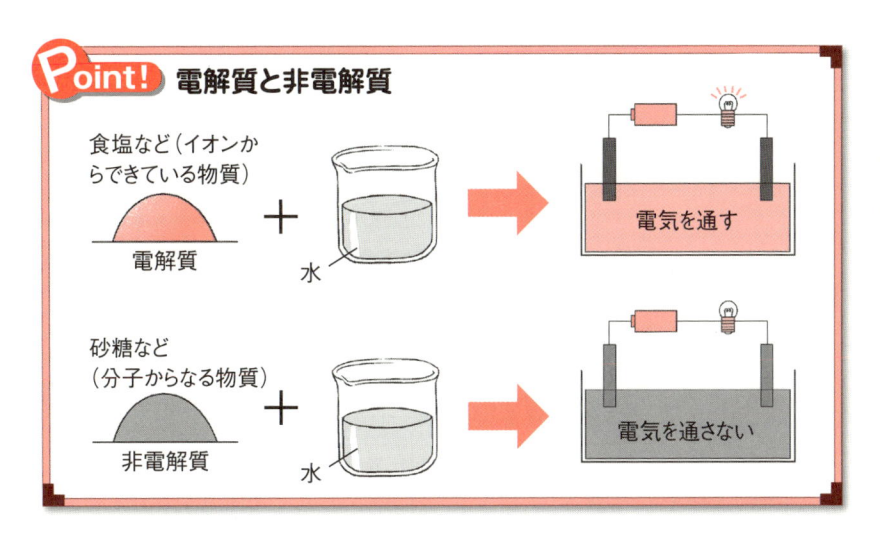

Point! 電解質と非電解質

食塩など（イオンからできている物質）
電解質
＋
水
→
電気を通す

砂糖など（分子からなる物質）
非電解質
＋
水
→
電気を通さない

(2) イオン結合

電解質はどんな元素のイオンがくっついてできているの？

典型的な例は，**金属元素と非金属元素**だよ。一般に金属元素は陽性が強く，非金属元素は陰性が強いからね。例えば，アルカリ金属であるナトリウムが電子を放出して陽イオンになり，ハロゲンのフッ素が電子を受け取って陰イオンになることで，イオン結合を形成し，フッ化ナトリウムになるよ。

電解質のどちらのイオンも**希ガス型の安定な電子配置**であることも忘れないでね。電解質の**陽イオンと陰イオンは静電気力**（**クーロン力**）で結びついてできていて，これを**イオン結合**というんだよ！

第5章 イオン結合　65

放出 受け取る

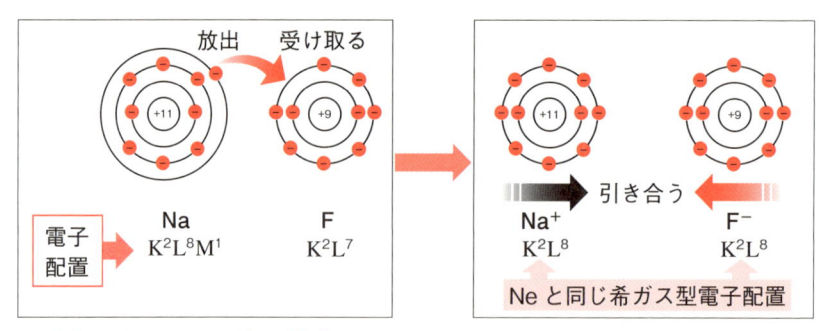

電子配置: Na $K^2L^8M^1$ F K^2L^7

引き合う

Na^+ K^2L^8 F^- K^2L^8

Neと同じ希ガス型電子配置

▲ ナトリウムとフッ素の結合

このように，**陽性の強い金属原子と陰性の強い非金属原子はイオン結合**するんだよ。

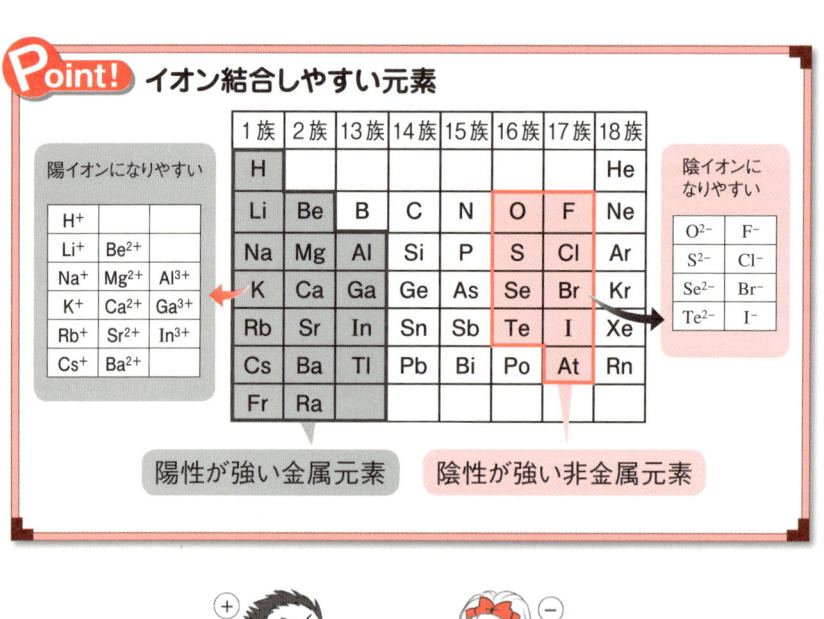

Point! イオン結合しやすい元素

陽イオンになりやすい

H^+		
Li^+	Be^{2+}	
Na^+	Mg^{2+}	Al^{3+}
K^+	Ca^{2+}	Ga^{3+}
Rb^+	Sr^{2+}	In^{3+}
Cs^+	Ba^{2+}	

1族	2族	13族	14族	15族	16族	17族	18族
H							He
Li	Be	B	C	N	O	F	Ne
Na	Mg	Al	Si	P	S	Cl	Ar
K	Ca	Ga	Ge	As	Se	Br	Kr
Rb	Sr	In	Sn	Sb	Te	I	Xe
Cs	Ba	Tl	Pb	Bi	Po	At	Rn
Fr	Ra						

陰イオンになりやすい

O^{2-}	F^-
S^{2-}	Cl^-
Se^{2-}	Br^-
Te^{2-}	I^-

陽性が強い金属元素　　陰性が強い非金属元素

陽性が強い　　　　　　陰性が強い

(3) 主な陽イオンと陰イオン

どんなイオンを覚えたらいいの？

単原子イオンと多原子イオンの代表的なものを次の表にしたよ。表中のイオンの価数と電荷の正負を表した化学式（Na^+, O^{2-} など）を**イオン式**というけど，それぞれ読み方に規則があるから注意してね！

▼ 陽イオンと陰イオンの読み方

多原子の陽イオン	単原子の陽イオン	価数	単原子の陰イオン	多原子の陰イオン
NH_4^+ アンモニウムイオン	Li^+ リチウムイオン Na^+ ナトリウムイオン K^+ カリウムイオン	1価	F^- フッ化物イオン Cl^- 塩化物イオン I^- ヨウ化物イオン	OH^- 水酸化物イオン NO_3^- 硝酸イオン HCO_3^- 炭酸水素イオン
	Ca^{2+} カルシウムイオン Fe^{2+} 鉄(Ⅱ)イオン	2価	O^{2-} 酸化物イオン S^{2-} 硫化物イオン	CO_3^{2-} 炭酸イオン SO_4^{2-} 硫酸イオン
	Al^{3+} アルミニウムイオン Fe^{3+} 鉄(Ⅲ)イオン	3価	「～化物」をつける。	PO_4^{3-} リン酸イオン

1族元素，2族元素，Alなどは複数の価数をもたないが，複数の価数をもつ場合は「～(Ⅱ)イオン」のように価数をローマ数字で表記する。

多原子の陰イオンは複雑そうだけど，「Ⅳ 酸と塩基の反応」（▶ P.127）を勉強すればかなり楽になるからね！ がんばって！

story 2 組成式

組成式って，何ですか？

物質を構成している原子，イオンの種類とその数を最も簡単な整数比で表したものを組成式というんだよ！　例えば食塩の結晶の1粒の中にNa⁺とCl⁻が，2兆個ずつ入っていたとしよう。その数を真面目に表記したらイヤであろう！

$Na_{2000000000000}Cl_{2000000000000}$

だから，Na⁺：Cl⁻＝1：1ということで原子やイオンの種類とその数を簡単な整数比で表した組成式を使うんだ。

数字が多くて怖いよ！　ママ！

$Na_{2000000000000}Cl_{2000000000000}$ ➡ **NaCl** 組成式

(1) 組成式の書き方

組成式は，陽イオンを先に陰イオンをあとに書く。陽イオンの価数の総和と陰イオンの価数の総和が等しくなるようにするよ。

多原子イオンを含む場合の組成式は次の Point! のように（　）をつけて表すよ。

化合物のときは〜イオン，〜物イオンという部分は取って，陰イオン名から読むのが普通だよ。

Point! 組成式

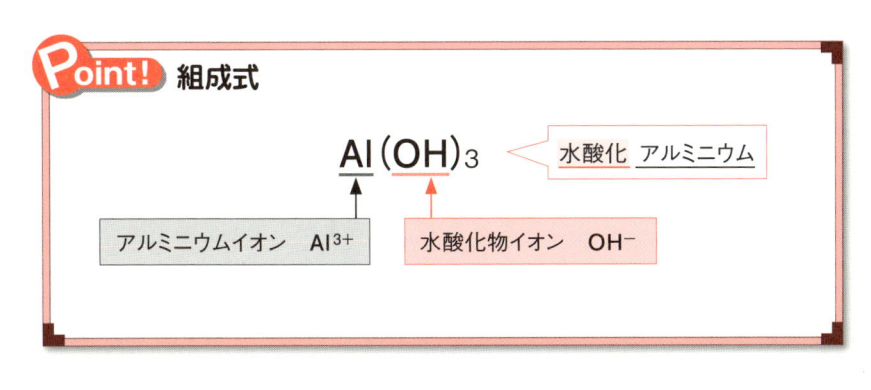

$$\underline{Al}\underline{(OH)}_3 \quad \text{水酸化 アルミニウム}$$

アルミニウムイオン Al^{3+}
水酸化物イオン OH^-

実際の組成式の例を見てみたら簡単だよ！

▼イオン結合の化合物の組成式（単原子イオンの例）

陰イオン 陽イオン	Cl^- 塩化物イオン	I^- ヨウ化物イオン	O^{2-} 酸化物イオン	S^{2-} 硫化物イオン
Na^+ ナトリウムイオン	NaCl 塩化ナトリウム	NaI ヨウ化ナトリウム	Na_2O 酸化ナトリウム	Na_2S 硫化ナトリウム
Ca^{2+} カルシウムイオン	$CaCl_2$ 塩化カルシウム	CaI_2 ヨウ化カルシウム	CaO 酸化カルシウム	CaS 硫化カルシウム
Al^{3+} アルミニウムイオン	$AlCl_3$ 塩化アルミニウム	AlI_3 ヨウ化アルミニウム	Al_2O_3 酸化アルミニウム	Al_2S_3 硫化アルミニウム

▼イオン結合の化合物の組成式（多原子イオンを含む例）

陰イオン 陽イオン	OH^- 水酸化物イオン	HCO_3^- 炭酸水素イオン	SO_4^{2-} 硫酸イオン	PO_4^{3-} リン酸イオン
Fe^{3+} 鉄(Ⅲ)イオン	$Fe(OH)_3$ 水酸化鉄(Ⅲ)	$Fe(HCO_3)_3$ 炭酸水素鉄(Ⅲ)	$Fe_2(SO_4)_3$ 硫酸鉄(Ⅲ)	$FePO_4$ リン酸鉄(Ⅲ)
Ca^{2+} カルシウムイオン	$Ca(OH)_2$ 水酸化カルシウム	$Ca(HCO_3)_2$ 炭酸水素カルシウム	$CaSO_4$ 硫酸カルシウム	$Ca_3(PO_4)_2$ リン酸カルシウム
NH_4^+ アンモニウムイオン	NH_4OH※ 水酸化アンモニウム	NH_4HCO_3 炭酸水素アンモニウム	$(NH_4)_2SO_4$ 硫酸アンモニウム	$(NH_4)_3PO_4$ リン酸アンモニウム

※水酸化アンモニウムは単離できない。

第5章　イオン結合

story 3 イオン結晶

(1) イオン結晶

> 結晶って，何ですか？

我々が見ている固体は全てきれいに配列されているわけではないんだよ。固体の中でも，**原子，分子，イオンが規則正しく配列しているものを結晶**というんだ。**陽イオンと陰イオンでできた結晶をイオン結晶**というんだ。**規則正しく配列していないものは非晶質（アモルファス）**というよ。

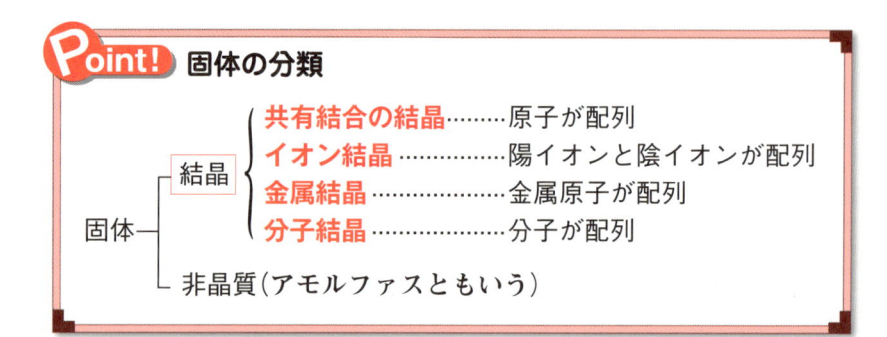

Point! 固体の分類

```
         ┌ 結晶 ┌ 共有結合の結晶 ……… 原子が配列
         │      │ イオン結晶 …………… 陽イオンと陰イオンが配列
固体 ────┤      │ 金属結晶 …………… 金属原子が配列
         │      └ 分子結晶 …………… 分子が配列
         └ 非晶質（アモルファスともいう）
```

(2) イオン結晶の性質

イオン結晶は結合力が強く硬いのが特徴だ。しかし，ハンマーなどで急激に力を加えると割れてしまう。このような性質を脆いというんだけど，一般に**硬いものほど脆い傾向にある**んだ。

食塩の結晶をハンマーで強く叩くと，特定の方向に割れて平滑な面ができるんだけど，この性質や現象を劈開というよ。これは，強く叩くことで結晶中のイオンの位置がずれて，同じ種類のイオンが並んで反発し合うことで起こると考えられているんだよ！

強く叩く

食塩の結晶　　劈開

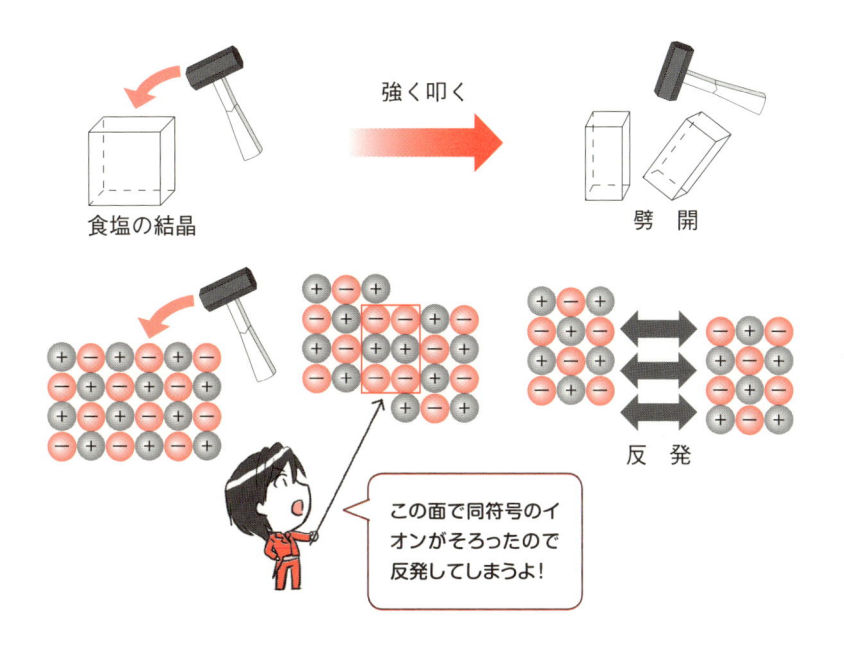

この面で同符号のイオンがそろったので反発してしまうよ！

反発

(3) 主なイオン結晶の物質

イオン結晶の代表的な物質には何がありますか？

主な例をまとめたよ！

▼ イオン結晶の物質

イオン結晶の物質	読み方	用途
NaCl	塩化ナトリウム	調味料（食塩），塩化水素 HCl や水酸化ナトリウム NaOH の原料
$CaCl_2$	塩化カルシウム	豆腐の凝固剤，乾燥剤，融雪剤
$CaCO_3$	炭酸カルシウム	石灰石の成分，チョーク
Na_2CO_3	炭酸ナトリウム	ガラスやセッケンの原料
$NaHCO_3$	炭酸水素ナトリウム	重曹，ベーキングパウダー
Ba_2SO_4	硫酸バリウム	X線診断の造影剤（X線をよく吸収するため）

第5章　イオン結合

確認問題

1 水に溶かしたとき，その水溶液が導電性を示す物質を何というか。

解答 電解質

2 次のイオンのイオン式を書け。
(1) フッ化物イオン　(2) 鉛(Ⅱ)イオン
(3) マンガン(Ⅳ)イオン　(4) アンモニウムイオン
(5) 硝酸イオン　(6) 炭酸水素イオン
(7) 水酸化物イオン　(8) リン酸イオン

(1) F^-　(2) Pb^{2+}
(3) Mn^{4+}　(4) NH_4^+
(5) NO_3^-　(6) HCO_3^-
(7) OH^-　(8) PO_4^{3-}

3 次の物質の組成式を書け
(1) フッ化アルミニウム　(2) 硫酸アンモニウム
(3) 硝酸カルシウム　(4) 炭酸カリウム
(5) 炭酸水素カルシウム　(6) リン酸カルシウム

(1) AlF_3
(2) $(NH_4)_2SO_4$
(3) $Ca(NO_3)_2$
(4) K_2CO_3
(5) $Ca(HCO_3)_2$
(6) $Ca_3(PO_4)_2$

解説

電荷が全体で±0になるようにイオンを組み合わせよう！

(1) $Al^{3+} + 3F^- \longrightarrow AlF_3$
(2) $2NH_4^+ + SO_4^{2-} \longrightarrow (NH_4)_2SO_4$
(3) $Ca^{2+} + 2NO_3^- \longrightarrow Ca(NO_3)_2$
(4) $2K^+ + CO_3^{2-} \longrightarrow K_2CO_3$
(5) $Ca^{2+} + 2HCO_3^- \longrightarrow Ca(HCO_3)_2$
(6) $3Ca^{2+} + 2PO_4^{3-} \longrightarrow Ca_3(PO_4)_2$

4 陽イオンと陰イオンが規則正しく配列してできた固体を何というか。

解答 イオン結晶

5 結晶に急激な力を加えると，特定な面に沿って割れやすいという性質を何というか。

劈開(へきかい)

第6章 共有結合

▶ 原子と原子が電子を2個共有して結合ができている。

story 1 共有結合による分子の形成

(1) 共有結合

共有結合って，何ですか？

一般に典型元素の金属元素と非金属元素の原子の結合はイオン結合が多いんだが，**非金属元素の原子どうしの結合では電子を共有する共有結合が多い**んだ。
ここで重要なのは，次のことだよ。

Point! 共有結合
① C, H, O, N, S, P, F, Cl, Br, I などの非金属の原子どうしの結合に多い。
② 結合は**電子を共有して**できている。

2個の原子が電子を共有するから共有結合というんだけど，フッ化水素 HF の例を見てみよう。

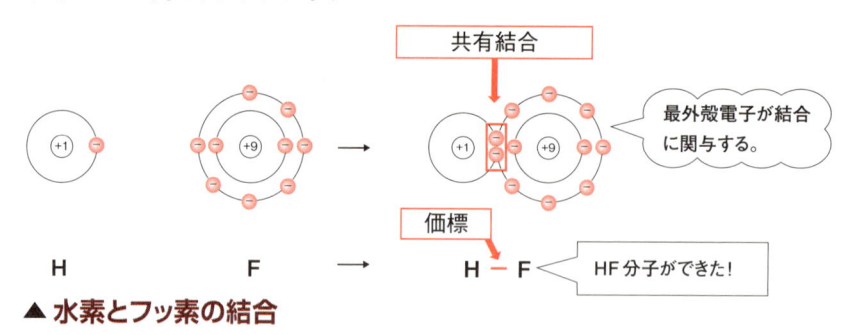

共有結合

最外殻電子が結合に関与する。

価標

H　　F　→　H − F　　HF分子ができた！

▲ 水素とフッ素の結合

(2) 構造式と分子式

こうやって共有された2個の電子を H − F のように1本の線で表すんだ。この線を**価標**といって，元素記号と価標で表した化学式を**構造式**というんだよ。そして，**共有結合によってできたかたまり（粒子）を分子**というんだけど，分子はいつも構造式で表すわけではなく，**分子式**といって分子を構成する原子の種類を元素記号で，その数を右下に添えて表すことが多いよ。例としては，水 H_2O とか二酸化炭素 CO_2 なんかだね。

(3) 分子の分類

分子には HF のように2個の原子で構成された**二原子分子**のほかに，**三原子分子**や**四原子分子**などがあり，原子が3個以上の分子を**多原子分子**というよ。共有結合しない希ガスは**単原子分子**という。

分子
- 単原子分子（He, Ne, Ar, Kr, Xe, Rn）
- 二原子分子（HF, HCl, HI, CO, NO, H_2, N_2, O_2, F_2, Cl_2, I_2）
- 三原子分子（H_2O, CO_2, CS_2, NO_2, HCN）⎫
- 四原子分子（NH_3, C_2H_2, H_2O_2）　　　　　　⎬ 多原子分子
- ⋮　　　　　　　　　　　　　　　　　　　　　　　⎭

story 2 電子式

(1) 電子式

電子式って，点ばかりで面倒くさいよー！

電子式は，点ばかり書いて苦しいだけという人が多いんだけど，結合を知る上で非常に便利な化学式なんだよ。面倒くさがらずにがんばってマスターしようね！

共有結合は最外殻電子の一部または全部を使ってできているから，結合がわかりやすいように**元素記号のまわりに最外殻電子を点で表記したものが電子式**なんだ。

(2) 不対電子と電子対

ここで重要なのは，**共有結合をしていなくても，していても電子2個を単位として考える**ということなんだ。この電子のペアを**電子対**というんだ。ペアになっていない電子は**不対電子**というんだよ。電子式の書き方の具体的なポイントを次の図の1～5の番号で書いておいたから，電子式を見ながら数字の順に読んでみよう！

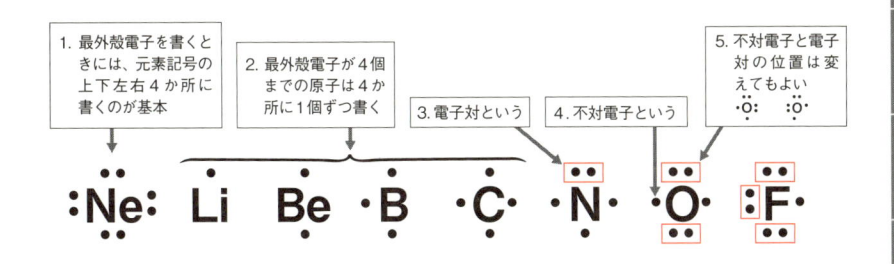

1. 最外殻電子を書くときには，元素記号の上下左右4か所に書くのが基本
2. 最外殻電子が4個までの原子は4か所に1個ずつ書く
3. 電子対という
4. 不対電子という
5. 不対電子と電子対の位置は変えてもよい

:Ne: Li Be ·B· ·C· ·N· ·O: :F:

第6章 共有結合　75

(3) 原子価と不対電子の数

　周期表には，典型元素は最外殻電子の数が等しいものが縦に並んでいる（Heのみ例外）。また1つの原子がつくり得る共有結合の数を**原子価**というんだけど，**原子価はその原子がもつ不対電子の数と同じ**なんだよ。理由は簡単で**不対電子は不安定で他の原子の不対電子と共有結合をつくって安定な電子対になる**からなんだ。

Point! 電子式と原子価

族番号		1	2	13	14	15	16	17	18
電子式	第1周期	H・							He:
	第2周期	Li・	・Be・	・B・	・C・	・N̈・	・Ö・	:F̈:	:N̈e:
	第3周期	Na・	・Mg・	・Al・	・Si・	・P̈・	・S̈・	:C̈l:	:Är:
不対電子の数		1	2	3	4	3	2	1	0
原子価		1価	2価	3価	4価	3価	2価	1価	0価

Heは電子の入る場所がK殻しかないので・He・とは書かない。

(4) 共有電子対と非共有電子対

　ここで，もう一度HF分子を例に構造式と電子式を書いてみると，結合に関与していない電子対が3組ある。**共有している電子対を共有電子対**，**共有していない電子対を非共有電子対**または**孤立電子対**というんだよ。**構造式にかかれている価標は共有電子対のこと**だということがよくわかるね。

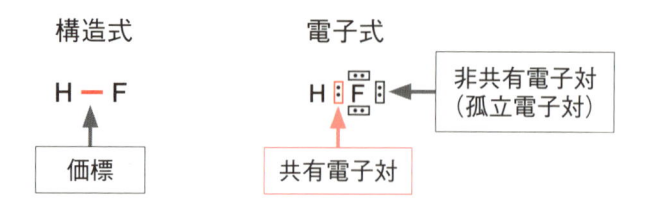

構造式　　　　　　電子式

H—F　　　　　　H:F̈:　← 非共有電子対（孤立電子対）

↑　　　　　　　　↑
価標　　　　　　　共有電子対

76　化学結合

(5) 結合の分類

原子間で共有された電子対が1組，2組，3組の共有結合をそれぞれ**単結合**，**二重結合**，**三重結合**というんだ。分子式，構造式，電子式をまとめると次の通りになるよ。

Point! 分子の構造式, 電子式, 分子の形

物質名／分子式	構造式	電子式	分子の形
塩素 Cl_2	Cl − Cl （単結合）	:Cl::Cl:	直線形
水 H_2O	H − O − H	H:O:H	折れ線形
二酸化炭素 CO_2	O = C = O （二重結合）	O::C::O	直線形
アンモニア NH_3	H − N − H | H	H:N:H | H	三角錐形
メタン CH_4	H | H − C − H | H	H | H:C:H | H	正四面体形
エチレン（エテン） C_2H_4	H\\C=C/H H/ \\H	H:C::C:H H H	平面形
アセチレン（エチン） C_2H_2	H − C ≡ C − H （三重結合）	H:C:::C:H	直線形

第6章 共有結合

story 3　配位結合

(1) 配位結合

> Nは手（価標）が３本なのに、４本あるNがいるよ！

それは、**配位結合**しているN原子だね。配位結合っていうのは**非共有電子対を他の原子や陽イオンなどに一方的に供給してできる共有結合**のことなんだよ。アンモニア NH_3 や水 H_2O を例に見てみよう！

❶ NH_3 と H^+ の反応（アンモニウムイオン）

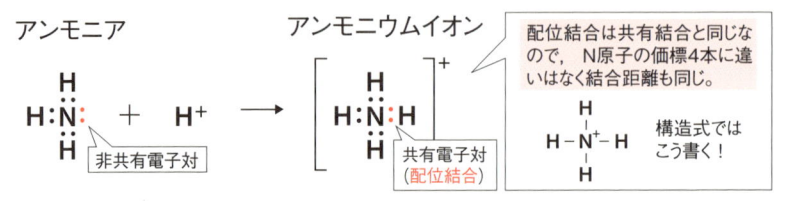

アンモニア　　　　　　　　　　アンモニウムイオン

$$H:\overset{..}{\underset{H}{N}}:H \;\; + \;\; H^+ \;\; \longrightarrow \;\; \left[H:\overset{H}{\underset{H}{N}}:H \right]^+$$

非共有電子対　　　　　　　　　共有電子対（配位結合）

配位結合は共有結合と同じなので、N原子の価標4本に違いはなく結合距離も同じ。

構造式ではこう書く！

$$\begin{array}{c} H \\ | \\ H-N^+-H \\ | \\ H \end{array}$$

❷ H_2O と H^+ の反応（オキソニウムイオン）

　　　　　　　　　　　　　オキソニウムイオン

$$H:\overset{..}{\underset{..}{O}}:H \;\; + \;\; H^+ \;\; \longrightarrow \;\; \left[H:\overset{H}{\underset{..}{O}}:H \right]^+$$

構造式ではこう書く！

$$\begin{array}{c} H \\ | \\ H-O^+-H \end{array}$$

　配位結合という名前を聞くと、共有結合とは別の結合のように聞こえるけど、結合のつくり方が異なるだけで、結合したあとは**共有結合と変わらない**。だから、構造式では価標で表すよ。

　そうすると、確かに、アンモニウムイオン NH_4^+ の窒素原子Nは価標が４本出ているね。Nは通常、原子価は３価で、価標は３本なんだけど、１つが H^+ と配位結合したから４本になってしまっているんだ。配位結合として、**アンモニウムイオン**と**オキソニウムイオン**の例は重要だから、しっかり覚えてね！

※電子がケーキで窒素が女子高生なら，$NH_3 + H^+ \longrightarrow NH_4^+$ はこのような状況。

(2) 錯イオン

配位結合をしてできたイオンを**錯イオン**といって，**非共有電子対を供給する側の物質を配位子**というんだよ。前の例のように H^+ と配位結合するのではなくて，金属イオンと配位結合する場合には，次のようになるよ。

Ag^+ + $2NH_3$ ⇌ $[Ag(NH_3)_2]^+$
銀(Ⅰ)イオン　アンモニア　　　　　ジアンミン銀(Ⅰ)イオン
（金属イオン）（配位子）　　　　　　（錯イオン）

配位子の名称
H_2O アクア, NH_3 アンミン, OH^- ヒドロキシド（ヒドロキソ），
CN^- シアニド（シアノ），F^- フルオリド（フルオロ），
Cl^- クロリド（クロロ），Br^- ブロミド（ブロモ）

このような金属の錯イオンの名称のときは，配位子 NH_3 の名称がアンモニアではなくてアンミンになるから注意してね。

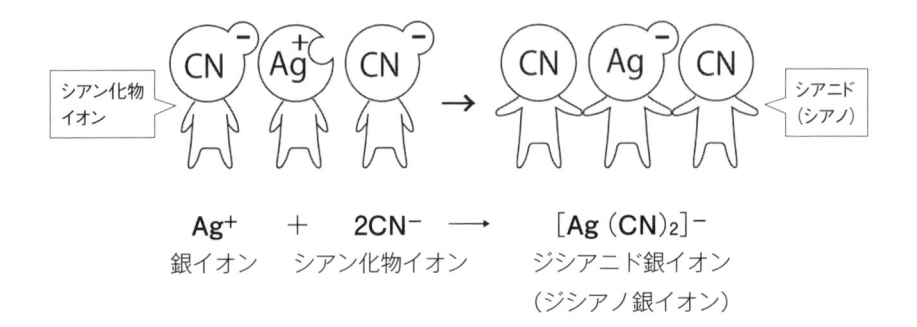

シアン化物イオン　　　　　　　　　　　　　　　　　シアニド（シアノ）

Ag^+ + $2CN^-$ ⟶ $[Ag(CN)_2]^-$
銀イオン　シアン化物イオン　　ジシアニド銀イオン
　　　　　　　　　　　　　　　（ジシアノ銀イオン）

確認問題

1 次の問題に答えよ。

(1) 共有電子対には電子が何個入っているか。
(2) H−Cl の真ん中の直線を何とよぶか。
(3) 二酸化炭素中の炭素原子の原子価はいくつか。
(4) 二硫化炭素 CS_2 の電子式を書け。
(5) 窒素 N_2 の電子式を書け。
(6) 次の①〜⑥の化合物から三重結合を含む分子を1つ選び、その分子式を示せ。
　① 二酸化炭素　　② メタン
　③ アンモニア　　④ 水
　⑤ アセチレン　　⑥ フッ化水素
(7) HCl は結合に関与していない電子対を3つもっている。この電子対を何というか。
(8) 次の①〜④の文章から誤っているものを1つ選べ。
　① H_3O^+ は配位結合を含む。
　② NH_4^+ 中の4つの結合は全て同じ結合である。
　③ 配位結合は、結合したあとは共有結合と変わらない。
　④ $[Ag(NH_3)_2]^+$ の配位子は Ag^+ である。

解答

(1) 2個
(2) 価標
(3) 4価
(4) :S̈::C::S̈:
(5) :N⋮⋮N:
(6) ⑤ C_2H_2
　（H−C≡C−H）
(7) 非共有電子対
(8) ④
　（NH_3 が配位子）

第7章 分子

▶ 炭素原子は共有結合により巨大分子をつくる。

story 1 　分子の極性

(1) 電気陰性度と極性

　電気陰性度って，何ですか？

　簡単にいえば，共有結合の中で**共有電子対を引きつける度合い**が**電気陰性度**だよ！　HCl 分子を例にすると，電気陰性度が水素は 2.2 で塩素は 3.2，大きい方が引きつける力が強いから，塩素原子側に共有電子対が引き寄せられて，塩素原子側がマイナスを帯びているんだ。このようなとき**結合に極性がある**というよ！　また，極性を生じることを**分極**というよ。

$$H - Cl \quad \Longrightarrow \quad \overset{\delta+}{H} - \overset{\delta-}{Cl}$$
$$2.2\ \ 3.2$$

82　化学結合

分子中の電荷の偏りを見る上で，非常に重要な値が電気陰性度なんだよ。周期表で見てみると希ガスを抜かして右上の原子が大きいことがわかるだろう。特にその中でも F，O，N は別格だと考えていいよ。

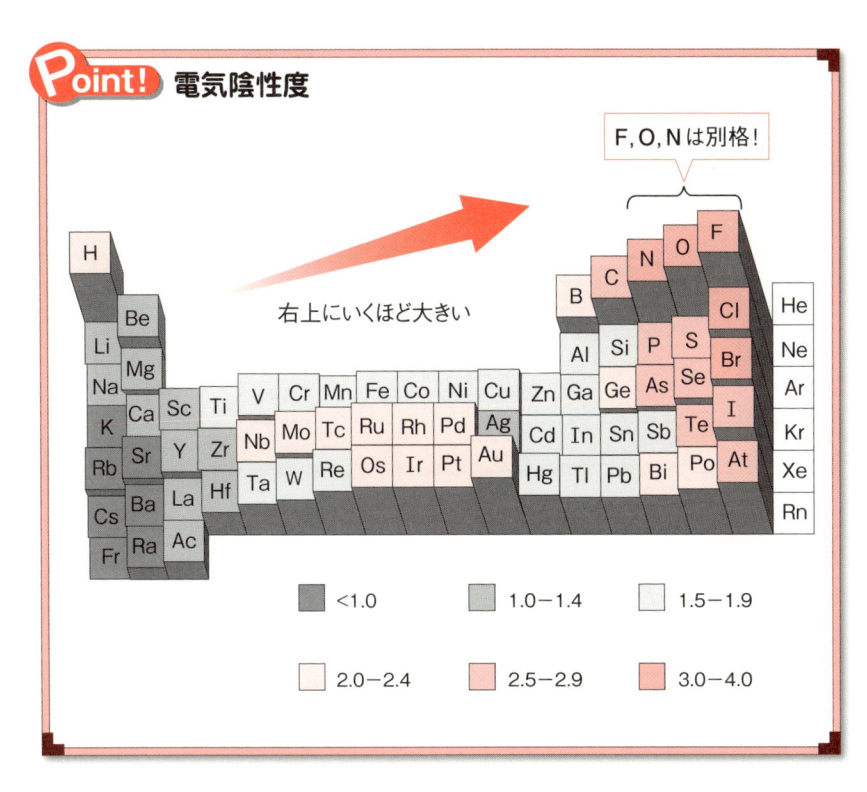

Point! 電気陰性度

F, O, N は別格！

右上にいくほど大きい

- ■ <1.0
- ■ 1.0-1.4
- □ 1.5-1.9
- □ 2.0-2.4
- □ 2.5-2.9
- □ 3.0-4.0

(2) 無極性分子と極性分子

分子の極性は電気陰性度を見ればわかるんだけど，分子全体として**正負の電荷の重心が一致している分子を無極性分子**，**一致していない分子を極性分子**というんだ。こういうと難しそうだけど，電気陰性度の差を大きさにしたベクトルを考えて，**ベクトルの和が0になれば無極性分子**だと考えれば簡単だよ！

第7章 分子　83

Point! 無極性分子と極性分子

無極性分子:
- H(2.2)–H(2.2)
- O(δ−, 3.4)=C(δ+, 2.6)=O(δ−, 3.4) ベクトルの和が0
- CH₄ (H 2.2, C 2.6) ベクトルの和が0

極性分子:
- H(δ+, 2.2)–Cl(δ−, 3.2)
- HClよりHFの方が極性 大
- H(δ+, 2.2)–F(δ−, 4.0)
- NH₃ (N δ−, 3.0; H δ+, 2.2)
- H₂O (O δ−, 3.4; H δ+, 2.2)

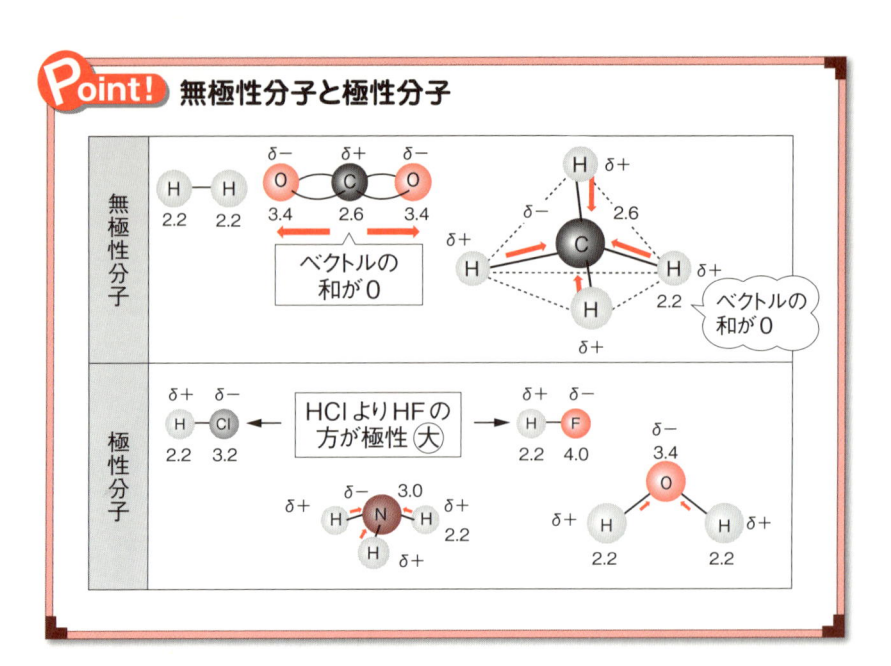

story 2 分子間力

(1) 分子間力

> 水素結合って，何ですか？

水素結合は共有結合やイオン結合と違って，分子と分子の間の引力，つまり**分子間力**の一種なんだよ。水素結合を勉強する前に分子間力について勉強する必要があるね。

(2) ファンデルワールス力

まず，分子間力には**ファンデルワールス力**と**水素結合**という2つの力があるんだ。このうちファンデルワールス力には**分散力**とよばれる全ての分子間に働く力があるんだ。分散力と

84 化学結合

いうのは，分子の表面における電子の瞬間的な偏りによって，瞬間的に分子の表面は部分的に＋や－に帯電して働く引力なんだよ。一方，極性がある分子は恒常的に分子の表面が＋や－に分極しているので，分散力よりも強い力が働いているんだ。

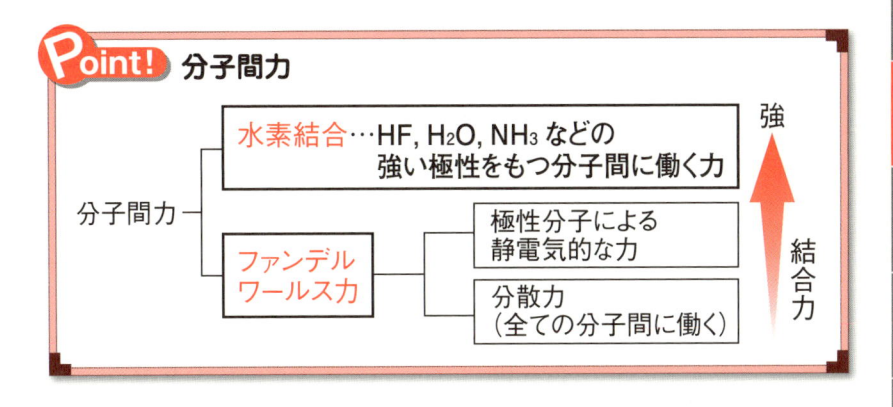

Point! 分子間力

分子間力
- 水素結合…HF, H_2O, NH_3 などの強い極性をもつ分子間に働く力
- ファンデルワールス力
  - 極性分子による静電気的な力
  - 分散力（全ての分子間に働く力）

結合力：強 ↑

分散力（全ての分子間に働く力）

分子　分子
瞬間的
大きな分子ほど起きやすい
瞬間的に電荷が偏る！

－ 分子 ＋ → ← － 分子 ＋

(例) O＝C＝O → ← O＝C＝O

極性分子による静電気的な力

恒常的に分極している分子（極性分子）

－ 分子 ＋ → ← － 分子 ＋

(例) Cl－H → ← Cl－H

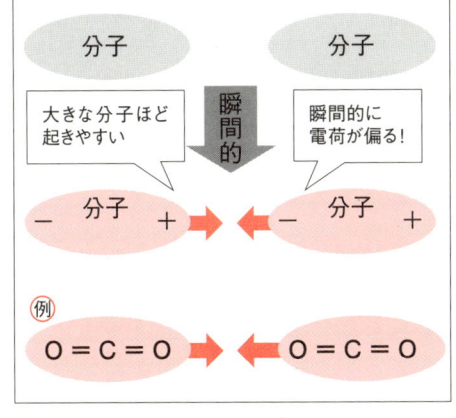

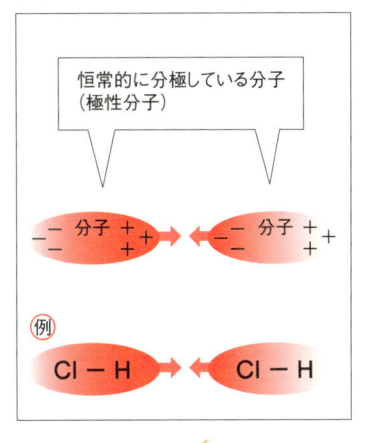

▲ ファンデルワールス力

(3) 水素結合

水素結合というのは**特に強い極性をもつ，水素を含んだ分子間に働く**力だ。具体的には H_2O，HF，NH_3 の3つを覚えよう！

▼ 水素結合の例

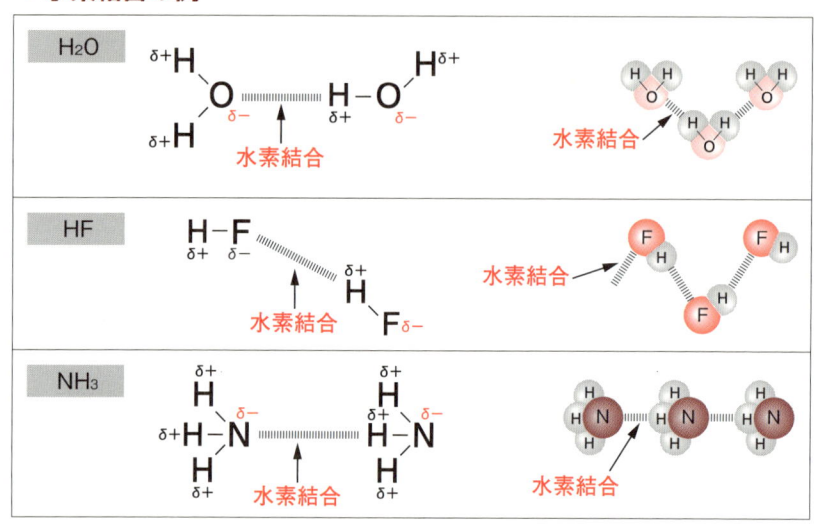

H_2O	

HF	

NH_3	

(4) 水素結合と沸点

水素結合はファンデルワールス力よりかなり強いので，分子間に強い引力が働くんだ。だから，**水素結合が働いている物質は同程度の分子量の物質と比べて非常に沸点が高い**んだよ！

次のページのグラフを見ると明らかだね。14族の水素化合物は大きな分子ほどファンデルワールス力（分散力）が大きくなって沸点が高くなっているのに，15，16，17族の NH_3，H_2O，HF は各族で一番分子量が小さいのにもかかわらず沸点が異常に高くなっているだろう！

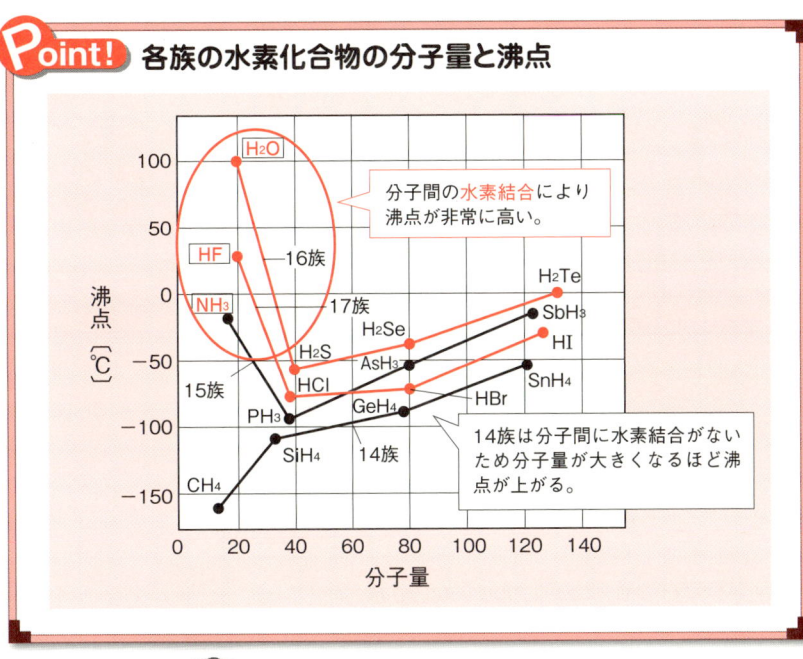

Point! 各族の水素化合物の分子量と沸点

グラフ：縦軸 沸点〔℃〕、横軸 分子量
- 16族：H₂O（約100℃）, H₂S, H₂Se, H₂Te
- 17族：HF, HCl, HBr, HI
- 15族：NH₃, PH₃, AsH₃, SbH₃
- 14族：CH₄, SiH₄, GeH₄, SnH₄

分子間の**水素結合**により沸点が非常に高い。

14族は分子間に水素結合がないため分子量が大きくなるほど沸点が上がる。

> 水素結合している分子はダントツ沸点が高〜い！

story 3　巨大分子と共有結合の結晶

> 分子って，目に見えないの？

おっ！　それはよい質問だね。何と目で見える分子があるんだよ！　原子が共有結合した塊を分子といったけど，炭素やケイ素などは共有結合により目に見えるほどの大きな分子を作るんだ。これを**巨大分子**とよぶんだ。また，ダイヤモンド（炭素）やケイ素の巨大分子は規則正しい配列をもった結晶になっているので特に**共有結合の結晶**（共有結晶）とよんでいるよ。有名な例をあげるから覚えてね。

第7章　分　子

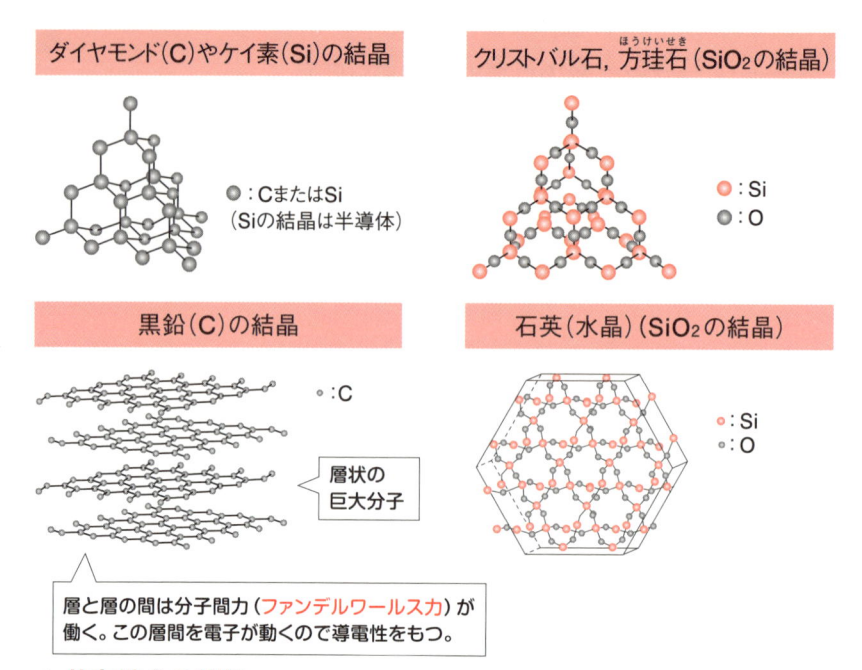

ダイヤモンド(C)やケイ素(Si)の結晶

● : CまたはSi
（Siの結晶は半導体）

クリストバル石, 方珪石(SiO₂の結晶)

● : Si
● : O

黒鉛(C)の結晶

● : C

層状の巨大分子

層と層の間は分子間力（**ファンデルワールス力**）が働く。この層間を電子が動くので導電性をもつ。

石英(水晶)(SiO₂の結晶)

● : Si
● : O

▲ **共有結合の結晶**

　二酸化ケイ素 SiO_2 の巨大分子で規則正しい配列をもたないものに**石英ガラス**があるけど，高純度のものは**光ファイバー**の材料になっているんだ。

　また，繊維やプラスチックとして有名なポリエチレンやポリエチレンテレフタラートのような巨大分子は一般に**高分子化合物**とよばれているよ。身近にもさまざまな巨大分子があるね！

story 4　分子結晶

> ドライアイスみたいに，昇華する固体って，珍しいの？

そんなことはないよ。ドライアイスは二酸化炭素の分子が**分子間力で集まった分子結晶**とよばれるものなんだけど，分子結晶は昇華するものが多いよ。**分子間力は共有結合やイオン結合などと比べて弱い力**だから，結晶は軟らかく融点も低いんだよ。つまり，気体になりやすい分子には，昇華するものが多いんだ。例えば，二酸化炭素やヨウ素などが代表例だけど，身近にある水の分子結晶である氷も一部が水から水蒸気に昇華するよ。

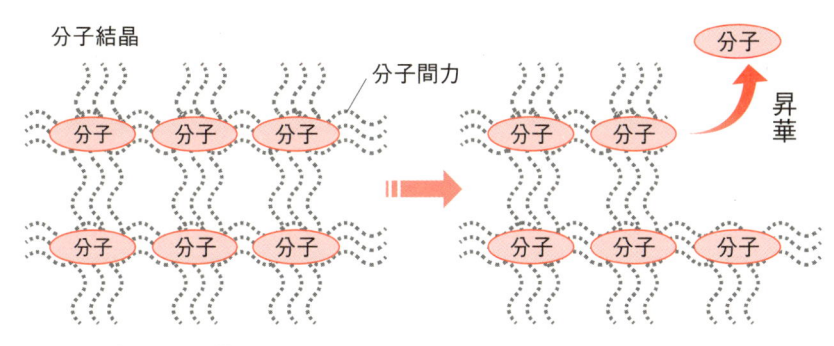

▲分子結晶の昇華

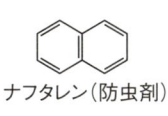

ナフタレン（防虫剤）

> 防虫剤は**昇華して**衣類に虫がつくのを防いでいるのね！

確認問題

1 HClとHIではどちらが極性が大きいか。

解答 HCl

解説

2原子分子では電気陰性度の差が大きい方が，極性が大きいよ。

$$\text{H–Cl} \qquad \text{H–I}$$
$$2.2 \;\; 3.2 \qquad 2.2 \;\; 2.7$$

周期表では希ガスを除いて右上に行くほど電気陰性度が大きいので，電気陰性度の差が大きい **HCl** が正解。

2 次の分子から，極性分子であるものを全て選べ。
H_2, Br_2, N_2, O_2, F_2, Cl_2, He, Ne, HF, HBr, HCl, H_2O, H_2S, NH_3, CH_4, CO_2

解答 HF, HBr, HCl, H_2O, H_2S, NH_3

3 次の分子から，水素結合を形成するものを全て選べ。
HF, HBr, H_2O, NH_3, CH_4, CO_2, CO, NO, NO_2

解答 HF, H_2O, NH_3

4 次の分子のうち，最も沸点が高いものはどれか。
SnH_4, GeH_4, SiH_4, CH_4

解答 SnH_4

5 次の分子のうち，最も沸点が高いものはどれか。
H_2Te, H_2Se, H_2S, H_2O

解答 H_2O

6 共有結合の結晶であるものを次の①〜⑥の物質から3つ選べ。
① ダイヤモンド　② ドライアイス
③ 氷（H_2O）　　④ ケイ素
⑤ 水晶　　　　　⑥ ヨウ素

|解 答|
① ④ ⑤

7 次の①〜④のうち，最も融点の低い物質はどれか。
① ダイヤモンド　② 石英
③ 食塩　　　　　④ 氷砂糖

④

|解 説|

結合力の低い結晶が融点が低いので，一般に
共有結合の結晶 ＞ イオン結晶 ＞ 分子結晶の順になるよ。
　よって，分子結晶の④が正解。氷砂糖はショ糖分子が分子間力で結晶化したものだよ。

第8章 金属結合と結合の強さ

▶金属原子は電子を自由に投げ合って金属結晶となる。

story 1 金属結合と金属結晶

(1) 金属結合と金属結晶

> 金属どうしの結合は，共有結合じゃないの？

そうなんだよ。金属原子はイオン化エネルギーが小さくて，電子を出して陽イオンになりやすいから，少数の原子の間で電子を共有するのではなく，"**特定の原子に所属しない自由に動く電子によって，多数の原子がくっついた結合**" なんだ。その自由に動ける電子は**自由電子**とよばれていて，この自由電子による金属原子間の結合を**金属結合**というよ。つまり，金属は金属結合によって，巨大な塊ができるのだけど，これは，自由電子をもたない共有結合の結晶と異なるので**金属結晶**というんだ。

92 化学結合

(2) 金属の性質

自由電子が電気や熱をよく伝えるので，金属結晶は**熱伝導性**や**電気伝導性**に富むんだよ！ また自由電子が光を反射するから**金属光沢**をもつことも特徴だ。

※ Na の原子は陽イオンと電子（e⁻）に分かれていると考える。

$$Na \longrightarrow Na^+ + e^-$$

金属結晶は自由電子の海に金属イオンが浮かんでいるイメージ

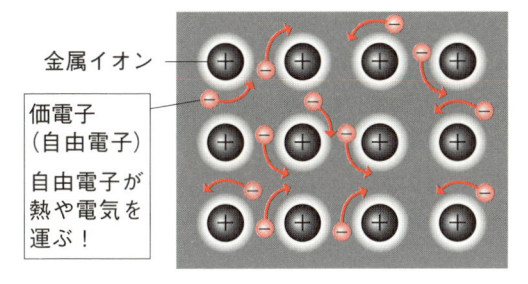

- 金属イオン
- 価電子（自由電子）
- 自由電子が熱や電気を運ぶ！

▲ **金属結合のイメージ**

金属結晶は自由電子の海に金属イオンが浮かんでいるようなものなので，**原子の位置がずれても自由電子が結合を保ち**，イオン結晶のように割れない。また**延性**や**展性**があるよ。

> **延性**…引っ張ると長く伸びる性質（一次元的に伸ばせる）
> **展性**…叩くとうすく広がる性質（二次元的に広げられる）

金属　　　強く叩く　　　広がる（展性）

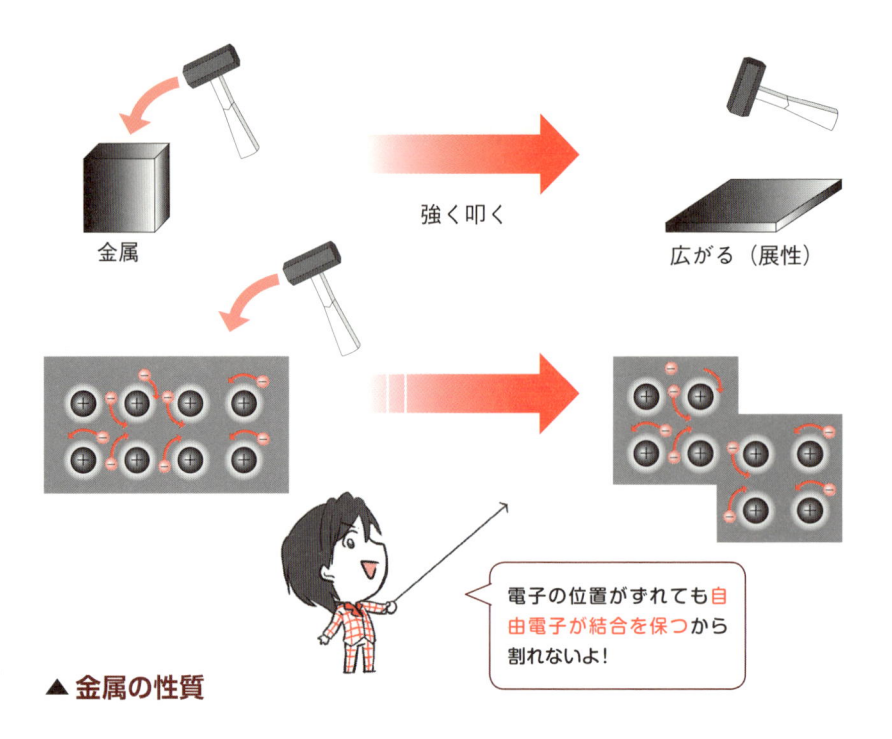

電子の位置がずれても自由電子が結合を保つから割れないよ！

▲ 金属の性質

story 2　化学結合と物質の分類

化学結合は何種類あって，どの結合が一番強いの？

もちろん，原子間の結合の方が分子間力より強いんだよ。

原子間の結合　　≫　　分子間力
（共有結合，イオン結合，金属結合）（水素結合，ファンデルワールス力）

　一番強い結合は共有結合で，次はイオン結合だね。金属結合の結合力は金属によりまちまちで，幅があるけど，典型金属元素の結合力はイオン結合の次くらいに強いよ。

Point! 結合力の強さ

共有結合 > イオン結合 > 金属結合（典型金属元素） ≫ 水素結合　ファンデルワールス力

　　　　原子間結合　　　　　　　　　　分子間力

※遷移元素の結合力は，イオン結合や共有結合くらい強いものが多い。

　それから，元素の組み合せと結合，結晶の基本的な考え方をマスターしてね！

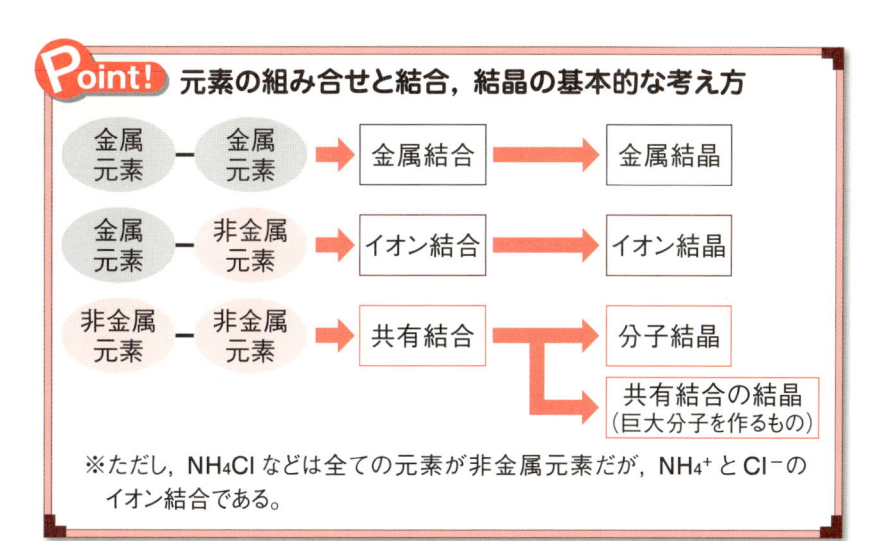

Point! 元素の組み合せと結合，結晶の基本的な考え方

- 金属元素 − 金属元素 → 金属結合 → 金属結晶
- 金属元素 − 非金属元素 → イオン結合 → イオン結晶
- 非金属元素 − 非金属元素 → 共有結合 → 分子結晶／共有結合の結晶（巨大分子を作るもの）

※ただし，NH_4Cl などは全ての元素が非金属元素だが，NH_4^+ と Cl^- のイオン結合である。

第8章　金属結合と結合の強さ

確認問題

1 金属結晶が電気伝導性を示す理由として最も適当なものを次の①〜③から一つ選べ。
① 金属原子が電子を運ぶため。
② 金属イオンが電気を運ぶため。
③ 自由電子が電気を運ぶため。

解 答
③

2 次の金属結晶の性質はそれぞれ何というか。
(1) 薄く広げて箔にすることができる性質
(2) 線状に引き延ばすことができる性質
(3) 熱を伝える性質

(1) 展性
(2) 延性
(3) 熱伝導性

3 次の①〜④の結晶のうち、最も融点が高いものはどれか。
① 水晶　　② 食塩
③ 氷（H_2O）　④ ナトリウム

①
（共有結合の結晶のため）

4 次の①〜④の結晶のうち、最も融点が低いものはどれか。
① 石英 SiO_2　② 酢酸 CH_3COOH
③ 酸化カルシウム CaO　④ 銅 Cu

②
（分子結晶のため）

5 次の①〜⑥の物質からイオン結晶を全て選べ。
① 塩化カルシウム $CaCl_2$
② 炭化ケイ素 SiC
③ 黄銅（銅 Cu と亜鉛 Zn の合金）
④ ヨウ素 I_2
⑤ フッ化リチウム LiF
⑥ ダイヤモンド C

① ⑤

III

物質量

第9章 化学式量と物質量

> あたしなんか6.02×10²⁰個の炭素原子が使われている指輪よ。

> 特別すごくないような……

> 0.06カラットでございますね。

▶個数でいわれると非常に難しい！

story 1 原子量

(1) 原子量

原子量って，何ですか？

例えば，牛丼1万個を注文したい町があるとしよう。町長さんは牛丼を1万個運ぶのにどのぐらいの重さか知りたいけれど，1個ずつ正確に量ったりしないだろう。平均値を使って全体の重さを計算するよね。牛丼の重さ，カツ丼の重さ，天丼の重さに平均値があるように，水素，酸素，ナトリウムなどの**原子の重さにも平均値**があるんだよ。この**平均値**が**原子量**なんだ。

水素を例にすると，地球上には２種類の水素の同位体があるんだ。牛丼でいえば並盛りと大盛りみたいなものだな。地球上にこの２つの牛丼しかないとしたら平均値である原子量を求めるのは簡単だ。

(2) 原子の相対質量

もう１つの注意なんだけど，この町はスイカの名産地なんだ。そこで，何kgという一般的な単位ではなくて，スイカの重さを基準に質量を決めているんだよ。スイカは大きいから１個が12人分だと考えて

🍉 = 12 × 🍉　（12 スイカ）

ってことになるよね。実際には$^{12}_{6}C$ の質量を12と定めた相対質量で**原子の質量を表示する**んだ。

よって，$^{12}_{6}C$ の質量から正確に割り出すと$^{1}_{1}H$ の相対質量は1.0078で存在比は99.9885％，$^{2}_{1}H$ の相対質量は2.0141で存在比は0.0115％だから，水素原子の相対質量の平均値は

$$1.0078 \times \frac{99.9885}{100} + 2.0141 \times \frac{0.0115}{100}$$
$$\fallingdotseq \mathbf{1.0079}$$
（水素原子の平均相対質量）

この**平均値こそ原子量**なんだ。牛丼の例でいえば，牛丼の平均の重さは1.0079スイカみたいな感じだ。

🍜 = 1.0079 × 🍉　（1.0079 スイカ）

実際には1.0079スイカみたいな言い方はせず，1.0079とだけいうんだ。つまり，**原子量には単位がない**ことも覚えておいてね。

第9章　化学式量と物質量

▼ 水素の同位体

	水素1（軽水素） ^1_1H	水素2（重水素） ^2_1H
同位体のモデル		
地球上の存在率	99.9885%	0.0115%
相対質量	1.0078	2.0141

- $^{12}_{6}C$ の質量を12としたときの相対質量
- スイカ1個の質量を12としたときの値みたいなもの

問題 1 　同位体と原子量 ★

塩素の原子量を有効数字4桁で求めよ。ただし，塩素の安定同位体と相対質量は表のとおりとする。

	^{35}Cl	^{37}Cl
存在率	75.76%	24.24%
相対質量	34.969	36.966

解説

$$34.969 \times \frac{75.76}{100} + 36.966 \times \frac{24.24}{100} \fallingdotseq 35.45$$

解答

35.45

story 2 式量

式量って，何ですか？

確かに，「式量」ではわからないね！ 私もそういう省略した言葉は嫌いだな〜。式量は「**化学式量**」を省略した言葉で，**化学式中の原子量の和**だよ。単に原子量をたせばいいのだから簡単だよ。**化学式が分子を表していれば分子量**，**イオンを表していればイオン式量**，イオン結晶のような組成式なら**組成式量**という具合だ。

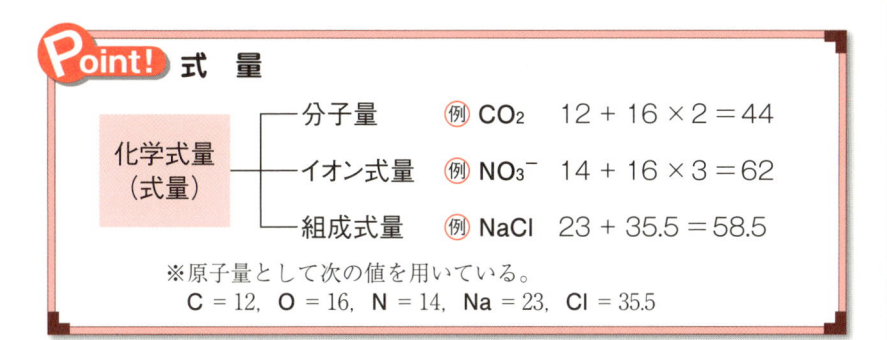

Point! 式量

化学式量（式量）
- 分子量　　例 CO_2　　$12 + 16 \times 2 = 44$
- イオン式量　例 NO_3^-　$14 + 16 \times 3 = 62$
- 組成式量　例 $NaCl$　　$23 + 35.5 = 58.5$

※原子量として次の値を用いている。
$C = 12$, $O = 16$, $N = 14$, $Na = 23$, $Cl = 35.5$

原子量は各元素の原子の平均相対質量つまり平均体重みたいなものだから，CO_2 分子の平均体重みたいな値が CO_2 の分子量だよ。

- このセットはどのくらいの重さなの？
- すいかとりんご2個で平均4.4kgだよ！
- どれも正確に4.4kgなわけないでしょ!?
- せっ…せこい!! せこすぎる!!

第9章　化学式量と物質量

story 3　物質量

(1) 1molとは

> モルって，難しい感じがするんだけど？

モルは全然難しくないよ。むしろ，**モルを使わなかったら計算は非常に難しくなってしまう**んだよ。次の Point! を押さえたら，ちゃんと理解できるよ！

1 mol は次のように定義される物理量なんだよ。

Point!　1molとは

$$1\,\text{mol} = {}^{12}\text{C}\ 12\text{g 中に含まれる}\ {}^{12}\text{C 原子の数}$$
$$= 6.02 \times 10^{23}\ \text{個}$$

よく「**モルはダースと同じ概念だ！**」といわれるけど，それは数のかたまりに単位をつけているものだからだよ。それぞれの式を変形してみるとよくわかるよ。

1 ダース = 12 個　→　1 = 12 個 / ダース　＜ **ダースの定義**

1 mol = 6.02×10²³ 個　→　1 = 6.02×10²³ 個 /mol　＜ **モルの定義**

> 牛丼なら何杯でもいけちゃう！1molください！

> モル!?

> う〜ん，キビしいな…牛丼1molっていうと，月より重くなっちゃうんだよな。

(2) 物質量

ダースの定義やモルの定義を1の代わりに使うと，例えば次のような問題は簡単に解けるよ。

問題2　物質量 ★

次の問いに答えよ。

(1) 600個のみかんは何ダースか。
(2) 602個のみかんは何molか。

解説

(1) この問題は小学生の問題だね。だけど小学生ではないんだから単位を書いて考えてみるよ。1の代わりにダースの定義を使ったほうがわかりやすいだろ。

$$600\ 個 = \frac{600\ 個}{1} = \frac{600\ 個}{12\ 個/ダース} = 50\ ダース$$

(2) モルも同様に出せるよ。

$$602\ 個 = \frac{602\ 個}{1} = \frac{602\ 個}{6.02 \times 10^{23}\ 個/mol} = 1.0 \times 10^{-21}\ mol$$

解答

(1) 50ダース　　(2) 1.0×10^{-21} mol

この計算の結果から次の公式が成り立つね！　ちなみに，**mol は単位**で，mol を用いて表した量は**物質量**とよばれるよ！

Point!　数から物質量を求める公式

$$物質量\ n\ [mol] = \frac{粒子の個数\ [個]}{6.02 \times 10^{23}\ [個/mol]}$$

第9章　化学式量と物質量

(3) アボガドロ定数

ところで，計算のときには 6.02×10^{23} 個/mol と書いてもいいけど，物をカウントする"個"の単位は書かないことに国際的に決まっているので，正式には 6.02×10^{23}/mol のように書いてね。この物質量〔mol〕の定義を表した定数を**アボガドロ定数**というよ。

Point! アボガドロ定数

アボガドロ定数 ＝ 6.02×10^{23}/mol

---

story 4 物質量とモル質量

(1) モル質量

「物質量って，質量から計算できるんですか？」

もちろん！ 純物質の質量から物質量は計算できるよ！ その計算に重要な数値が，**物質 1 mol の質量**を表した**モル質量**というものだ。その名の通り単位は **g/mol** なんだ。

しかも，その数値は化学式量と同じなんだよ。書いてみたら簡単だよ。

	化学式量（式量）		モル質量
H_2O	$1.0 \times 2 + 16 =$	18	18 g/mol
CO_2	$12 + 16 \times 2 =$	44	44 g/mol
CH_4	$12 + 1.0 \times 4 =$	16	16 g/mol

※原子量として次の値を用いている。　H ＝ 1.0，C ＝ 12，O ＝ 16

> **Point!** 質量から物質量を求める公式
>
> $$物質量\ n\ [\text{mol}] = \frac{純物質の質量\ [\text{g}]}{モル質量\ [\text{g/mol}]}$$

さて，これらの値を使って，さっそく問題を解いてみよう！

問題 3 　質量と物質量 ★

次の問いに答えよ。ただし原子量は H＝1.0, C＝12, O＝16とする。

(1) 水 H_2O 36g の物質量は何 mol か。
(2) 二酸化炭素 CO_2 132g の物質量は何 mol か。
(3) メタン CH_4 5mol は何 g か。

|解説|

(1) H_2O のモル質量 18g/mol（1 mol が 18g）より，36g を 18g/mol で割れば簡単に算出できるね。単位をしっかり書けばできるようになるよ！

$$\frac{36\ \text{g}}{18\ \text{g/mol}} = 2.0\ \text{mol}$$

(2) CO_2 のモル質量 44 g/mol より

$$\frac{132\ \text{g}}{44\ \text{g/mol}} = 3.0\ \text{mol}$$

(3) CH_4 のモル質量 16 g/mol より，今度はかけ算で出せるね。

$$16\ \text{g/mol} \times 5\ \text{mol} = 80\ \text{g}$$

|解答|

(1) **2.0 mol** 　 (2) **3.0 mol** 　 (3) **80 g**

第9章　化学式量と物質量

story 5 物質量と気体の体積

(1) 標準状態

気体の体積から，物質量って計算できるの？

気体の計算は驚くぐらい楽なときがあって，それは**標準状態**の気体の体積がわかっているときなんだ。標準状態というのは次のような状態だよ！

標準状態：0℃，1.013×10^5 Pa（標準的な大気圧）

（1.013×10^5 Pa ＝ 101.3 kPa ＝ 1013 hPa）

(2) モル体積

この標準状態の気体の体積がわかれば，物質量つまりモルがすぐにわかるんだ！　なぜならば，**どんな種類の気体でも標準状態では 1 mol の体積が 22.4 L** になるからなんだよ。この値を標準状態の気体の**モル体積**といって 22.4 L/mol で表すよ。

Point！　モル体積

標準状態の気体の**モル体積** ＝ どんな気体でも **22.4 L/mol**

(3) アボガドロの法則

窒素でも酸素でもメタンでも，どんな気体でも 22.4 L/mol なの？

そうなんだよ！　**どんな気体でもいいんだよ。**私が提唱したのではなくて，**アボガドロ**って人の法則がもとになっているんだよ！

> **Point!** アボガドロの法則
>
> **どんな気体でも**同温・同圧のとき，同体積中に**同数個の分子**を含む。

このすばらしい法則は，どんな気体でも成立するんだ。

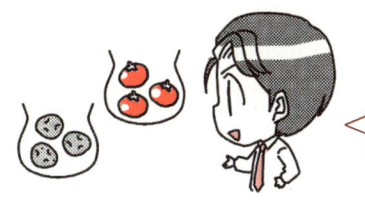

この袋に入れれば，どんな野菜も同じ数になるよ！

これらのことから次の公式が成り立つね！

> **Point!** 気体の体積と物質量
>
> $$\text{物質量 } x \text{ [mol]} = \frac{\text{標準状態の気体の体積 [L]}}{22.4 \text{ L/mol}}$$

よって，分子量に関係なく，標準状態の体積がわかれば簡単に物質量が算出できるよ！

問題 4 気体の物質量 ★

次の問いに答えよ。ただし標準状態の気体のモル体積は22.4L/mol、原子量はH＝1.00、C＝12.0、N＝14.0、O＝16.0とする。

(1) 標準状態で44.8Lの窒素 N_2 の物質量を求めよ。
(2) 標準状態で67.2Lの二酸化炭素 CO_2 の物質量を求めよ。
(3) 5.0molの水素 H_2 は標準状態で何Lを占めるか。
(4) 標準状態で89.6Lの二酸化炭素 CO_2 は何gか。

解 説

(1) 標準状態の気体のモル体積22.4L/molより
$$\frac{44.8L}{22.4L/mol} = 2.00\,mol$$

(2) (1)と同様に
$$\frac{67.2L}{22.4L/mol} = 3.00\,mol$$

(3) 単位を書けば確実に解けるよ。
$$5.00\,mol \times 22.4\,L/mol = 112\,L$$

(4) まず物質量を出すと
$$\frac{89.6L}{22.4L/mol} = 4.00\,mol$$
CO_2 のモル質量は44.0g/molより、
$$4.00\,mol \times 44.0\,g/mol = 176\,g$$

解 答

(1) **2.00 mol**　(2) **3.00 mol**　(3) **112 L**　(4) **176 g**

確認問題

1 次の問いに答えよ。必要なら以下の数値を用い、解答は有効数字2桁で求めよ。

標準状態の気体のモル体積22.4 L/mol、原子量はH＝1.0, C＝12.0, N＝14.0, O＝16.0, Na＝23.0, Mg＝24.3, S＝32.0, アボガドロ定数を6.0×10^{23}/molとする。

(1) ホウ素の安定同位体は^{10}Bと^{11}Bで、相対質量がそれぞれ10.0, 11.0である。ホウ素の原子量を10.8とすると、^{11}Bの存在率は何％か。

(2) 99.4 gの硫酸ナトリウムNa_2SO_4中のナトリウムイオンNa^+の物質量は何molか。

(3) 1.08 gの水H_2Oの中に水分子は何個あるか。

(4) 27.6 gの二酸化窒素NO_2は標準状態で何Lを占めるか。

(5) 標準状態で8.96 Lの二酸化炭素CO_2は何gか。

(6) 1.8×10^{24}個の二酸化硫黄SO_2は標準状態で何Lを占めるか。

解答

(1) 80 ％

(2) 1.4 mol

(3) 3.6×10^{22} 個

(4) 13 L

(5) 18 g

(6) 67 L

解説

(1) 同位体の存在率を、^{11}Bをx〔％〕とすると、^{10}Bは$(100-x)$〔％〕となり、原子量について、

$$\frac{11.0x}{100} + \frac{10.0(100-x)}{100} = 10.8$$

が成り立つ。
よって$x = 80$〔％〕

(2) Na$_2$SO$_4$(モル質量142 g/mol)99.4 gの物質量は

$$\frac{99.4 \text{ g}}{142 \text{ g/mol}} = 0.7 \text{ mol}$$

Na$^+$の物質量は 0.7 mol × 2 = 1.4 mol

(3) H$_2$Oのモル質量 18.0 g/mol より

$$\frac{1.08 \text{ g}}{18.0 \text{ g/mol}} \times 6.0 \times 10^{23} \text{ 個/mol} = 3.6 \times 10^{22} \text{ 個}$$

(4) NO$_2$のモル質量 46.0 g/mol より

$$\frac{27.6 \text{ g}}{46.0 \text{ g/mol}} \times 22.4 \text{ L/mol} = 13.44 \text{ L} \fallingdotseq 13 \text{ L}$$

(5) CO$_2$のモル質量 44.0 g/mol より

$$\frac{8.96 \text{ L}}{22.4 \text{ L/mol}} \times 44.0 \text{ g/mol} = 17.6 \text{ g} \fallingdotseq 18 \text{ g}$$

(5) 物質量に 22.4 L/mol をかける。

$$\frac{1.8 \times 10^{24} \text{ 個}}{6.0 \times 10^{23} \text{ 個/mol}} \times 22.4 \text{ L/mol} = 67.2 \text{ L} \fallingdotseq 67 \text{ L}$$

第10章 溶液の濃度，反応式からの計算

▶化学で使う器具は正確に計量できるものがよく使われる。

story 1 溶液の濃度

(1) 用語の整理

> モル濃度を出すのって苦手なんですけど。

それは，単位をしっかり書いて理解すればすぐにできるようになるよ。まずは言葉の定義からだ。食塩と水で食塩水をつくったとき，食塩のような**溶けている物質を溶質**，水のような**溶かしている液体を溶媒**，食塩水のような溶解によって**できた液体を溶液**というよ。特に溶媒が水の場合は**水溶液**というけど，普通に使っているよね。

Point！ 溶　液

食塩　＋　水　＝　食塩水
溶質　　　溶媒　　　溶液（溶媒が水のときは水溶液）

(2) 密度による質量 ➡ 体積の変換

小学校や中学校ではよく「食塩水300ｇを〜」みたいな問題があるけど，実際には300ｇのように溶液の質量を量ることはまれで，300mLというように体積を測定することが多いんだ。料理のときにも，液体を量るのは重さではなくて，牛乳200ccというように体積だよね。だから，体積から質量への変換がすぐにできる必要があるんだ。

その変換に使う値こそ**密度**なんだよ！　中学校のときに勉強していると思うけど，密度の計算ができなければ何もできないと言ってもいいくらいなんだ！　密度は1cm³の質量が ρ ｇのとき，ρ〔g/cm³〕と書くのだけど，ρ〔g/cm³〕＝ ρ〔g〕÷1〔cm³〕という表記の意味がわかっていれば簡単に扱えるよ。

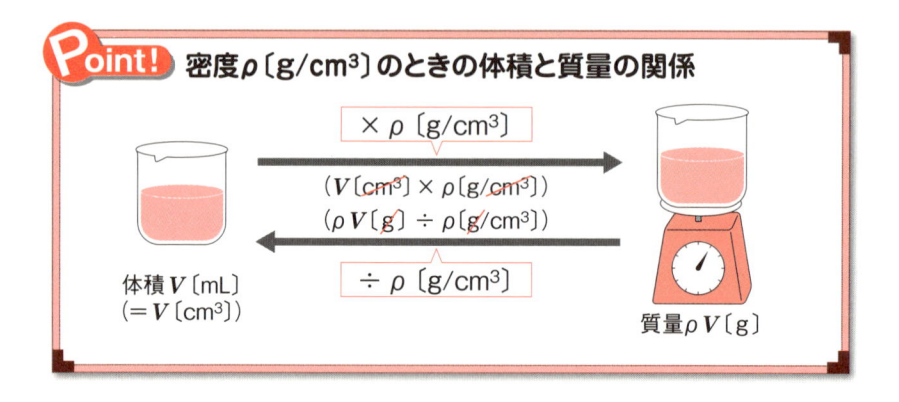

Point！ 密度 ρ〔g/cm³〕のときの体積と質量の関係

体積 V〔mL〕（＝ V〔cm³〕）

× ρ〔g/cm³〕
（V〔cm³〕× ρ〔g/cm³〕）
（ρV〔g〕÷ ρ〔g/cm³〕）
÷ ρ〔g/cm³〕

質量 ρV〔g〕

(3) 質量パーセント濃度

溶液の濃度だけど，溶液，溶質，溶媒の質量を絵に書くとわかるよ。次の図を見てごらん。**質量パーセント濃度**は**質量百分率**ともいって，小学生のころから使い慣れている濃度だね！

> **Point!** 質量パーセント濃度 a [%]
>
> $$a\,[\%] = \frac{\text{溶質の質量}\,[g]}{\text{溶液の質量}\,[g]} \times 100\,[\%]$$
>
> 溶液 $(A+B)$ [g]
> 溶質 A [g]
> 溶媒 B [g]
>
> $$a = \frac{A\,[g]}{(A+B)\,[g]} \times 100\,[\%]$$

（コマ漫画）
- お母さ～ん 100%オレンジジュース買ってよ～
- 100%だったらみかんを食べなさい
- 確かに100%……

(4) モル濃度

モル濃度というのは，溶液 1 L に溶質が何 mol 入っているかを表しているんだよ。

第10章 溶液の濃度，反応式からの計算

Point! モル濃度 C 〔mol/L〕

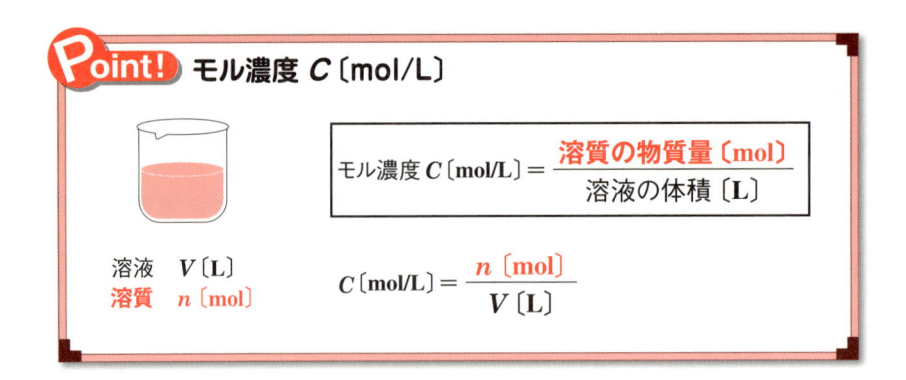

モル濃度 $C\,\mathrm{[mol/L]} = \dfrac{\text{溶質の物質量〔mol〕}}{\text{溶液の体積〔L〕}}$

溶液 V 〔L〕
溶質 n 〔mol〕

$C\,\mathrm{[mol/L]} = \dfrac{n\,\mathrm{[mol]}}{V\,\mathrm{[L]}}$

質量パーセント濃度→モル濃度の変換をするときには溶液を1Lとして図にかいて考えるとわかるよ。

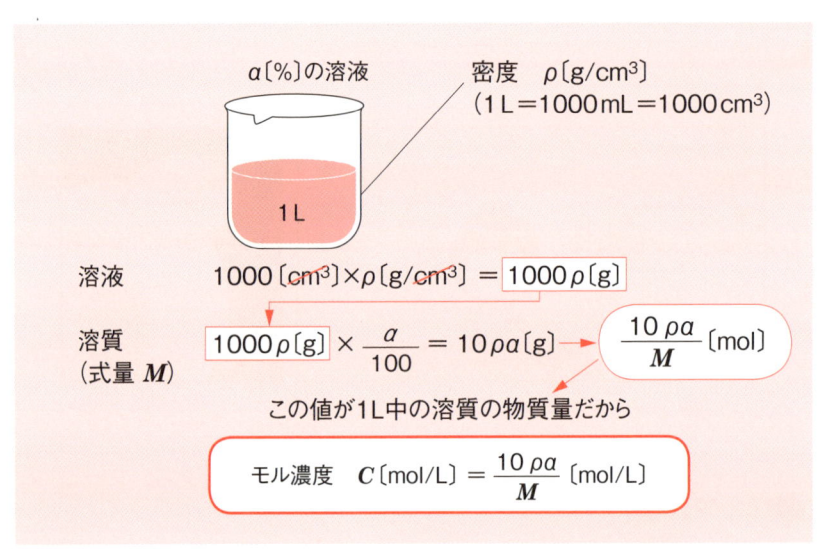

a〔%〕の溶液　　密度 ρ〔g/cm³〕
（1 L＝1000 mL＝1000 cm³）

1 L

溶液　　$1000\,\mathrm{[cm^3]} \times \rho\,\mathrm{[g/cm^3]} = \boxed{1000\rho\,\mathrm{[g]}}$

溶質（式量 M）　$\boxed{1000\rho\,\mathrm{[g]}} \times \dfrac{a}{100} = 10\rho a\,\mathrm{[g]} \rightarrow \dfrac{10\rho a}{M}\,\mathrm{[mol]}$

この値が1L中の溶質の物質量だから

モル濃度　$C\,\mathrm{[mol/L]} = \dfrac{10\rho a}{M}\,\mathrm{[mol/L]}$

▲ 質量パーセント濃度 a〔%〕→モル濃度 C〔mol/L〕の変換

story 2 溶液の希釈

(1) 溶液の調製に用いる器具

> 溶液の希釈の計算も簡単にできるかな？

もちろん超簡単だよ。簡単だから，ついでに器具も覚えてしまえばいいよ！　正確に体積を量る器具には次の3つがあるんだ。丸暗記ではなくて形や使い方をイメージすると簡単に頭に入るよ。

▼ 溶液の調製に用いる器具

器具	ホールピペット	メスフラスコ	ビュレット
概形	（標線）	（標線）	
使用目的	溶液を正確に量り取る	●溶媒を加えて正確な濃度の溶液を調製 ●希釈用	滴定用
共洗い	○	×	○
乾燥方法	器具を**加熱乾燥してはいけない**。器具が変形する恐れがある。 （洗ったあとは，濡れたまま自然乾燥する。）		

　上の3つは特によく使われる器具で，**標線**(ひょうせん)のところで体積を確定するんだよ。**ビュレット**は引いてある線全てが標線であって，中和滴定などに使用するんだけど，**ホールピペット**や**メスフラスコは標線が1本しかない**から，20 mL用とか100 mL用などさまざまな大きさがあって，実験に必要なものを選んでそろえなければならないんだ。

第10章　溶液の濃度，反応式からの計算

(2) 共洗い

共洗いというのは，次の図のような操作だけど，器具の中の溶液が採取する溶液と同じ濃度になるようにする操作なんだ。意味を知っておいてね！　ホールピペットやビュレットに溶液を入れるときには必ず行う操作だからね。

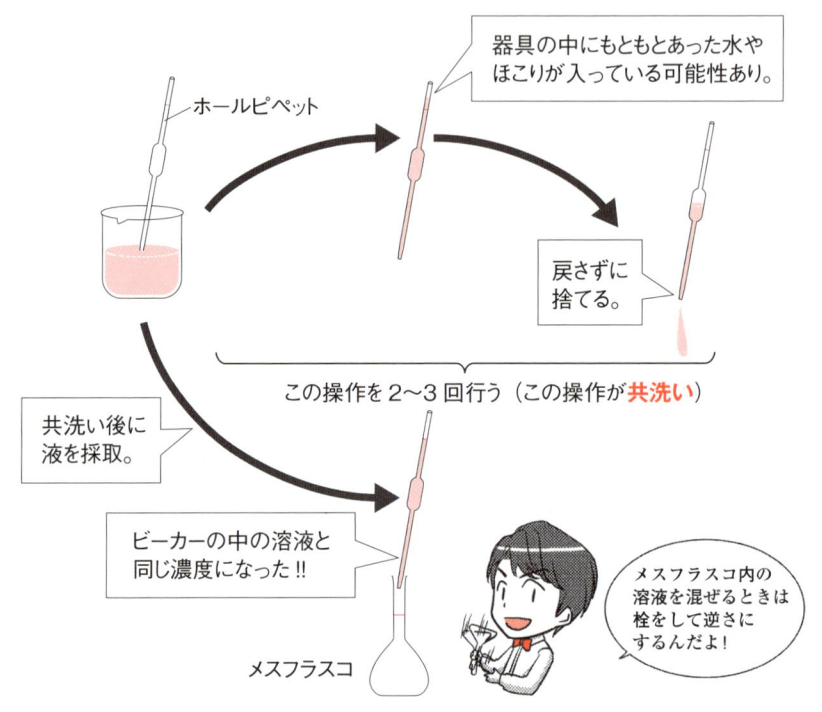

ホールピペット

器具の中にもともとあった水やほこりが入っている可能性あり。

戻さずに捨てる。

この操作を2〜3回行う（この操作が共洗い）

共洗い後に液を採取。

ビーカーの中の溶液と同じ濃度になった!!

メスフラスコ

メスフラスコ内の溶液を混ぜるときは栓をして逆さにするんだよ！

▲ 共洗い

(3) 溶液の希釈

次に希釈の操作を教えるよ。希釈をするときにはメスフラスコを使うんだよ。

Point! 溶液の希釈

$C \, [\text{mol/L}] \times \dfrac{V}{1000} \, [\text{L}] = \dfrac{CV}{1000} \, [\text{mol}]$

ホールピペット $V \, [\text{mL}]$

共洗い後

ホールピペットで正確に $V \, [\text{mL}]$ が量り取られているから，入れた溶液を捨てない（**メスフラスコは共洗いしない**）。

$C \, [\text{mol/L}]$

メスフラスコ

$V' \, \text{mL}$

標線まで純水を加えて正確に $V' \, [\text{mL}]$ とする。

$C' \, [\text{mol/L}] \times \dfrac{V'}{1000} \, [\text{L}] = \dfrac{C'V'}{1000} \, [\text{mol}]$

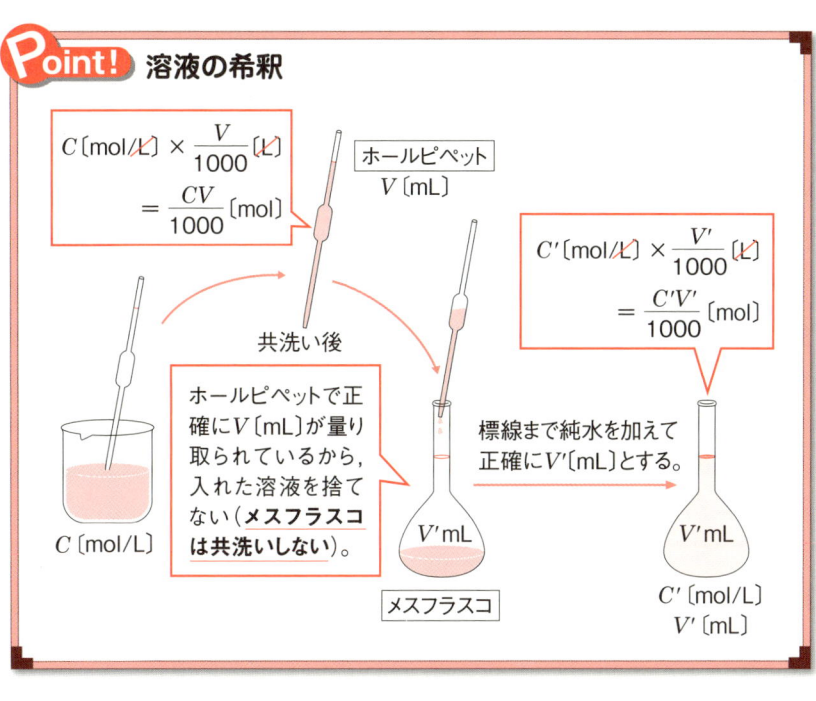

$V' \, \text{mL}$
$C' \, [\text{mol/L}]$
$V' \, [\text{mL}]$

図の中で溶質の物質量だけど，ホールピペット $V \, [\text{mL}]$ 中にある $\dfrac{CV}{1000} \, [\text{mol}]$ と希釈してできた溶液内にある $\dfrac{C'V'}{1000} \, [\text{mol}]$ は等しいはずだから

$$\dfrac{CV}{1000} \, [\text{mol}] = \dfrac{C'V'}{1000} \, [\text{mol}]$$

が成立するはずだね。よって，希釈の公式は次のようになるよ！

Point! 希釈の公式

$$CV = C'V'$$

C：溶液のモル濃度（希釈前）　　C'：溶液のモル濃度（希釈後）
V：溶液の体積（希釈前）　　　　V'：溶液の体積（希釈後）

第10章　溶液の濃度，反応式からの計算

問題 1　モル濃度　★★

標準状態のアンモニア33Lを水100gに溶かし，密度0.92 g/cm³の水溶液を得た。この水溶液に関する次の問いに答えよ。
必要なら以下の数値を用い，解答は有効数字2桁で求めよ。
標準状態の気体のモル体積22.4L/mol，原子量は H=1.0，O=16.0，N=14.0，アボガドロ定数6.0×10²³/mol

(1) 溶解しているアンモニアの物質量を答えよ。
(2) この水溶液に溶解しているアンモニアの質量を求めよ。
(3) この水溶液の体積は何mLか。
(4) この水溶液の質量パーセント濃度を求めよ。
(5) この水溶液のモル濃度を求めよ。

解説

(1) 標準状態の気体のモル体積はどんな気体でも22.4L/molだから

$$\frac{33 L}{22.4 L/mol} = 1.473\cdots mol ≒ 1.5 mol$$

(2) NH_3 の式量14.0+3.0=17.0 より
$1.47 mol × 17.0 g/mol = 24.99 g ≒ 25 g$

(3) 溶液の情報を次のようにイラスト化するとわかるよ！
溶液の質量と密度から体積を出すのは中学生の計算だけど，単位を書けば確実にわかるね！

密度0.92g/cm³

溶液	125g
NH_3（分子量17.0）	25g = 1.47mol （(1)より）
水	100g

体積は $\dfrac{125 g}{0.92 g/cm^3} = 135.8\cdots cm^3 ≒ 1.4 × 10^2 mL$

(4) $\dfrac{25\,\text{g}}{125\,\text{g}} \times 100 = 20.0\%$　　20%

(5) $1.47\,\text{mol} \div \dfrac{135}{1000}\,\text{L} = 10.8\cdots\,\text{mol/L} \fallingdotseq 11\,\text{mol/L}$

|解答|

(1) **1.5 mol**　　(2) **25 g**　　(3) **1.4×10^2 mL**　　(4) **20%**

(5) **11 mol/L**

story 3　化学反応式

(1) 化学反応式の書き方

> 化学反応式を書くコツってあるんですか？

化学反応式は非常に重要で，化学の勉強は化学反応式の勉強と言ってもいいくらいなんだ。君の質問はピアノが上手な人に「ピアノを弾くコツあるの？」と言っているようなもので，単純ではないが，基本からコツコツがんばれば，必ずできるようになるよ。まず，最低限の規則として反応式の左辺（反応物）と右辺（生成物）のそれぞれの原子の数を合わせるんだ。

Point!　化学反応式の原子数

　　　　　　　　反応物　　　　　　　　生成物

　　　　　　　$2H_2$　＋　O_2　　⟶　　$2H_2O$

H 原子の数	2×2	=	2×2
O 原子の数	2	=	2×1

では，具体的に炭素 C と二酸化炭素 CO_2 から一酸化炭素 CO が生成する反応式を書いてみよう。手順に従えば簡単だよ！

① とりあえず，**反応物**と生成物を化学式で書く！
$$C + CO_2 \longrightarrow CO$$
② 係数を合わせる。
$$C + CO_2 \longrightarrow 2CO$$

Oの原子数		2	= 2×1
Cの原子数	1	1	= 2×1

(2) 燃焼の化学反応式

> 原子の数を合わせて，反応式は簡単に書ける気がする！

そうはいかないんだよ。なぜなら，**ほとんどの反応の場合，生成物は何ができたかわからない**から原子の数を合わせるだけでは反応式は書けないんだ。だから，酸・塩基反応や酸化還元反応の仕組みをしっかりマスターして，生成物がわかるようにしなくてはね！

でも，せめてC，H，Oを含む化合物の完全燃焼の反応式（酸化還元反応の一種）だけは書けるようにしよう！　まずは反応物中の原子が燃えたら何になるかを考えて，それ以降はさっきと同じだよ！

Point! C，H，Oを含む化合物の完全燃焼の生成物

燃焼後の生成物の化学式

C，H，Oを含む化合物 → 完全燃焼 →
$C \longrightarrow CO_2$
$H \longrightarrow H_2O$

クッキーも基本的にはC，H，O．でできているから完全燃焼したらCO_2とH_2Oになるよ！

story 4　化学反応式とモル（物質量）

(1) 化学反応の計算のポイント

化学反応の計算のコツを教えてください！

非常に重要なことは次の2点だね！

① **化学反応式**をしっかり書くこと。
（反応式が書けなければ計算できないことが多い）
② 計算式には**単位**を書くこと。

化学反応式が書ければ，そこから得られる情報がいかに多いかも次に書いておくよ。二硫化炭素が燃えて二酸化炭素と二酸化硫黄が生成する反応式を例に示すよ！

Point!　化学反応式からわかる情報

変化する量	CS_2	$+$	$3O_2$	$\longrightarrow$	CO_2	$+$	$2SO_2$
物質量 ➡	-1 mol		-3 mol		$+1$ mol		$+2$ mol
質　量 ➡	-76 g		-3×32 g		$+44$ g		$+2 \times 64$ g
	（CS_2の分子量76）		（O_2の分子量32）		（CO_2の分子量44）		（SO_2の分子量64）
標準状態の気体の体積 ➡	-22.4 L		-3×22.4 L		$+22.4$ L		$+2 \times 22.4$ L
分子の数 ➡	$-N_A$ 個		$-3N_A$ 個		$+N_A$ 個		$+2N_A$ 個

※ $N_A = 6.02 \times 10^{23}$ とする。

化学反応式の係数がモル（物質量）だと思えば，反応式からわかる情報がこれだけあるんだ！　いろいろ計算できるぞ～！

第10章　溶液の濃度，反応式からの計算

確認問題

1 次の問いに答えよ。必要なら以下の数値を用い，解答は有効数字2桁で求めよ。

標準状態の気体のモル体積22.4 L/mol，原子量は H=1.0, N=14.0, O=16.0, Cl=35.5

(1) 水180 gに砂糖20 gを溶かした溶液の質量パーセント濃度は何%か。

(2) 密度1.2 g/cm³, 質量パーセント濃度36.5%の塩酸のモル濃度は何 mol/L か。

(3) 密度0.90 g/cm³, 質量パーセント濃度28%のアンモニア水溶液のモル濃度は何 mol/L か。

(4) 2.5 mol/L の硝酸200 mL 中の溶質の物質量は何 mol か。

(5) 3.0 mol/L の硫酸水溶液300 mL を調整するのに，18 mol/L の硫酸水溶液は何 mL 必要か。

解答

(1) 10%

(2) 12 mol/L

(3) 15 mol/L

(4) 0.50 mol

(5) 50 mL

解説

(1) $\dfrac{\text{溶質の質量}}{\text{溶液の質量}} \times 100 = \dfrac{20\,\text{g}}{(180+20)\,\text{g}} \times 100 = 10\%$

(2) 塩酸とは塩化水素 HCl の水溶液だから，HCl の式量36.5，$C\,[\text{mol/L}] = \dfrac{10\,\rho a}{M}\,[\text{mol/L}]$ より，

$C = \dfrac{10\,\rho a}{M} = \dfrac{10 \times 1.2 \times 36.5}{36.5}\,\text{mol/L} = 12\,\text{mol/L}$

(3) NH_3 の式量17，$C\,[\text{mol/L}] = \dfrac{10\,\rho a}{M}\,[\text{mol/L}]$ より，

$C = \dfrac{10\,\rho a}{M} = \dfrac{10 \times 0.90 \times 28}{17}\,\text{mol/L}$

$= 14.82\cdots\text{mol/L} \fallingdotseq 15\,\text{mol/L}$

(4) 1L = 1000mL より

$$2.5 \text{mol/L} \times \left(\frac{200}{1000}\right) \text{L} = 0.50\text{mol}$$

(5) 求める硫酸水溶液の体積を x〔mL〕とすると，希釈の公式 $CV = C'V'$ より，

$$3.0\text{mol/L} \times \frac{300}{1000}\text{L} = 18\text{mol/L} \times \frac{x}{1000}\text{L}$$

$$x = 50\text{mL}$$

2 次の物質が完全燃焼したときの化学反応式を書け。

(1) メタン CH_4
(2) エタン C_2H_6
(3) エタノール C_2H_5OH

|解 答|

(1) $CH_4 + 2O_2 \longrightarrow CO_2 + 2H_2O$
(2) $2C_2H_6 + 7O_2 \longrightarrow 4CO_2 + 6H_2O$
(3) $C_2H_5OH + 3O_2 \longrightarrow 2CO_2 + 3H_2O$

|解 説|

C，H，O を含む化合物の完全燃焼の C $\longrightarrow$ CO_2，H $\longrightarrow$ H_2O の原則を守り，まずは左辺と右辺を書くのが第一段階だ！　第二段階は係数合わせだけど，燃焼の場合は O の係数を最後に合わせるのがコツだよ！

(1)　　　　$CH_4 + 2O_2 \longrightarrow CO_2 + 2H_2O$

C原子の数	1	=	1	
H原子の数	4	=	2×2	
O原子の数	2×2	=	2	$+ 2 \times 1$

(2)　　　　$C_2H_6 + \dfrac{7}{2}O_2 \longrightarrow 2CO_2 + 3H_2O$

C原子の数	2	=	2×1	
H原子の数	6	=	3×2	
O原子の数	$\dfrac{7}{2} \times 2$	=	2×2	$+ 3 \times 1$

第10章　溶液の濃度，反応式からの計算

係数は分数になってもよいので，とにかく数を合わせる！ただし通常，反応式の係数は整数なので，反応式を書く問題では全体を何倍かして整数にするよ。この場合は2倍だよ。

$$2C_2H_6 + 7O_2 \longrightarrow 4CO_2 + 6H_2O$$

(3) $C_2H_5OH + 3O_2 \longrightarrow 2CO_2 + 3H_2O$

C原子の数 2		= 2×1	
H原子の数 6		=	3×2
O原子の数 1	3×2	= 2×2	+ 3×1

3

次の問いに答えよ。必要なら以下の数値を用い，解答は有効数字2桁で求めよ。

標準状態の気体のモル体積22.4L/mol，原子量はH=1.0, C=12.0, O=16.0, アボガドロ定数は$6.0×10^{23}$/molとする。

(1) 標準状態で8.96LのメタンCH_4が完全燃焼すると何gの水が生成するか。

(2) 72gのエタンC_2H_6が完全燃焼すると，何個の二酸化炭素分子が生成するか。

(3) 密度0.79g/cm^{3}のエタノールC_2H_5OH 20mLが完全燃焼すると，生成する二酸化炭素は標準状態で何Lになるか。

解 答

(1) 14g

(2) $2.9×10^{24}$個

(3) 15L

解 説

(1) 標準状態で8.96 Lの気体の物質量は，

$$\frac{8.96 L}{22.4 L/mol} = 0.400 \text{mol}$$

$$CH_4 + 2O_2 \longrightarrow CO_2 + 2H_2O$$

より，CH_4の2倍の物質量のH_2Oが生成するので，H_2Oの分子量18より，

$$2 × 0.400 \text{mol} × 18.0 \text{g/mol} = 14.4 \text{g} ≒ 14 \text{g}$$

(2) 72gの C_2H_6（分子量30.0）の物質量は，$\dfrac{72\text{g}}{30.0\text{g/mol}} = 2.40\,\text{mol}$

$$2C_2H_6 + 7O_2 \longrightarrow 4CO_2 + 6H_2O$$

より，C_2H_6 の2倍の物質量の CO_2 が生成するので，

$2 \times 2.40\,\text{mol} \times 6.0 \times 10^{23}\,\text{個/mol} = 2.88 \times 10^{24}\,\text{個}$
$\qquad\qquad\qquad\qquad\qquad\quad ≒ 2.9 \times 10^{24}\,\text{個}$

（計算でアボガドロ定数を使うときは単位に個を書いて 6.0×10^{23} 個/mol とするとよい）

(3) 20mL（=20cm³）のエタノールの質量は密度0.79g/cm³ より $20\,\text{cm}^3 \times 0.79\,\text{g/cm}^3 = 15.8\,\text{g}$

また分子量46（C_2H_5OH）と化学反応式より，

$$C_2H_5OH + 3O_2 \longrightarrow 2CO_2 + 3H_2O$$

1molのとき　　　−46g　　　　　$2 \times 22.4\,\text{L}$
実際の反応量　−15.8g　　　　　$V\,\text{L}$

よって，

$$\dfrac{46\,\text{g}}{15.8\,\text{g}} = \dfrac{2 \times 22.4\,\text{L}}{V\,\text{L}}$$

が成立して

$V = 15.38 \cdots ≒ 15\,\text{L}$

IV

酸と塩基の反応

第11章 酸と塩基の定義

▶ 酸には強弱がある。

story 1 酸と塩基の定義

(1) アレニウスの酸と塩基の定義

> 水酸化ナトリウム水溶液を手につけたらぬるぬるするよ〜

それは大変だ！ すぐに洗わなければだめだよ。それは強塩基によって手が溶けているんだ。水酸化物イオン，OH^-の濃度が大きいとタンパク質が溶けるんだよ。気をつけてね。
　ところで，**アレニウス**っていうスウェーデンの学者が定義した**酸と塩基の定義**があるから見てごらん！

酸 → H⁺ 水素イオン
① すっぱい味がする。
② 亜鉛や鉄などを溶かし H₂ を発生する。

塩基 → OH⁻ 水酸化物イオン
① 苦い味がする。
② 皮膚につけるとぬるぬるする。

▲ アレニウスの酸と塩基の定義

　アレニウスは水溶液中で水素イオン **H⁺ を出す物質を酸**，水酸化物イオン **OH⁻ を出す物質を塩基**として定義したんだ。アレニウスが定義したから**アレニウス酸**，**アレニウス塩基**ともよばれているんだ。いくつか典型的な酸と塩基が水溶液中でイオンになる様子を例にすると次のようになるよ。

❶ アレニウス酸の例（強酸）

塩酸　　HCl　　⟶　H⁺ + Cl⁻
　　　　　　　　　　　　　塩化物イオン

硝酸　　HNO₃　⟶　H⁺ + NO₃⁻
　　　　　　　　　　　　　硝酸イオン

硫酸　　H₂SO₄　⟶　H⁺ + HSO₄⁻ ⟶ 2 H⁺ + SO₄²⁻
　　　　　　　　　　　　　硫酸水素イオン　　　　　硫酸イオン

❷ アレニウス塩基の例（強塩基）

水酸化ナトリウム　NaOH　⟶　Na⁺ + OH⁻
　　　　　　　　　　　　　　　　ナトリウムイオン

水酸化カリウム　　KOH　⟶　K⁺ + OH⁻
　　　　　　　　　　　　　　　　カリウムイオン

水酸化バリウム　　Ba(OH)₂ ⟶ BaOH⁺ + OH⁻ ⟶ Ba²⁺ + 2OH⁻
　　　　　　　　　　　　　　　水酸化バリウムイオン　　　　バリウムイオン

　このようにイオンに分かれる化学式を<u>電離式</u>とよんでいるよ。「電気的に離れる」から電離式と覚えておくといいね。

第11章　酸と塩基の定義

(2) 酸と塩基の強弱

酸や塩基には**電離のしやすさ**によって**強酸，弱酸，強塩基，弱塩基**というのがあるんだ。前ページのアレニウス酸の例であげた**塩酸，硝酸，硫酸は三強**ともいうべき酸で一番重要な酸だよ。酸・塩基の強弱による分類についてはP.132で説明するよ。

塩酸 HCl　　　硝酸 HNO_3　　　硫酸 H_2SO_4

---

story 2　電離度

(1) 電離度

酢酸の電離度って，どのくらいですか？

その前に**電離度**の定義からだね。「電離している割合」だから簡単だと思うんだけど，溶質が1種類のときの電離度を定義すると次のようになるよ。

Point! 電離度

$$電離度\ \alpha = \frac{電離している溶質の物質量〔mol〕}{溶質の物質量〔mol〕}$$

130　酸と塩基の反応

電離度の具体的なイメージを見たらもっとわかりやすい。

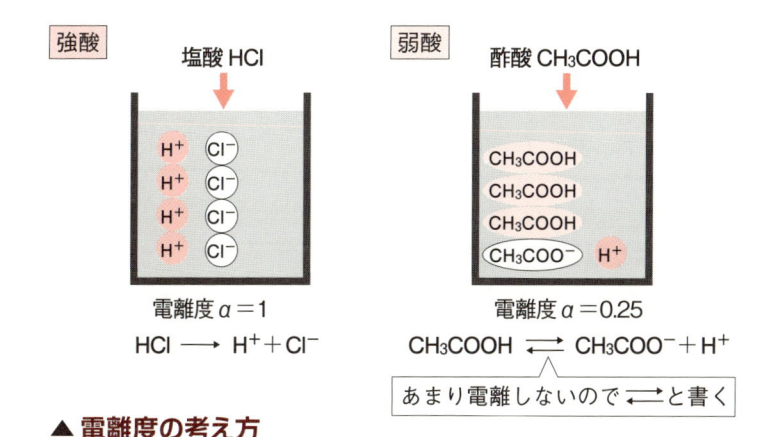

強酸 塩酸 HCl

H^+ Cl^-
H^+ Cl^-
H^+ Cl^-
H^+ Cl^-

電離度 $\alpha = 1$

$HCl \longrightarrow H^+ + Cl^-$

弱酸 酢酸 CH_3COOH

CH_3COOH
CH_3COOH
CH_3COOH
CH_3COO^- H^+

電離度 $\alpha = 0.25$

$CH_3COOH \rightleftarrows CH_3COO^- + H^+$

あまり電離しないので $\rightleftarrows$ と書く

▲ 電離度の考え方

(2) 弱酸・弱塩基の電離式

電離度は濃度によって変わるから「酢酸の電離度はいくら」とはいえないけれど、よく試験で出てくる 0.1 mol/L の酢酸 CH_3COOH 水溶液の電離度は 0.02 (2%) くらいだよ。つまり 100 個に 2 個くらいしか電離していないんだ。だから電離式を書くときには、わずかに電離するから次のように書いてもいいんだけど

$CH_3COOH \longrightarrow CH_3COO^- + H^+$

0.1 mol/L で 2% しか反応が右に進行していないんだったら、反応のしやすさから考えて

$CH_3COOH \longleftarrow CH_3COO^- + H^+$

と書きたいくらいでしょう。だから、

$CH_3COOH \rightleftarrows CH_3COO^- + H^+$

と書くことが多いんだよ。

第11章 酸と塩基の定義

(3) 酸と塩基の分類

0.1mol/L でほとんど電離している，つまり電離度 $\alpha \fallingdotseq 1$ の酸や塩基を強酸，強塩基といっているんだ（強酸や強塩基の実際の厳密な定義は**電離定数**（▶ P.394）というもので決まっている）。酸，塩基を強弱や価数で分類した表を見てもらおう。

Point! 酸と塩基の分類

酸		価数	塩基	
強酸	弱酸		強塩基	弱塩基
HCl 塩酸 HNO₃ 硝酸	CH₃COOH 酢酸 HClO 次亜塩素酸 HF フッ化水素 HCN シアン化水素	1価	LiOH NaOH KOH	NH₃ *1 （アンモニア）
H₂SO₄ 硫酸	(COOH)₂ シュウ酸 (H₂C₂O₄でもよい) H₂S 硫化水素 H₂CO₃ 炭酸 (CO₂) *2	2価	Ca(OH)₂ Sr(OH)₂ Ba(OH)₂	Cu(OH)₂ 水酸化銅(Ⅱ) Mg(OH)₂ 水酸化マグネシウム
	H₃PO₄ リン酸	3価		Al(OH)₃ 水酸化アルミニウム Fe(OH)₃ 水酸化鉄(Ⅲ)

*1 NH₃は水溶液中で $NH_3 + H_2O \rightleftarrows NH_4^+ + OH^-$ のように電離し，OH^- を出す。
*2 CO₂は水溶液中で $CO_2 + H_2O \rightleftarrows H_2CO_3 \rightleftarrows H^+ + HCO_3^- \rightleftarrows 2H^+ + CO_3^{2-}$ のように電離している。

1個の酸または塩基が何個の H^+ や OH^- を出せるかを表すものを**酸・塩基の価数**というよ。いろいろな酸や塩基は，次のように表現するよ。

HCl	1価の強酸	NH₃	1価の弱塩基
(COOH)₂	2価の弱酸	Ca(OH)₂	2価の強塩基
H₃PO₄	3価の弱酸	Al(OH)₃	3価の弱塩基

story 3 ブレンステッド・ローリーの酸と塩基の定義

(1) ブレンステッド・ローリーの酸と塩基の定義

> ブレンステッド・ローリーの定義って，何のためにあるんですか？

それはいい質問だね。ブレンステッド・ローリーの定義では

- 酸 ⟶ H^+ を与える物質
- 塩基 ⟶ H^+ を受け取る物質

となっていて，アレニウスの定義とは異なっているね。この定義の違いが酸・塩基反応の違いにもなるんだよ。

酸と塩基が反応するのが中和反応だから，定義が2つあれば中和反応も2種類あるということなんだ。次の Point! を見てごらん。

Point! アレニウスとブレンステッド・ローリーの酸と塩基の定義

定義	中和反応（酸・塩基反応）
アレニウスの定義	酸 ⟶ H^+、塩基 ⟶ OH^-　H_2O が生成（$H^+ + OH^- \longrightarrow H_2O$）
ブレンステッド・ローリーの定義	酸 ⟶ H^+ ⟶ 塩基　ブレンステッド酸（H^+を与える）　ブレンステッド塩基（H^+を受け取る）

第11章 酸と塩基の定義

(2) アレニウスの定義による中和反応

アレニウス酸は H^+ を出して、アレニウス塩基は OH^- を出すのだけど、この2つのイオンはくっついて H_2O を生成するんだよ。その反応を表したものが次の式だよ。

$$H^+ + OH^- \longrightarrow H_2O$$

イオン式を使って反応を表したものを**イオン反応式**とよぶけど、アレニウスの定義による中和反応をイオン反応式で表すと、この1つしかないんだ。

(3) ブレンステッド・ローリーの定義による中和反応

次にブレンステッド・ローリーの定義だけど、この定義での酸、塩基はアレニウスの定義と異なるから、混乱を避けるため、それぞれ**ブレンステッド酸**、**ブレンステッド塩基**とよぶことも多いんだ。ブレンステッド酸から提供された H^+ をブレンステッド塩基が受け取る反応が中和反応になるわけだけど、次の例を見ると、中和反応のイオン反応式はいくつもあるということがわかるよ。

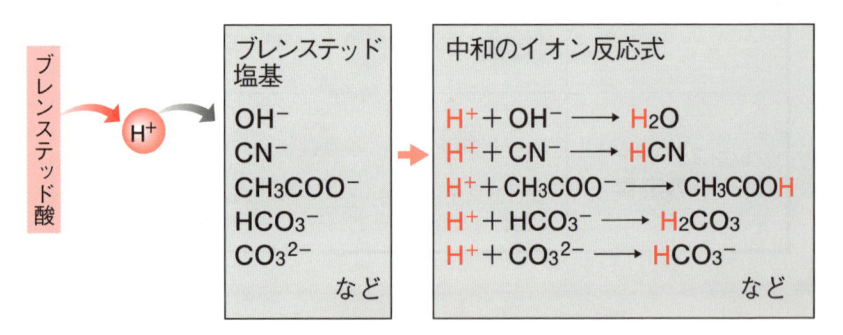

| ブレンステッド酸 | → H^+ → | ブレンステッド塩基 OH^- CN^- CH_3COO^- HCO_3^- CO_3^{2-} など | 中和のイオン反応式 $H^+ + OH^- \longrightarrow H_2O$ $H^+ + CN^- \longrightarrow HCN$ $H^+ + CH_3COO^- \longrightarrow CH_3COOH$ $H^+ + HCO_3^- \longrightarrow H_2CO_3$ $H^+ + CO_3^{2-} \longrightarrow HCO_3^-$ など |

▲ ブレンステッド・ローリーの定義による中和反応の例

> **Point! 中和反応**
>
> **アレニウスの定義** → 1種類の反応 ($H^+ + OH^- \longrightarrow H_2O$)
>
> **ブレンステッド・ローリーの定義**
> → 数多くの反応 ($H^+ + OH^- \longrightarrow H_2O$を含む)

ブレンステッド・ローリーの定義の出現で，多くの反応が中和反応（酸・塩基反応）に分類され，酸・塩基反応の考え方が広がったんだよ。

＜ブレンステッド塩基＞

(4) ブレンステッド・ローリーの定義による中和反応の例

ブレンステッド・ローリーの定義による中和反応の例を教えて！

そうだね。ブレンステッド・ローリーの定義による中和反応とは，H^+をやりとりしている反応なのでたくさんあるんだけど，身近な反応を例に見てみよう。話は単純でH^+を与えれば酸，受け取れば塩基だよ。

❶塩酸 HCl の電離

$$HCl \longrightarrow H^+ + Cl^-$$

この電離式が正しいと思うかもしれないけど，本当に正しい反応式を書くと次のようになるよ。

第11章 酸と塩基の定義

$$\underset{\text{ブレンステッド酸}}{\text{HCl}} + \underset{\text{ブレンステッド塩基}}{\text{H}_2\text{O}} \longrightarrow \text{Cl}^- + \underset{\text{オキソニウムイオン}}{\text{H}_3\text{O}^+}$$

これが HCl の電離を表す正しい反応式で，ふだん我々が目にする HCl $\longrightarrow$ H$^+$ ＋ Cl$^-$ の H$^+$ は H$_3$O$^+$ を省略していると考えた方がいいね。

さらに厳密には逆の反応も起きているので，次のように考えられるんだ。

$$\underset{\text{ブレンステッド酸}}{\text{HCl}} + \underset{\text{ブレンステッド塩基}}{\text{H}_2\text{O}} \rightleftarrows \underset{\text{ブレンステッド酸}}{\text{H}_3\text{O}^+} + \underset{\text{ブレンステッド塩基}}{\text{Cl}^-}$$

❷ アンモニア NH$_3$ の電離

アンモニア NH$_3$ の水中で電離の式から，酸と塩基がわかるね。

$$\underset{\text{ブレンステッド酸}}{\text{H}_2\text{O}} + \underset{\text{ブレンステッド塩基}}{\text{NH}_3} \rightleftarrows \underset{\text{ブレンステッド酸}}{\text{NH}_4^+} + \underset{\text{ブレンステッド塩基}}{\text{OH}^-}$$

❸ HCl と NH$_3$ の反応

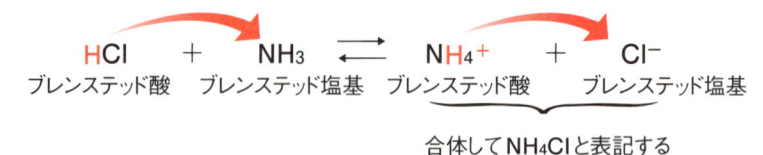

$$\underset{\text{ブレンステッド酸}}{\text{HCl}} + \underset{\text{ブレンステッド塩基}}{\text{NH}_3} \rightleftarrows \underset{\text{ブレンステッド酸}}{\text{NH}_4^+} + \underset{\text{ブレンステッド塩基}}{\text{Cl}^-}$$

合体して NH$_4$Cl と表記する

このようにブレンステッド・ローリーの定義による中和では，**酸と塩基から別の塩基と酸が生成する**んだ。

確認問題

1 アレニウスの定義における塩基とは，水溶液中で何を出す物質か。化学式で答えよ。

解答：OH^-

2 ブレンステッド・ローリーの定義における塩基とは，何を受け取る物質か。化学式で答えよ。

解答：H^+

3 シアン化水素 HCN が水溶液中で電離するときのイオン反応式を書け。

解答：
$HCN \rightleftarrows H^+ + CN^-$
($HCN + H_2O \rightleftarrows CN^- + H_3O^+$)

4 シュウ酸は何価の酸か。

解答：2価

5 水酸化カルシウムは弱塩基か強塩基か。

解答：強塩基

6 次の化学反応式でブレンステッド・ローリーの定義における酸として作用しているものを化学式で書け。

$CH_3COO^- + H_2O \longrightarrow CH_3COOH + OH^-$

解答：H_2O

7 次の化学反応式でブレンステッド・ローリーの定義における塩基として作用しているものを化学式で書け。

$H_2S + H_2O \longrightarrow HS^- + H_3O^+$

解答：H_2O

解説

$H_2S + H_2O \longrightarrow HS^- + H_3O^+$
ブレンステッド酸　ブレンステッド塩基

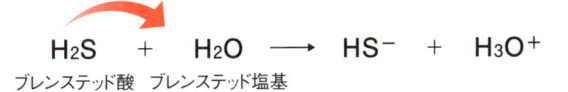

第11章　酸と塩基の定義

第12章 pHと中和反応

▶ 消化管の中のpHは異なる。特に胃の中はHClがあるから強酸性。

story 1　水素イオン濃度とpH

(1) 水のイオン積

pHって大きい方が酸性ですか？　塩基性ですか？

まずは**水のイオン積**というのを覚えてもらおう！　水はほんのわずかだけど次のように電離しているんだ。

$$H_2O \rightleftarrows H^+ + OH^-$$

つまり，水溶液中には必ず H^+ と OH^- があるんだよ。その2つのイオン濃度の積を**水のイオン積 K_w** というんだが，**25℃では $K_w = 1.0 \times 10^{-14}$ (mol/L)^2** に保たれているんだ。

Point! 水溶液中の H^+ と OH^- と水のイオン積

水溶液
$H_2O \rightleftarrows H^+ + OH^-$

25℃のときの値。化学や物理の計算では常温＝25℃がよく使われる。

水のイオン積
$K_w = [H^+][OH^-] = 1.0 \times 10^{-14} \, (mol/L)^2$

(2) pH（水素イオン指数）

基本がわかったら，今度 **pH（水素イオン指数）** を教えるよ。p は sin や cos などと同じ演算子で $p = -\log_{10}$ のことなんだ。数学で log は勉強していると思うけど簡単に言えば次のようになるんだよ。

Point! pH, pOH の定義と公式

$[H^+] = 10^{-a} \, mol/L \longrightarrow pH = a$（水素イオン指数）
$[OH^-] = 10^{-b} \, mol/L \longrightarrow pOH = b$（水酸化物イオン指数）
また，**pH + pOH = 14**（25℃）

p が演算子だとわかれば，pH も pOH も同じように考えられるね。水のイオン積から証明できる **pH + pOH = 14** ということも簡単だから覚えた方がいいよ。

ところで，純水つまり水だけの場合は $[H^+] = [OH^-]$ になるから，水のイオン積を使えば次のように **pH = 7.0** とわかるね。

第12章　pHと中和反応　139

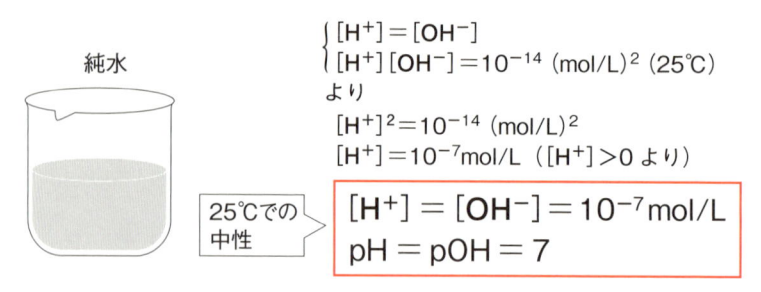

純水

$\begin{cases} [H^+] = [OH^-] \\ [H^+][OH^-] = 10^{-14} \ (mol/L)^2 \ (25℃) \end{cases}$
より
$[H^+]^2 = 10^{-14} \ (mol/L)^2$
$[H^+] = 10^{-7} mol/L \ ([H^+]>0 より)$

25℃での中性

$[H^+] = [OH^-] = 10^{-7} mol/L$
$pH = pOH = 7$

▲ 中性のときに成立する式

　つまり25℃では $[H^+] = 10^{-7} \ (mol/L)$ より $[H^+]$ が大きければ酸性，つまりすっぱい溶液で，小さければ塩基性と定義されているんだ。

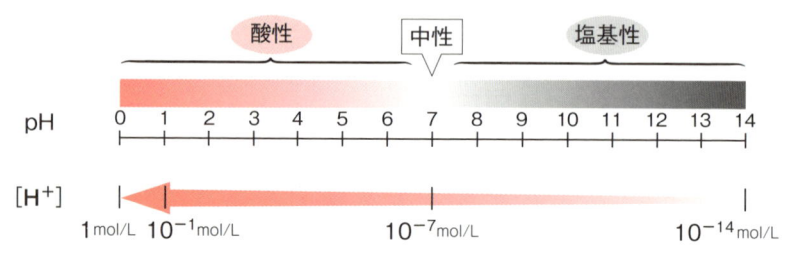

酸性　　中性　　塩基性

pH　0　1　2　3　4　5　6　7　8　9　10　11　12　13　14

$[H^+]$

1 mol/L　　10^{-1} mol/L　　　　10^{-7} mol/L　　　　　　10^{-14} mol/L

▲ 酸性，塩基性の考え方

　pHやpOHは非常に大きな値や小さな値ではなく，0～14の幅でみることが多いよ。また $[H^+][OH^-] = 10^{-14} \ (mol/L)^2$ の関係から，$[H^+]$ と $[OH^-]$ は反比例の関係ということを，しっかり意識しよう。

Point! pHとpOHの関係

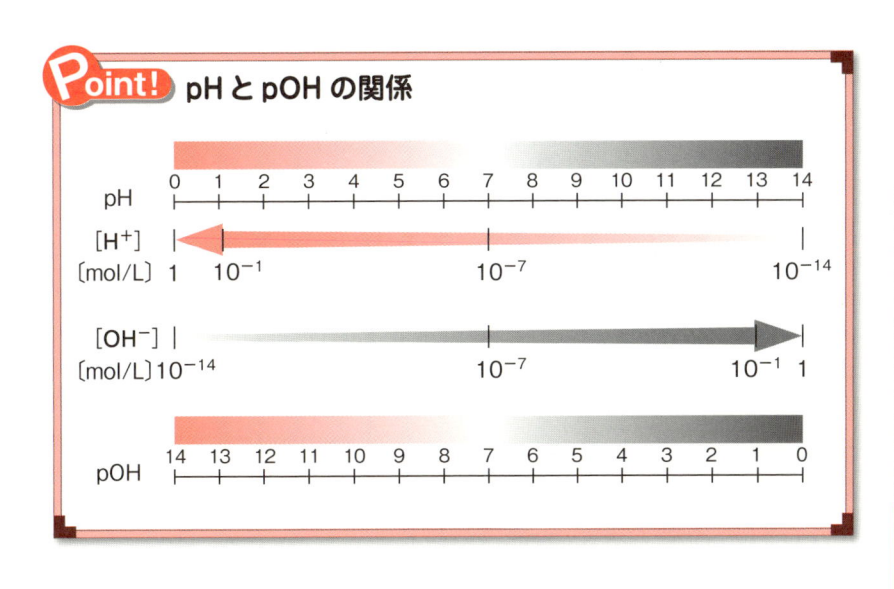

pH	0 1 2 3 4 5 6 7 8 9 10 11 12 13 14
[H⁺] 〔mol/L〕	$1 \quad 10^{-1} \quad\quad\quad 10^{-7} \quad\quad\quad 10^{-14}$
[OH⁻] 〔mol/L〕	$10^{-14} \quad\quad\quad 10^{-7} \quad\quad\quad 10^{-1} \quad 1$
pOH	14 13 12 11 10 9 8 7 6 5 4 3 2 1 0

さて，このpHの値で色が変化する物質があるんだけど，その一部は中和滴定のときの指示薬として使用されているんだ。これらを特に**pH指示薬**といっているんだけど，受験で重要なpH指示薬は次のとおりだよ。色が変化するpHの範囲を**変色域**というから，その言葉も覚えよう！

▼ pH指示薬と変色域

pH指示薬	略称	pH 0 1 2 3 4 5 6 7 8 9 10 11 12 13 14
リトマス	LM	赤色　　　　　　　青色
メチルオレンジ	MO	赤色　　　黄色
フェノールフタレイン	PP	無色　　　　　　　赤色

フェノールフタレイン

第12章　pHと中和反応

story 2 　強酸，強塩基のpHの計算

(1) 強酸のpHの計算

酸や塩基のpHの計算方法が具体的に知りたいで〜す！

そうだね。では，1価の強酸のpHから計算してみよう。1価の強酸の場合は"**電離度が1**"，つまり100％電離していると考えてよいから，簡単だよ。

問題 1　強酸のpH ★

0.10 mol/L の塩酸のpHを計算せよ。

解説

塩酸 HCl は強酸だから，次のように完全に電離していると考えられるね。

$$HCl \longrightarrow H^+ + Cl^-$$

だから $[H^+] = 0.10 \, mol/L = 10^{-1} \, mol/L$ より

$$pH = 1.0$$

解答

1.0

(2) 強塩基のpHの計算

次に1価の強塩基の計算をしてみよう。強酸と同じように"**電離度は1**"と考えるからほとんど同じような計算になるよ。

問題 2 強塩基のpH ★

0.10 mol/L の水酸化ナトリウム水溶液のpHを計算せよ。ただし，水のイオン積を $[H^+][OH^-] = 1.0 \times 10^{-14} \, (mol/L)^2$ とする。

解説

NaOH は強塩基だから完全に電離していると考えられるね。

$$NaOH \longrightarrow Na^+ + OH^-$$

$[OH^-] = 0.10 \, mol/L$，$[H^+][OH^-] = 10^{-14} \, (mol/L)^2$ より

$$[H^+] = \frac{10^{-14} \, (mol/L)^2}{[OH^-]} = \frac{10^{-14} \, (mol/L)^2}{0.10 \, mol/L}$$

$$= 10^{-13} \, mol/L \quad \text{よって，pH} = 13$$

＜別解＞

$[OH^-] = 0.10 \, mol/L = 10^{-1} \, mol/L$ より pOH = 1

pH + pOH = 14 より

pH = 14 − pOH = 14 − 1.0 = 13

解答

13

● (3) 2価の強塩基のpHの計算

次に2価の強塩基の pH を計算してみるよ。

問題 3 2価の強塩基のpH ★

0.0050 mol/L の水酸化バリウム水溶液の pH を求めよ。ただし，水のイオン積を $[H^+][OH^-] = 1.0 \times 10^{-14} \, (mol/L)^2$ とし，$Ba(OH)_2$ は次のように完全に電離しているとする。

$$Ba(OH)_2 \longrightarrow Ba^{2+} + 2OH^-$$

|解 説|

電離式より OH^- は $Ba(OH)_2$ の2倍生成するから

$[OH^-] = 0.0050 \times 2\,\text{mol/L} = 0.010\,\text{mol/L}$
$= 1.0 \times 10^{-2}\,\text{mol/L}$

$[H^+][OH^-] = 10^{-14}\,(\text{mol/L})^2$ より

$[H^+] = \dfrac{10^{-14}\,(\text{mol/L})^2}{[OH^-]} = \dfrac{10^{-14}\,(\text{mol/L})^2}{1.0 \times 10^{-2}\,\text{mol/L}}$
$= 1.0 \times 10^{-12}\,\text{mol/L}$　よって，pH = 12

＜別解＞

$[OH^-] = 0.0050\,\text{mol/L} \times 2 = 0.010\,\text{mol/L}$
$= 1.0 \times 10^{-2}\,\text{mol/L}$ より　pOH = 2

pH + pOH = 14 より
　pH = 14 − pOH = 14 − 2 = 12

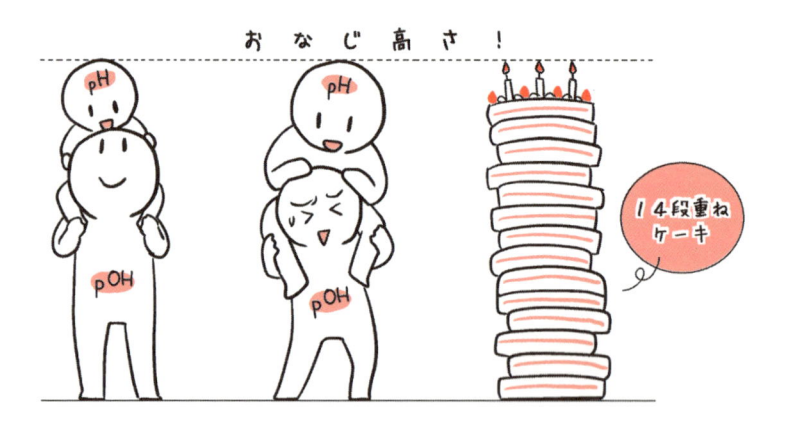

|解 答|

12

story 3 弱酸，弱塩基の pH の計算

(1) 弱酸のpHの計算

弱酸，弱塩基の pH の計算って，難しいの？

弱酸，弱塩基は**電離度を考えればいい**だけで，とても簡単だよ。例えば C 〔mol/L〕の **HA** という弱酸があったとすると，その電離式は次のようになるね。

$$HA \rightleftarrows H^+ + A^- \quad (HA + H_2O \rightleftarrows H_3O^+ + A^-)$$

ここで，電離度＝α とすると，$[H^+] = C\alpha$
となるよ。さっそく問題をやってみよう！

問題 4　弱酸のpH　★★

0.072 mol/L のフッ化水素 HF の水溶液の pH を計算せよ。ただし，フッ化水素の電離度を 0.14 とする。

|解説|

濃度と電離度をかけて計算するだけで，水素イオン濃度が出るよ。

$$[H^+] = C\alpha = 0.072 \text{mol/L} \times 0.14$$
$$= 0.01008 \text{ mol/L} \fallingdotseq 1.0 \times 10^{-2} \text{mol/L} \quad pH = 2.0$$

|解答|

2.0

(2) 弱塩基のpHの計算

弱塩基も同じように計算できるんだ。C 〔mol/L〕の **B** という弱塩基の水溶液の pH を計算してみよう。**pH の計算は基**

本的にブレンステッド・ローリーの定義で計算するから，水溶液中での一般式は B が H_2O から H^+ を受け取る次のような式だよ。

$$B + H_2O \rightleftarrows BH^+ + OH^-$$

ここで，電離度＝a とすると，$[OH^-] = Ca$

弱酸とほとんど同じ公式が出てきたね。
　では，問題をやってみよう。

問題 5　弱塩基のpH　★★

0.0010 mol/L のアンモニア水溶液の pH を計算せよ。ただし水のイオン積を $[H^+][OH^-] = 1.0 \times 10^{-14}$ $(mol/L)^2$ とし，アンモニアの電離度を0.10とする。

解説

濃度に電離度をかけるだけで，水酸化物イオン濃度が出るよ。

$$NH_3 + H_2O \rightleftarrows NH_4^+ + OH^-$$

$[OH^-] = Ca = 0.0010 \,\text{mol/L} \times 0.10$
　　　　$= 1.0 \times 10^{-4} \,\text{mol/L}$

$[H^+][OH^-] = 10^{-14}$ $(mol/L)^2$ より

$[H^+] = \dfrac{10^{-14} \,(mol/L)^2}{[OH^-]} = \dfrac{10^{-14} \,(mol/L)^2}{10^{-4} \,mol/L} = 10^{-10} \,mol/L$

よって，pH = 10

＜別解＞
　$[OH^-] = Ca = 0.0010 \,\text{mol/L} \times 0.10 = 10^{-4} \,\text{mol/L}$
よって，pOH = 4
pH + pOH = 14 より，pH = 14 − pOH = 14 − 4 = 10

解答
10

(3) pHから電離度を求める計算

弱酸や弱塩基のpHが計算できたら，pHから電離度を求める計算もできるからやってみよう！

問題6　pHから電離度を求める ★★

0.10 mol/L の酢酸のpHが3.0だった。このときの酢酸の電離度を計算せよ。

解説

pH = 3.0 ということは $[H^+] = 1.0 \times 10^{-3}$ mol/L ということだから，$[H^+] = Ca$ より

1.0×10^{-3} mol/L $= 0.10$ mol/L $\times a$

∴　$a = 0.010$

意外とカンタン！

解答
0.010

確認問題

1 次の問いに答えよ。
ただし水のイオン積は $K_W = [H^+][OH^-] = 1.0 \times 10^{-14} \, (mol/L)^2$ とし，解答は全て有効数字2桁で答えよ。

	解 答
(1) $[H^+] = 1.0 \times 10^{-3}$ mol/L のときの pH はいくらか。	(1) 3.0
(2) $[H^+] = 1.0 \times 10^{-11}$ mol/L のときの pH はいくらか。	(2) 11
(3) $[OH^-] = 1.0 \times 10^{-9}$ mol/L のときの pH はいくらか。	(3) 5.0
(4) $[OH^-] = 1.0$ mol/L のときの pH はいくらか。	(4) 14
(5) 1.0×10^{-4} mol/L の硝酸の pH はいくらか。	(5) 4.0
(6) 1.0×10^{-5} mol/L の水酸化ナトリウム水溶液の pH はいくらか。	(6) 9.0
(7) 5.0×10^{-5} mol/L の水酸化カルシウム水溶液の pH はいくらか。ただし $Ca(OH)_2$ は下式のように完全に電離しているとせよ。 $Ca(OH)_2 \longrightarrow Ca^{2+} + 2OH^-$	(7) 10
(8) 0.34 mol/L の次亜塩素酸 HClO の電離度を 3.0×10^{-4} として pH を求めよ。	(8) 4.0
(9) 0.10 mol/L のアンモニア水の pH が 11.0 であった。この水溶液のアンモニア NH_3 の電離度を求めよ。	(9) 0.010

解説

(3) pOH = 9.0 より pH = 14.0 − 9.0 = **5.0**

(4) 水のイオン積 $[H^+][OH^-] = 10^{-14} \; (mol/L)^2$ より，

$$[H^+] = \frac{1.0 \times 10^{-14} \; (mol/L)^2}{[OH^-]} = \frac{1.0 \times 10^{-14} \; (mol/L)^2}{1.0 \, mol/L}$$

$$= 10^{-14}$$

よって，pH = **14**

＜別解＞

$[OH^-] = 1.0 \, mol/L$ より，pOH = 0

pH + pOH = 14 より，pH = 14 − pOH = **14**

(5) $[H^+] = 1.0 \times 10^{-4} \, mol/L$ より，pH = **4.0**

(6) pOH = 5.0 より，pH = 14 − 5.0 = **9.0**

(7) $[OH^-] = 5.0 \times 10^{-5} \, mol/L \times 2 = 10^{-4} \, mol/L$ より，pOH = 4

よって，pH = 14 − 4 = **10**

(8) $[H^+] = Ca = 0.34 \, mol/L \times 3 \times 10^{-4} = 1.02 \times 10^{-4} \, mol/L$

$\fallingdotseq 1.0 \times 10^{-4} \, mol/L$ より，pH = **4.0**

(9) pOH = 14 − pH = 14.0 − 11.0 = 3.0

∴ $[OH^-] = 1.0 \times 10^{-3} \, mol/L$

公式より $[OH^-] = Ca$

$1.0 \times 10^{-3} \, mol/L = 0.10 \, mol/L \times a$ より，

$a =$ **0.010**

第13章 中和反応と塩の生成

▶ 酸と塩基が出会ってカップル（塩）が誕生する。

story 1 中和反応

(1) 中和反応の反応式の書き方

　中和の反応式を書くコツって，ありますか？

　そうだね。アレニウスの定義での中和反応の反応式は簡単な方法があるよ。
　まずは酸と塩基の電離式を書いて，H^+ と OH^- の数を合わせて中和するんだよ。アレニウスの定義では中和反応は，本質的には，$H^+ + OH^- \longrightarrow H_2O$ の1つだけだから，簡単に反応式が完成するよ。このとき，水といっしょにできる物質を**塩**というんだ。次の例を見ればすぐにわかるよ。

(2) 1価の酸と1価の塩基の中和反応

例1 塩酸 HCl と水酸化ナトリウム NaOH の中和反応

$$
\begin{aligned}
HCl &\longrightarrow Cl^- + H^+ \\
+)\quad NaOH &\longrightarrow Na^+ + OH^- \\
\hline
HCl + NaOH &\longrightarrow NaCl + H_2O \\
\text{酸}\quad\text{塩基}&\qquad\quad\text{塩}\quad\text{水}
\end{aligned}
$$

塩酸嬢　ナトリウム君　　カップル（塩）

例2 酢酸 CH_3COOH と水酸化カリウム KOH の中和反応

$$
\begin{aligned}
CH_3COOH &\longrightarrow CH_3COO^- + H^+ \\
+)\quad KOH &\longrightarrow K^+ \qquad\quad + OH^- \\
\hline
CH_3COOH + KOH &\longrightarrow CH_3COOK + H_2O \\
\text{酸}\qquad\quad\text{塩基}&\qquad\quad\text{塩}\qquad\quad\text{水}
\end{aligned}
$$

簡単でしょ！ 例1 と 例2 は1価の酸と1価の塩基の中和反応だったけど，次は2価の酸と1価の塩基の中和反応だ。

(3) 2価の酸と1価の塩基の中和反応

例3 シュウ酸 $H_2C_2O_4$ と水酸化ナトリウム NaOH の中和反応

$$
\begin{aligned}
H_2C_2O_4 &\longrightarrow HC_2O_4^- + H^+ \\
+)\quad NaOH &\longrightarrow Na^+ \qquad + OH^- \\
\hline
H_2C_2O_4 + NaOH &\longrightarrow NaHC_2O_4 + H_2O \\
\text{酸}\qquad\quad\text{塩基}&\qquad\quad\text{塩（酸性塩）}\quad\text{水}
\end{aligned}
$$

第13章　中和反応と塩の生成

(4) 酸性塩と塩基の中和反応

例3で生成した塩のシュウ酸水素ナトリウム $NaHC_2O_4$ は，まだ H^+ を放出できるから酸でもあるので，さらに例4のように中和反応をするんだ。このように，まだ H^+ を出せる，つまり**酸の性質を残している塩**を**酸性塩**というんだよ。

例4 シュウ酸水素ナトリウム $NaHC_2O_4$ と水酸化ナトリウム $NaOH$ の中和反応

$$NaHC_2O_4 \longrightarrow C_2O_4^{2-} + Na^+ + H^+$$
$$+)\quad NaOH \longrightarrow Na^+ + OH^-$$
$$\overline{NaHC_2O_4 + NaOH \longrightarrow Na_2C_2O_4 \qquad + H_2O}$$

　　　酸　　　　塩基　　　　　塩　　　　　　水

(5) 塩の分類

酸性塩と同様に塩化水酸化マグネシウム $MgCl(OH)$，塩化水酸化カルシウム $CaCl(OH)$ のように**塩基の性質を残している塩**を**塩基性塩**というんだ。**酸性塩や塩基性塩は化学式の中に電離できる H や OH が入っている**からすぐにわかるよ。また，電離できる H や OH を含まない塩を**正塩**というよ。

▼ 塩の分類

酸性塩	正　塩	塩基性塩
放出できる H^+ を含む	───	放出できる OH^- を含む
$NaHCO_3$, $NaHSO_4$ KHC_2O_4, K_2HPO_4 LiH_2PO_4	$NaCl$, CH_3COONa KNO_3, Na_2CO_3 K_3PO_4	$Ca(OH)NO_3$ $Al(OH)SO_4$ $MgCl(OH)$

story 2 塩の性質

(1) 酸性塩の水溶液の液性

> 酸性塩って，水に溶けると酸性になるの？

酸性塩とは酸の性質を残している塩であって，酸性の塩ではないんだ。よく試験に出る２つの酸性塩の液性は次のとおりだよ。

硫酸水素ナトリウム $NaHSO_4$ ⟶ 酸性
炭酸水素ナトリウム $NaHCO_3$ ⟶ 塩基性

(2) 正塩の水溶液の液性

塩が酸性になるか塩基性になるかで重要なのは正塩だよ。正塩の代表である塩化ナトリウム $NaCl$ 水溶液が中性だから正塩は全て中性と思っている人もいるんだけど，酸性か中性か塩基性かは，塩になる前の酸と塩基で考えるとわかるんだ。代表的な強酸と強塩基は次のようなものだね。

代表的な強酸は HCl，HNO_3，H_2SO_4
代表的な強塩基は $NaOH$，KOH，$Ca(OH)_2$，$Ba(OH)_2$

これ以外はおおよそ弱酸，弱塩基なので，正塩の液性は次のようになるよ。

▼ 正塩の酸性，中性，塩基性

組み合わせ	酸性／塩基性	例
強酸と強塩基の塩	中性	KNO_3, $NaCl$, Na_2SO_4
強酸と弱塩基の塩	酸性	NH_4Cl, NH_4NO_3, $CuSO_4$
弱酸と強塩基の塩	塩基性	CH_3COONa, Na_2CO_3
弱酸と弱塩基の塩	中性付近	CH_3COONH_4

第13章　中和反応と塩の生成

酸が女の子で塩基が男の子なら，塩はカップルで，けんかして強い方が勝つというイメージだよ！

強酸と強塩基	強酸と弱塩基	弱酸と強塩基	弱酸と弱塩基
➡ 中性	➡ 酸性	➡ 塩基性	➡ 中性付近

story 3　弱酸，弱塩基の遊離

弱酸の遊離って，何ですか？

それには，アレニウスの定義における酸と塩基の強弱が重要なんだ。弱酸は電離しにくいわけだから，**弱酸から生成する陰イオン**（例えば CH_3COO^-）**は，もとの弱酸（CH_3COOH）に戻りやすい**んだよ。弱塩基でも同じで，弱塩基から生成する陽イオン（例えば NH_4^+）は，**もとの弱塩基（NH_3）に戻りやすい**んだ。

弱酸（アレニウス酸）	→電離→	陰イオン（例 CH_3COO^-, F^-, CN^-, CO_3^{2-}）
弱塩基（アレニウス塩基）	→電離→	陽イオン（例 NH_4^+, Cu^{2+}, Mg^{2+}, Al^{3+}）

CH_3COO^- を例にすると，このイオンを含む水溶液に H^+ を加えたら CH_3COOH がすぐに生成するんだ。CH_3COONa と HCl の反応式を書くときは，イオン反応式に足りないイオンを加えて，全反応式を完成させるんだよ。

```
[イオン反応式]    CH₃COO⁻  +  H⁺   ⟶  CH₃COOH        右辺と左辺に同じ
[加えたイオン] +) Na⁺          Cl⁻       Na⁺   Cl⁻    数のイオンをたす。
                 CH₃COONa + HCl ⟶ NaCl + CH₃COOH   弱酸が
                 弱酸の塩    強酸    強酸の塩   弱酸      遊離した！
```

このように**弱酸の塩に強酸を入れると弱酸の分子が遊離してくる**んだよ。

また，弱塩基の塩 NH₄Cl と強塩基 NaOH の反応では，弱塩基である NH₃ が遊離する。この反応を反応式で書けば次のようになるよ。

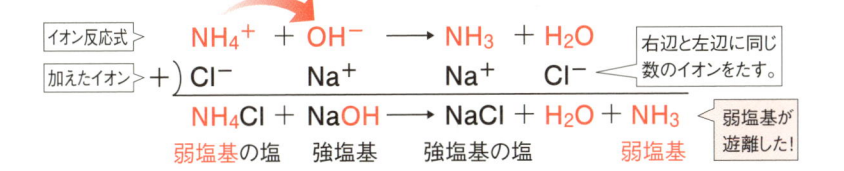

```
[イオン反応式]    NH₄⁺  +  OH⁻   ⟶  NH₃  +  H₂O     右辺と左辺に同じ
[加えたイオン] +) Cl⁻      Na⁺       Na⁺     Cl⁻    数のイオンをたす。
                 NH₄Cl + NaOH ⟶ NaCl + H₂O + NH₃   弱塩基が
                 弱塩基の塩  強塩基   強塩基の塩    弱塩基  遊離した！
```

Point! 弱酸，弱塩基の遊離

弱酸の遊離   　**弱酸の塩** ＋強酸 ⟶ **強酸の塩** ＋ **弱酸**
弱塩基の遊離 　**弱塩基の塩** ＋強塩基 ⟶ **強塩基の塩** ＋ **弱塩基**

さらにきちんとした化学反応の分類でいえば，この反応はブレンステッド・ローリーの定義による中和反応といえるんだよ。H⁺ の受け渡しが起きているよね。

```
         CH₃COONa   +   HCl   ⟶   NaCl   +   CH₃COOH
         ブレンステッド塩基  ブレンステッド酸

         NH₄Cl    +   NaOH   ⟶   NaCl   +   H₂O   +   NH₃
         ブレンステッド酸  ブレンステッド塩基
```

第13章 中和反応と塩の生成

このように弱酸や弱塩基の塩はブレンステッド塩基やブレンステッド酸として働くんだよ。

ブレンステッド・ローリーの定義による中和反応

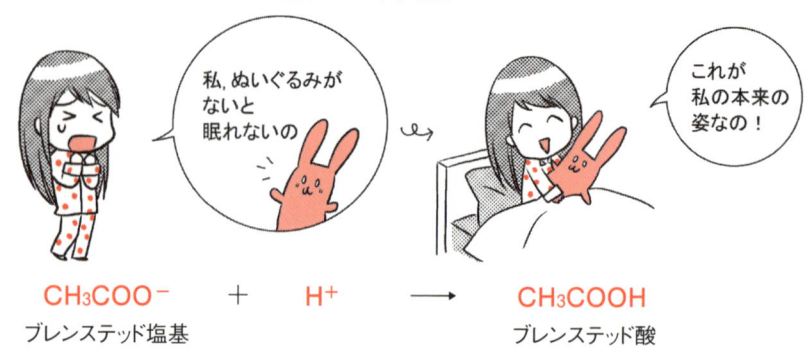

CH_3COO^- ＋ H^+ ⟶ CH_3COOH
ブレンステッド塩基　　　　　　　　ブレンステッド酸

確認問題

1 次の問いに答えよ。
(1) フッ化水素と水酸化カリウムの中和の反応式を書け。
(2) 硫酸と水酸化ナトリウムが反応して硫酸ナトリウムが生成する反応式を書け。
(3) 次の①〜④から酸性塩を全て選べ。
　① $NaHSO_4$　② CH_3COONa
　③ KNO_3　④ Na_2HPO_4
(4) 次の①〜⑤の塩から水溶液が酸性であるものを全て選べ。
　① $CuSO_4$　② NH_4Cl
　③ $NaHCO_3$　④ $NaHSO_4$
　⑤ $NaCl$

解答
(1) $HF + KOH \longrightarrow H_2O + KF$
(2) $H_2SO_4 + 2NaOH \longrightarrow 2H_2O + Na_2SO_4$
(3) ① ④
(4) ① ② ④

(5) 次の①〜⑤の塩から水溶液が塩基性であるものを全て選べ。
① K_2SO_4　② $(NH_4)_2SO_4$
③ Na_2CO_3　④ KCN
⑤ $Ca(NO_3)_2$

(6) 酢酸カリウム CH_3COOK 水溶液に塩酸 HCl を入れたときの反応式を書け。

(7) 塩化アンモニウム NH_4Cl 水溶液に水酸化カルシウム $Ca(OH)_2$ 水溶液を入れたときの反応式を書け。

(8) 次の化学反応でブレンステッド・ローリーの定義における塩基として作用しているものを化学式で答えよ。
$$CaF_2 + H_2SO_4 \longrightarrow CaSO_4 + 2HF$$

解答

(5) ③ ④

(6) $CH_3COOK + HCl \longrightarrow KCl + CH_3COOH$

(7) $2NH_4Cl + Ca(OH)_2 \longrightarrow CaCl_2 + 2H_2O + 2NH_3$

(8) CaF_2 (F^-)

解説

(4) 正塩の水溶液の酸性, 塩基性の判定は強酸の陰イオンと強塩基の陽イオンを赤で囲んでみると簡単だよ。
① $Cu\,\boxed{SO_4}$ ⇒ 酸性　　② $NH_4\,\boxed{Cl}$ ⇒ 酸性
③ $\boxed{Na}\,HCO_3$ ⇒ 塩基性　④ $\boxed{Na}\,H\,\boxed{SO_4}$ ⇒ 酸性
⑤ $\boxed{NaCl}$ ⇒ 中性

(5) ① $\boxed{K_2}\,\boxed{SO_4}$ ⇒ 中性　　② $(NH_4)_2\,\boxed{SO_4}$ ⇒ 酸性
③ $\boxed{Na_2}\,CO_3$ ⇒ 塩基性　④ $\boxed{K}\,CN$ ⇒ 塩基性
⑤ $\boxed{Ca}\,\boxed{(NO_3)_2}$ ⇒ 中性

(8) H^+ の受け渡しに注目しよう。

$$CaF_2 + H_2SO_4 \longrightarrow CaSO_4 + 2HF$$
ブレンステッド塩基　ブレンステッド酸

第13章　中和反応と塩の生成

第14章 中和滴定

▶ H^+ と OH^- の数が同じになって中和完了。

story 1　中和滴定の操作と指示薬

(1) 中和滴定の操作

中和滴定の器具は，試験によく出るから教えてください！

中和滴定の実験器具は非常に重要だね。操作を頭でシミュレーションしてきちんと覚えるんだよ。まずは，溶液を**正確に量り取らなければならない**よね。そのときには**ホールピペット**を使うんだよ。量り取った溶液を**コニカルビーカー**か**三角フラスコ**に移すんだ。これは溶液を混ぜ合わせるための器具なんだよ。**滴定液**を**ビュレット**という器具に入れて上から滴下するんだ。しかし，これでは**中和反応がいつ終了したかわからないからpH指示薬**

158　酸と塩基の反応

を使うんだよ。中和反応が終了すると色が変化するから大変便利なんだ。この**中和反応が終了した点**を**中和点**（**当量点**）といっているよ。

Point! 中和滴定の操作

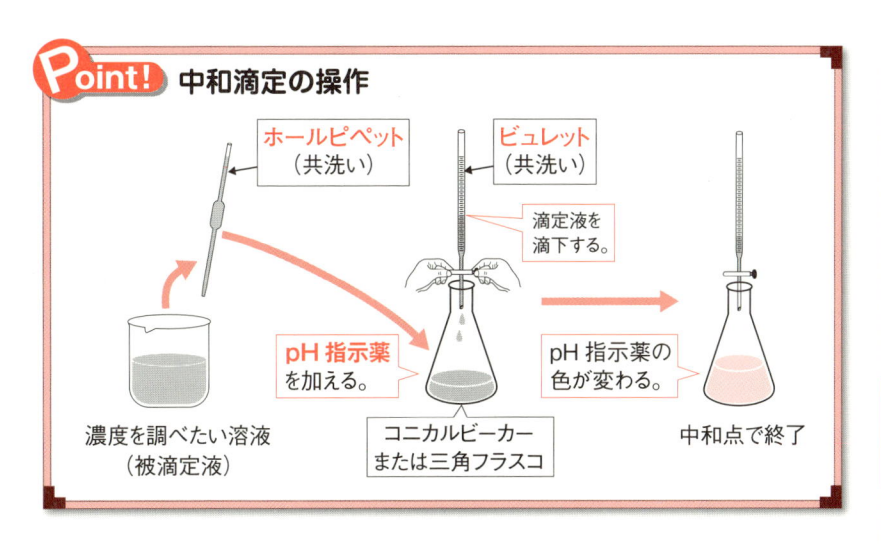

- ホールピペット（共洗い）
- ビュレット（共洗い）
- 滴定液を滴下する。
- pH指示薬を加える。
- pH指示薬の色が変わる。
- 濃度を調べたい溶液（被滴定液）
- コニカルビーカーまたは三角フラスコ
- 中和点で終了

(2) pH指示薬

中和滴定のpH指示薬って，どれを使ってもいいの？

どれでもいいわけではないよ。どのpH指示薬を使うかを自分で選ばなければならないんだ。**中和点付近ではpHが大きく変化する**んだ。これをpHジャンプといっているんだけど，この現象をうまく利用してpH指示薬を選ぶんだよ。中和点付近でpHジャンプが起こるわけだから，滴定液の**pHジャンプ中にpH指示薬の変色域が存在すれば，中和点付近で色が変化する**んだよ。判定の基本は次のとおりだよ。

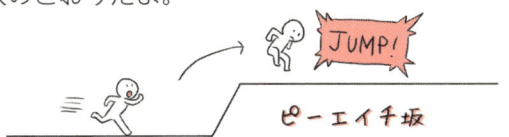

JUMP!
ピーエイチ坂

第14章　中和滴定

▼ pH 指示薬

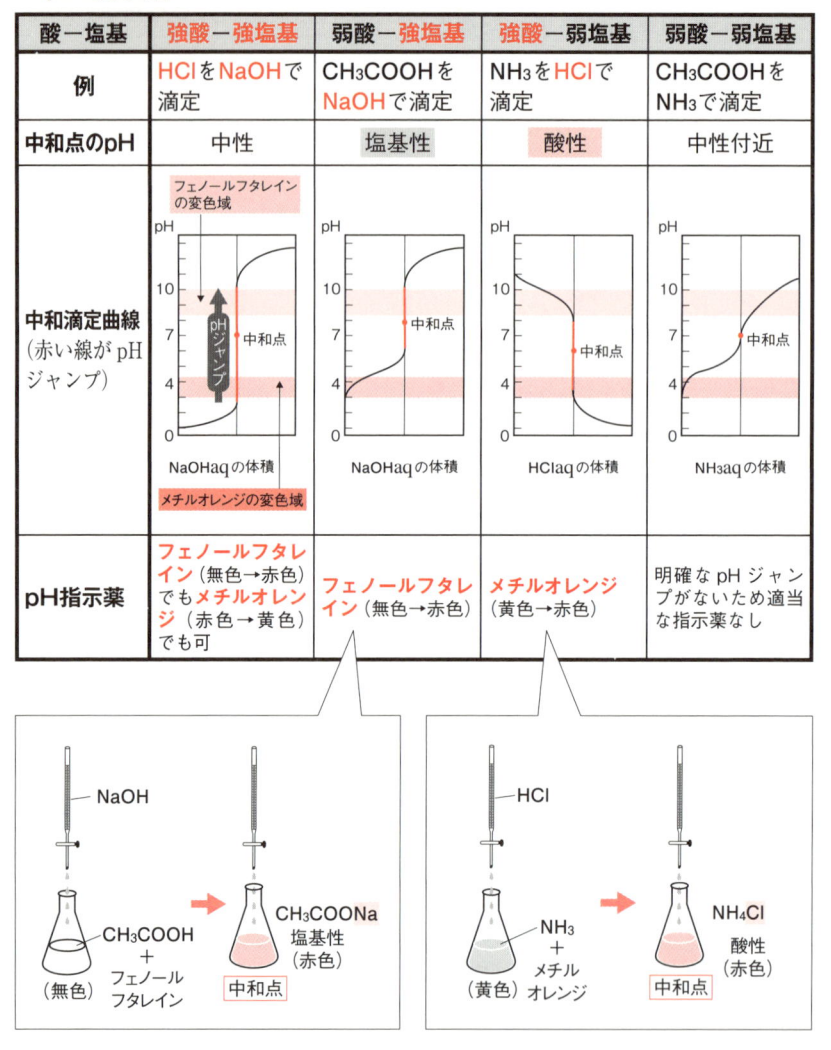

酸－塩基	強酸－強塩基	弱酸－強塩基	強酸－弱塩基	弱酸－弱塩基
例	HClをNaOHで滴定	CH_3COOHをNaOHで滴定	NH_3をHClで滴定	CH_3COOHをNH_3で滴定
中和点のpH	中性	塩基性	酸性	中性付近
中和滴定曲線（赤い線がpHジャンプ）	（グラフ：pHジャンプ、フェノールフタレインの変色域、メチルオレンジの変色域、中和点、NaOHaqの体積）	（グラフ：中和点、NaOHaqの体積）	（グラフ：中和点、HClaqの体積）	（グラフ：中和点、NH_3aqの体積）
pH指示薬	フェノールフタレイン（無色→赤色）でもメチルオレンジ（赤色→黄色）でも可	フェノールフタレイン（無色→赤色）	メチルオレンジ（黄色→赤色）	明確なpHジャンプがないため適当な指示薬なし

（左図）NaOH を CH_3COOH ＋ フェノールフタレイン（無色）に滴定 → CH_3COONa 塩基性（赤色）中和点

（右図）HCl を NH_3 ＋ メチルオレンジ（黄色）に滴定 → NH_4Cl 酸性（赤色）中和点

中和点によって，どの指示薬を使うかは簡単に判定できるね。

Point! pH 指示薬

中和点が 塩基性　　　　　　 ⟶　フェノールフタレイン
中和点が 酸性　　　　　　　 ⟶　メチルオレンジ
中和点が中性（強酸−強塩基）⟶　どちらでも可
　　　　　（弱酸−弱塩基）　⟶　適当な指示薬なし

story 2　中和滴定の公式

(1) 中和滴定の計算

中和滴定の計算って，難しいの？

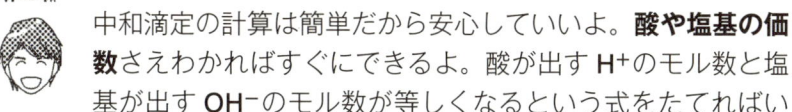

中和滴定の計算は簡単だから安心していいよ。**酸や塩基の価数**さえわかればすぐにできるよ。酸が出す H^+ のモル数と塩基が出す OH^- のモル数が等しくなるという式をたてればいいんだ。中和滴定には**酸や塩基の強弱は関係ない**からね。

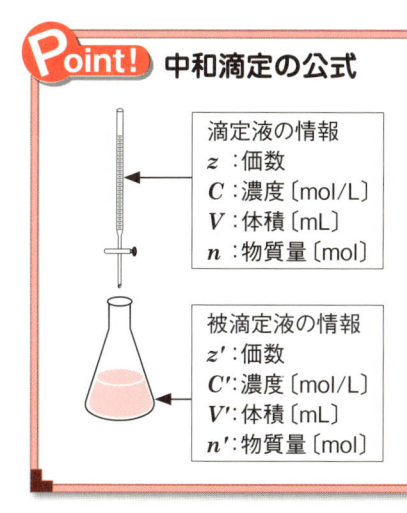

Point! 中和滴定の公式

滴定液の情報
z：価数
C：濃度〔mol/L〕
V：体積〔mL〕
n：物質量〔mol〕

被滴定液の情報
z'：価数
C'：濃度〔mol/L〕
V'：体積〔mL〕
n'：物質量〔mol〕

$$z \times C \times \frac{V}{1000} \text{〔mol〕}$$
$$= z' \times C' \times \frac{V'}{1000} \text{〔mol〕より}$$

$$zCV = z'C'V'$$
$$zn = z'n'$$

z は価数
　HCl は1価の酸なので $z=1$
　H_2SO_4 は2価の酸なので $z=2$
　NaOH は1価の塩基なので $z=1$
　$Ca(OH)_2$ は2価の塩基なので $z=2$

第14章　中和滴定

非常に簡単な公式でしょう。さっそく、練習問題をやってみよう！

問題 1 　中和滴定の計算　★★

次の問いに答えよ。

(1) 濃度 C 〔mol/L〕の塩酸 HCl 10 mL を濃度 0.10 mol/L の水酸化バリウム $Ba(OH)_2$ 水溶液で滴定したら 7.5 mL で中和点に達した。C を求めよ。

(2) 濃度 C 〔mol/L〕のアンモニア NH_3 水 12 mL を濃度 0.20 mol/L の硫酸 H_2SO_4 で滴定したら 15 mL で中和点に達した。C を求めよ。

(3) 0.20 mol の酢酸 CH_3COOH を含む溶液を中和するのに必要な石灰水（水酸化カルシウム $Ca(OH)_2$ 水溶液）中の水酸化カルシウムの物質量を求めよ。

解説

計算は公式に代入するだけだよ！

(1) $\boxed{zCV = z'C'V'}$
　　 HCl 　　　 $Ba(OH)_2$
　　$1 \times C \times 10 = 2 \times 0.10 \times 7.5$ 　∴ $C = 0.15$ mol/L

(2) $\boxed{zCV = z'C'V'}$
　　 NH_3 　　　 H_2SO_4
　　$1 \times C \times 12 = 2 \times 0.20 \times 15$ 　∴ $C = 0.50$ mol/L

(3) $\boxed{zn = z'n'}$
　　 CH_3COOH 　$Ca(OH)_2$
　　$1 \times 0.20 = 2 \times n$ 　　　　∴ $n = 0.10$ mol

解答

(1) **0.15 mol/L** 　(2) **0.50 mol/L** 　(3) **0.10 mol**

(2) 混合液の中和滴定の計算

中和滴定の公式はすばらしくて，酸または塩基が2種類以上入っていたら zCV や zn を**たせば成立する**んだよ。やってみようか。

問題2　2種類の酸の混合液の中和　★★★

濃度 C mol/L の硝酸 25 mL と 0.10 mol/L の硫酸 10 mL が入った溶液を 0.15 mol/L の水酸化バリウム水溶液で滴定したら 15 mL で中和点に達した。C を求めよ。

|解 説|

この問題の場合は酸が2種類あるけど，その情報をたすと簡単に算出できるよ。

$$\underset{\text{HNO}_3}{zCV} + \underset{\text{H}_2\text{SO}_4}{z'C'V'} = \underset{\text{Ba(OH)}_2}{z''C''V''}$$

$1 \times C \times 25 + 2 \times 0.10 \times 10 = 2 \times 0.15 \times 15$
　　$C = 0.10$ mol/L

|解 答|

0.10 mol/L

より高度な問題を解くための中和滴定の公式は次のようになるね。

$$\boxed{\begin{array}{l} \Sigma zCV = \Sigma z'C'V' \\ \Sigma zn\ \ \ = \Sigma z'n' \end{array}}$$

第14章　中和滴定

story 3　二段階の中和

― 二段階の中和って難しいと思うんですけど…

― そうだね。計算自体は簡単なんだけど，何をやっているか理解するのが難しいね。具体的に炭酸ナトリウム Na_2CO_3 の中和の問題をやってみようか！

問題 3　二段階の中和（ワルダー法） ★★★

次の文を読み，(1)～(6)に答えよ。必要があれば次の数値を用いよ。
原子量 $H=1.00$, $C=12.0$, $O=16.0$, $Na=23.0$

炭酸ナトリウム Na_2CO_3 を含んだ水酸化ナトリウム $NaOH$ 約 100 mg を水 25.0 mL に溶かし，これにフェノールフタレインを加えて 0.100 mol/L の塩酸 HCl により滴定したところ，20.70 mL 滴下したところで液が（ a ）色から無色透明となった。続いてメチルオレンジを加えてさらに滴定を続けたところ，2.50 mL 滴下したところで液が（ b ）色から（ c ）色へと変化した。なお，0.100 mol/L の $NaOH$ 水溶液 10.0 mL に，0.100 mol/L の HCl 水溶液を滴下したときの中和滴定曲線は**図 1**，0.100 mol/L の Na_2CO_3 水溶液 10.0 mL に，0.100 mol/L の HCl 水溶液を滴下したときの中和滴定曲線は**図 2** のようになる。

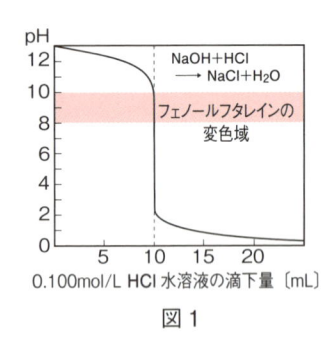

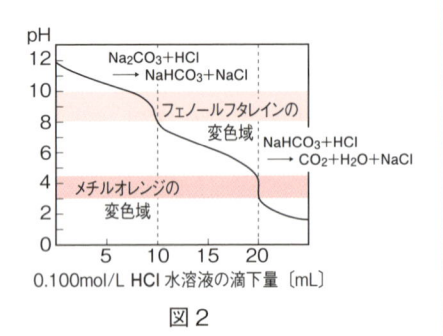

図 1

図 2

(1) （ a ）～（ c ）にあてはまる語句を書け。
(2) フェノールフタレインが無色透明になるまでに滴下された HCl の物質量を有効数字3桁で求めよ。
(3) (2)で求めた値と同じ物質量になるものを〔解答群〕の（ア）～（ウ）の中から1つ選び記号で答えよ。
〔解答群〕（ア）試料中の NaOH
　　　　　（イ）試料中の Na_2CO_3
　　　　　（ウ）試料中の NaOH と Na_2CO_3 の合計
(4) フェノールフタレインが無色透明になったときから，メチルオレンジの色が変化するまでの間に滴下された HCl の物質量を有効数字3桁で求めよ。
(5) (4)で求めた値と同じ値になるものを，(3)の〔解答群〕の（ア）～（ウ）の中から1つ選び記号で答えよ。
(6) これより，この試料に含まれていた NaOH および Na_2CO_3 の質量はそれぞれ何 mg か。それぞれ有効数字3桁で求めよ。

解説

この中和滴定はワルダー法といって，とても有名な方法なんだよ。NaOH と Na_2CO_3 の混合溶液を HCl で滴定する方法なんだよ。

　まずは混合溶液の中のイオンを見てみよう。滴定対象である塩基はブレンステッド塩基（H^+ を受け取る物質）で OH^- と CO_3^{2-} だよ。つまりアレニウスの定義による中和反応（$H^+ + OH^- \longrightarrow H_2O$）だけではないんだよ。
それぞれ
　　　OH^-：a〔mol〕
　　　CO_3^{2-}：b〔mol〕
として滴定時の反応を押さえるよ。中和滴定曲線とリンクさせながら見れば簡単だ。

0.1g　NaOH(40), a[mol]　→　$40a$[g]
　　　Na$_2$CO$_3$(106), b[mol]　→　$106b$[g]

フェノールフタレイン
$$NaOH \longrightarrow Na^+ + OH^- (a\text{[mol]})$$
$$Na_2CO_3 \longrightarrow 2Na^+ + CO_3^{2-} (b\text{[mol]})$$

滴定の対象
（ブレンステッド塩基）

OH$^-$ (a[mol])
CO$_3^{2-}$ (b[mol])

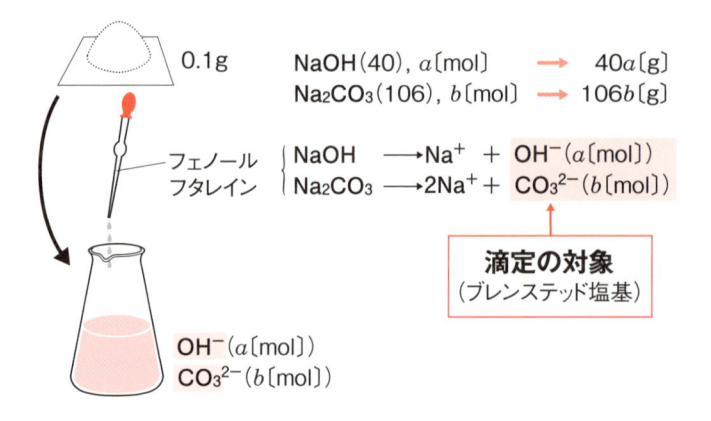

＜第一中和点までに起こること＞

（ⅰ）**OH$^-$の中和**

　OH$^-$ + H$^+$ ⟶ H$_2$O

　➡ 中和が終了してもフェノールフタレインは無色にならない。

（ⅱ）**CO$_3^{2-}$の中和**（ブレンステッド塩基の中和）

　CO$_3^{2-}$ + H$^+$ ⟶ HCO$_3^-$

　➡ 中和終了後にフェノールフタレインが無色になる。

＜第一中和点から第二中和点までに起こること＞

（ⅲ）**HCO$_3^-$の中和**（ブレンステッド塩基の中和）

　HCO$_3^-$ + H$^+$ ⟶ H$_2$CO$_3$

　➡ HCO$_3^-$はブレンステッド塩基として働き，H$_2$CO$_3$を生成する。
　　H$_2$CO$_3$はすぐに H$_2$CO$_3$ ⇌ H$_2$O + CO$_2$ の反応により H$_2$O と CO$_2$ になる。

　➡ 第一中和点終了後にメチルオレンジ指示薬を追加すると，その時点で溶液は塩基性なので黄色になるが，第二中和点では赤色になる。

酸と塩基の反応

(2) 第一中和点までに加えた HCl は

$$0.100 \text{mol/L} \times \frac{20.70}{1000} \text{L} = 2.07 \times 10^{-3} \text{mol}$$

(3) 第一中和点までに必要な H^+（HCl）の物質量は次のページの「ワルダー法の概要」の図より $a+b$〔mol〕なので NaOH + Na_2CO_3 の物質量に等しい。

∴ $a + b = 2.07 \times 10^{-3}$ mol ⋯①

(4) 第一中和点から第二中和点までに滴下した HCl は

$$0.100 \text{mol/L} \times \frac{2.50}{1000} \text{L} = 2.50 \times 10^{-4} \text{mol}$$

(5) 第二中和点までに必要な H^+（HCl）の物質量は次のページの「ワルダー法の概要」の図より b〔mol〕なので Na_2CO_3 の物質量に等しい。

∴ $b = 2.50 \times 10^{-4}$ mol ⋯②

(6) ①，②より $a = 2.07 \times 10^{-3} - 0.25 \times 10^{-3}$
$= 1.82 \times 10^{-3}$ mol

よって，NaOH（式量40）⇒ 40g/mol × 1.82×10^{-3} mol
$= 72.8 \times 10^{-3}$ g $= 72.8$ mg

Na_2CO_3（式量106）⇒ 106g/mol × 2.50×10^{-4} mol
$= 26.5 \times 10^{-3}$ g $= 26.5$ mg

|解 答|

(1) (a) 赤　　(b) 黄　　(c) 赤
(2) 2.07×10^{-3} mol　　(3) （ウ）
(4) 2.50×10^{-4} mol　　(5) （イ）
(6) NaOH：72.8 mg　　Na_2CO_3：26.5 mg

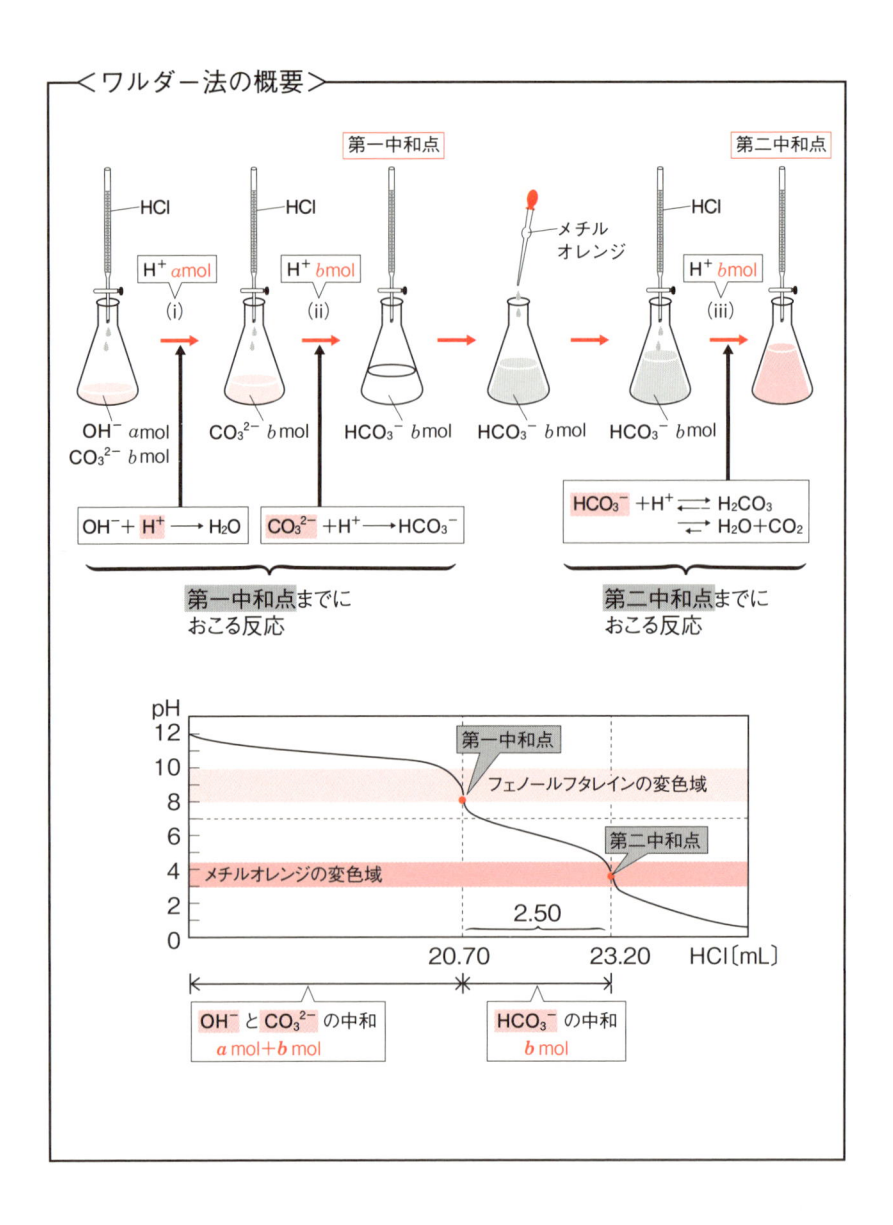

＜ワルダー法の概要＞

第一中和点

(i) H^+ a mol
(ii) H^+ b mol

フラスコ中：
- OH^- a mol, CO_3^{2-} b mol
- CO_3^{2-} b mol
- HCO_3^- b mol

第一中和点までにおこる反応：
$$OH^- + H^+ \longrightarrow H_2O$$
$$CO_3^{2-} + H^+ \longrightarrow HCO_3^-$$

第二中和点

メチルオレンジ滴下

(iii) H^+ b mol

HCO_3^- b mol

第二中和点までにおこる反応：
$$HCO_3^- + H^+ \rightleftarrows H_2CO_3 \rightleftarrows H_2O + CO_2$$

滴定曲線：
- 第一中和点：pH約8（フェノールフタレインの変色域）、HCl 20.70 mL
- 第二中和点：pH約4（メチルオレンジの変色域）、HCl 23.20 mL
- 差：2.50 mL

OH^- と CO_3^{2-} の中和：a mol + b mol
HCO_3^- の中和：b mol

V

酸化還元反応

第15章 酸化と還元の定義

▶ 鉄（Fe）が酸化されると赤さび（Fe_2O_3）が発生する。

story 1 酸化と還元の定義

(1) 酸化と還元の定義

　酸化って，酸素とくっつくことですか？

　そうだよ。もともと**酸素と化合すること**が**酸化**だったんだ。また，水素の化合物が**水素を失った**ときにも**酸化**されたというよ。でも，今はもっと広い意味となって電子の授受によって定義されているんだよ。物質が**電子を失った**とき，**酸化**されたといい，物質が電子を受け取ったとき，**還元**されたというよ。一覧にすれば明らかだよ。

Point! 酸化と還元の定義

	O（酸素）	H（水素）	e⁻（電子）	酸化数
物質が酸化される	受け取る	失う	失う	増加
物質が還元される	失う	受け取る	受け取る	減少

酸化の逆が**還元**だから，一つひとつ見ていけば簡単に理解できるね。実際に例を見てみよう。

❶ 酸素 O の授受

$$H_2 + CuO \longrightarrow Cu + H_2O$$

還元された
酸化された

❷ 水素 H の授受

$$2H_2S + O_2 \longrightarrow 2H_2O + 2S$$

還元された
酸化された

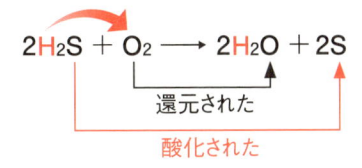

❸ 電子 e⁻ の授受（半反応式で説明）

$$Ag^+ + e^- \rightleftarrows Ag$$
$$Cu^{2+} + 2e^- \rightleftarrows Cu$$
$$2H^+ + 2e^- \rightleftarrows H_2$$
$$Cl_2 + 2e^- \rightleftarrows 2Cl^-$$
$$I_2 + 2e^- \rightleftarrows 2I^-$$

⟶ 還元された
⟵ 酸化された

第15章 酸化と還元の定義

(2) 酸化還元と電子の授受

現在では，酸化還元反応は電子の授受で定義されているから，**電子の動きを知る**のが一番重要なんだよ。例えば水の中に銅を入れて，そこに塩素ガスを吹き込む実験をするとしよう。そのときの反応式は $Cu + Cl_2 \longrightarrow CuCl_2$ のようになるけど，e^- はどこにも書いていない。そこで，**半反応式**という電子（e^-）の入った式で考えてみるんだ。2つの半反応式をたして e^- を消せば反応式ができるのがわかるだろう（半反応式の詳しい説明は182ページにあるよ）。

$$\begin{array}{r} Cl_2 + 2e^- \longrightarrow 2Cl^- \quad \text{（還元反応）} \\ +)\ Cu \longrightarrow Cu^{2+} + 2e^- \quad \text{（酸化反応）} \\ \hline Cu + Cl_2 \longrightarrow Cu^{2+} + 2Cl^- \end{array}$$

この反応の右辺をまとめて $CuCl_2$ にすると，反応式の完成だ。

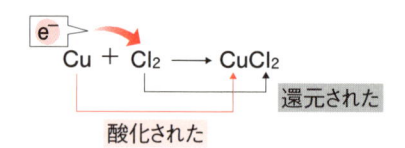

$$Cu + Cl_2 \longrightarrow CuCl_2$$

（酸化された／還元された，e^- の動き）

反応式が完成して e^- はなくなってしまったけど，もとの半反応式から e^- の動きがわかり，酸化された物質と還元された物質がそれぞれわかるね。実際にこのようにして酸化還元反応の反応式をつくるよ。

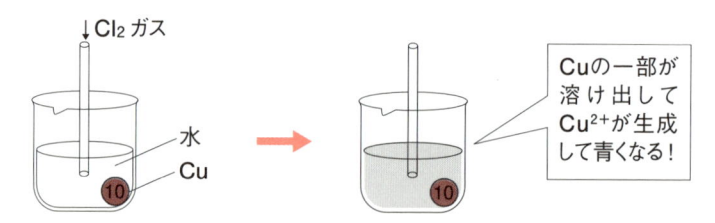

↓ Cl_2 ガス
水
Cu

Cuの一部が溶け出して Cu^{2+} が生成して青くなる！

ところで，酸化還元反応で一連の e^- の動きを知る数値があったらうれしいでしょう。それが**酸化数**なんだ。酸化数は，酸化還元反応を知る上で最も重要な数値なんだよ。

story 2 | 酸化数

(1) 酸化数とは

　酸化数って，何を表すものですか？

　簡単に言えば，**酸化数**はその原子の現在の e^- の状況みたいなものだね。**単体をゼロとして e^- を受け取れば（還元されたら）マイナスに，e^- を失えば（酸化されたら）プラスに**なるんだ。

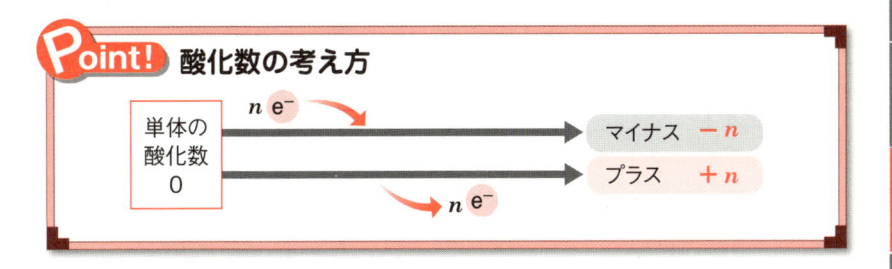

Point! 酸化数の考え方

単体の酸化数 0 　　$n\ e^-$ →　マイナス　$-n$
　　　　　　　　　→　プラス　　$+n$
　　　　　　　　$n\ e^-$

　e^- はエクレアだと思えばわかりやすいよ。エクレア（マイナスの電子）をもらえば－，失えば＋になるよね。

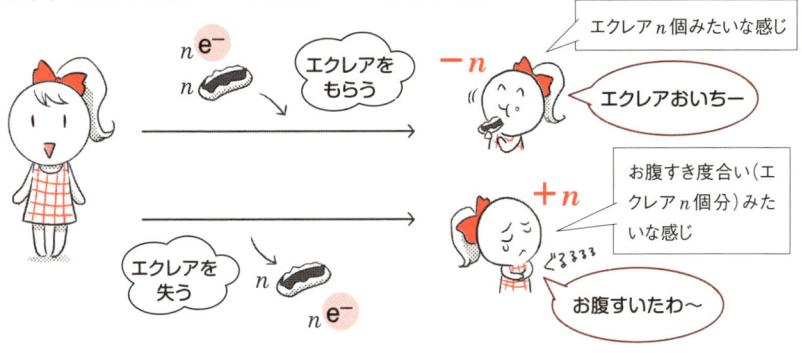

$n\ e^-$　エクレアをもらう　→　$-n$　エクレア n 個みたいな感じ　エクレアおいちー

エクレアを失う　$n\ e^-$　→　$+n$　お腹すき度合い（エクレア n 個分）みたいな感じ　お腹すいたわ〜

　みんな酸化数が何だかわからずにただ暗記するから苦しいんだよ。意味がわかれば面白いし簡単なんだ。例えば，イオンにはそのまま酸

第15章　酸化と還元の定義

化数が現れているし。Cl^-はエクレアを1個食べて満足しているからお腹すき度合いは－1，Cu^{2+}はエクレアを2個食べたがっているからお腹空き度合いは＋2という具合なんだよ。酸化数－1のマイナス"－"はもらったエクレア🍫だと思えばいいね。

(2) 酸化数の決め方

今度は，化合物中でのエクレアの状態を考えてみよう。例えば，君がエクレアをいくつかもってお昼休みの教室に入ったとしよう。教室に入った途端，教室では壮絶なエクレア強奪戦争が起こり，勝ち組と負け組に分かれてしまうんだ。でも，この勝負，毎回やってみないとわからないということはないよね。クラスの人間を思い出してもらえば，勝つ人と負ける人は毎回だいたい決まってるはずだね。このように，**化合物の中で酸化数が決まっている原子がある**んだよ。

勝ち組
酸化数はマイナスに
F：－1，O：－2

負け組
酸化数はプラスに
Li, Na, K：＋1
Mg, Ca, Ba：＋2
Al：＋3

例えば，必ず勝つのはフッ素Fとか酸素Oなんだ。フッ素は例外なく勝って酸化数－1（エクレア1個ゲット）になり，酸素もたいてい勝って酸化数－2（エクレア2個ゲット）になるわけだ。ただ，酸素どうしが手を組んで，2人で動いている場合があって，それが過酸化水素H_2O_2なんだよ。構造式はH-O-O-Hと表され，このように酸素どうしが-O-O-のように結合すると，OとOの間ではe^-の取り合いが起こらないせいでOの酸化数が－1になるんだよ。

酸化数　+1　−1　−1　+1

H − O − O − H

> **Point! 酸化数の規則**
>
> 1. 単体中の原子の酸化数 ➡ 0
>   例) $\underline{H_2}$　$\underline{O_2}$　$\underline{Cl_2}$　$\underline{Cu}$
>   　0　　0　　0　　0
> 2. 単原子イオンの酸化数 ➡ イオンの価数
>   例) $\underline{Cl^-}$　$\underline{Na^+}$　$\underline{Al^{3+}}$
>   　−1　　+1　　+3
> 3. 酸化数が決まっているものを覚える。
>
> | 原子 | 酸化数 | 原子 | 酸化数 |
> |---|---|---|---|
> | F | −1 | Li, Na, K | +1 |
> | O | −2 が多い（H_2O_2 中では−1） | Mg, Ca, Ba | +2 |
> | H | +1（非金属と結合するとき）
−1（金属と結合するとき） | Al | +3 |

　この規則に従って銅と塩素の反応の前後の酸化数を出してみよう。まず左辺（反応物）の **Cu** と **Cl₂** は両方とも単体なので 0 で，右辺（生成物）の **CuCl₂** は実際には $CuCl_2 \longrightarrow Cu^{2+} + 2Cl^-$ のようにイオンなので，イオンの電荷から Cu^{2+} は **+2**，Cl^- は **−1** だとわかるね。

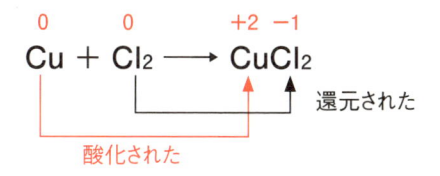

$$\overset{0}{Cu} + \overset{0}{Cl_2} \longrightarrow \overset{+2\ -1}{CuCl_2}$$

酸化された　　還元された

第15章　酸化と還元の定義

これを見ると，次のことがわかるだろう。
酸化された（Cu）→ 酸化数が増加する。
還元された（Cl₂）→ 酸化数が減少する。

一般に化合物中では**非金属の原子はマイナスになりやすく，金属の原子はプラスになりやすいんだ**。酸化数で見てみると，酸化還元反応の理解がグッと深まるね。

> 酸化数がわからない原子の酸化数は，どうやって求めるんですか？

それは簡単だよ。具体例を見てもらおう。簡単に言えば，もしイオンだったらと考えるんだよ。

(3) 分子中の原子の酸化数の求め方

水分子 H_2O の H の酸化数を求めてみよう。

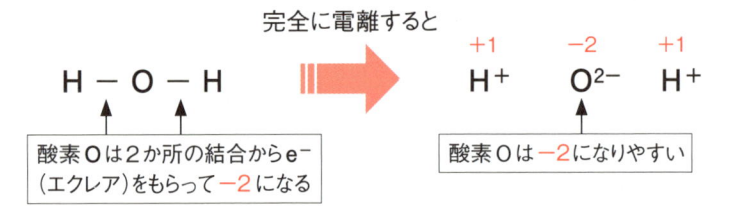

H − O − H　完全に電離すると　$\overset{+1}{H^+}$　$\overset{-2}{O^{2-}}$　$\overset{+1}{H^+}$

酸素 O は2か所の結合から e⁻（エクレア）をもらって −2 になる

酸素 O は −2 になりやすい

分子を構成する原子の酸化数の総和は0になるから，簡単に計算できるよ。二酸化炭素 CO_2 の C の酸化数を出す流れを見てごらん。

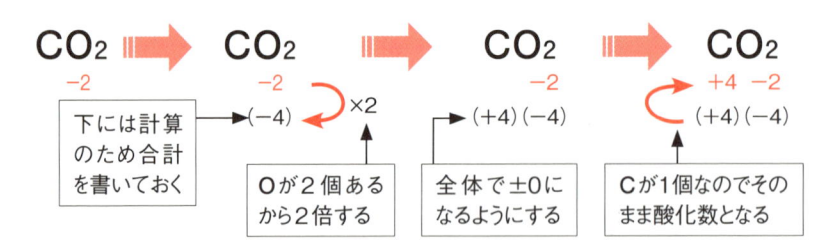

CO_2　→　CO_2　→　CO_2　→　CO_2
−2　　　　−2　　　　−2　　　　+4 −2
　　　　　(−4) ×2　　(+4)(−4)　　(+4)(−4)

下には計算のため合計を書いておく

O が2個あるから2倍する

全体で±0になるようにする

C が1個なのでそのまま酸化数となる

(4) 多原子イオン中の原子の酸化数の求め方

硫酸イオン SO_4^{2-} 中の S の酸化数を求めるならこんな具合だよ。

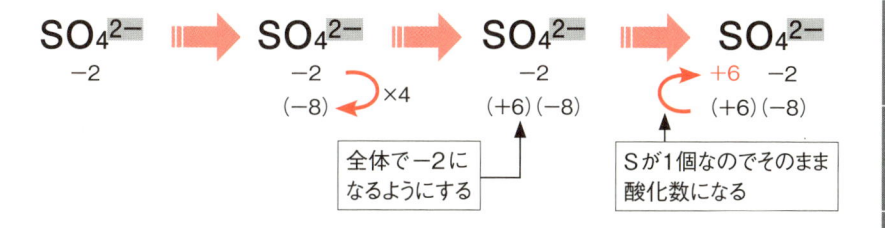

SO_4^{2-}
−2

→ SO_4^{2-}
−2
(−8) ×4

→ SO_4^{2-}
−2
(+6) (−8)

全体で−2になるようにする

→ SO_4^{2-}
+6 −2
(+6) (−8)

Sが1個なのでそのまま酸化数になる

(5) 金属化合物中の金属原子の酸化数の求め方

次に分子中に金属元素の入った化合物の例として，二クロム酸カリウム $K_2Cr_2O_7$ の Cr の酸化数を求めてみるよ。

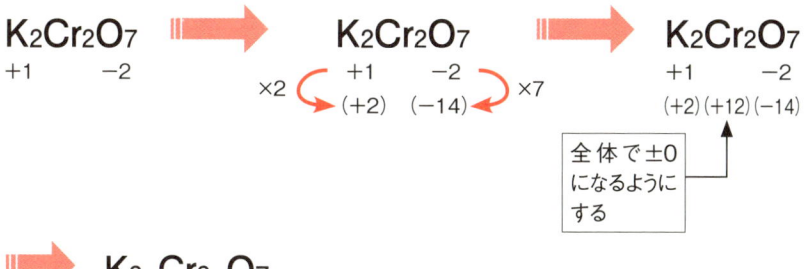

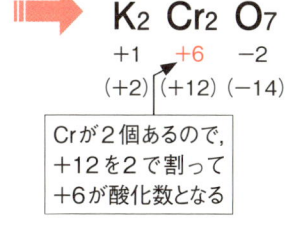

$K_2Cr_2O_7$
+1 −2

→ $K_2Cr_2O_7$
×2 +1 −2 ×7
(+2) (−14)

→ $K_2Cr_2O_7$
+1   −2
(+2)(+12)(−14)

全体で±0になるようにする

→ $K_2\ Cr_2\ O_7$
+1 +6 −2
(+2)(+12)(−14)

Crが2個あるので，+12を2で割って+6が酸化数となる

確認問題

1 次の化合物中の下線の原子の酸化数を答えよ。

(1) $\underline{S}O_2$ (2) $\underline{S}O_3$
(3) $H_2\underline{S}O_4$ (4) $\underline{N}_2O_5$
(5) $K\underline{N}O_3$ (6) $K\underline{Mn}O_4$
(7) $K_2\underline{Cr}_2O_7$ (8) $Na_3\underline{P}O_4$
(9) $Na\underline{H}$

解答

(1) $+4$ (2) $+6$
(3) $+6$ (4) $+5$
(5) $+5$ (6) $+7$
(7) $+6$ (8) $+5$
(9) -1

解説

酸化数を丁寧に出してみるよ。

(1) $\underline{S}O_2$
　$+4\ -2$
　$(+4)(-4)$

(2) $\underline{S}O_3$
　$+6\ -2$
　$(+6)(-6)$

(3) $H_2\underline{S}O_4$
　$+1\ +6\ -2$
　$(+2)(+6)(-8)$

(4) $\underline{N}_2O_5$ ÷2
　$+5\ -2$
　$(+10)(-10)$

(5) $K\underline{N}O_3$
　$+1\ +5\ -2$
　$(+1)(+5)(-6)$

(6) $K\underline{Mn}O_4$
　$+1\ +7\ -2$
　$(+1)(+7)(-8)$

(7) $K_2\underline{Cr}_2O_4$ ÷2
　$+1\ +3\ -2$
　$(+2)(+6)(-8)$

(8) $Na_3\underline{P}O_4$
　$+1\ +5\ -2$
　$(+3)(+5)(-8)$

(9) $Na\underline{H}$
　$+1\ -1$
　(Hは金属と結合すると-1)

2 次の①〜⑤の塩素化合物のうち、塩素の酸化数が最も大きいものはどれか。

① HCl　② $HClO$　③ $LiClO_2$
④ $KClO_3$　⑤ $NaClO_4$

解答

⑤

解説

① $\underline{H}\,\underline{Cl}$
 +1 −1

② $\underline{H}\,\underline{Cl}\,\underline{O}$
 +1 +1 −2

③ $\underline{Li}\,\underline{Cl}\,\underline{O}_2$
 +1 +3 −2
 (+1)(+3)(−4)

④ $\underline{K}\,\underline{Cl}\,\underline{O}_3$
 +1 +5 −2
 (+1)(+5)(−6)

⑤ $\underline{Na}\,\underline{Cl}\,\underline{O}_4$
 +1 +7 −2
 (+1)(+7)(−8)

3 次の反応で酸化された物質を化学式で答えよ。

$$2H_2S + SO_2 \longrightarrow 3S + 2H_2O$$

解答 H_2S

解説

$$2H_2\underline{S} + \underline{S}O_2 \longrightarrow 3\underline{S} + 2H_2O$$
 −2 +4   0

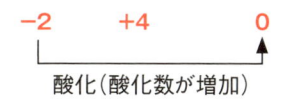

酸化(酸化数が増加)

4 次の反応で還元された物質を化学式で答えよ。

$$TiCl_4 + 4Na \longrightarrow Ti + 4NaCl$$

解答 $TiCl_4$

解説

$$\underline{Ti}Cl_4 + 4\underline{Na} \longrightarrow \underline{Ti} + 4\underline{Na}Cl$$
 +4   0   0   +1

還元(酸化数が減少)

第15章 酸化と還元の定義

第16章 酸化剤と還元剤

腹ペコ度 −2
腹ペコ度 +6

還元剤
酸化剤

▶ごはんをあげる母と食べる子どもがいるように，電子をあげる還元剤と電子を受け取る酸化剤がある。酸化数は腹ペコ度と似ている。

story 1 酸化剤と還元剤

(1) 酸化剤と還元剤

酸化剤って酸化されるの，還元されるの？

よくある質問だね。酸化剤は還元されるんだけど，それだけ聞いたら何だかわかりにくいね。重要なのは酸化剤についてきちんとイメージをもつことなんだ。**電子（e^-）を奪う物質が酸化剤**で，**電子を奪われる物質が還元剤**なんだ。図にするとわかりやすいよ。

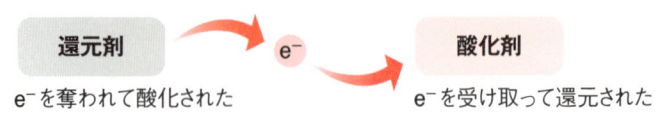

還元剤 → e^- → 酸化剤
e^-を奪われて酸化された　　e^-を受け取って還元された

180　酸化還元反応

電子をエクレアだと思えばもっとわかりやすくて，エクレアを奪う人が酸化剤で，奪われる人が還元剤という具合だ。いわば，**酸化剤とはエクレア（電子 e^-）大好き人間**みたいなものだな。

(2) 主な酸化剤と還元剤

酸化剤が e^-（エクレア）を奪うイメージをもっていれば，**e^- を受け取るんだから還元された**とわかるね。このイメージだと酸化剤はエクレア大魔神みたいなエクレア好きで，還元剤は自分のエクレアを大魔神にとられてしまう感じだね。まずは代表的な酸化剤と還元剤を覚えよう。

❶ 代表的な酸化剤
 $KMnO_4$（過マンガン酸カリウム）の酸性溶液，
 $K_2Cr_2O_7$（二クロム酸カリウム）の酸性溶液，
 H_2O_2（過酸化水素），O_3（オゾン），
 F_2（フッ素），Cl_2（塩素），I_2（ヨウ素），
 HNO_3（硝酸），H_2SO_4（熱濃硫酸）

❷ 代表的な還元剤
 金属（K, Ca, Na, Mg, Al, Zn, Fe, Ni, Sn），
 H_2S（硫化水素），KI（ヨウ化カリウム），
 $(COONa)_2$（シュウ酸ナトリウム）

第16章 酸化剤と還元剤

story 2 半反応式

半反応式って，どうやって書くんですか？

まず，酸化剤や還元剤が何になりたがっているのかを覚えるんだよ。貴金属（Au，Ag，Pt）以外の金属元素はたいていイオンの方が安定で，Mn なら Mn^{2+} に，Cr なら Cr^{3+} という具合に陽イオンになりたがっているんだ。

それでは，酸性溶液中では最強と言ってもいいくらい，強い酸化剤の過マンガン酸カリウム $KMnO_4$ を例に半反応式をつくってみるよ。

(1) 過マンガン酸カリウム $KMnO_4$ の半反応式

(1) まず左辺に $KMnO_4^-$，右辺に生成物 Mn^{2+} を書く。

$$MnO_4^- \longrightarrow Mn^{2+}$$

(2) 両辺の Mn の酸化数を書いて必要な e^- をたす。

$$\overset{+7}{MnO_4^-} + 5e^- \longrightarrow \overset{+2}{Mn^{2+}}$$

(3) 右辺に足りない酸素を O^{2-} として加える。

$$MnO_4^- + 5e^- \longrightarrow Mn^{2+} + 4O^{2-}$$

(4) 両辺に $8H^+$ をたして右辺の O^{2-} を H_2O にする。

$$\overset{8H^+}{MnO_4^-} + 8H^+ + 5e^- \longrightarrow Mn^{2+} + \overset{8H^+}{4H_2O}$$

最後の段階で重要なのは　$2H^+ + O^{2-} \longrightarrow H_2O$

(2) オゾン O_3 の半反応式

次にオゾン O_3 の半反応式をつくってみよう。オゾンの半反応式は酸性のときと中性・塩基性のときで違うから注意が必要だ。

酸化還元反応

❶ 酸性の溶液中
(1) 左辺に O_3, 右辺に生成物 O^{2-}, O_2 を書く(オゾンは通常3個の酸素原子のうち1個が O^{2-} になる)。

$$O_3 \longrightarrow O^{2-} + O_2$$

(2) 両辺の O の酸化数を書いて必要な e^- をたす。

+2e⁻

$$\overset{0}{O_3} + 2e^- \longrightarrow \overset{-2}{O^{2-}} + \overset{0}{O_2}$$

(3) 両辺に $2H^+$ をたして右辺の O^{2-} を H_2O にする。

+2H⁺

$$O_3 + 2H^+ + 2e^- \longrightarrow H_2O + O_2$$

❷ 中性・塩基性の溶液中

途中で両辺に H^+ ではなく H_2O をたすのがポイントだよ。なぜかというと、**左辺に H^+ をたしていいのは酸性の溶液のときだけで、中性か塩基性の溶液のときは H^+ はないから、たしてはいけないんだよ。** $KMnO_4$ はほとんどの場合、酸性条件で反応させるから問題ないんだけど、オゾンは酸性でも中性でも塩基性でも反応させるから、中性・塩基性のときは次のように半反応式をつくるんだ。

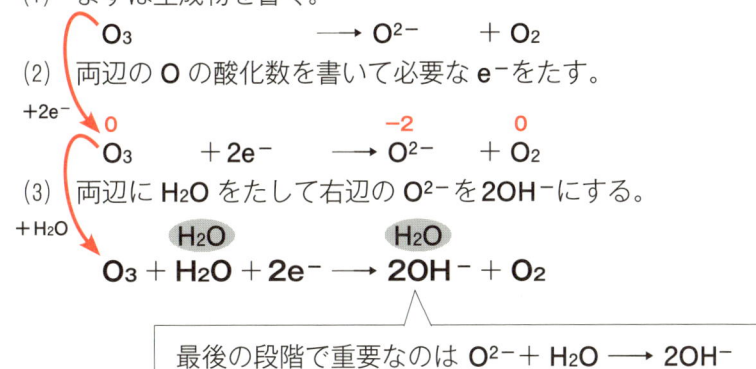

(1) まずは生成物を書く。

$$O_3 \longrightarrow O^{2-} + O_2$$

(2) 両辺の O の酸化数を書いて必要な e^- をたす。

+2e⁻

$$\overset{0}{O_3} + 2e^- \longrightarrow \overset{-2}{O^{2-}} + \overset{0}{O_2}$$

(3) 両辺に H_2O をたして右辺の O^{2-} を $2OH^-$ にする。

+H₂O

$$O_3 + H_2O + 2e^- \longrightarrow 2OH^- + O_2$$

最後の段階で重要なのは $O^{2-} + H_2O \longrightarrow 2OH^-$

第16章 酸化剤と還元剤

最後の段階が酸性のときと違うだけなので簡単だね。この式変形の原則を覚えておけば大丈夫だよ。特に**酸化剤の半反応式は O^{2-} が右辺に出てくることが多い**から、2つの式をしっかり覚えてね。O^{2-} が水中では安定でないから、この式になるんだよ。

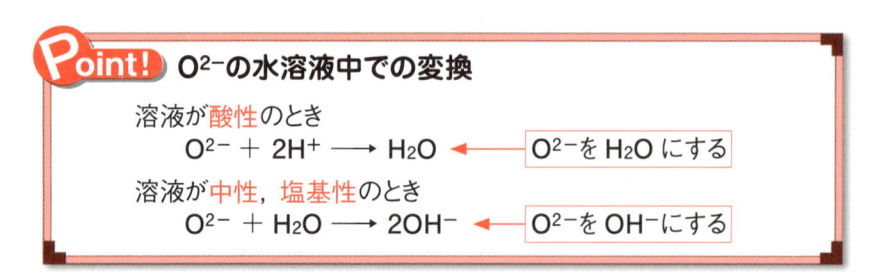

Point! O^{2-} の水溶液中での変換

溶液が**酸性**のとき
$$O^{2-} + 2H^+ \longrightarrow H_2O \quad \leftarrow O^{2-} を H_2O にする$$

溶液が**中性**，**塩基性**のとき
$$O^{2-} + H_2O \longrightarrow 2OH^- \quad \leftarrow O^{2-} を OH^- にする$$

(3) 主な酸化剤と還元剤の半反応式

それではいろいろな酸化剤と還元剤の半反応式を紹介しよう。次の表中の z は 1 mol の酸化剤または還元剤が何 mol の e^- を授受できるかを表した値で、その酸化剤または還元剤の**価数**というよ。オゾン O_3 なら2価の酸化剤、鉄(Ⅱ)イオン Fe^{2+} なら1価の還元剤という具合だよ。

▼ 主な酸化剤・還元剤の半反応式

分類	化学式	z 価数	半反応式
酸化剤	ハロゲン単体 X_2 (F_2, Cl_2, Br_2, I_2)	2	$X_2 + 2e^- \longrightarrow 2X^-$ 例 $Cl_2 + 2e^- \longrightarrow 2Cl^-$ (黄緑色)
	過マンガン酸カリウム $KMnO_4$	5	$MnO_4^- + 8H^+ + 5e^- \longrightarrow Mn^{2+} + 4H_2O$ (酸性) (赤紫色)
		3	$MnO_4^- + 2H_2O + 3e^- \longrightarrow MnO_2 + 4OH^-$ (中性・塩基性) (赤紫色) (※ $KMnO_4$ は酸性と中性・塩基性とでは生成物が異なるから注意)
	ニクロム酸カリウム $K_2Cr_2O_7$ (酸性)	6	$Cr_2O_7^{2-} + 14H^+ + 6e^- \longrightarrow 2Cr^{3+} + 7H_2O$ (橙赤色) (緑色)
	オゾン O_3 (気体)	2	$O_3 + 2H^+ + 2e^- \longrightarrow H_2O + O_2$ (酸性) (淡青色)
		2	$O_3 + H_2O + 2e^- \longrightarrow 2OH^- + O_2$ (中性・塩基性) (淡青色)
	濃硝酸 HNO_3	1	$HNO_3 + H^+ + e^- \longrightarrow NO_2 + H_2O$ (赤褐色)
	希硝酸 HNO_3	3	$HNO_3 + 3H^+ + 3e^- \longrightarrow NO + 2H_2O$
	熱濃硫酸 H_2SO_4	2	$H_2SO_4 + 2H^+ + 2e^- \longrightarrow SO_2 + 2H_2O$
	過酸化水素 H_2O_2 (酸化剤)	2	$H_2O_2 + 2H^+ + 2e^- \longrightarrow 2H_2O$ (酸性)
還元剤	(還元剤)	2	$H_2O_2 \longrightarrow O_2 + 2H^+ + 2e^-$ (酸性)
	二酸化硫黄 SO_2 (気体) (酸化剤)	4	$SO_2 + 4H^+ + 4e^- \longrightarrow S + 2H_2O$ (酸性)
	(還元剤)	2	$SO_2 + 2H_2O \longrightarrow SO_4^{2-} + 4H^+ + 2e^-$ (酸性)
	硫化水素 H_2S (気体)	2	$H_2S \longrightarrow S + 2H^+ + 2e^-$ (酸性)
	金属単体 (Na, Al, Zn, Fe など)		$Na \longrightarrow Na^+ + e^-$, $Al \longrightarrow Al^{3+} + 3e^-$ $Zn \longrightarrow Zn^{2+} + 2e^-$, $Fe \longrightarrow Fe^{2+} + 2e^-$ (淡緑色)
	シュウ酸ナトリウム $(COONa)_2$	2	$(COO^-)_2 \longrightarrow 2CO_2 + 2e^-$
	シュウ酸 $(COOH)_2$	2	$(COOH)_2 \longrightarrow 2CO_2 + 2H^+ + 2e^-$
	ヨウ化カリウム KI	1	$2I^- \longrightarrow I_2 + 2e^-$ (I_2 は，水溶液中では黄褐色) (I^- は 2 個で 2 個の e^- を出すが，I^- 1 個では e^- 1 個なので $z=1$)
	鉄(Ⅱ)イオン Fe^{2+}	1	$Fe^{2+} \longrightarrow Fe^{3+} + e^-$ (淡緑色) (黄褐色)
	スズ(Ⅱ)イオン Sn^{2+}	2	$Sn^{2+} \longrightarrow Sn^{4+} + 2e^-$

story 3 酸化還元の反応式のつくり方

酸化還元の反応式を書くコツって，何ですか？

電子を与える側がいれば必ず受け取る側がいるから，**酸化と還元は同時に起こる**んだ。だから，**酸化剤と還元剤の半反応式を書いて，あとは電子の数を合わせて消去する**だけだよ。

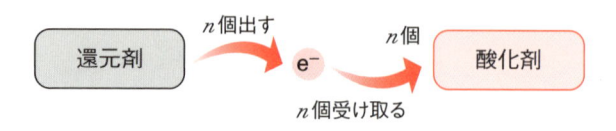

還元剤 — n個出す → e^- — n個 → 酸化剤
           n個受け取る

具体的な例を見ればすぐにわかるよ。

(1) オゾンとヨウ化カリウムの反応式（酸性のとき）

例1 オゾン O_3 と硫酸酸性のヨウ化カリウム KI 水溶液の反応

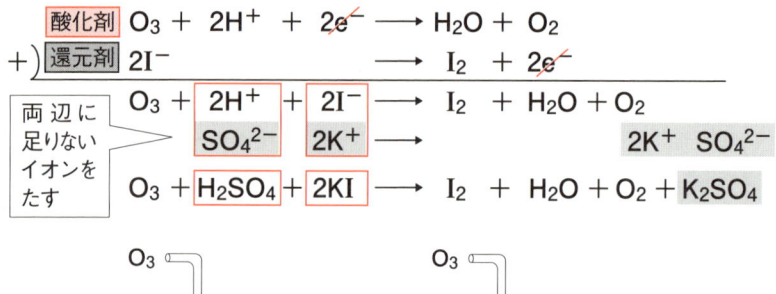

酸化剤 $O_3 + 2H^+ + 2e^- \longrightarrow H_2O + O_2$
+) 還元剤 $2I^- \longrightarrow I_2 + 2e^-$

両辺に足りないイオンをたす

$O_3 + 2H^+ + 2I^- \longrightarrow I_2 + H_2O + O_2$
　　　　SO_4^{2-}　$2K^+$　　　　　　　　　　$2K^+$　SO_4^{2-}

$O_3 + H_2SO_4 + 2KI \longrightarrow I_2 + H_2O + O_2 + K_2SO_4$

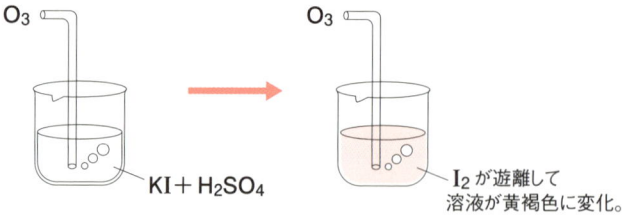

KI + H_2SO_4 → I_2 が遊離して溶液が黄褐色に変化。

酸化剤と還元剤の半反応式から電子 e^- を消去したあと，両辺に足りないイオンをたすのがポイントなんだ。また，例1では硫酸は酸性にするために入れているだけなので，酸化数は変化しないよ。

(2) オゾンとヨウ化カリウムの反応式（中性〜塩基性のとき）

さて，次は硫酸を入れないで，中性のときのオゾンとヨウ化カリウム水溶液で反応式をつくってみよう。

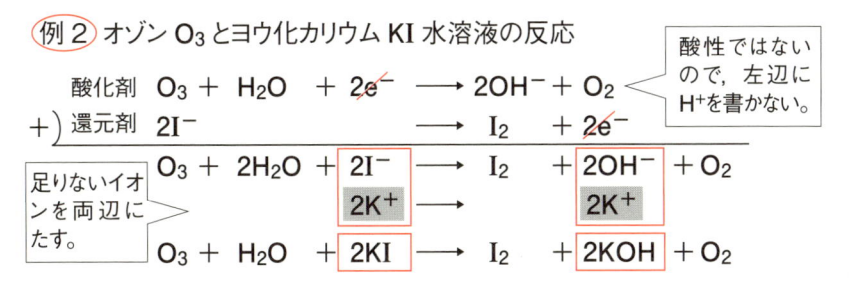

例2 オゾン O_3 とヨウ化カリウム KI 水溶液の反応

酸性ではないので，左辺に H^+ を書かない。

酸化剤　$O_3 + H_2O + 2e^- \longrightarrow 2OH^- + O_2$
+) 還元剤　$2I^- \longrightarrow I_2 + 2e^-$

足りないイオンを両辺にたす。

$O_3 + 2H_2O + \boxed{2I^-} \longrightarrow I_2 + \boxed{2OH^-} + O_2$
$\boxed{2K^+} \longrightarrow \boxed{2K^+}$

$O_3 + H_2O + \boxed{2KI} \longrightarrow I_2 + \boxed{2KOH} + O_2$

(3) 酸化剤にも還元剤にもなる物質

H_2O_2 や SO_2 は，酸化剤にも還元剤にもなるってどういうこと？

それは考えてみれば当たり前の話なんだよ。*story 1* で話した通り，電子をエクレアに例えれば，エクレアを奪う人が酸化剤，奪われる人が還元剤なわけだね。ところが，普段は人からエクレアを奪っている人でも，もっと強いエクレア大魔神みたいなヤツが来たときにはエクレアを奪われるだろう。イメージはこんな感じだよ。

ガーン…　またとられたー

いつもエクレアを奪われる人（KI）　→　普段はエクレアを奪っている人（H_2O_2）　→　エクレア大魔神（$KMnO_4$）

酸性溶液中の過マンガン酸カリウム $KMnO_4$ は最強と言える，"エクレア大魔神"だから，酸化還元反応のときは必ず酸化剤になるんだ！次の例を見てもらおう！

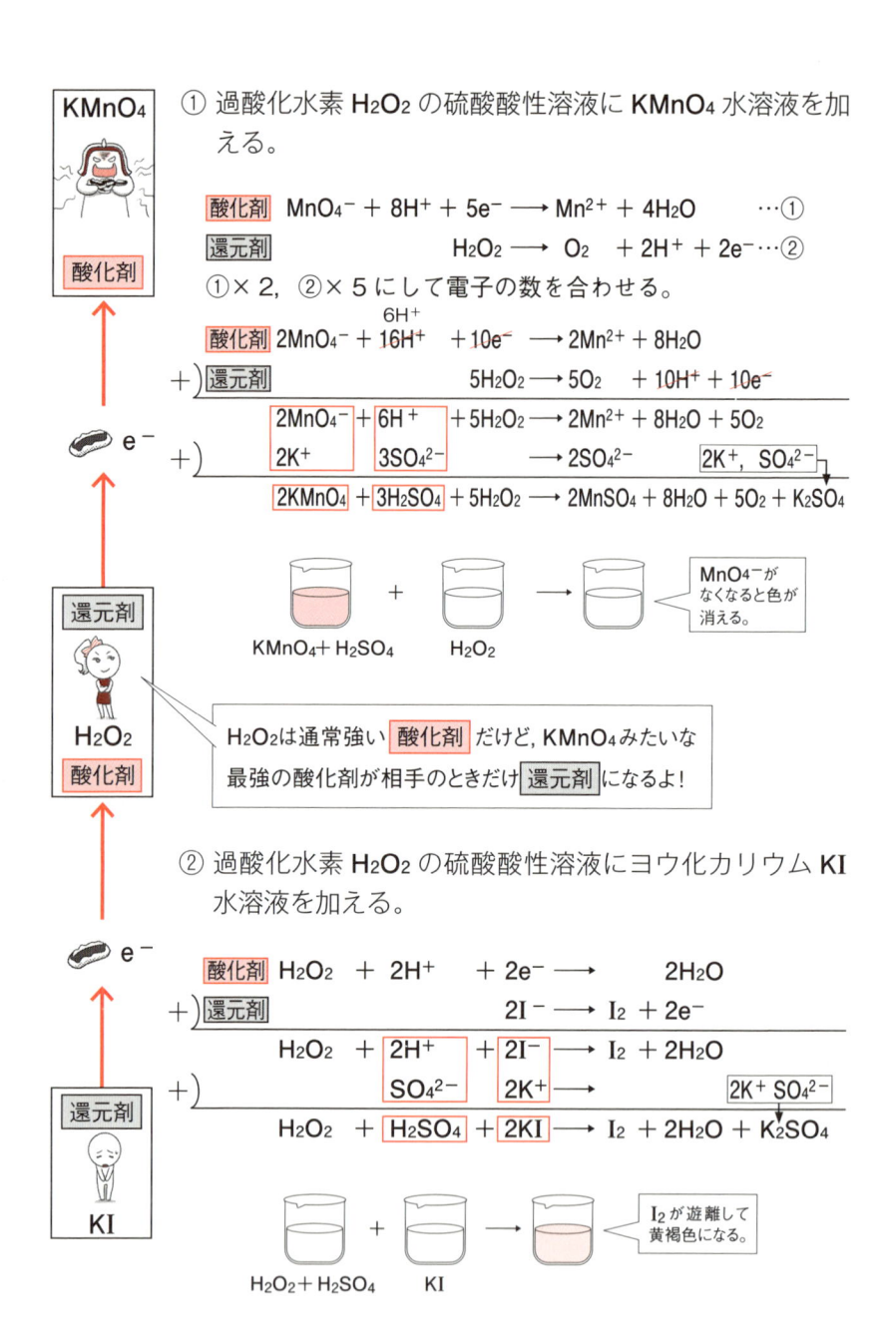

① 過酸化水素 H_2O_2 の硫酸酸性溶液に $KMnO_4$ 水溶液を加える。

酸化剤　$MnO_4^- + 8H^+ + 5e^- \longrightarrow Mn^{2+} + 4H_2O$　…①
還元剤　　　　　　　$H_2O_2 \longrightarrow O_2 + 2H^+ + 2e^-$　…②

①×2, ②×5 にして電子の数を合わせる。

酸化剤　$2MnO_4^- + 16H^+ (6H^+) + 10e^- \longrightarrow 2Mn^{2+} + 8H_2O$
+)還元剤　　　　　　　　　　$5H_2O_2 \longrightarrow 5O_2 + 10H^+ + 10e^-$
──────────────────────────────
　　　$2MnO_4^- + 6H^+ + 5H_2O_2 \longrightarrow 2Mn^{2+} + 8H_2O + 5O_2$
+)　　$2K^+ \quad 3SO_4^{2-} \quad\quad\quad\quad \longrightarrow 2SO_4^{2-}$　$[2K^+, SO_4^{2-}]$
──────────────────────────────
　　$2KMnO_4 + 3H_2SO_4 + 5H_2O_2 \longrightarrow 2MnSO_4 + 8H_2O + 5O_2 + K_2SO_4$

$KMnO_4 + H_2SO_4$　+　H_2O_2　→　（MnO_4^- がなくなると色が消える。）

H_2O_2 は通常強い 酸化剤 だけど, $KMnO_4$ みたいな最強の酸化剤が相手のときだけ 還元剤 になるよ！

② 過酸化水素 H_2O_2 の硫酸酸性溶液にヨウ化カリウム KI 水溶液を加える。

　酸化剤　$H_2O_2 + 2H^+ + 2e^- \longrightarrow 2H_2O$
+)還元剤　　　　　　　　$2I^- \longrightarrow I_2 + 2e^-$
──────────────────────────────
　　$H_2O_2 + 2H^+ + 2I^- \longrightarrow I_2 + 2H_2O$
+)　　　　　$SO_4^{2-} \quad 2K^+ \longrightarrow$　$[2K^+ SO_4^{2-}]$
──────────────────────────────
　　$H_2O_2 + H_2SO_4 + 2KI \longrightarrow I_2 + 2H_2O + K_2SO_4$

$H_2O_2 + H_2SO_4$　+　KI　→　（I_2 が遊離して黄褐色になる。）

相手によって酸化剤にも還元剤にもなる物質としては過酸化水素 H_2O_2 と二酸化硫黄 SO_2 が有名だけど，たいていの場合は，H_2O_2 が酸化剤で，SO_2 が還元剤なんだよ。

問題 1 酸化剤にも還元剤にもなる物質 ★★

次の文を読んで，(1)〜(8)に答えよ。

二酸化硫黄 SO_2 は水に比較的よく溶ける気体で，(a) SO_2 を溶かした水溶液は酸性を示す。(b) この水溶液に硫化水素 H_2S を吹き込むと溶液が白濁した。これは SO_2 が（ ア ）として作用して白色コロイドが生成したためである。

一方，(c) ヨウ素ヨウ化カリウム水溶液に SO_2 を吹き込むと，ヨウ素 I_2 の黄褐色が消え無色の溶液が生成した。この反応では SO_2 は（ イ ）として作用している。

(1) （ ア ）と（ イ ）に酸化剤か還元剤のどちらか適当な用語を入れなさい。
(2) 下線（a）の酸性を示す原因となる反応式を書け。
(3) 下線（b）の白濁の原因となっている物質の化学式を書け。
(4) 下線（b）の反応式を書け。
(5) 下線（b）の反応において，SO_2 中の硫黄原子の酸化数の変化を例にならって書け。
　　例：$+3 \longrightarrow +4$
(6) 下線（c）の反応によって新たに生成した酸の名称を答えよ。
(7) 下線（c）の反応式を書け。
(8) 下線（c）の反応において，SO_2 の硫黄原子の酸化数の変化を例にならって書け。
　　例：$+3 \longrightarrow +4$

解説

(1) SO_2 は I_2 のような酸化剤と反応するときは通常は還元剤として働くけど，H_2S のような還元力の強い物質と反応するときにのみ酸化剤になるよ。よって，(ア) は酸化剤，(イ) は還元剤だね。

(2) SO_2 は無色・刺激臭の気体で，水に溶けると亜硫酸 H_2SO_3 を生成するんだ。亜硫酸は2価の酸で，2段階に電離するよ。

$SO_2 + H_2O \rightleftarrows H_2SO_3 \rightleftarrows H^+ + HSO_3^- \rightleftarrows 2H^+ + SO_3^{2-}$

酸性を示すだけだから H^+ が生成した所までの式でいいよ。

(3)〜(8) 次のページに SO_2 が H_2S に対して酸化剤，I_2 に対して還元剤となって反応している様子をまとめてみたよ。酸化数の変化を半反応式の段階でしっかりチェックする習慣をつけるようにしよう。

解答

(1) (ア) 酸化剤　(イ) 還元剤
(2) $SO_2 + H_2O \rightleftarrows H_2SO_3 \rightleftarrows H^+ + HSO_3^-$
(3) S
(4) $2H_2S + SO_2 \longrightarrow 3S + 2H_2O$
(5) $+4 \rightarrow 0$
(6) 硫酸，ヨウ化水素酸
(7) $I_2 + SO_2 + 2H_2O \longrightarrow 2HI + H_2SO_4$
(8) $+4 \rightarrow +6$

SO₂の酸化反応・還元反応

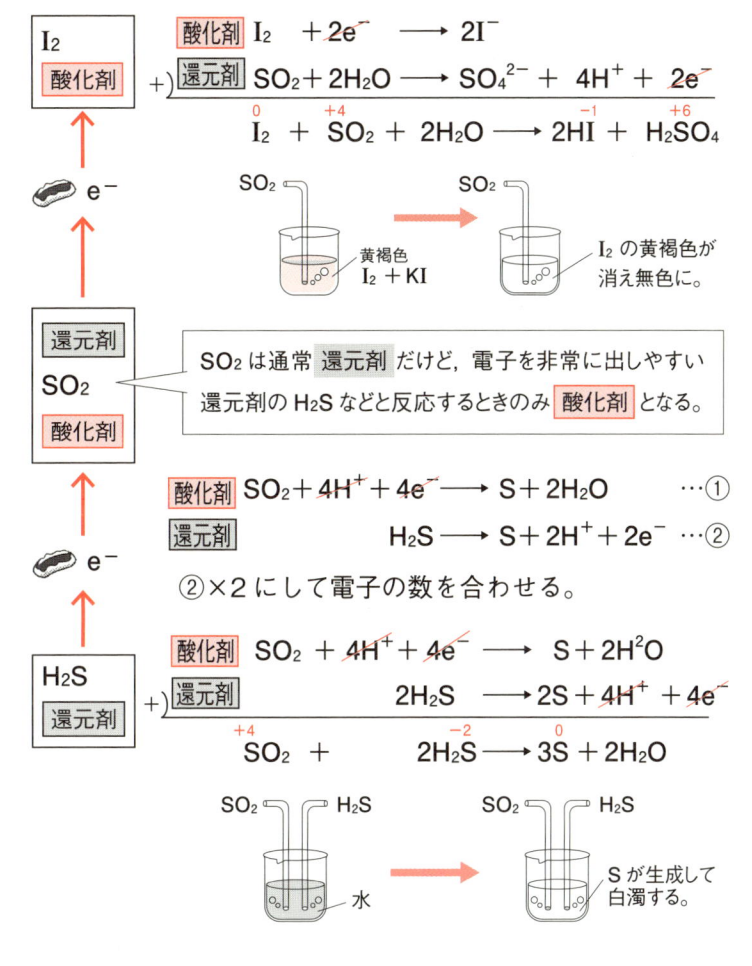

$\boxed{\text{酸化剤}}$ $I_2 + 2e^- \longrightarrow 2I^-$

+)$\boxed{\text{還元剤}}$ $SO_2 + 2H_2O \longrightarrow SO_4^{2-} + 4H^+ + 2e^-$

$\overset{0}{I_2} + \overset{+4}{SO_2} + 2H_2O \longrightarrow 2H\overset{-1}{I} + H_2\overset{+6}{SO_4}$

$\boxed{I_2\ 酸化剤}$

黄褐色 $I_2 + KI$ → I_2 の黄褐色が消え無色に。

$\boxed{\text{還元剤} / SO_2 / 酸化剤}$

SO₂ は通常 $\boxed{\text{還元剤}}$ だけど，電子を非常に出しやすい還元剤の H₂S などと反応するときのみ $\boxed{\text{酸化剤}}$ となる。

$\boxed{\text{酸化剤}}$ $SO_2 + 4H^+ + 4e^- \longrightarrow S + 2H_2O$ …①

$\boxed{\text{還元剤}}$ $H_2S \longrightarrow S + 2H^+ + 2e^-$ …②

②×2 にして電子の数を合わせる。

$\boxed{\text{酸化剤}}$ $SO_2 + 4H^+ + \cancel{4e^-} \longrightarrow S + 2H_2O$

+)$\boxed{\text{還元剤}}$ $2H_2S \longrightarrow 2S + \cancel{4H^+} + \cancel{4e^-}$

$\overset{+4}{SO_2} + 2H_2\overset{-2}{S} \longrightarrow 3\overset{0}{S} + 2H_2O$

$\boxed{H_2S\ 還元剤}$

水 → S が生成して白濁する。

第16章 酸化剤と還元剤

確認問題

1 次の反応で酸化剤として作用している物質を化学式で答えよ。

$$Fe + H_2SO_4 \longrightarrow FeSO_4 + H_2$$

解答 H_2SO_4 (H^+)

解説

酸化数の変化を見てみよう。

$$\underline{Fe} + \underline{H_2}SO_4 \longrightarrow \underline{Fe}SO_4 + \underline{H_2}$$
　　0　　　+1　　　　　　+2　　　　0

2 次の反応で還元剤として作用している物質を化学式で答えよ。

$$Cu + 4HNO_3 \longrightarrow Cu(NO_3)_2 + 2H_2O + 2NO_2$$

解答 Cu

3 次の①〜④の酸化還元反応に関する文章から誤っているものを全て選べ。
① 酸化と還元は必ず同時に起こる。
② 酸化還元反応では，酸化剤は還元され，還元剤は酸化される。
③ 過酸化水素と硫酸酸性下の過マンガン酸カリウムとの反応では，過酸化水素は酸化剤として働く。
④ 二酸化硫黄と硫化水素の反応では，二酸化硫黄は還元剤として働く。

③④

4 過酸化水素水に二酸化硫黄を吹き込んだときに起こる反応の化学反応式を書け。

$$SO_2 + H_2O_2 \longrightarrow H_2SO_4$$

第17章 酸化還元滴定

▶電子の争奪戦が酸化還元滴定である。

story 1 過マンガン酸カリウム水溶液の滴定

過マンガン酸カリウムの滴定って，指示薬は入れないんですか？

それはいい質問だね。**過マンガン酸カリウム KMnO₄ 水溶液の滴定**では指示薬は必要ないんだ。理由は簡単で，**KMnO₄ 水溶液は非常に鮮やかな赤紫色で，酸化剤として反応すると色が消える**から，その色の変化を利用するんだよ。まずは KMnO₄ の半反応式から見てもらおう。

● KMnO₄ の酸性下での反応式

$$MnO_4^- + 8H^+ + 5e^- \longrightarrow Mn^{2+} + 4H_2O$$

MnO₄⁻：赤紫色

Mn²⁺：ほぼ無色（淡桃色と書いてあることもあるが，水溶液中ではほぼ無色）

KMnO₄ 水溶液をビュレットに入れて，コニカルビーカーに入れた還元剤に滴下するんだ。このとき，あらかじめコニカルビーカーには硫酸を入れて酸性にしておくよ（酸性にした方が KMnO₄ の酸化力が増すため）。KMnO₄ 水溶液をビュレットから滴下すると，コニカルビーカー内では MnO_4^- が Mn^{2+} に変化するからすぐに色が消えるんだ。そして，反応が終了する時点までは状況は変わらないから，**KMnO₄ 水溶液が1滴オーバーすると，コニカルビーカー内の液の色は，うすい赤紫色になるだろう。そこを終点とみなすんだ。**このときの1滴は誤差とみなすよ。

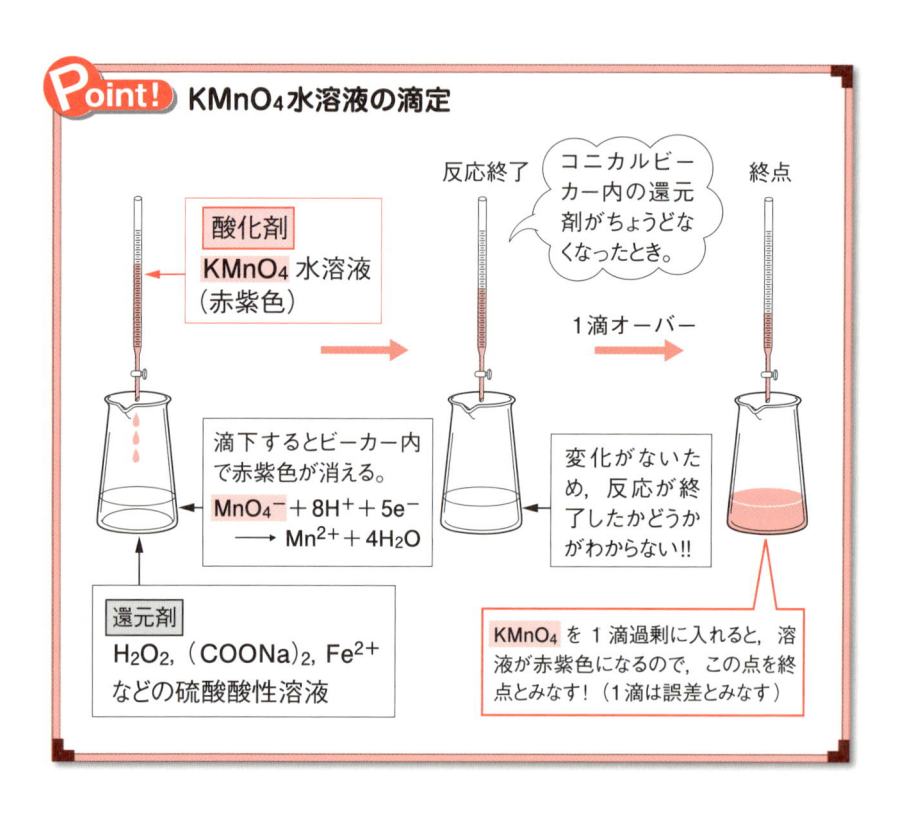

Point! KMnO₄水溶液の滴定

酸化剤
KMnO₄ 水溶液
（赤紫色）

滴下するとビーカー内で赤紫色が消える。
$MnO_4^- + 8H^+ + 5e^-$
$\longrightarrow Mn^{2+} + 4H_2O$

還元剤
H_2O_2，$(COONa)_2$，Fe^{2+}
などの硫酸酸性溶液

反応終了

コニカルビーカー内の還元剤がちょうどなくなったとき。

変化がないため，反応が終了したかどうかがわからない!!

1滴オーバー

終点

KMnO₄ を1滴過剰に入れると，溶液が赤紫色になるので，この点を終点とみなす！（1滴は誤差とみなす）

story 2 酸化還元滴定の量的関係

酸化還元滴定の計算って難しいの？

基本は簡単で，中和滴定とほとんど同じなんだ。酸塩基の価数（z）と酸化還元の価数とが違う点ぐらいだよ！

Point! 酸化還元滴定の公式

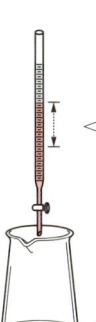

滴定液の情報
z：価数
C：濃度〔mol/L〕
V：体積〔mL〕
n：物質量〔mol〕

$$zCV = z'C'V'$$
$$zn = z'n'$$

被滴定液の情報
z'：価数
C'：濃度〔mol/L〕
V'：体積〔mL〕
n'：物質量〔mol〕

z は価数
　$KMnO_4$ は5価の酸化剤なので，$z=5$
　$K_2Cr_2O_7$ は6価の酸化剤なので，$z=6$
　H_2O_2 は2価の酸化剤または還元剤で，$z=2$
　$(COONa)_2$ は2価の還元剤なので，$z=2$

さっそく，簡単な練習問題をやってみよう！

第17章　酸化還元滴定

問題 1　酸化還元滴定の量的関係

次の(1)～(3)の問いに答えよ。

(1) 濃度0.10 mol/L のシュウ酸ナトリウム (COONa)₂ 水溶液20 mL に硫酸を加えた溶液を60℃～70℃に加熱して，C〔mol/L〕の KMnO₄ 水溶液で滴定したら8.0 mL で当量点に達した。C を求めよ。

(2) 濃度 C〔mol/L〕の過酸化水素 H₂O₂ の水溶液15 mL に硫酸を加えて，0.020 mol/L の過マンガン酸カリウム KMnO₄ 水溶液で滴定したら9.0 mL で当量点に達した。C を求めよ。
2.0 mol の硫酸鉄(Ⅱ) FeSO₄ 水溶液を硫酸で酸性にして，過マンガン酸カリウム KMnO₄ 水溶液で還元した。完全に還元するのに必要な KMnO₄ の物質量を答えよ。

解説

計算は公式に代入するだけだよ！

(1) $\boxed{zCV = z'C'V'}$
　　(COONa)₂　　KMnO₄
　　$2 \times 0.10 \times 20 = 5 \times C \times 8.0$　　$C = 0.10$ mol/L

(2) $\boxed{zCV = z'C'V'}$
　　H₂O₂　　KMnO₄
　　$2 \times C \times 15 = 5 \times 0.020 \times 9.0$　　$C = 0.030$ mol/L

(3) $\boxed{zn = z'n'}$
　　FeSO₄　　KMnO₄
　　$1 \times 2.0 = 5 \times n$　　$n = 0.40$ mol

解答

(1) 0.10 mol/L　　(2) 0.030 mol/L　　(3) 0.40 mol

story 3 ヨウ素滴定

ヨウ素滴定も指示薬は必要ないんですか？

ヨウ素滴定は基本的にコニカルビーカーに入った**ヨウ素ヨウ化カリウム水溶液（ヨウ素溶液）にチオ硫酸ナトリウム水溶液を滴下する**んだけど，**ヨウ素滴定**には指示薬が必要だよ。ヨウ素溶液の黄褐色が無色に変化する瞬間は見えにくいから，**デンプン水溶液**を指示薬にするんだ。

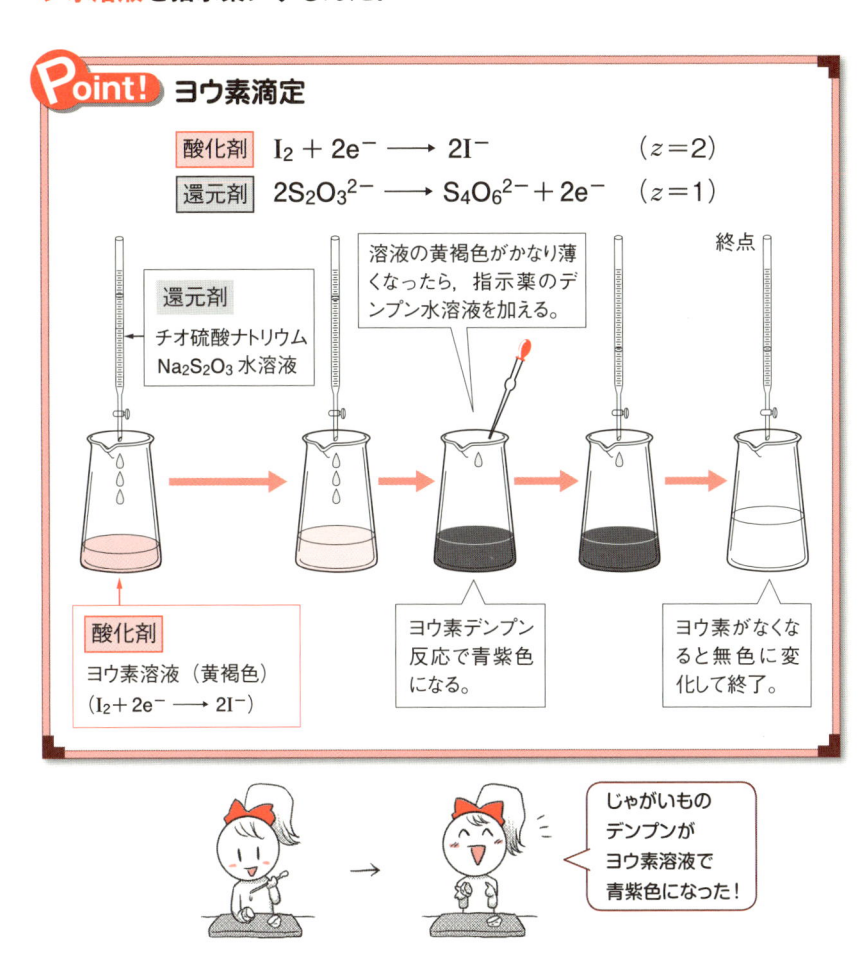

Point! ヨウ素滴定

酸化剤　$I_2 + 2e^- \longrightarrow 2I^-$　　　（$z=2$）

還元剤　$2S_2O_3^{2-} \longrightarrow S_4O_6^{2-} + 2e^-$　　（$z=1$）

還元剤
→ チオ硫酸ナトリウム
$Na_2S_2O_3$ 水溶液

溶液の黄褐色がかなり薄くなったら，指示薬のデンプン水溶液を加える。

終点

酸化剤
ヨウ素溶液（黄褐色）
（$I_2 + 2e^- \longrightarrow 2I^-$）

ヨウ素デンプン反応で青紫色になる。

ヨウ素がなくなると無色に変化して終了。

じゃがいものデンプンがヨウ素溶液で青紫色になった！

第17章　酸化還元滴定

それではヨウ素滴定の計算をしてみよう。

問題 2　ヨウ素滴定　★★★

次の実験を読み(1)～(4)の問いに答えよ。
＜実験＞　濃度 C〔mol/L〕のヨウ素溶液（ヨウ素ヨウ化カリウム水溶液）4.0 mL を三角フラスコに入れ，0.12 mol/L のチオ硫酸ナトリウム水溶液で滴定した。指示薬に（　a　）を用い，ヨウ素溶液の色が（　b　）になった点を終点とした。終点までに滴下したチオ硫酸ナトリウムは 12.0 mL であった。

(1)　（　a　）に該当する指示薬として最も適当なものを次の①～⑥から選べ。
　　① フェノールフタレイン　　② メチルオレンジ
　　③ BTB溶液　　　　　　　　④ 過マンガン酸カリウム水溶液
　　⑤ デンプン水溶液　　　　　⑥ 食塩水

(2)　（　b　）にあてはまる色の変化として最も適当なものを次の①～⑥から選べ。
　　① 黄褐色から無色　　② 赤紫色から無色
　　③ 黄色から赤色　　　④ 青紫色から無色
　　⑤ 赤紫色から青紫色　⑥ 無色から青色

(3)　この滴定における酸化剤は何か答えよ。またその酸化数の変化を例にならって書け。　　例　Na：0→＋1

(4)　C の値を求めよ。

|解 説|

(1), (2) 指示薬と色の変化はよく聞かれるから要注意！
よく覚えておこう。
(3) ヨウ素が酸化剤，チオ硫酸ナトリウムが還元剤の滴定だよ。酸化剤のヨウ素の半反応式は次のとおり。

$$\overset{0}{I_2} + 2e^- \longrightarrow 2\overset{-1}{I^-}$$

(4) 公式を使うと計算がとても簡単！

$$\boxed{zCV = z'C'V'}$$

　　　I_2　　$Na_2S_2O_3$

　　$2 \times C \times 4.0 = 1 \times 0.12 \times 12.0$　　∴　$C = 0.18\,mol/L$

|解 答|

(1) ⑤　　(2) ④
(3) 酸化剤：ヨウ素，酸化数の変化：I：0 ⟶ －1
(4) 0.18 mol/L

story 4　ヨウ素滴定の応用

　　　ヨウ素滴定の問題って複雑な気がします。

そうだね。実はヨウ素滴定の問題で一番出題頻度が高い問題はヨウ素の濃度を測定する問題ではないんだよ。ヨウ素滴定を使ってさまざまな酸化剤の量を決定する問題なんだ！　オゾン O_3，塩素 Cl_2 などは強い酸化剤なんだが，気体なので直接滴定ができないんだ。少なくとも滴定するためには液体でないとだめだから，いったん，**気体をヨウ化カリウム水溶液に吸収させてヨウ素 I_2 を遊離させたあと，ヨウ素滴定を行って気体の物質量を調べる**んだ。また，過酸化水素 H_2O_2 のような強い酸化剤も同じ手法で滴定できるよ。

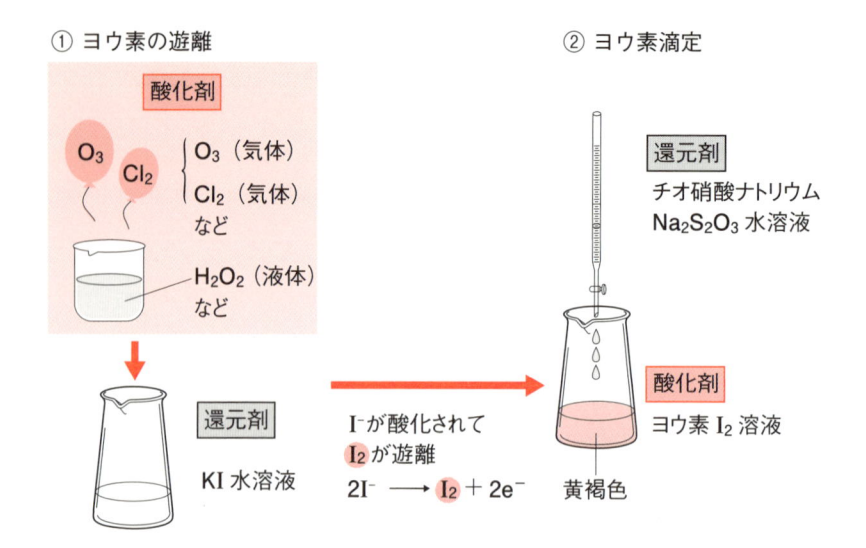

① ヨウ素の遊離

酸化剤
- O_3（気体）
- Cl_2（気体）
など
- H_2O_2（液体）など

還元剤
KI 水溶液

I^- が酸化されて I_2 が遊離
$2I^- \longrightarrow I_2 + 2e^-$

② ヨウ素滴定

還元剤
チオ硫酸ナトリウム $Na_2S_2O_3$ 水溶液

酸化剤
ヨウ素 I_2 溶液
黄褐色

> 過酸化水素は液体だから，チオ硫酸ナトリウム水溶液で直接滴定できないの？

それはいい質問だね。実はチオ硫酸ナトリウム $Na_2S_2O_3$ はデリケートな還元剤で，相手の酸化剤がヨウ素か臭素でないと $2S_2O_3^{2-} \longrightarrow S_4O_6^{2-} + 2e^-$ のように反応しないんだ。だから，全ての酸化剤をいったん，I_2 に変換してから $Na_2S_2O_3$ で滴定するんだよ。オゾン O_3 を例に電子の物質量の関係を図解すると次のようになるよ。

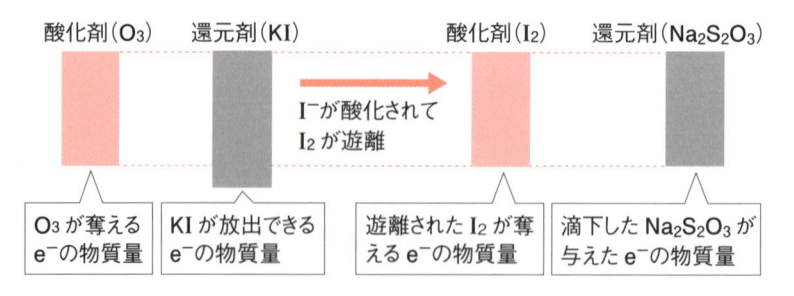

酸化剤(O_3)	還元剤(KI)	酸化剤(I_2)	還元剤($Na_2S_2O_3$)
O_3 が奪える e^- の物質量	KI が放出できる e^- の物質量	遊離された I_2 が奪える e^- の物質量	滴下した $Na_2S_2O_3$ が与えた e^- の物質量

I^- が酸化されて I_2 が遊離

▲ ヨウ素滴定における e^- の物質量の関係

この滴定の最大のポイントは O_3 が奪える e^- の物質量を，全て I_2 が奪える e^- の物質量に置き換えるために，**KIの量を多めにしなければならない**ということなんだ。

　そうすれば，次の関係が成り立つから計算は簡単なんだよ。

$$\boxed{O_3 \text{ が奪える } e^- \text{ の物質量}} = \boxed{\text{滴下した } Na_2S_2O_3 \text{ が与えた } e^- \text{ の物質量}}$$

それでは，問題をやってみよう！

問題3 ヨウ素滴定の応用　★★★

　標準状態で V〔mL〕の塩素 Cl_2 を濃度0.1 mol/L のヨウ化カリウム KI 水溶液50 mL と反応させた。これにより遊離したヨウ素 I_2 を0.20 mol/L のチオ硫酸ナトリウム $Na_2S_2O_3$ 水溶液で滴定したら12.0 mL で終点に達した。次の(1)～(3)の問いに答えよ。ただし標準状態の気体のモル体積を22.4 L/mol とし，計算結果は有効数字2桁で解答せよ。

(1)　塩素の物質量を求めよ。
(2)　V〔mL〕の値を求めよ。
(3)　この実験で使用した0.1 mol/L のヨウ化カリウム水溶液は十分な値であったが，最低何 mL あれば塩素の濃度が調べられるか。

| 解説 |

まずはこの滴定の電子のやりとりを図示すると次のようになるよ。

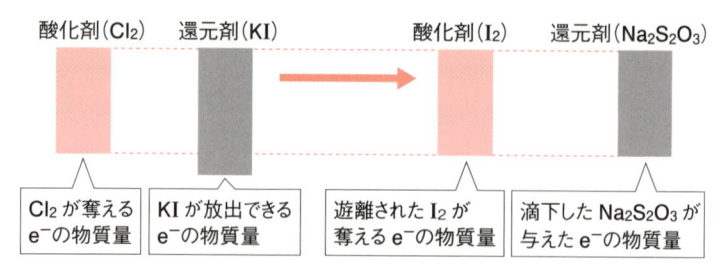

酸化剤(Cl_2)	還元剤(KI)	酸化剤(I_2)	還元剤($Na_2S_2O_3$)
Cl_2が奪えるe^-の物質量	KIが放出できるe^-の物質量	遊離されたI_2が奪えるe^-の物質量	滴下した$Na_2S_2O_3$が与えたe^-の物質量

(1) 酸化剤または還元剤が授受する電子の物質量は zn で与えられるから，この問題も公式で簡単に解けるよ。Cl_2 の物質量を n とすると

$$\boxed{zn = z'n'}$$
　Cl_2　　$Na_2S_2O_3$

$$2 \times n \text{［mol］} = 1 \times 0.20 \text{mol/L} \times \frac{12.0}{1000} \text{L}$$

$$n = 1.2 \times 10^{-3} \text{mol}$$

(2) 1.2×10^{-3} mol の Cl_2 を標準状態の気体の体積に換算すればOK！

$$1.2 \times 10^{-3} \text{mol} \times 22.4 \text{L/mol} = 26.88 \times 10^{-3} \text{L}$$
$$\fallingdotseq 27 \text{mL}$$

(3) Cl_2 と KI が授受する電子の物質量で公式を使うと簡単だ！

$$\boxed{zn = z'n'}$$
　Cl_2　　KI

$$2 \times 1.2 \times 10^{-3} \text{mol} = 1 \times 0.1 \text{mol/L} \times \frac{x}{1000} \text{L}$$

$$x = 24 \text{mL}$$

| 解答 |

(1) 1.2×10^{-3} mol　　(2) 27 mL　　(3) 24 mL

確認問題

1 三角フラスコに入れた硫酸酸性の過酸化水素水を過マンガン酸カリウム水溶液で滴定した。終点の三角フラスコ内の色の変化として正しいものを，次の①～④から選べ。
　① 無色→赤紫色　　② 赤紫色→無色
　③ 無色→青紫色　　④ 青紫色→無色

解答 ①

2 三角フラスコに入れたヨウ素ヨウ化カリウム水溶液を，デンプン水溶液を指示薬にしてチオ硫酸ナトリウム水溶液で滴定した。終点の三角フラスコ内の色の変化として正しいものを，次の①～④から選べ。
　① 黄褐色→青紫色　　② 青紫色→黄褐色
　③ 無色→青紫色　　　④ 青紫色→無色

解答 ④

3 0.20 mol/L の過酸化水素水 10 mL を硫酸酸性にして 0.10 mol/L の過マンガン酸カリウム水溶液で滴定したら V 〔mL〕で終点に達した。V を求めよ。

解答 8.0 mL

解説

価数 z に気をつけて公式を適用するよ。

$$\boxed{zCV = z'C'V'}$$

　H₂O₂　　　KMnO₄
$2 \times 0.20 \times 10 = 5 \times 0.10 \times V$ 　∴ $V = 8.0$ mL

4 0.20 mol/L の過酸化水素水溶液 10 mL を硫酸酸性にして十分な量のヨウ化カリウム水溶液を入れたらヨウ素 I_2 が n〔mol〕遊離した。その後，このヨウ素を 0.25 mol/L チオ硫酸ナトリウム $Na_2S_2O_3$ 水溶液で滴定したら V〔mL〕で終点に達した。n と V を求めよ。

解答
$n = 2.0 \times 10^{-3}$ mol
$V = 16$ mL

解説

H_2O_2 と KI，I_2 と $Na_2S_2O_3$ の授受する電子の物質量はすべて同じなので公式を適用する。

$$\boxed{zn = z'n'}$$
　H_2O_2　　I_2

$$2 \times 0.20 \,\text{mol/L} \times \frac{10}{1000} \,\text{L} = 2 \times n \,[\text{mol}]$$

$$n = 2.0 \times 10^{-3} \,\text{mol}$$

$$\boxed{zn = z'n'}$$
　I_2　　$Na_2S_2O_3$

$$2 \times 2.0 \times 10^{-3} \,\text{mol} = 1 \times 0.25 \,\text{mol/L} \times \frac{V}{1000} \,[\text{L}]$$

$$V = 16 \,\text{mL}$$

第18章 金属の酸化還元反応

▶ スイーツが好きな男子がいるように、電子が好きな金属もいる。

story 1 　金属のイオン化傾向

(1) 金属の還元力とイオン化傾向・イオン化列

金属のイオン化傾向って、酸化還元と関係あるんですか？

もちろんだよ。例えば、電子がお菓子だとすれば、お菓子が好きな人とお菓子が好きじゃない人が当然いるだろう。それと同じように電子が好きな金属と嫌いな金属がいるんだよ。電子が嫌いな金属は電子を放出して陽イオンになりやすく、電子の好きな金属は電子を離さないので陽イオンになりにくいんだ。

例えば、ナトリウム Na なんかは電子（スイーツ）が非常に嫌いで、持っていたらすぐに人にあげてしまうんだ。だから、次の反応が起こってイオンになりやすいのがわかるだろう。 Na ⟶ Na$^+$ + e$^-$

それに比べて銅 Cu はスイーツ大好き男でイオンになりにくいんだ。

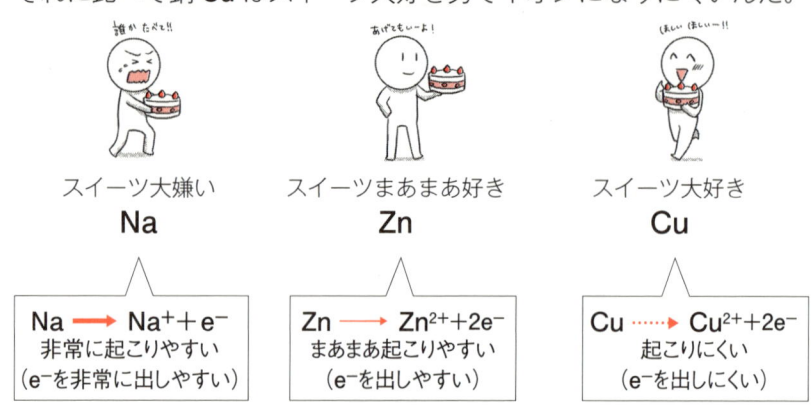

スイーツ大嫌い	スイーツまあまあ好き	スイーツ大好き
Na	**Zn**	**Cu**

Na ⟶ Na$^+$ + e$^-$
非常に起こりやすい
(e$^-$を非常に出しやすい)

Zn ⟶ Zn^{2+} + 2e$^-$
まあまあ起こりやすい
(e$^-$を出しやすい)

Cu ⇢ Cu^{2+} + 2e$^-$
起こりにくい
(e$^-$を出しにくい)

　電子の出しやすさ(**還元力**:相手を還元する力)，**つまりイオンへのなりやすさ**を**イオン化傾向**といって，主な金属をイオン化傾向の順に並べたものを**イオン化列**といっているんだよ。H$_2$と還元力を比較すると便利なので，普通は H$_2$ も入っているんだ。

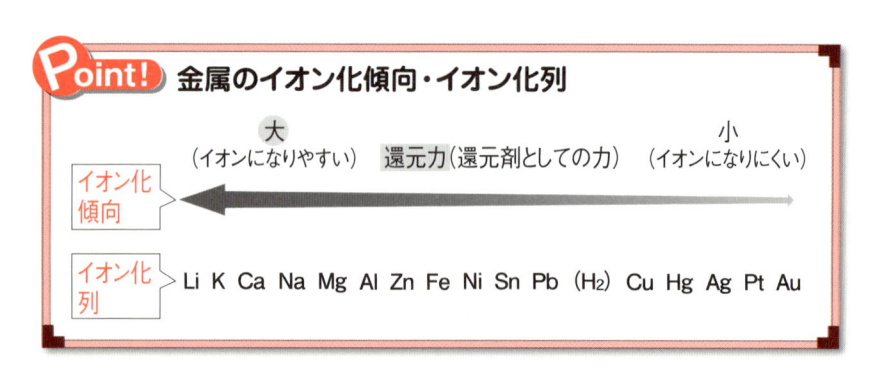

Point! 金属のイオン化傾向・イオン化列

大　　　　　　　　　　　　　　　　　　小
(イオンになりやすい)　還元力(還元剤としての力)　(イオンになりにくい)

イオン化傾向 ⟵

イオン化列　Li K Ca Na Mg Al Zn Fe Ni Sn Pb (H$_2$) Cu Hg Ag Pt Au

(2) 金属イオンの酸化力

　逆に金属イオンを考えた場合，イオン化傾向の小さい(イオン化列の右にある)金属のイオンは電子を奪って安定な単体になりやすい，つまり酸化剤になりやすいといえるんだ。

Point! 金属イオンの酸化力

小 ←　　　　　酸化力（酸化剤としての力）　　　　　→ 大

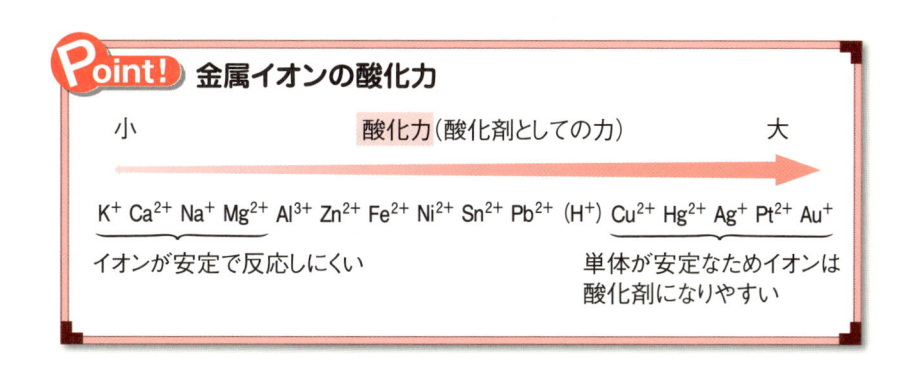

K^+　Ca^{2+}　Na^+　Mg^{2+}　Al^{3+}　Zn^{2+}　Fe^{2+}　Ni^{2+}　Sn^{2+}　Pb^{2+}　(H^+)　Cu^{2+}　Hg^{2+}　Ag^+　Pt^{2+}　Au^+

イオンが安定で反応しにくい　　　　　　　　　　単体が安定なためイオンは酸化剤になりやすい

story 2　金属と金属イオンの反応

(1) イオン化傾向と金属・金属イオンの反応

> 学校の実験で青い溶液に金属の板を入れたら表面に銅がつきました。これはどういうことですか？

おお，それは**酸化還元反応**だよ。金属の**イオン化傾向**と非常に関係が深い反応なんだ。説明の前にまずは金属イオンの捉え方を教えるよ。

銅 Cu を例にすると，Cu はイオン化傾向が小さい，つまりイオンになりにくいけれど，Cu から電子をとった Cu^{2+} というのはスイーツ大好きの男からスイーツをとってしまった状況なんだ。つまり，お腹が空いてスイーツ（電子）をほしがっている状況だから Cu^{2+} は酸化剤として作用しやすいんだ。

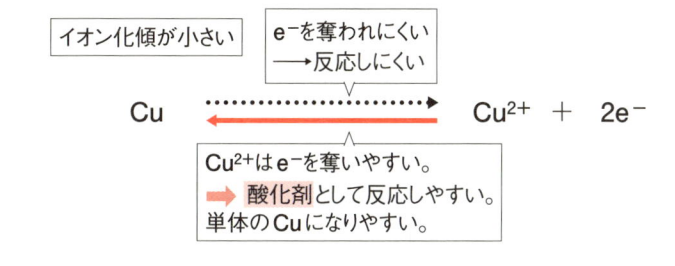

イオン化傾が小さい
e^- を奪われにくい
→ 反応しにくい

$$Cu \longleftarrow Cu^{2+} + 2e^-$$

Cu^{2+} は e^- を奪いやすい。
→ **酸化剤**として反応しやすい。
単体の Cu になりやすい。

第18章　金属の酸化還元反応

しかし，Cu^{2+}と反応する金属単体は決まっていて，どんな金属でも反応するわけではないんだ。

例えば，硫酸銅$CuSO_4$水溶液に亜鉛Znの板を入れたら，ZnがZn^{2+}となって溶け出すけれど，硫酸亜鉛$ZnSO_4$水溶液にCuの板を入れても反応はしないんだ。これはイオン化傾向が$Zn > Cu$のため，Zn^{2+}とCuが共存する状態は安定だけど，ZnとCu^{2+}が共存する状態は不安定だからなんだよ。

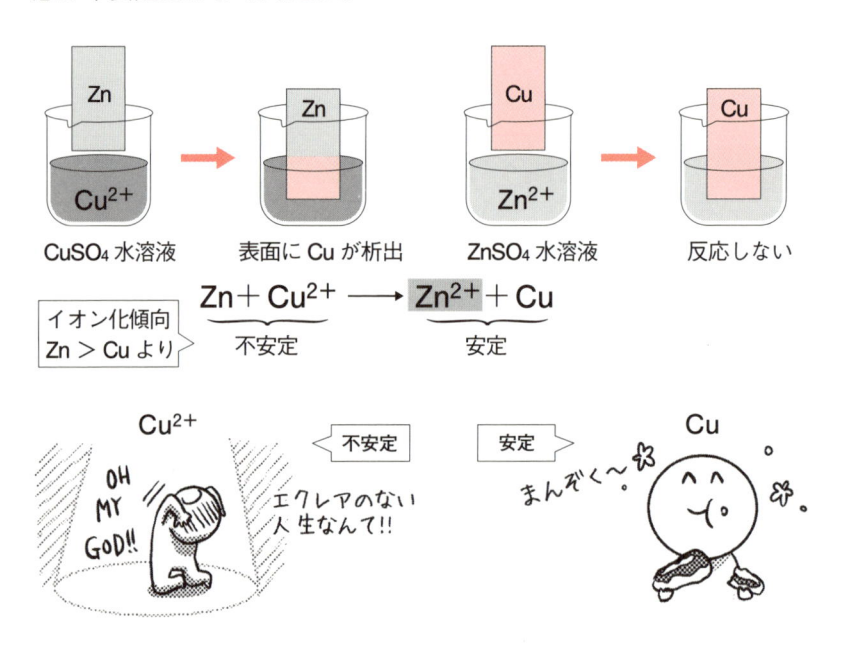

$CuSO_4$水溶液　表面にCuが析出　　$ZnSO_4$水溶液　反応しない

イオン化傾向
$Zn > Cu$ より

$$Zn + Cu^{2+} \longrightarrow Zn^{2+} + Cu$$
　　　不安定　　　　　　安定

(2) 電子の授受と金属と金属イオンの反応

じゃあ，学校で見たのは硫酸銅の水溶液に亜鉛の板を入れた実験ですね！

いや，そうとは限らないんだ。金属イオンと金属の反応を考えると，金属イオンは酸化剤に，金属単体は還元剤になるので，次の図のように考えるんだよ。

Point! 金属と金属イオンの反応の考え方

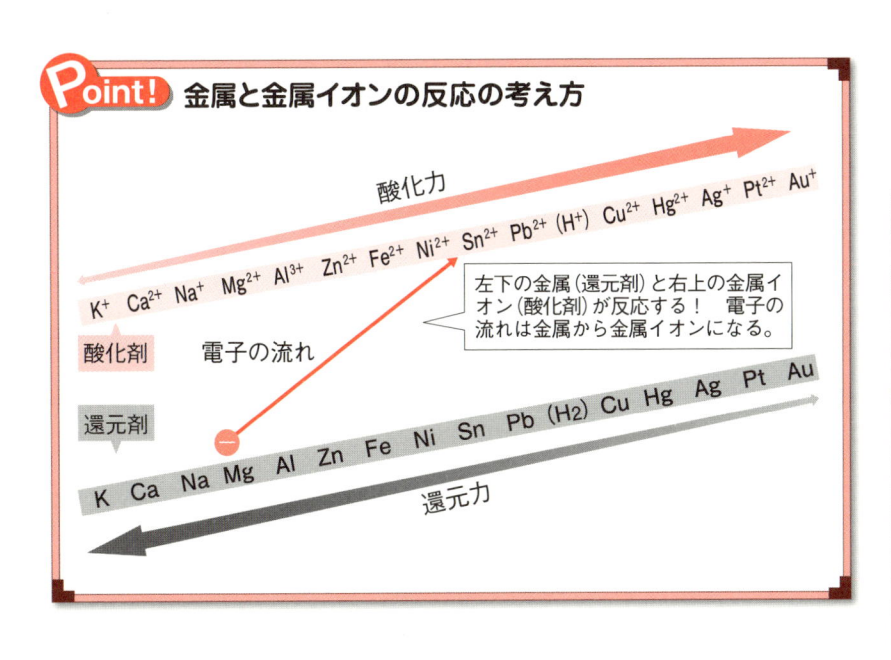

酸化力 →

K^+ Ca^{2+} Na^+ Mg^{2+} Al^{3+} Zn^{2+} Fe^{2+} Ni^{2+} Sn^{2+} Pb^{2+} (H^+) Cu^{2+} Hg^{2+} Ag^+ Pt^{2+} Au^+

左下の金属(還元剤)と右上の金属イオン(酸化剤)が反応する！ 電子の流れは金属から金属イオンになる。

酸化剤　電子の流れ

還元剤

K Ca Na Mg Al Zn Fe Ni Sn Pb (H_2) Cu Hg Ag Pt Au

← 還元力

(3) 銅イオン Cu^{2+} と反応する金属

銅 Cu が析出したということは，酸化剤である Cu^{2+} が $Cu^{2+} + 2e^- \longrightarrow Cu$ の反応を起こしたということだから，銅よりイオン化傾向の大きい（イオン化列でいうと Cu より左にある）金属と反応したんだよ。図示すると次のようになるよ。

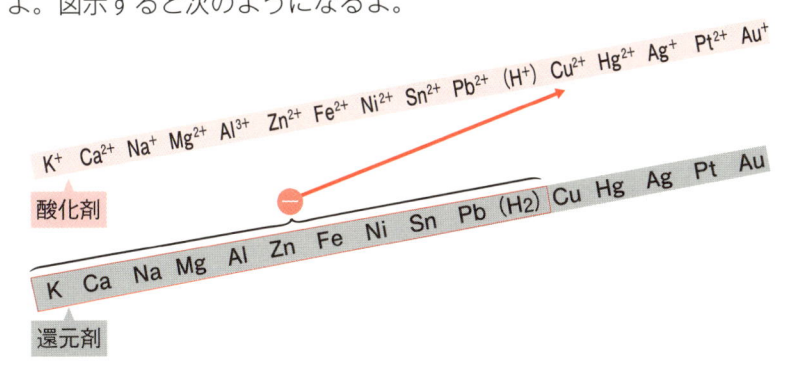

K^+ Ca^{2+} Na^+ Mg^{2+} Al^{3+} Zn^{2+} Fe^{2+} Ni^{2+} Sn^{2+} Pb^{2+} (H^+) Cu^{2+} Hg^{2+} Ag^+ Pt^{2+} Au^+

酸化剤

K Ca Na Mg Al Zn Fe Ni Sn Pb (H_2) Cu Hg Ag Pt Au

還元剤

▲ Cu^{2+} と反応する可能性のある金属（還元剤）

第18章　金属の酸化還元反応

この図ならわかりやすいだろう。だから，Cu^{2+} の入った溶液に入れた金属の板としてはいろいろと考えられるんだ。しかし，K，Ca，Na は水と反応してしまうから，Mg，Al，Zn，Fe，Ni，Sn，Pb などからベストなものを学校の先生が選んでくれたと思うよ。おそらくは Zn か Fe あたりだと思うけどね。半反応式で説明すると次のようになるよ。

| 酸化剤 | $Cu^{2+} + 2e^- \longrightarrow Cu$ |
| 還元剤 | $Zn \longrightarrow Zn^{2+} + 2e^-$ （$Fe \longrightarrow Fe^{2+} + 2e^-$ など） |

　一般に**イオン化傾向の差が大きい組み合わせほど反応しやすい**。前のページの図で言えば離れているイオンと金属の組み合わせであるほど，反応しやすい傾向があると言えるね。この図はわかりやすい図だから便利に利用してね！

story 3　金属と水，酸などの反応

(1) 金属と水または酸との反応

　金属って全部，酸に溶けるんですか？

　それはまたいい質問だね。それはイオン化傾向でバッチリ説明できるよ！　まずは酸に共通なイオンといえば H^+ だから，H^+ が酸化剤として反応（$2H^+ + 2e^- \longrightarrow H_2$）する組み合わせであればいいわけだ。だから，イオン化傾向が H_2 より大きい Li ～ Pb の金属は酸に溶けるよ。ところが，水の中にも H^+ がほんのわずか入っている（$H_2O \rightleftarrows H^+ + OH^-$）から，特に強い還元剤（イオン化傾向が大きい）である K，Ca，Na などは水と反応してしまうんだよ。

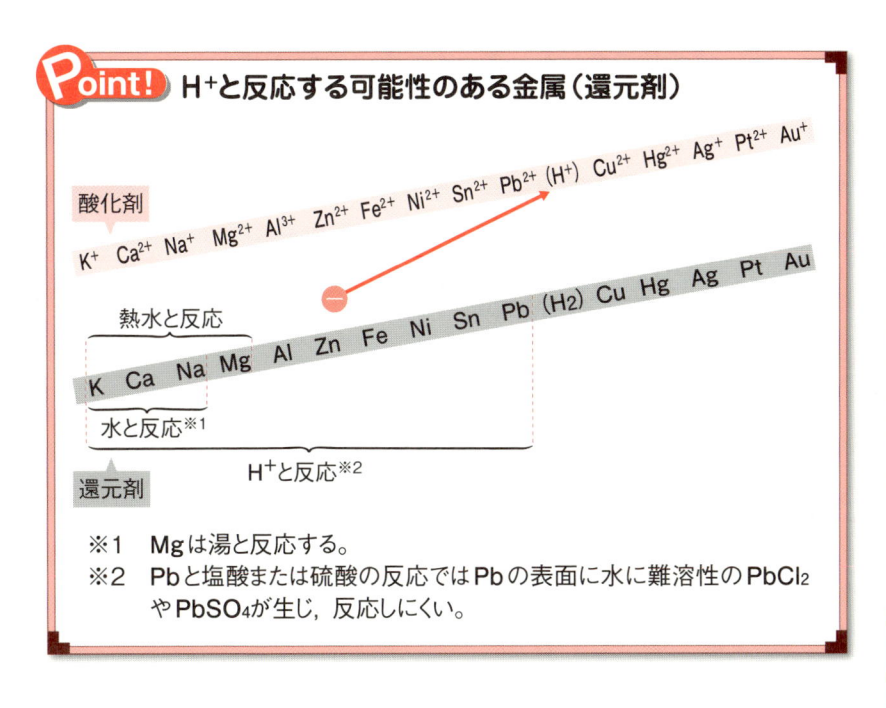

> **Point!** H^+ と反応する可能性のある金属（還元剤）
>
> 酸化剤
> K^+ Ca^{2+} Na^+ Mg^{2+} Al^{3+} Zn^{2+} Fe^{2+} Ni^{2+} Sn^{2+} Pb^{2+} (H^+) Cu^{2+} Hg^{2+} Ag^+ Pt^{2+} Au^+
>
> K Ca Na Mg Al Zn Fe Ni Sn Pb (H_2) Cu Hg Ag Pt Au
>
> 熱水と反応: K Ca Na Mg
> 水と反応※1
> H^+ と反応※2
>
> 還元剤
>
> ※1 Mg は湯と反応する。
> ※2 Pb と塩酸または硫酸の反応では Pb の表面に水に難溶性の $PbCl_2$ や $PbSO_4$ が生じ，反応しにくい。

ナトリウム Na や亜鉛 Zn と水素イオン H^+ との反応の化学反応式と酸化数を書いてみると次のようになるよ。

● Na と H^+ との反応

酸化剤　　$\underset{+1}{2H^+} + 2e^- \longrightarrow \underset{0}{H_2}$

還元剤　　　　　　$\underset{0}{2Na} \longrightarrow \underset{+1}{2Na^+} + 2e^-$

$+)$ ─────────────────────────
　　　　　$\underset{0}{2Na} + \underset{+1}{2H^+} \longrightarrow \underset{+1}{2Na^+} + \underset{0}{H_2}$ ◁ H^+ が酸化剤

● Zn と H^+ との反応

酸化剤　　$\underset{+1}{2H^+} + 2e^- \longrightarrow \underset{0}{H_2}$

還元剤　　　　　　$\underset{0}{Zn} \longrightarrow \underset{+2}{Zn^{2+}} + 2e^-$

$+)$ ─────────────────────────
　　　　　$\underset{0}{Zn} + \underset{+1}{2H^+} \longrightarrow \underset{+2}{Zn^{2+}} + \underset{0}{H_2}$ ◁ H^+ が酸化剤

第18章　金属の酸化還元反応

Na が水 H_2O と反応したときの全反応式，Zn が塩酸 HCl と反応したときの全反応式は次のようになるよ。

- **Na と H_2O の反応の全反応式**

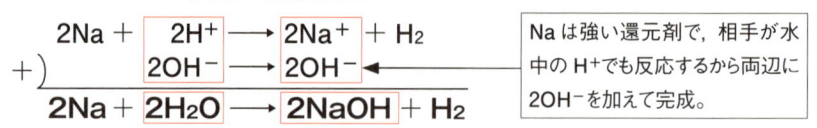

$$2Na + \boxed{2H^+} \longrightarrow \boxed{2Na^+} + H_2$$
$$+)\quad\quad \boxed{2OH^-} \longrightarrow \boxed{2OH^-}$$
$$\overline{2Na + \boxed{2H_2O} \longrightarrow \boxed{2NaOH} + H_2}$$

Na は強い還元剤で，相手が水中の H^+ でも反応するから両辺に $2OH^-$ を加えて完成。

- **Zn と HCl の反応の全反応式**

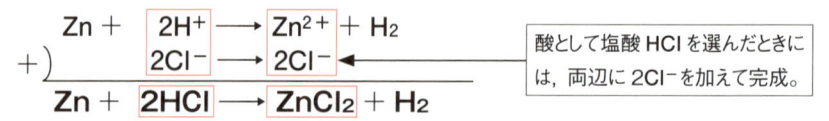

$$Zn + \boxed{2H^+} \longrightarrow \boxed{Zn^{2+}} + H_2$$
$$+)\quad\quad \boxed{2Cl^-} \longrightarrow \boxed{2Cl^-}$$
$$\overline{Zn + \boxed{2HCl} \longrightarrow \boxed{ZnCl_2} + H_2}$$

酸として塩酸 HCl を選んだときには，両辺に $2Cl^-$ を加えて完成。

(2) 金属と硝酸との反応

じゃあ，Cu や Ag は酸には溶けないってことですね！

いい推測だね。確かに次の組み合わせでは反応しないね。

酸化剤 $\quad 2H^+ + 2e^- \longrightarrow H_2$

還元剤 $\quad Cu \longrightarrow Cu^{2+} + 2e^- \;(Ag \longrightarrow Ag^+ + e^-)$

しかし，酸化剤が非常に強いものなら Cu や Ag も反応するよ。酸化力が強い順に並べると Cu^{2+} や Ag^+ の上に硝酸（希硝酸，濃硝酸）HNO_3 や熱濃硫酸 H_2SO_4 がくる感じだ。つまり，HNO_3 や熱濃硫酸なら Cu，Hg，Ag などを酸化できるんだ。**硝酸 HNO_3 や熱濃硫酸 H_2SO_4 は酸化力の強い特別な酸**ということがわかるね！

銀のネックレス

赤褐色の気体を出しながら溶けていく

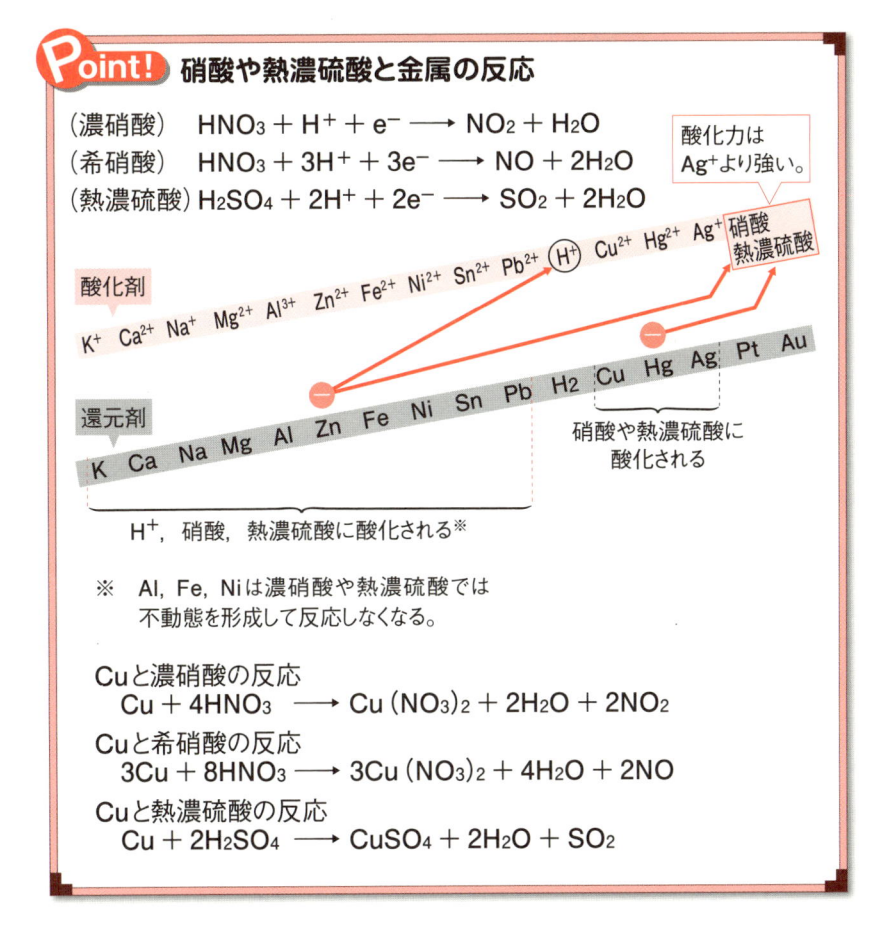

濃硝酸

Point! 硝酸や熱濃硫酸と金属の反応

(濃硝酸) $HNO_3 + H^+ + e^- \longrightarrow NO_2 + H_2O$
(希硝酸) $HNO_3 + 3H^+ + 3e^- \longrightarrow NO + 2H_2O$
(熱濃硫酸) $H_2SO_4 + 2H^+ + 2e^- \longrightarrow SO_2 + 2H_2O$

酸化力は Ag^+ より強い。

酸化剤
K^+ Ca^{2+} Na^+ Mg^{2+} Al^{3+} Zn^{2+} Fe^{2+} Ni^{2+} Sn^{2+} Pb^{2+} (H^+) Cu^{2+} Hg^{2+} Ag^+ 硝酸 熱濃硫酸

還元剤
K Ca Na Mg Al Zn Fe Ni Sn Pb H Cu Hg Ag Pt Au

H^+，硝酸，熱濃硫酸に酸化される※

硝酸や熱濃硫酸に酸化される

※ Al, Fe, Ni は濃硝酸や熱濃硫酸では不動態を形成して反応しなくなる。

Cuと濃硝酸の反応
　$Cu + 4HNO_3 \longrightarrow Cu(NO_3)_2 + 2H_2O + 2NO_2$

Cuと希硝酸の反応
　$3Cu + 8HNO_3 \longrightarrow 3Cu(NO_3)_2 + 4H_2O + 2NO$

Cuと熱濃硫酸の反応
　$Cu + 2H_2SO_4 \longrightarrow CuSO_4 + 2H_2O + SO_2$

ちなみに，PtとAuは硝酸や熱濃硫酸では反応しないんだが，王水（おうすい）**（濃硝酸と濃塩酸の体積比で１：３の混合物）**には溶けるんだよ。

王水は金や白金でも溶かせるのじゃ〜！

←王水

確認問題

1 次の①〜③の実験から化学反応が起こるものを一つ選べ。
① 硫酸亜鉛 $ZnSO_4$ 水溶液に銀 Ag の板を入れる。
② 硫酸鉄(Ⅱ) $FeSO_4$ 水溶液に鉛 Pb の板を入れる。
③ 硫酸銅(Ⅱ) $CuSO_4$ 水溶液に鉄 Fe の板を入れる。

解答 ③

解説

イオン化傾向が重要だね。
① イオン化傾向 $Zn > Ag$ より，Zn^{2+}，Ag の状態は安定なので反応しない。
② イオン化傾向 $Fe > Pb$ より，Fe^{2+}，Pb の状態は安定なので反応しない。
③ イオン化傾向 $Fe > Cu$ より，Fe^{2+}，Cu の状態が安定である。よって，次のように反応する。
$$Cu^{2+} + Fe \longrightarrow Cu + Fe^{2+}$$

2 次の金属のうち，塩酸と反応して溶解するものを全て選び，化学式で答えよ。
　K, Mg, Zn, Fe, Sn, Cu, Ag, Au

解答 K, Mg, Zn, Fe, Sn

3 次の金属のうち，水と反応して溶解するものを全て選び，化学式で答えよ。
　Ca, Na, Zn, Fe, Ni, Hg, Ag, Pt

解答 Ca, Na

第18章　金属の酸化還元反応

4 銅 Cu と反応して溶解させることができる物質を①〜⑤から全て選べ。
① 濃硝酸　② 希硝酸　③ 酢酸
④ 塩酸　　⑤ 熱濃硫酸

|解答| ① ② ⑤

5 金 Au と反応して溶解させることができる物質を①〜⑤から全て選べ。
① 濃硝酸　② 熱濃硫酸　③ リン酸
④ 王水　　⑤ 食塩水

④

6 鉄 Fe と塩酸の反応式を書け。

$Fe + 2HCl \longrightarrow FeCl_2 + H_2$

|解説|

Fe と HCl のイオン反応式は $Fe + 2H^+ \longrightarrow Fe^{2+} + H_2$ より

$$Fe + 2H^+ \longrightarrow Fe^{2+} + H_2$$
$$+)\ \ \ \ \ \ \ \ \ 2Cl^- \ \ \ \ \ \ \ \ 2Cl^-$$
$$\overline{Fe + 2HCl \longrightarrow FeCl_2 + H_2}$$

VI

電池と電気分解

第19章 電池

▶ 電子を欲しがる酸化剤と電子を与えたがる還元剤で電池ができる。

story 1　電池の原理

(1) 電池の基本用語

> 電池って必ずイオン化傾向の違う2つの金属を使わなければいけないの??

それは違うよ。電池をつくりたければ，2種類の金属が必要なのではなく，**酸化剤と還元剤が必要**ということなんだよ。この酸化剤と還元剤を**活物質**といって，**酸化剤を正極活物質**，**還元剤を負極活物質**ということもあるよ。この**酸化剤と還元剤を電解質溶液に浸せば電池がつくれる**んだ。電池の基本用語と注意点，電池の分類に関連する用語をまとめておくから，がんばって覚えるんだよ。

218　電池と電気分解

電極…電解質に浸している金属など
正極…酸化剤が反応する電極（還元反応が起こる）
負極…還元剤が反応する電極（酸化反応が起こる）
電子の流れ…負極（還元剤側）から正極（酸化剤側）
電流の流れ…正極から負極
起電力…両極間の電位差（電圧）の最大値
放電…電池から電流を取り出すこと
充電…外部から放電時と逆向きに電流を流して起電力を回復させる操作
一次電池…充電できない電池
二次電池（蓄電池）…充電可能な電池

(2) 電池の基本原理といろいろな電池

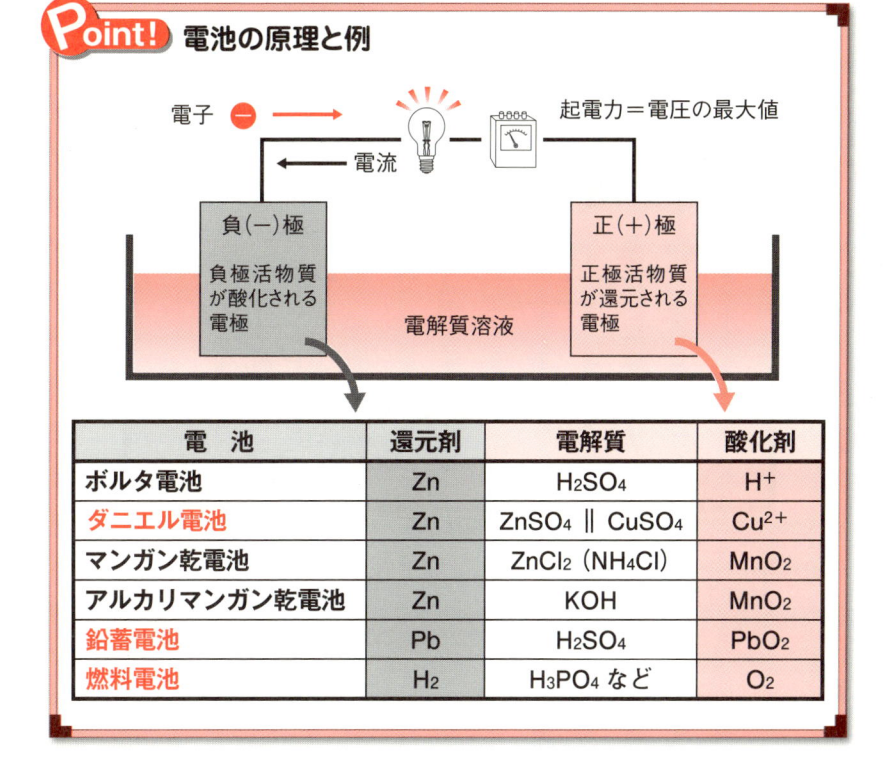

Point! 電池の原理と例

電子 →
← 電流
起電力＝電圧の最大値

負（−）極
負極活物質が酸化される電極

正（＋）極
正極活物質が還元される電極

電解質溶液

電池	還元剤	電解質	酸化剤
ボルタ電池	Zn	H_2SO_4	H^+
ダニエル電池	Zn	$ZnSO_4 \parallel CuSO_4$	Cu^{2+}
マンガン乾電池	Zn	$ZnCl_2$（NH_4Cl）	MnO_2
アルカリマンガン乾電池	Zn	KOH	MnO_2
鉛蓄電池	Pb	H_2SO_4	PbO_2
燃料電池	H_2	H_3PO_4 など	O_2

第19章 電池

story 2 ダニエル電池

(1) ダニエル電池の原理

> ダニエル電池って，イオン化列と関係があるの？

そうだね。**電池の反応は酸化還元反応**で，**起電力は酸化剤と還元剤の強さで決まる**から，金属を還元性の強さの順に並べているイオン化列はおおいに関係があるといえるよ。

イオン化傾向は Zn > Cu だから，Zn^{2+}，Cu が共存する状態は安定で Zn，Cu^{2+} が共存する状態は不安定だね。だから，電池はあえて不安定な状態をつくりだして反応させているんだよ。原理がわかっていれば，次のダニエル電池の図を見れば十分理解できるよ。

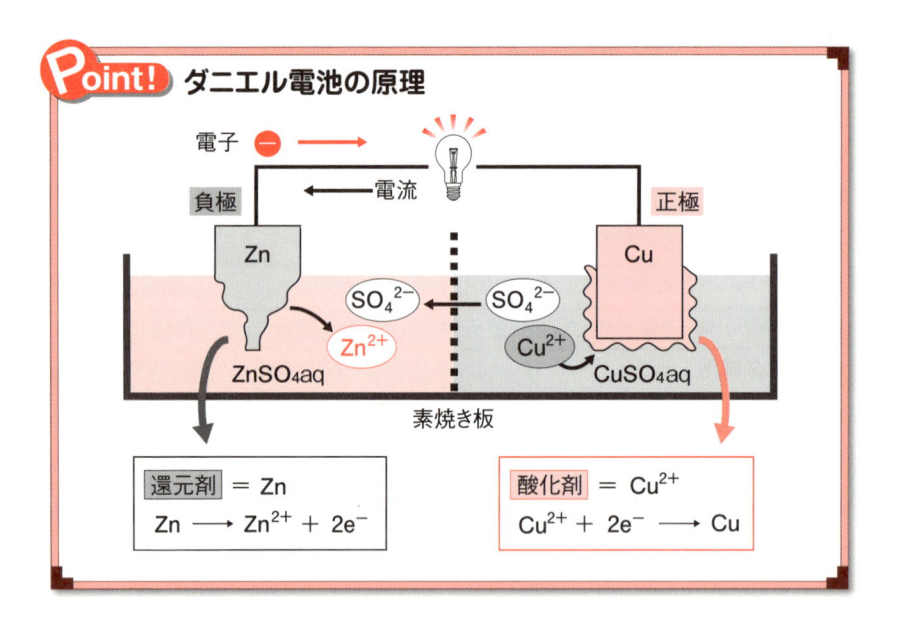

Point! ダニエル電池の原理

電子 ⊖ →
負極 ← 電流
正極
Zn ／ Cu
SO_4^{2-} ← SO_4^{2-}
Zn^{2+} Cu^{2+}
$ZnSO_4$ aq ／ $CuSO_4$ aq
素焼き板

還元剤 = Zn
$Zn \longrightarrow Zn^{2+} + 2e^-$

酸化剤 = Cu^{2+}
$Cu^{2+} + 2e^- \longrightarrow Cu$

(2) 金属のイオン化傾向と起電力の関係

ダニエル電池は

- 正極（＋）＝ **酸化剤** … 金属イオン（還元されて金属になる）
- 負極（－）＝ **還元剤** … 金属（酸化されて金属イオンになる）

という形なので，下のイオン化傾向の図で，**距離が大きな金属イオンと金属の組み合わせをつくれば起電力が大きくなる**よ（ただし，イオン化列で並べた距離と起電力は比例していない）。

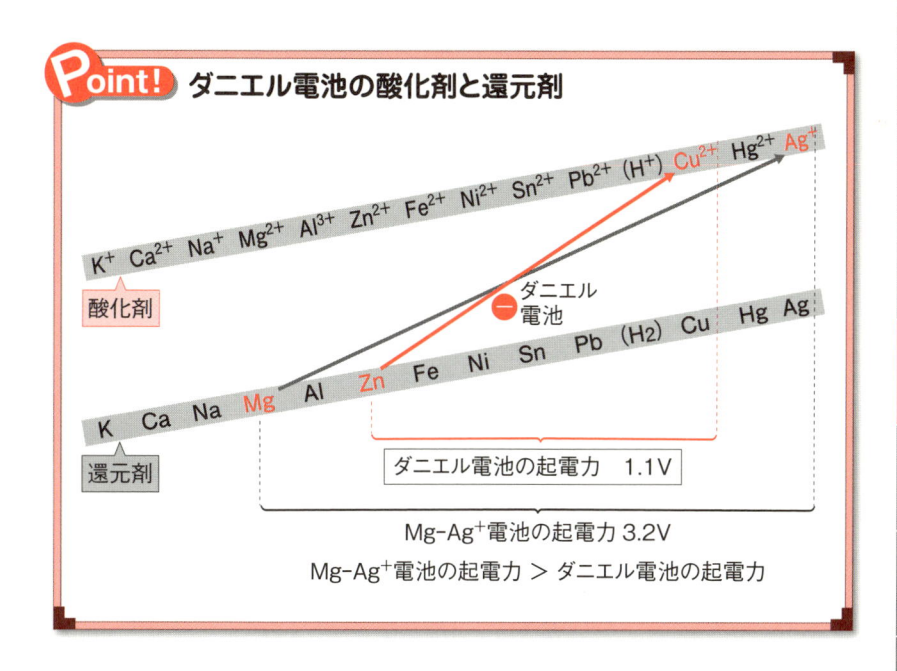

Point! ダニエル電池の酸化剤と還元剤

酸化剤: K^+ Ca^{2+} Na^+ Mg^{2+} Al^{3+} Zn^{2+} Fe^{2+} Ni^{2+} Sn^{2+} Pb^{2+} (H^+) Cu^{2+} Hg^{2+} Ag^+

還元剤: K Ca Na Mg Al Zn Fe Ni Sn Pb (H_2) Cu Hg Ag

ダニエル電池の起電力　1.1V

Mg-Ag^+電池の起電力 3.2V

Mg-Ag^+電池の起電力 ＞ ダニエル電池の起電力

ダニエル電池の起電力を大きくするには，イオン化傾向の差の大きい金属を使うほかに，電解液中のZn^{2+}の濃度を小さくしたりCu^{2+}の濃度を大きくする方法があるから次の **Point!** を見てマスターしよう！

第19章　電池

Point! ダニエル電池の起電力を大きくする方法

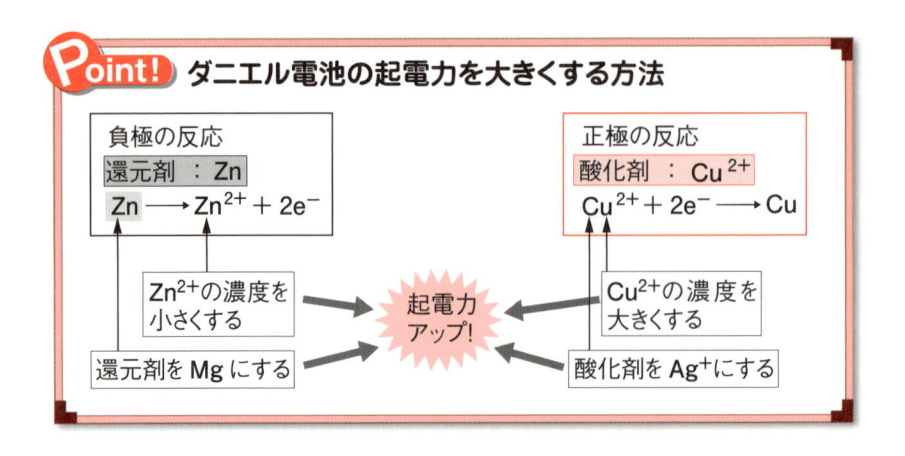

負極の反応
還元剤 : Zn
$Zn \longrightarrow Zn^{2+} + 2e^-$

- Zn^{2+} の濃度を小さくする
- 還元剤を Mg にする

正極の反応
酸化剤 : Cu^{2+}
$Cu^{2+} + 2e^- \longrightarrow Cu$

- Cu^{2+} の濃度を大きくする
- 酸化剤を Ag^+ にする

→ 起電力アップ!

(3) マンガン乾電池, アルカリマンガン乾電池

負極に亜鉛 Zn を使った実用電池では**マンガン乾電池**が有名だね。マンガン乾電池と**アルカリマンガン乾電池**は

- 正極(+) = 酸化剤 … 酸化マンガン(Ⅳ) MnO_2
- 負極(−) = 還元剤 … 亜鉛 Zn (ダニエル電池と同じ)

となっていて，還元剤はダニエル電池と同じ Zn なんだ。電解質溶液が水酸化カリウム KOH 水溶液などで塩基性（アルカリ性）になっているものを，特にアルカリマンガン乾電池といっているよ。

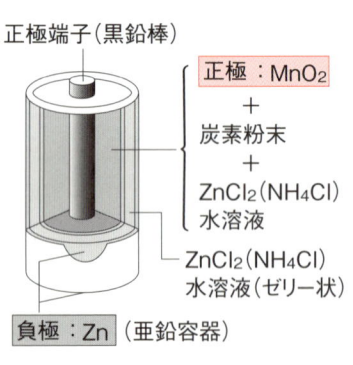

正極端子(黒鉛棒)

正極：MnO_2
＋
炭素粉末
＋
$ZnCl_2(NH_4Cl)$ 水溶液

$ZnCl_2(NH_4Cl)$ 水溶液(ゼリー状)

負極：Zn (亜鉛容器)

▲ マンガン乾電池

story 3 鉛蓄電池

(1) 鉛蓄電池の原理

🗨 鉛蓄電池って重いのに，何で自動車に使われているの？

🗨 確かに鉛蓄電池は重いけど，くり返し充電・放電しても性能が落ちにくいすばらしい二次電池なんだよ。電池は英語でBatteryだけど，自動車のバッテリーには鉛蓄電池が多く使われているんだよ。さっそく，原理を見てみよう。

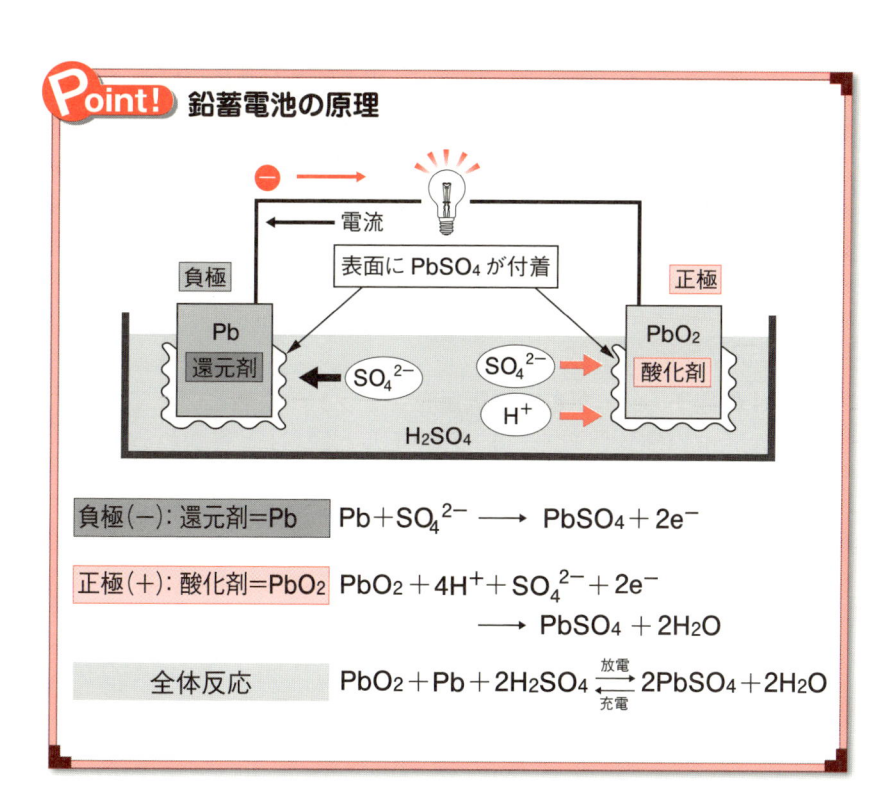

Point! 鉛蓄電池の原理

負極：Pb（還元剤）
正極：PbO$_2$（酸化剤）
電解液：H$_2$SO$_4$
表面にPbSO$_4$が付着

負極(−)：還元剤=Pb　　Pb + SO$_4^{2-}$ ⟶ PbSO$_4$ + 2e$^-$

正極(+)：酸化剤=PbO$_2$　　PbO$_2$ + 4H$^+$ + SO$_4^{2-}$ + 2e$^-$
　　　　　　　　　　　　　　⟶ PbSO$_4$ + 2H$_2$O

全体反応　　PbO$_2$ + Pb + 2H$_2$SO$_4$ $\underset{充電}{\overset{放電}{\rightleftarrows}}$ 2PbSO$_4$ + 2H$_2$O

第19章　電池

(2) 放電時の電解液・電極の質量変化

放電するにつれて，**両方の電極にはPbSO₄が付着し，電解液の硫酸は水に変わってうすまっていく**んだ。2molの電子が流れると，化学反応式より，電解液，負極（Pb），正極（PbSO₄）の質量は次のように変わるよ。

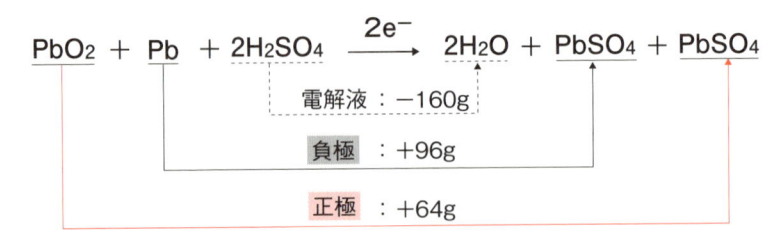

$$PbO_2 + Pb + 2H_2SO_4 \xrightarrow{2e^-} 2H_2O + PbSO_4 + PbSO_4$$

電解液：−160g
負極：+96g
正極：+64g

上の式は放電時の反応を書いたけど，**充電するときには逆向きの反応が起こって起電力が回復する**代表的な**二次電池**（**蓄電池**）なんだよ。放電を続けると，負極も正極も表面に硫酸鉛PbSO₄の白い結晶が付着して，電極が重くなるのが特徴だ。また，入試では計算問題もよく出題されているから，全反応式と質量の増減はしっかり理解しておこう。**ファラデー定数**を使った計算もマスターしようね！

(3) ファラデー定数

1molの電子（e⁻）がもつ電気量を**ファラデー定数**といって，$F = 96500 \text{C/mol}$（96500クーロンパーモルと読む）と書かれるよ。また，**1C＝1A×1s**（1クーロン＝1アンペア×1秒）の関係から96500 C/mol＝96500 A·s/molの関係が得られるよ。

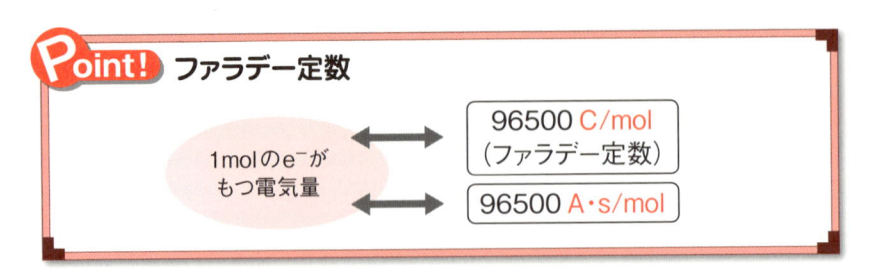

Point! ファラデー定数

1molのe⁻がもつ電気量 ⇔ 96500 C/mol（ファラデー定数）
⇔ 96500 A·s/mol

story 4 燃料電池

燃料電池って，何でそんな名前なんですか？

それは電池の**反応が燃料を燃やす反応**と同じだからなんだ。燃料として水素 H_2 を使って，H_2 を空気中で燃やす反応は次のとおりだね。

$$2H_2 + O_2 \longrightarrow 2H_2O$$

これと同じ反応式で電池を構成したのが，**H_2-O_2 燃料電池**なんだよ。さっそく構造を見てみよう。

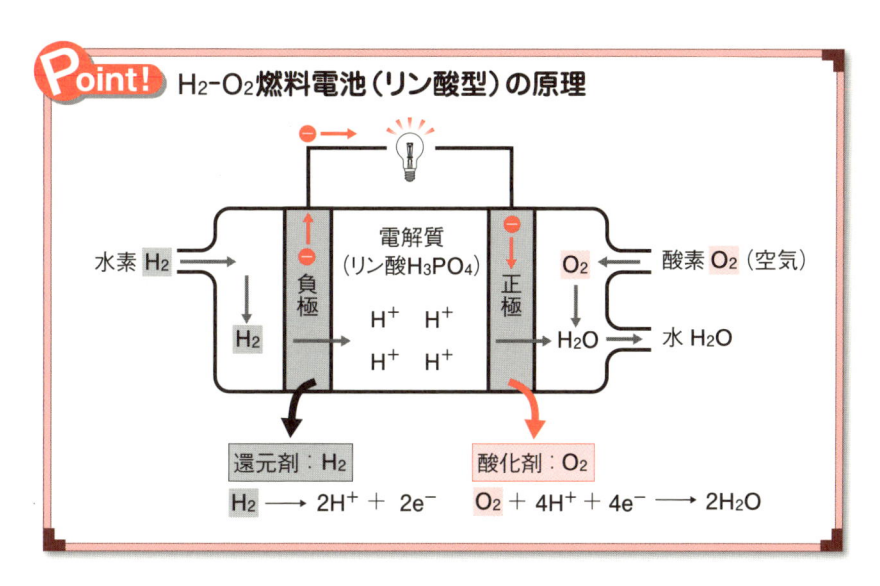

Point! H_2-O_2燃料電池（リン酸型）の原理

電解質（リン酸 H_3PO_4）
水素 H_2 → 負極　正極 ← 酸素 O_2（空気）
H_2　H^+　H^+　H_2O → 水 H_2O
H^+　H^+

還元剤：H_2
$$H_2 \longrightarrow 2H^+ + 2e^-$$

酸化剤：O_2
$$O_2 + 4H^+ + 4e^- \longrightarrow 2H_2O$$

酸化剤と還元剤の半反応式から電子の数を合わせて全反応式をつくると

$$\begin{array}{r} 正極（＋）：酸化剤 = O_2 + 4H^+ + 4e^- \longrightarrow 2H_2O \\ +)\ 負極（－）：還元剤 = 2H_2 \longrightarrow 4H^+ + 4e^- \\ \hline 2H_2 + O_2 \longrightarrow 2H_2O \end{array}$$

第19章　電　池

となり，確かに H_2 燃料を燃焼させたときと同じ反応になるね。

それでは電気量の計算を含んだ電池の問題をやってみよう。

問題 1　いろいろな電池と電気量の計算　★★

次の問いに答えよ。必要なら以下の数値を用い，答えは有効数字2桁で求めよ。ファラデー定数 $F=96500\,\text{C/mol}$，標準状態の気体のモル体積 $22.4\,\text{L/mol}$，原子量は $H=1.0$, $O=16.0$, $S=32.0$, $Cu=63.5$, $Zn=65.4$, $Pb=207$ とする。

(1) 2.0 A の電流を 193 秒間流したとき，流れた電子の物質量はいくらか。

(2) 5.0 A の電流を 12 分 52 秒間流したとき，流れた電子の物質量はいくらか。

(3) ダニエル電池を 3 分 13 秒間放電させたら，平均で 0.020 A の電流が流れた。正極の増加量は何 mg か。

(4) 鉛蓄電池を 6 分 26 秒間放電させたら，平均 0.10 A の電流が流れた。正極の増加量は何 mg か。

(5) H_2-O_2 燃料電池を 25 分 44 秒間放電させたら，平均で 1.0 A の電流が流れた。消費した気体の合計は標準状態で何 L か。

解説

電流〔A〕×時間〔s〕で電気量〔C〕なので，まずは流れた電子の物質量から計算し，電極の増加量を求める。

(1) $\dfrac{2.0\,\text{A} \times 193\,\text{s}}{96500\,\text{A·s/mol}} = 4.0 \times 10^{-3}\,\text{mol}$

(2) $\dfrac{5.0\,\text{A} \times (12 \times 60 + 52)\,\text{s}}{96500\,\text{A·s/mol}} = 4.0 \times 10^{-2}\,\text{mol}$

(3) 流れた e^- は，$\dfrac{0.020\,\text{A} \times (3 \times 60 + 13)\,\text{s}}{96500\,\text{A·s/mol}} = 4.0 \times 10^{-5}\,\text{mol}$

電池と電気分解

$Cu^{2+} + 2e^- \longrightarrow Cu$ より銅の析出量は

$$\frac{4.0 \times 10^{-5} \text{mol}}{2} \times 63.5\,\text{g/mol} = 1.27 \times 10^{-3}\,\text{g} \fallingdotseq 1.3\,\text{mg}$$

(4) 流れた e^- は，$\dfrac{0.10\,\text{A} \times (6 \times 60 + 26)\,\text{s}}{96500\,\text{A·s/mol}} = 4.0 \times 10^{-4}\,\text{mol}$

$\boxed{PbO_2} + 4H^+ + SO_4^{2-} + 2e^- \longrightarrow \boxed{PbSO_4} + 2H_2O$ より

e^- が2mol流れると SO_2 分の64gが増加する。

よって，$\dfrac{4.0 \times 10^{-4}\,\text{mol}}{2} \times 64\,\text{g/mol} = 12.8 \times 10^{-3}\,\text{g}$

$\fallingdotseq 13\,\text{mg}$

(5) 流れた e^- は，$\dfrac{1\,\text{A} \times (25 \times 60 + 44)\,\text{s}}{96500\,\text{A·s/mol}} = 1.6 \times 10^{-2}\,\text{mol}$

燃料電池は4molの e^- が流れて $2H_2 + O_2 \longrightarrow 2H_2O$ の反応が起こり，このとき，合計3molの気体が消費される。あとは e^- の物質量と消費した気体の体積の比例式をつくる。

e^- の物質量：消費した気体の体積
$= 4\,\text{mol} : 3 \times 22.4\,\text{L} = 1.6 \times 10^{-2}\,\text{mol} : V\,[\text{L}]$ より
$V = 0.2688 \fallingdotseq 0.27\,[\text{L}]$

解答

(1) $4.0 \times 10^{-3}\,\text{mol}$　　(2) $4.0 \times 10^{-2}\,\text{mol}$　　(3) $1.3\,\text{mg}$
(4) $13\,\text{mg}$　　(5) $0.27\,\text{L}$

鉛蓄電池は車やバイクにたくさん使われているよ！

確認問題

次の**1**～**5**の問いに答えよ。ただし，ファラデー定数を96500 C/molとする。

1 次の反応が起こる電極は正極か負極かを答えよ。
(1) 酸化剤が反応する電極
(2) 酸化反応が起こる電極
(3) 電子が流れ込む電極

解 答
(1) 正極
(2) 負極
(3) 正極

2 次の(1)～(4)の電池の酸化剤（正極活物質）を化学式で書け。
(1) ダニエル電池
(2) 鉛蓄電池
(3) マンガン乾電池
(4) H_2–O_2燃料電池

(1) Cu^{2+}
(2) PbO_2
(3) MnO_2
(4) O_2

3 ダニエル電池の起電力を大きくする方法として正しいものを①～④から全て選べ。
① 硫酸亜鉛 $ZnSO_4$ 水溶液の濃度を上げる。
② 硫酸銅 $CuSO_4$ 水溶液の濃度を上げる。
③ 負極の亜鉛 Zn を鉄 Fe にかえる。
④ 硫酸銅 $CuSO_4$ 水溶液を硝酸銀 $AgNO_3$ 水溶液にかえる。

② ④

4 鉛蓄電池の放電時に関する次の①～⑤の記述から正しいものを全て選べ。
① 両極表面に硫酸鉛 $PbSO_4$ の白色結晶が付着する。
② 正極の質量が32g増加するとき，負極の質量は96g増加する。
③ 硫酸の濃度が減少する。

① ③

④ 酸化剤は鉛 Pb である。
⑤ 負極で水 H_2O が生成する。

5 H_2-O_2 燃料電池に関する次の問いに答えよ。原子量は H＝1.0, O＝16 とする。
(1) 還元剤（負極活物質）を化学式で答えよ。
(2) 正極のイオン反応式を書け（酸性水溶液中）。
(3) 全体の反応式を書け。
(4) H_2O が 18g 生成されるとき，流れる電子の物質量は何 mol か。

解答
(1) H_2
(2) $O_2 + 4H^+ + 4e^- \longrightarrow 2H_2O$
(3) $2H_2 + O_2 \longrightarrow 2H_2O$
(4) 2mol

第20章 電気分解

▶ 電気分解はお菓子（電子）を配布する場所と回収する場所で構成されている。

story 1　電気分解の原理

(1) 電極の名称

> 電気分解では，なぜ高いプラチナ（白金）を使うんですか？

確かに電気分解の問題には白金 Pt の電極がよく登場するけど，理由は簡単で，白金以外の電極は溶けてしまうからだよ。電気分解では，**陽極に白金 Pt，金 Au，黒鉛 C 以外の電極を使うと溶けてしまうか，変化してしまう**ことが多いんだ。正確に把握するために，まずは電極の名称と反応を確認しよう。

> 陰極 …電池の負極がつながっている電極
> 　　　（電子が負極から流れ込んで還元反応が起こる）
> 陽極 …電池の正極がつながっている電極
> 　　　（酸化反応が起こって電子が吸い取られる）

(2) 陰極・陽極での反応

よって，それぞれの電極はこんなイメージだよ。陰極は電子が流れ込んでいる，つまりエクレアが配られているから"天国"のイメージで，陽極はエクレアが吸い取られているから"地獄"をイメージするとわかりやすいよ。

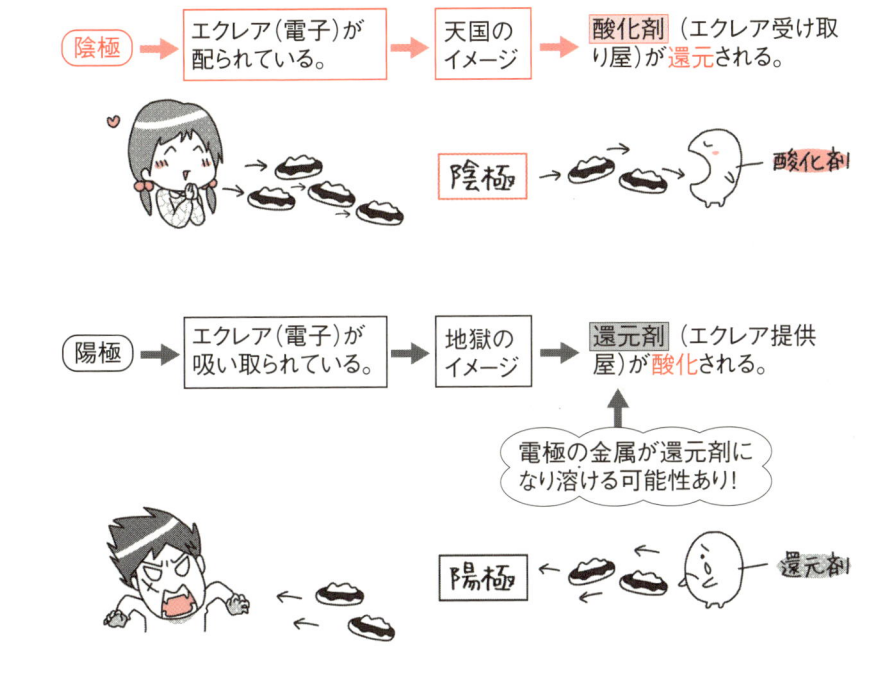

陰極 → エクレア（電子）が配られている。 → 天国のイメージ → 酸化剤（エクレア受け取り屋）が還元される。

陽極 → エクレア（電子）が吸い取られている。 → 地獄のイメージ → 還元剤（エクレア提供屋）が酸化される。

電極の金属が還元剤になり溶ける可能性あり！

第20章　電気分解

(3) 陽極での反応の注意点

❶陽極に Pt，Au 以外の金属を使った場合

陽極では電子が吸い取られて還元剤が反応するのだけれど，金属単体は還元剤になりやすいので，**たいていの金属電極は溶けてしまう**んだ。

電極材料 ▷
亜鉛：$Zn \longrightarrow Zn^{2+} + 2e^-$
鉄　：$Fe \longrightarrow Fe^{2+} + 2e^-$
銅　：$Cu \longrightarrow Cu^{2+} + 2e^-$

よって，**陽極は材料に注意する必要がある**んだ。白金 Pt，金 Au，黒鉛 C は溶けない電極の代表選手だ。

一方，陰極では電子を受け取らないから，鉄 Fe などでも溶解することはないんだよ。

❷水溶液中にハロゲン化物イオン（Cl^-，Br^-，I^- など）がある場合

水溶液中にハロゲン化物イオンがあると，陽極に電子を奪われて**単体のハロゲンになる**。

$2Cl^- \longrightarrow Cl_2 + 2e^-$

❸ H_2O，OH^- が反応する場合

SO_4^{2-}，NO_3^- などの多原子イオンは水溶液中でイオンのまま安定しているので反応しない。その分，H_2O が陽極に電子を奪われて **O_2 が発生する**よ。

$2H_2O \longrightarrow O_2 + 4H^+ + 4e^-$

ただし，塩基性の水溶液のときには OH^- が反応する。このときも，**O_2 が発生する**よ。

$4OH^- \longrightarrow 2H_2O + O_2 + 4e^-$

Point! 電気分解の原理

電池の中に e^- 電子がいっぱいあるイメージ

負極 －　＋ 正極

陰極　　　　　　　　　　陽極

電極 B

A^+ 陽イオンが近づく。

X^- 陰イオンが近づく。

B^+

天国

A^+ が e^- を受け取る還元反応。

$H^+ < Cu^{2+} < Ag^+$ の順に受け取りやすい。

$$\begin{cases} 2H^+ + 2e^- \longrightarrow H_2 \\ Cu^{2+} + 2e^- \longrightarrow Cu \\ Ag^+ + e^- \longrightarrow Ag \end{cases}$$

（K^+, Ca^{2+}, Na^+ などは e^- を受け取らない）

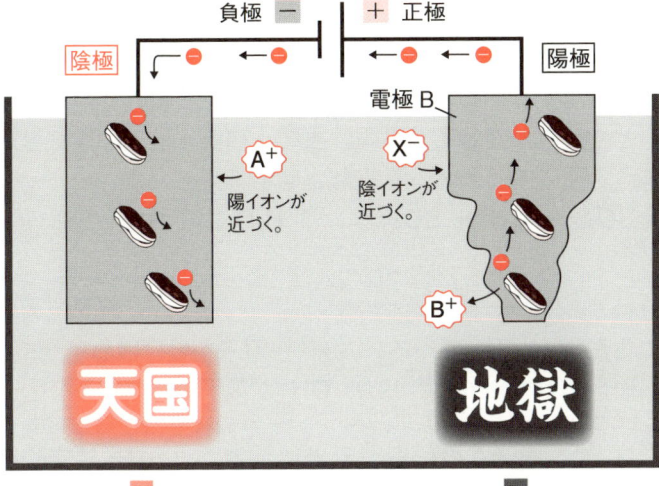

地獄

X^- または 電極 B が e^- を吸い取られる酸化反応。

1. 電極が Pt, Au, 黒鉛以外は電極 B が溶ける。
   例 $Cu \longrightarrow Cu^{2+} + 2e^-$

2. 水溶液中にハロゲン化物イオンがあれば反応。
   $2Cl^- \longrightarrow Cl_2 + 2e^-$
   （SO_4^{2-}, NO_3^- は反応しない）

3. 水溶液中の H_2O か OH^- が反応する。
   $4OH^- \longrightarrow O_2 + 2H_2O + 4e^-$
   $2H_2O \longrightarrow O_2 + 4H^+ + 4e^-$

第20章　電気分解

story 2 水の電気分解

(1) 硫酸を加えた場合（酸性の水溶液の場合）

「水の電気分解の反応式が書けませ〜ん。」

簡単そうに見えて難しいのが水の電気分解だね。電流を通しやすくするために加えた物質によって，酸性や塩基性に傾くと，反応が変わるからね。まず，硫酸水溶液の電気分解を考えてみよう。反応するイオンを電離させて考えるんだ。

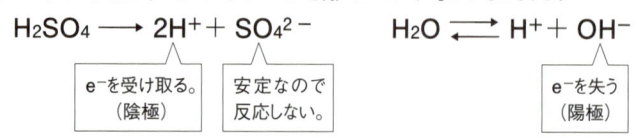

$$H_2SO_4 \longrightarrow 2H^+ + SO_4^{2-} \qquad H_2O \rightleftarrows H^+ + OH^-$$

- $2H^+$：e^- を受け取る。（陰極）
- SO_4^{2-}：安定なので反応しない。
- OH^-：e^- を失う（陽極）

陰極（電子が流れ込んでくる）：H^+ が電子を受け取る **還元反応**
陽極（電子が吸い取られている）：OH^- が電子を奪われる **酸化反応**

陰極では H^+ が電子を受け取って $2H^+ + 2e^- \longrightarrow H_2$ はすぐにわかるけど，陽極で OH^- が電子を奪われて何になるかよくわからないという人が多いんだ。そこで，水を完全に電離させてみると

$$H_2O \rightleftarrows H^+ + OH^- \rightleftarrows 2H^+ + O^{2-}$$

のようになり，電子をもっているのは O^{2-} だということがわかるね。

この O^{2-} から電子を奪う式は $2O^{2-} \longrightarrow O_2 + 4e^-$ でしょう。

でも，水溶液中で O^{2-} は存在できないから，両辺に H^+ をたして H_2O にすると簡単に陽極の式が完成するんだ。

$$\begin{array}{r} 2O^{2-} \longrightarrow O_2 + 4e^- \\ +)\ 4H^+ \longrightarrow 4H^+ \hphantom{+ 4e^-} \\ \hline 2H_2O \longrightarrow O_2 + 4H^+ + 4e^- \end{array}$$

整理すると次のようになって，水が電気分解されていることがわかる。

陰極（電子が流れ込んでくる）：$2H^+ + 2e^- \longrightarrow H_2$
陽極（電子が吸い取られている）：$2H_2O \longrightarrow O_2 + 4H^+ + 4e^-$

(2) 水酸化ナトリウムを加えた場合（塩基性の水溶液の場合）

前ページの反応式は酸性の水溶液ならよいのだけど，**塩基性の溶液中では H^+ は OH^- で中和されてしまう**ので次のようにつくりなおす必要があるよ。

陰極
$$2H^+ + 2e^- \longrightarrow H_2$$
$$+\,)\ 2OH^- \ 2OH^-$$
$$\overline{2H_2O + 2e^- \longrightarrow H_2 + 2OH^-}$$

陽極
$$2H_2O \longrightarrow O_2 + 4H^+ + 4e^-$$
$$+\,)\ 4OH^- \longrightarrow \ 4OH^-$$
$$\overline{2H_2O + 4OH^- \longrightarrow O_2 + 2\,4H_2O + 4e^-}$$
$$4OH^- \longrightarrow O_2 + 2H_2O + 4e^-$$

(3) 純粋な水を電気分解した場合

陰極でも陽極でも，液中にたくさんある H_2O が反応するよ。

陰極：$2H_2O + 2e^- \longrightarrow H_2 + 2OH^-$
陽極：$2H_2O \longrightarrow O_2 + 4H^+ + 4e^-$

> 水を電気分解したときに陰極側の水がアルカリ性（塩基性）になるから，アルカリイオン水といわれているよ！

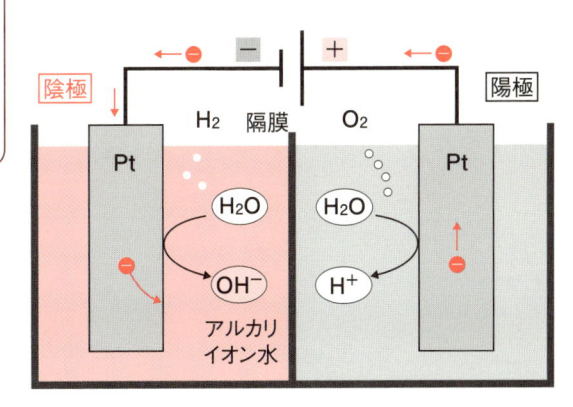

この結果から，硫酸 H_2SO_4 水溶液，水酸化ナトリウム NaOH 水溶液，水 H_2O を白金電極で電気分解した結果は次のとおりになるよ。

Point! 水の電気分解

水溶液	陰極（−極）	陽極（＋極）
H_2SO_4 を加えた場合	$2H^+ + 2e^- \longrightarrow H_2$	$2H_2O$ $\longrightarrow O_2 + 4H^+ + 4e^-$
H_2O のみ	$2H_2O + 2e^-$ $\longrightarrow H_2 + 2OH^-$	
NaOH を加えた場合		$4OH^-$ $\longrightarrow O_2 + 2H_2O + 4e^-$

story 3 食塩水の電気分解

(1) 食塩水の電気分解による水酸化ナトリウムの製造

何の電気分解が試験に出やすいんですか？

それは**食塩水の電気分解**なんだよ。食塩水を電気分解して水酸化ナトリウム NaOH を製造している会社が世界中にあるから試験に出題されやすいんだよ。**真ん中に陽イオンだけを通す陽イオン交換膜をはさんで，陰極側に薄い水酸化ナトリウム NaOH 水溶液，陽極側に塩化ナトリウム NaCl 水溶液を入れて，電気分解する**んだ。**イオン交換膜法**ともいうよ。

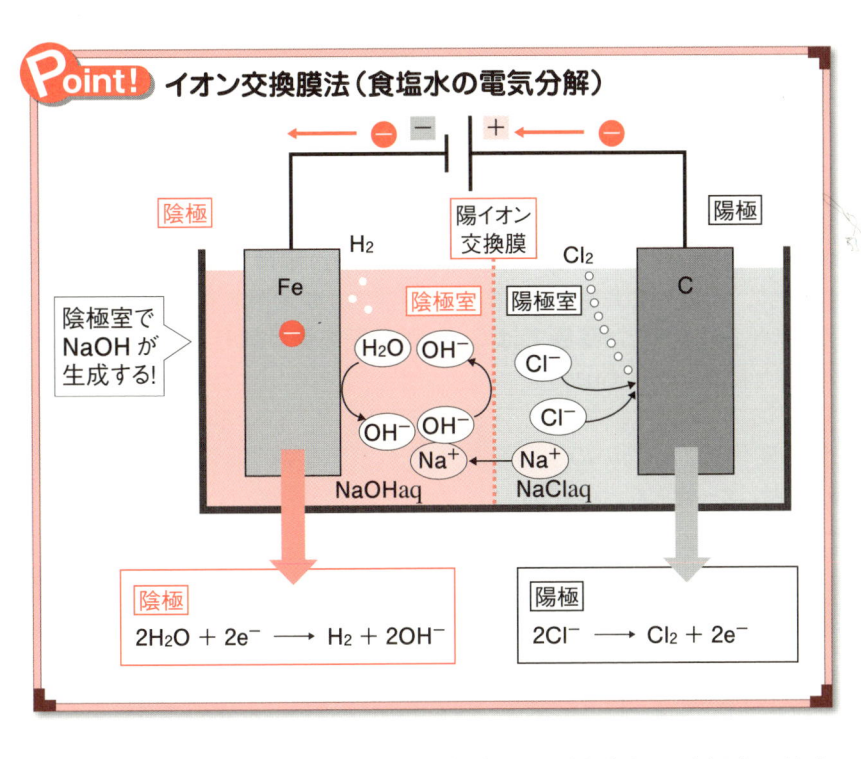

Point! イオン交換膜法（食塩水の電気分解）

```
陰極室で
NaOH が
生成する！
```

陰極　Fe　陽イオン交換膜　陽極　C
陰極室　H₂O、OH⁻、OH⁻、OH⁻、Na⁺　NaOHaq
陽極室　Cl⁻、Cl⁻、Na⁺　NaClaq

陰極
$2H_2O + 2e^- \longrightarrow H_2 + 2OH^-$

陽極
$2Cl^- \longrightarrow Cl_2 + 2e^-$

陽極室では Cl^- が電子を取られて塩素 Cl_2 が発生し，陰極室では水素 H_2 が発生するとともに水酸化ナトリウム NaOH が生成するよ。全反応式を書いてみると明らかだよ。

$$
\begin{array}{rl}
\text{陽極} & 2Cl^- \longrightarrow Cl_2 + 2e^- \\
\text{陰極} +)& 2H_2O + 2e^- \longrightarrow H_2 + 2OH^- \\
\hline
& 2Cl^- + 2H_2O \longrightarrow H_2 + 2OH^- + Cl_2 \\
+)& 2Na^+ \qquad\qquad\qquad 2Na^+ \\
\hline
& 2NaCl + 2H_2O \longrightarrow \underline{H_2 + 2NaOH} + \underline{Cl_2} \\
& \qquad\qquad\qquad\qquad\qquad \text{陰極室} \qquad \text{陽極室}
\end{array}
$$

両辺に Na^+ をたす。

陰極室に生成した NaOH は工業界でいろいろな方面に利用されているんだよ。

第20章　電気分解

story 4 硫酸銅(Ⅱ)水溶液の電気分解

ほかにも，よく出る電気分解を教えてくださ～い。

そうだな，では硫酸銅(Ⅱ) $CuSO_4$ 水溶液を銅 Cu 電極で電気分解する場合について教えよう。**陽極では Pt，Au，黒鉛 C 以外の電極は溶解するから，Cu が溶解する**んだ（$Cu \longrightarrow Cu^{2+} + 2e^-$）。また**陰極では Cu^{2+} が電子を受け取り Cu が析出する**（$Cu^{2+} + 2e^- \longrightarrow Cu$）よ。

この2つの式をたすと何も残らない，つまり **$CuSO_4$ 水溶液は何も変化していない**のと同じなんだよ。溶液中の銅(Ⅱ)イオン濃度 **$[Cu^{2+}]$ は一定**というのが問題によく出るから注意するんだよ。

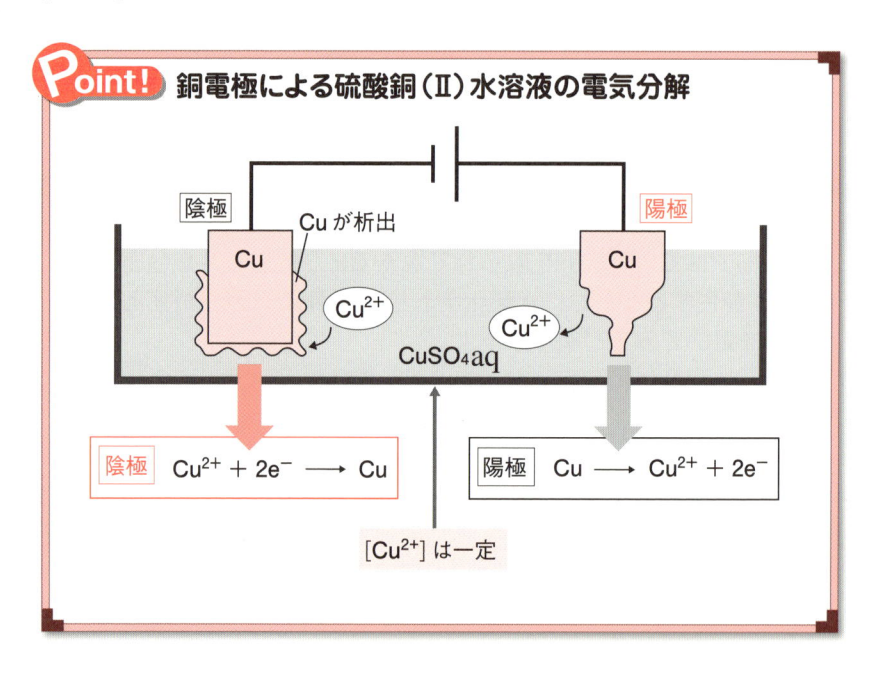

Point! 銅電極による硫酸銅(Ⅱ)水溶液の電気分解

陰極：$Cu^{2+} + 2e^- \longrightarrow Cu$

陽極：$Cu \longrightarrow Cu^{2+} + 2e^-$

$[Cu^{2+}]$ は一定

確認問題

1 電気分解に関する次の①〜④の記述から正しいものを全て選べ。
　① 陽極では酸化反応が起こっている。
　② 陰極では酸化剤が反応する。
　③ 陽極では電極が溶解する反応が起こることがある。
　④ 陰極では水から酸素 O_2 が発生する反応が起こることがある。

解答 ①②③

2 硫酸水溶液の電気分解における陽極の反応式を書け。

$2H_2O \longrightarrow O_2 + 4H^+ + 4e^-$

3 水を電気分解したときに塩基性になるのは陰極側か，陽極側か。

陰極側

4 水 2 mol を電気分解するときに，流れる電子の物質量は何 mol か。

4 mol

解説

水の電気分解の全反応式は次のようになるね。

陽極　$2H_2O \longrightarrow O_2 + \cancel{4H^+} + 4e^-$
陰極　$+)\ \cancel{4H_2O} + \cancel{4e^-} \longrightarrow 2H_2 + \cancel{4OH^-}$
　　　$2H_2O \longrightarrow 2H_2 + O_2$

H_2O が 2 mol 分解されると **4 mol** の電子（e^-）が流れることがわかるね。

全反応式では e^- は消えてしまうから，$\longrightarrow$ の上に書いておくと便利だよ。

5 水5 mol を電気分解するときに，両極で発生する気体の物質量の合計は何 mol か。

|解答| 7.5 mol

|解説|

水の電気分解は **4** と同じだね。全反応式から 2 mol の H_2O が電気分解されると H_2 と O_2 が合計 3 mol 生じるから，H_2O の 1.5 倍の物質量の気体が生じることになるね。よって，5 mol × 1.5 = 7.5 mol

6 食塩水の電気分解で陽極の反応を化学反応式で書け。

|解答| $2Cl^- \longrightarrow Cl_2 + 2e^-$
陰極

7 硫酸銅(Ⅱ) $CuSO_4$ 水溶液を銅電極で電気分解したときに，質量が増加する電極は陰極か，陽極か。

VII

熱化学

第21章 熱化学方程式とエネルギー図

▶物質がもっているエネルギーは目に見えない。

story 1 熱化学方程式とエネルギー図

熱化学方程式やエネルギー図って，重要ですか？

エネルギー図はすごく重要だよ。**熱化学**というのは物質の持つエネルギーを扱う学問なんだ。ところが，物質のもつエネルギーは目に見えないし，物質がもつエネルギーを全て数値化するのも難しいだろう。そこで，**化学反応式とその物質の状態を書いて，エネルギーを表したものが熱化学方程式**で，**化学変化におけるエネルギーの変化を視覚化したものがエネルギー図**なんだよ。だから，熱化学方程式とエネルギー図は，熱化学を理解する上でとても重要だよ。

(1) 熱化学方程式

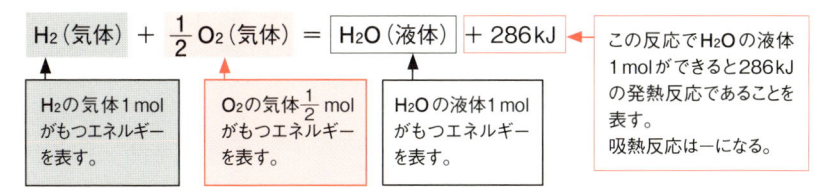

$$H_2(気体) + \frac{1}{2}O_2(気体) = H_2O(液体) + 286 kJ$$

- H_2(気体)：H_2の気体1molがもつエネルギーを表す。
- $\frac{1}{2}O_2$(気体)：O_2の気体$\frac{1}{2}$ molがもつエネルギーを表す。
- H_2O(液体)：H_2Oの液体1molがもつエネルギーを表す。
- +286kJ：この反応でH_2Oの液体1molができると286kJの発熱反応であることを表す。吸熱反応は−になる。

(2) エネルギー図

発熱反応は進行すると，エネルギー図を見てわかるように下に移動するんだ。**吸熱反応**はエネルギー図を見ると上に移動する反応になるよ。水1molを電気分解するには，$H_2O \longrightarrow H_2 + \frac{1}{2}O_2$ だから286kJのエネルギーを与えなければならないことがわかるね。

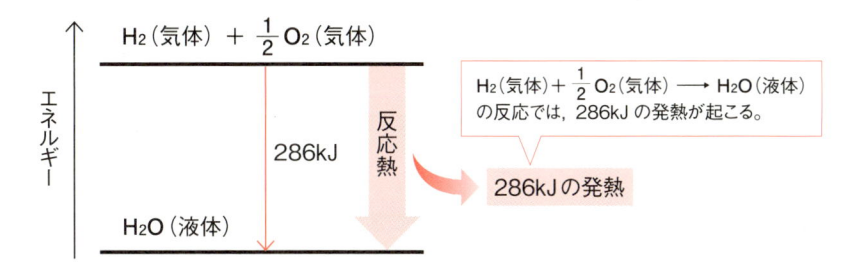

発熱反応のエネルギー図：
H_2(気体)$+ \frac{1}{2}O_2$(気体) $\longrightarrow H_2O$(液体) の反応では，286kJ の発熱が起こる。286kJの発熱。

▲ 発熱反応のエネルギー図

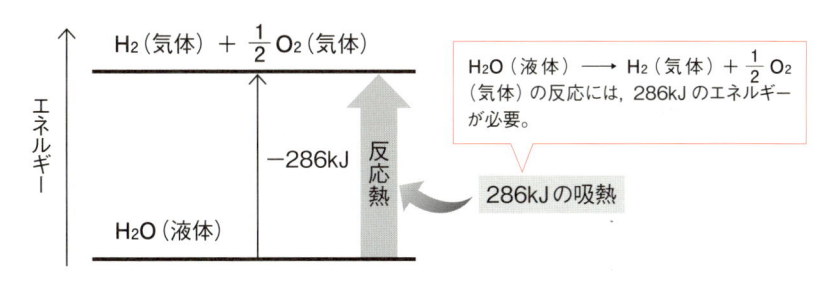

吸熱反応のエネルギー図：
H_2O(液体) $\longrightarrow H_2$(気体)$+ \frac{1}{2}O_2$(気体) の反応には，286kJ のエネルギーが必要。286kJの吸熱。反応熱 −286kJ

▲ 吸熱反応のエネルギー図

第21章　熱化学方程式とエネルギー図

> **Point!** エネルギー図
>
> 発熱反応 ➡ 下に移動　　吸熱反応 ➡ 上に移動

story 2　状態変化とエネルギー

(1) 熱化学方程式における状態の表し方

> 熱化学方程式では，気体とか液体とかの状態を書かなければいけないの？

熱化学方程式では，状態（気体，液体，固体）を表記する必要があるんだ。それは状態が異なればもっているエネルギーが異なるからなんだ。例えば，水蒸気 1 mol と液体の水 1 mol では同じ温度でもエネルギーが異なるだろう。

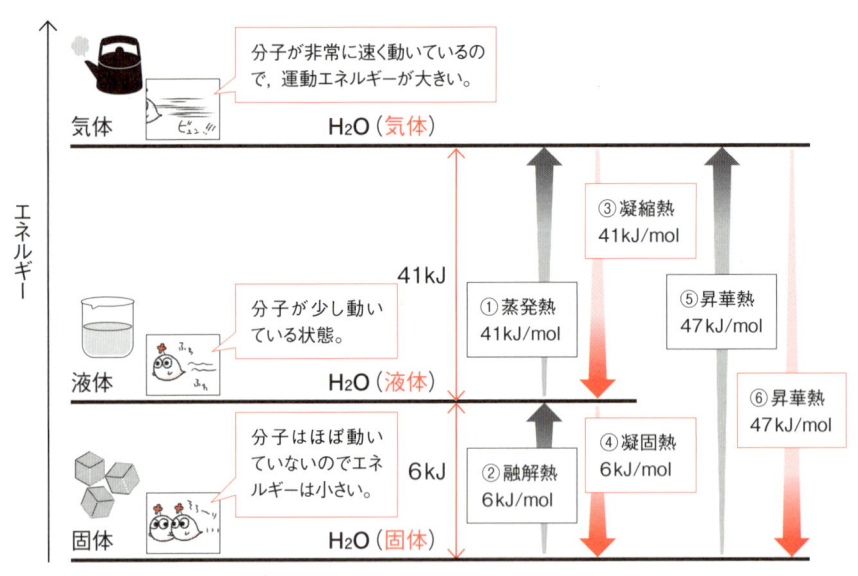

エネルギー

気体　分子が非常に速く動いているので，運動エネルギーが大きい。
H_2O（気体）

液体　分子が少し動いている状態。
H_2O（液体）

固体　分子はほぼ動いていないのでエネルギーは小さい。
H_2O（固体）

41 kJ
6 kJ

① 蒸発熱 41 kJ/mol
② 融解熱 6 kJ/mol
③ 凝縮熱 41 kJ/mol
④ 凝固熱 6 kJ/mol
⑤ 昇華熱 47 kJ/mol
⑥ 昇華熱 47 kJ/mol

▲ H_2O の状態変化に伴うエネルギー

図を見ると同じ H_2O なのに，状態によってこんなにエネルギーが異なるから，状態を表記する必要があるのがわかるだろう。また，状態変化（相転移）に伴う熱の出入りを熱化学方程式で書けば右のようになるよ。

① H_2O（液体）＝ H_2O（気体）－41kJ
② H_2O（気体）＝ H_2O（液体）＋41kJ
③ H_2O（固体）＝ H_2O（液体）－6kJ
④ H_2O（液体）＝ H_2O（固体）＋6kJ
⑤ H_2O（固体）＝ H_2O（気体）－47kJ
⑥ H_2O（気体）＝ H_2O（固体）＋47kJ

　ここで受験生にとっての注意点は，問題文には「蒸発熱41kJ/mol」，「凝縮熱41kJ/mol」というように符号がついていないけど，**状態変化を表す熱化学方程式ではエネルギーの上下関係が明らかなので，自分で考えてプラス（＋）やマイナス（－）の符号をつけて書く必要がある**ということなんだ。

(2) 相転移熱

蒸発熱，**融解熱**，**凝縮熱**，**凝固熱**，**昇華熱**などは状態変化（相転移）に伴うエネルギーなので，**相転移熱**（単位は kJ/mol）とよばれているよ。

　また，状態（気体，液体，固体）の表記が省略されている熱化学方程式もあるけど，そのときは25℃，1.013×10^5 Pa（大気圧）の状態と考えればいいよ。

省略された熱化学方程式中の表記		正しい表記（25℃, 1気圧の状態と考える）
H_2	➡ H_2（気体）	
H_2O	➡ H_2O（液体）	
Fe	➡ Fe（固体）	

第21章　熱化学方程式とエネルギー図

(3) 熱化学方程式における水溶液の表し方

食塩などの溶質が**水に溶けている状態を熱化学方程式では aq をつけて表す**から覚えておいてね。例えば食塩水は NaClaq となるよ。食塩の結晶 1 mol が多量の水に溶けるときに 3.9 kJ の吸熱が起こるんだけど，これを熱化学方程式で表したら次のようになるよ。

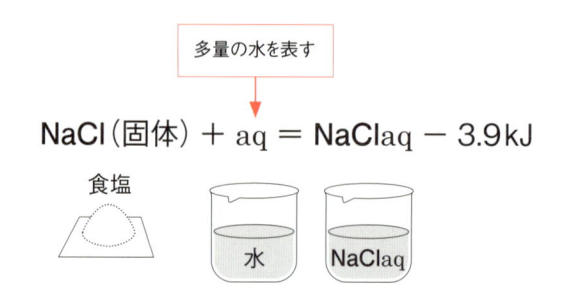

多量の水を表す

$$NaCl(固体) + aq = NaClaq - 3.9 kJ$$

食塩　水　NaClaq

この熱化学方程式を書くかわりに次のように表現してもいいんだ。

「食塩の溶解熱は，－3.9 kJ/mol」

この方が簡単だね。このように kJ/mol の単位でさまざまな反応熱が表されるんだよ。

---

story 3 反応熱

(1) いろいろな反応熱

　　生成熱，燃焼熱，～～熱って，たくさんあって大変！

それらは**反応熱**といって，化学変化や物理変化に伴う熱の出入りを kJ/mol の単位で表したもので，いちいち熱化学方程式を書かなくても話ができるから便利なんだ！　反応熱で重要なものを次ページの表にまとめたよ！

▼ 反応熱の種類

反応熱	内容	発熱/吸熱	例
燃焼熱	物質1molが完全燃焼するときに発生する熱量（物質1mol → 完全燃焼）	発熱反応	● H_2の燃焼熱　286 kJ/mol $H_2 + \frac{1}{2} O_2 = H_2O + 286$ kJ （水素を1molにすると，286kJになるよ）
生成熱	単体から化合物1molが生成するときに発生または吸収する熱量（単体 → 生成 → 物質1mol）	符号どおり	● CO_2の生成熱　394 kJ/mol C（黒鉛）$+ O_2 = CO_2 + 394$ kJ （CO_2を1molにすると，394kJになるよ）
溶解熱	溶質1molが多量の水に溶解するときに発生または吸収する熱量（物質1mol → 溶解）	符号どおり	● KIの溶解熱　−20.5 kJ/mol KI + aq = KIaq − 20.5 kJ （KIを1molにすると，−20.5kJになるよ）
中和熱	酸と塩基が中和して水1molができるときに発生する熱量（酸 + 塩基 → 中和 → 水）	符号どおり	● HClとNaOHの中和熱　57 kJ/mol HClaq + NaOHaq $= H_2O +$ NaCl + 57 kJ または H^+aq + OH^-aq $= H_2O + 57$ kJ
相転移熱	物質1molが状態変化するときに発生または吸収する熱量（物質1mol → 状態変化（相転移））	自分で考えて＋，−を書く	● 水の蒸発熱　41 kJ/mol H_2O（液体）= H_2O（気体）− 41 kJ （自分で判断して＋，−をつける！）
結合エネルギー	1molの共有結合を切るのに必要な熱量（結合1mol（気体）→ 共有結合を切る）	吸熱反応	● H–Hの結合エネルギーは436 kJ/mol H–H（気体）= 2H（気体）− 436 kJ

第21章　熱化学方程式とエネルギー図

(2) 反応熱の測定

溶解熱や中和熱や燃焼熱を測定する実験では、右の図のような原理の装置を使用するよ。反応容器の中で化学反応をさせると液体の温度が変化して出入りした熱量がわかる仕組みだよ。

実際には、温度の変化を測定して次の式に代入すると反応熱が計算できるよ。

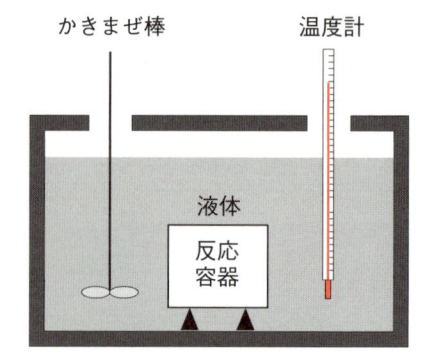

▲ 反応熱の測定に使う装置

Point! 反応熱の熱量の求め方

$$Q = mc\Delta t$$

Q：熱量〔J〕　　　m：液体の質量〔g〕
Δt：温度変化〔K〕　c：液体の比熱〔J/(g·K)〕

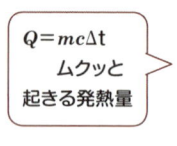

$Q=mc\Delta t$
ムクッと
起きる発熱量

問題 1　反応熱の求め方

水酸化ナトリウム NaOH の固体2.5gを200mLの水に溶かしたら、水温が3.3℃上昇した。NaOHの式量を40、水溶液の比熱を4.2J/(g·K)として、NaOHの溶解熱を求めよ。

解説

$Q = mc\Delta t$ に代入すれば一発だよ。ただし、この計算では単位が J で出てくるから、溶解熱の単位 kJ/mol にするのを忘れないでね。

$$Q = mc\Delta t = 202.5\,\text{g} \times 4.2\,\text{J}/(\text{g}\cdot\text{K}) \times 3.3\,\text{K}$$
$$= 2806.65\,\text{J} ≒ 2.81 \times 10^3\,\text{J} = 2.81\,\text{kJ}$$

一方、2.5 g の NaOH（40 g/mol）の物質量は、

$$\frac{2.5\,\text{g}}{40\,\text{g/mol}} = 0.0625\,\text{mol}$$

これより、溶解熱は

$$\frac{2.81\,\text{kJ}}{0.0625\,\text{mol}} = 44.96\,\text{kJ/mol} ≒ 45\,\text{kJ/mol}$$

となるよ。

単位に注意すれば簡単に出せるね。

解答

45 kJ/mol

確認問題

1 1 mol の H_2O（気体）がもつエネルギーと 1 mol の H_2O（固体）がもつエネルギーはどちらが大きいか。

解答 H_2O（気体）

2 次の熱化学方程式の（ア）〜（ウ）の符号を答えよ。

H_2O（液体）＝ H_2O（気体）（ア）41 kJ
H_2O（液体）＝ H_2O（固体）（イ）6 kJ
H_2O（固体）＝ H_2O（気体）（ウ）47 kJ

（ア）−
（イ）＋
（ウ）−

3 水酸化ナトリウム NaOH の溶解熱は44.5 kJ/mol である。NaOH の結晶1molが多量の水に溶解する変化を熱化学方程式で表せ。

解答
NaOH（固体）＋ aq
＝ NaOHaq
　　　＋44.5kJ

4 I－I の結合エネルギーは151kJ/molである。I－I の結合1molを切ってI の原子にする変化を熱化学方程式で表せ。

I_2（気体）
＝2I（気体）－151kJ

5 一酸化炭素 CO（気体）の生成熱は111kJ/mol である。C（黒鉛）と O_2（気体）から CO が1mol生成するときの反応を熱化学方程式で表せ。

C（黒鉛）＋
　　$\frac{1}{2}$ O_2（気体）
＝ CO（気体）＋
　　　111kJ

6 黒鉛6.0gを完全燃焼させたときに発生した熱で，30℃の水2.6kgを加熱すると何℃になるか答えよ。なお，炭素の原子量は12，黒鉛の燃焼熱は394kJ/mol，水の比熱は4.2J/(g·K)とする。

48℃

解説

黒鉛は炭素なので，$\dfrac{6.0 \text{g}}{12 \text{g/mol}} = 0.5 \text{mol}$

発生する熱量は 394 kJ/mol × 0.5 mol ＝ 197 kJ ＝ 197 × 10³ J

あとは $Q = mc\Delta t$ に代入して，
　　　$197 \times 10^3 \text{J} = 2600 \text{g} \times 4.2 \text{J/(g·K)} \times \Delta t$ より
　　$\Delta t = 18.04\cdots \text{K} ≒ 18$℃

温度上昇が18℃だから，30℃ ＋ 18℃ ＝ 48℃

第22章 ヘスの法則と反応熱の計算

▶ 最初と最後が決まれば,経路に関係なく登る高さは同じ。

story 1 生成熱を使った計算

(1) 生成熱を使って反応熱を求める計算

熱化学方程式をたしたりひいたりしないで,計算する方法があるんですか?

生成熱を使った計算は非常に有名だよ。
単体はエネルギー図では上にあることが多いことと,化合物 1 mol が単体から生成するエネルギー(生成熱)がわかっていれば計算は簡単だよ! では,次の問題を解きながら説明しよう。

問題 1 生成熱を使った計算 ★★

> メタンの燃焼熱を次の生成熱の値を使って求めよ。
> 生成熱はメタン CH_4（気体）：74.0 kJ/mol，二酸化炭素 CO_2（気体）：394 kJ/mol， 水 H_2O（液体）：286 kJ/mol である。

解説

まずはメタン CH_4 の燃焼熱を熱化学方程式にしてみよう。

CH_4（気体）+ $2O_2$（気体）
 = CO_2（気体）+ $2H_2O$（液体）+ Q〔kJ〕

この Q の値を求めるために，エネルギー図をかいてみよう！

燃焼は必ず発熱反応なので，エネルギー図では上から下に移動するよ！

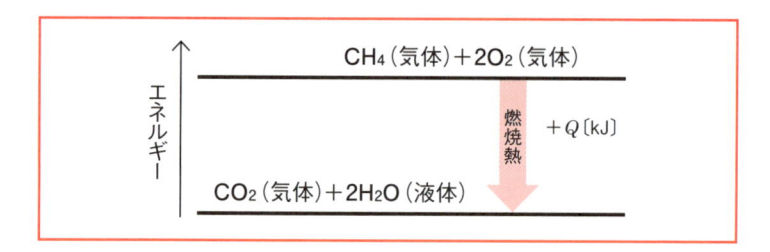

```
エ ↑      CH₄（気体）+2O₂（気体)
ネ   ─────────────────────────
ル              │燃
ギ              │焼  +Q〔kJ〕
ー              ▼熱
         CO₂（気体）+2H₂O（液体)
   ─────────────────────────
```

もちろん CH_4 1 mol を燃焼させて実際に熱量を測定してもいいのだけど，生成熱がわかっていれば，実験しなくても燃焼熱が計算で出せるんだ！ まずはメタンの生成熱をかいてみよう。

エネルギー図に単体を書くときのコツとして，**単体は一番上にくることが多い**ことを覚えておこう。それは，生成熱が正の値をとる場合，単体が上になるからなんだよ。

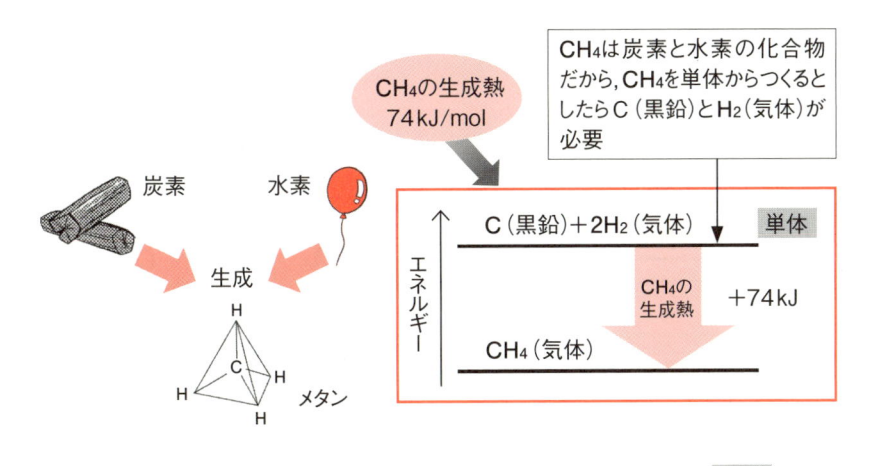

CH₄は炭素と水素の化合物だから、CH₄を単体からつくるとしたらC(黒鉛)とH₂(気体)が必要

CH₄の生成熱
74 kJ/mol

炭素　水素
生成
メタン

エネルギー
C(黒鉛)+2H₂(気体)　単体
CH₄の生成熱　+74 kJ
CH₄(気体)

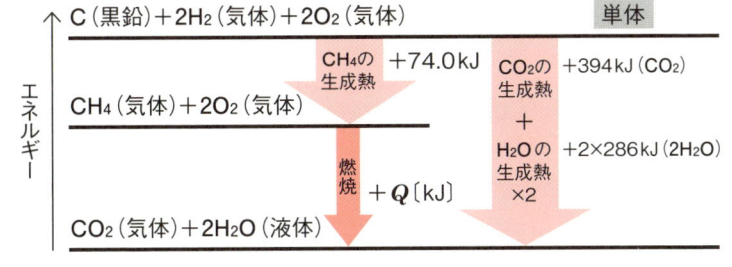

エネルギー
C(黒鉛)+2H₂(気体)+2O₂(気体)　単体
CH₄の生成熱　+74.0 kJ　　CO₂の生成熱　+394 kJ (CO₂)
CH₄(気体)+2O₂(気体)　　　　　　　　　＋
　　　　　　　　　　　　　　H₂Oの生成熱×2　+2×286 kJ (2H₂O)
燃焼　+Q 〔kJ〕
CO₂(気体)+2H₂O(液体)

　この図から Q の値は $Q = 394\,\text{kJ} + 2 \times 286\,\text{kJ} - 74.0\,\text{kJ}$ と計算すれば簡単に求められるね。
　これを熱化学方程式に関連づけて表記すると次のようになるよ。

$$\text{CH}_4(\text{気体}) + 2\text{O}_2(\text{気体}) = \text{CO}_2(\text{気体}) + 2\text{H}_2\text{O}(\text{液体}) + Q\,〔\text{kJ}〕$$
　　−74　　　　　　　　　　+394　　+2×286　　　　=Q

$$Q = 892\,\text{kJ}$$

　よって、メタン CH₄ の燃焼熱は 892 kJ/mol とわかるね。

|解 答|
892 kJ/mol

第22章　ヘスの法則と反応熱の計算

究極的にはエネルギー図をかかなくても計算ができるようにはしたいから，やり方を簡単に表すと次のようになるよ。

Point! 生成熱を使った計算

化合物	生成熱〔kJ/mol〕
A	a
B	b

熱化学方程式 → $A = B + Q$〔kJ〕
計算 → $-a \ +b = Q$

熱化学方程式に単体が存在するときは，単体の生成熱は0とする。

熱化学方程式の左辺にある生成熱はマイナス（−）符号をつける。

熱化学方程式の右辺にある化合物の生成熱はプラス（＋）符号をつける。

story 2 ヘスの法則

> ヘスの法則って，何をいっているかわからなくて困ります。

ヘスの法則は「全文を暗記しなさい」とよくいわれるんだ。そのぐらい重要なんだけど，丸暗記しようとすると難しいね。でも，story 1 でやった計算を例に考えれば簡単だよ！
メタン CH_4 の燃焼熱の熱化学方程式をもう1回見てみよう。

$$CH_4(気体) + 2O_2(気体) = CO_2(気体) + 2H_2O(液体) + Q〔kJ〕$$

左辺：最初の状態
右辺：最後の状態

化学変化の最初の状態と最後の状態に注目してエネルギー図を見てみると右の図のようになるよ。

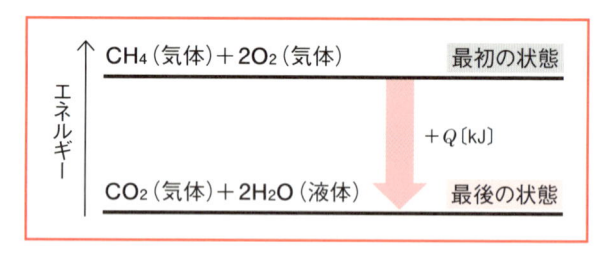

```
エネルギー
 ↑    CH₄(気体)+2O₂(気体)        最初の状態
 |              │
 |              │ +Q〔kJ〕
 |              ↓
      CO₂(気体)+2H₂O(液体)        最後の状態
```

Q の値は CH_4 1mol を完全燃焼させて測定することもできるけど，生成熱を使って計算できたね。もう一度，次の図の最初の状態と最後の状態を注意しながら見てごらん。

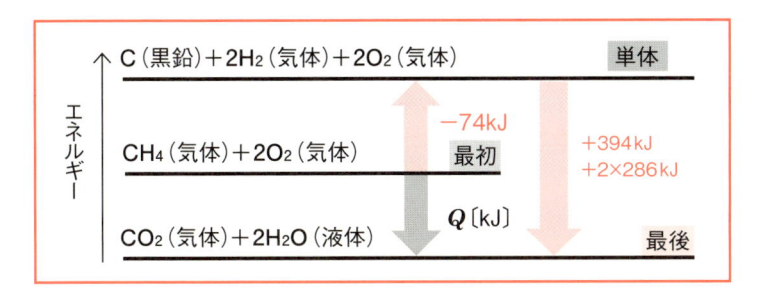

```
エネルギー↑
          C（黒鉛）+ 2H₂（気体）+ 2O₂（気体）        単体
                              ↑
                            −74kJ        +394kJ
          CH₄（気体）+ 2O₂（気体）  最初   +2×286kJ
                              ↓
                            Q〔kJ〕
          CO₂（気体）+ 2H₂O（液体）                  最後
```

これについて次のような計算をしたけど，この計算は ➡ の経路をたどって計算しているんだ。

CH_4（気体）+ $2O_2$（気体）= CO_2（気体）+ $2H_2O$（液体）+ Q〔kJ〕
　　−74　　　　　　　　　　　+394　　　　　+2×286　　　= Q

$$Q = 892 \text{kJ}$$

➡ の経路で計算

つまり，この計算から次のことが言えるとわかるだろう。

Point! ヘスの法則

化学変化の 最初の状態 と 最後の状態 が決まれば，
変化の経路に関係なく，熱量の総和は同じ

➡ の経路でも，➡ の経路でも計算結果は同じ。

これが，有名なヘスの法則だよ。丸暗記しなくても意味がわかればすぐに覚えられるだろ！ それが本当の勉強だから，がんばるんだよ！

はじめて意味がわかった！

第22章　ヘスの法則と反応熱の計算

story 3 結合エネルギーを使った計算

> 結合エネルギーを使って楽に計算できる方法があるって聞いたんだけど…

生成熱を使って反応熱を計算する方法を story 1 でやったけど，同じように**結合エネルギー**を使った計算方法もあるよ。次の問題を解きながら説明しよう。

問題 2　結合エネルギーを使った計算　★★

塩化水素の生成熱を次の結合エネルギーを使って求めよ。結合エネルギーは H−H：436kJ/mol，Cl−Cl：243kJ/mol，H−Cl：432kJ/mol である。

解説

まずは塩化水素 HCl の生成熱を熱化学方程式にしてみよう。

$$\frac{1}{2}\text{H}-\text{H}（気体）+\frac{1}{2}\text{Cl}-\text{Cl}（気体）$$
$$=\text{H}-\text{Cl}（気体）+Q〔\text{kJ}〕$$

Q の値を求めるためにエネルギー図をかいてみよう！

発熱反応か吸熱反応かわからない場合はあとで調整すればよいので，発熱反応と仮定してかいてみるよ。発熱反応ならエネルギー図では上から下に移動するね。

次に，共有結合を切ると何ができるか考えてみよう。H−H の結合を切ったら H 原子になるね。もちろん共有結合を切るためにエネルギーが必要なんだから，「結合エネ

ルギーは H−H：436 kJ/mol」と書いてあっても熱化学方程式にすると**−436 kJ** と吸熱反応になるよ。

$$H-H(気体) = 2H(気体) - 436\,kJ$$

吸熱反応（エネルギーを吸い取る反応）が起これば，エネルギー図では上に移動することになるので，H原子やCl原子は必ず一番上にあるんだよ。

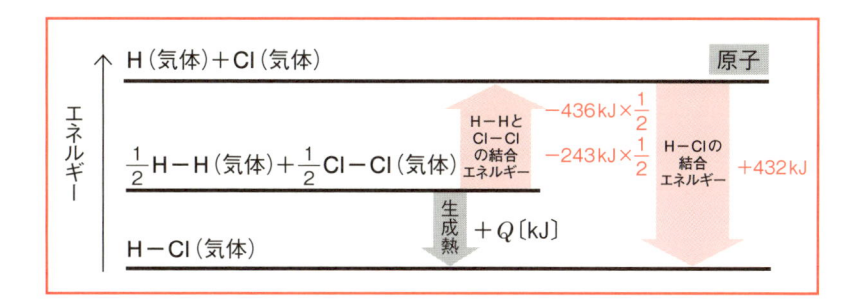

この図から Q の値は簡単に求められるね。これを熱化学方程式に関連づけて表記すると次のようになるよ。

$$\frac{1}{2}H\text{--}H(気体) + \frac{1}{2}Cl\text{--}Cl(気体) = H\text{--}Cl(気体) + Q\,[kJ]$$

$$-\frac{1}{2}\times 436 \quad -\frac{1}{2}\times 243 \quad\quad +432 \quad = Q$$

$$Q = 92.5\,kJ$$

よって，塩化水素 HCl の生成熱は 92.5 kJ/mol とわかるね！

|解答|

92.5 kJ/mol

生成熱を使った計算と同じようにエネルギー図をかかなくても計算する方法をまとめると次のようになるよ。

Point! 結合エネルギーを使った計算

結合	結合エネルギー (kJ/mol)
A—A	a
B—B	b
A—B	c

熱化学方程式 → $A-A + B-B = 2A-B + Q$ 〔kJ〕

計算 → $-a \quad -b \quad +2c = Q$

熱化学方程式の左辺にある物質の結合エネルギーはマイナス(—)符号をつける。

熱化学方程式の右辺にある物質の結合エネルギーはプラス(+)符号をつける。

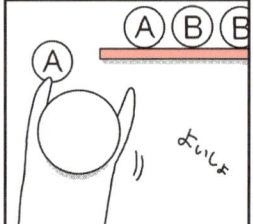

確認問題

1 次の生成熱の値を用いて，(1)〜(4)の熱化学方程式の Q の値を求めよ。

CO_2：394 kJ/mol, H_2O：286 kJ/mol,
C_2H_2：-227 kJ/mol,
C_2H_4：-53.0 kJ/mol, C_2H_6：84.0 kJ/mol

(1) $C_2H_6 + \dfrac{7}{2} O_2 = 2CO_2 + 3H_2O$（液体）$+ Q$〔kJ〕

(2) $C_2H_2 + \dfrac{5}{2} O_2 = 2CO_2 + H_2O$（液体）$+ Q$〔kJ〕

(3) $C_2H_4 + H_2 = C_2H_6 + Q$〔kJ〕

(4) $C_2H_2 + H_2 = C_2H_4 + Q$〔kJ〕

解答
(1) 1562
(2) 1301
(3) 137
(4) 174

解説

生成熱を使った計算では，熱化学方程式の左辺にある化合物の生成熱にマイナス（−），右辺にある化合物の生成熱にプラス（＋）をつけて計算するよ（単体の生成熱は0）。

(1) $C_2H_6 + \dfrac{7}{2} O_2 = 2CO_2 + 3H_2O$（液体）$+ Q$〔kJ〕
　　-84　　　　　　$+2 \times 394 + 3 \times 286 \quad = Q$
$$Q = 1562 \text{ kJ}$$

(2) $C_2H_2 + \dfrac{5}{2} O_2 = 2CO_2 + H_2O$（液体）$+ Q$〔kJ〕
　　$-(-227)$　　　　$+2 \times 394 + 286 \quad = Q$
$$Q = 1301 \text{ kJ}$$

(3) $C_2H_4 + H_2 = C_2H_6 + Q$〔kJ〕
　　$-(-53)$　　　$+84 \quad = Q$
$$Q = 137 \text{ kJ}$$

(4) $C_2H_2 + H_2 = C_2H_4 + Q$〔kJ〕
　　$-(-227)$　　　$+(-53) = Q$
$$Q = 174 \text{ kJ}$$

第22章　ヘスの法則と反応熱の計算

2 次の結合エネルギーの値を用いて, (1), (2)の熱化学方程式の Q の値を求めよ。

$C=C$：588kJ/mol　$C-C$：348kJ/mol
$Cl-Cl$：243kJ/mol　$H-Cl$：432kJ/mol
$C-Cl$：328kJ/mol　$O-H$：463kJ/mol
$C-H$：413kJ/mol

(1) $CH_4 + 4Cl_2 = CCl_4 + 4HCl + Q$ 〔kJ〕
(2) $C_2H_4 + Cl_2 = C_2H_4Cl_2 + Q$ 〔kJ〕

解答
(1) 416
(2) 173

解説

結合エネルギーを使った計算も生成熱を使った計算と同じで左辺は（−），右辺は（＋）だよ。

(1)
$$H-\underset{H}{\overset{H}{C}}-H + 4Cl-Cl = Cl-\underset{Cl}{\overset{Cl}{C}}-Cl + 4H-Cl + Q \text{〔kJ〕}$$

$-4 \times 413 \quad -4 \times 243 \quad +4 \times 328 \quad +4 \times 432 \quad =Q$

$Q = 416$ kJ

(2)
$$\underset{H}{\overset{H}{C}}=\underset{H}{\overset{H}{C}} + Cl-Cl = H-\underset{Cl}{C}-\underset{Cl}{C}-H + Q \text{〔kJ〕}$$

$-4 \times 413 - 588 \quad -243 \quad +4 \times 413 + 348 + 2 \times 328 \quad =Q$

$Q = 173$ kJ

VIII

気体

第23章 気体の状態方程式と気体の法則

▶ 人間を三方向から見るように，気体にも三方向から見たグラフがある。

story 1　気体の状態方程式

(1) 気体の状態方程式

> 気体の状態方程式って，$PV=nRT$ だけ覚えておけばいいですか？

それでは駄目だよ。気体の状態方程式 $PV=nRT$ だけ覚えても，応用がきかないんだ。まずは記号の意味を正確に覚えよう。n と R 以外は受験レベルの英語の頭文字だから，簡単だよ。

Point! 気体の状態方程式 ❶

$$PV = nRT \cdots\cdots ❶$$

P：Pressure 圧力〔Pa〕

n：Amount of Substance 物質量〔mol〕

V：Volume 体積〔L〕

R：Gas Constant 気体定数〔L·Pa/(K·mol)〕

T：Absolute Temperature 絶対温度〔K〕(ケルビンと読む)

(2) 気体の状態方程式の変形

❶ 分子量を使った変形

気体の状態方程式は，変形して公式化しておくとさらに便利だよ。

物質量（モル）を出す公式を適用して n の代わりに $\dfrac{w}{M}$ を代入すると次のような公式も出てくるよ。

Point! 気体の状態方程式 ❷

$$n〔\text{mol}〕= \dfrac{w〔\text{g}〕}{M〔\text{g/mol}〕} \text{より,}$$

$$PV = \dfrac{w}{M}RT \quad \cdots ❷$$

$PV = nRT$ に $n = \dfrac{w}{M}$ を代入

$$\left(\begin{array}{l}\text{変形して}\\ M = \dfrac{wRT}{PV}\end{array}\right)$$

w：質量〔g〕*
M：分子(Molecule)のモル質量〔g/mol〕

＊教科書では，m（質量 mass）を使っているが，この本では，なじみのある w（weight）とした。

第23章 気体の状態方程式と気体の法則

❷モル濃度を使った変形

また，モル濃度を使って変型すると公式は次のような公式になるよ。

> **Point! 気体の状態方程式❸**
>
> $$C \,[\mathrm{mol/L}] = \frac{n \,[\mathrm{mol}]}{V \,[\mathrm{L}]}$$ より，
>
> C : Concentration　モル濃度〔mol/L〕
>
> $$P = CRT \quad \cdots ❸$$
>
> $PV = nRT$ により $P = \dfrac{n}{V} RT$
>
> これに $C = \dfrac{n}{V}$ を代入

この①～③までの公式を理想気体の状態方程式として覚えておくと便利だよ！

story 2　ボイルの法則・シャルルの法則

ボイルの法則とシャルルの法則って覚えなきゃ駄目ですか？

ボイルの法則や**シャルルの法則**を勉強するということは，気体の研究の歴史を勉強するようなものなんだ。ボイルやシャルルやアボガドロの偉大な発見があって現在の理想気体の状態方程式 $PV=nRT$ が成立しているから，**計算をするときには必要な概念ではないんだよ**。ただ，"計算できればよい"のではなくて，**過去の偉大な学者に感謝する意味で学ぶんだよ**。

(1) ボイルの法則

それでは，ボイルの法則とシャルルの法則の説明をしよう。昔は状態方程式 $PV = nRT$ がなかったから，$PV = nRT$ を用いて説明するのは順序が逆なんだけど，現在は $PV = nRT$ があるのでこの式で説明するよ。

ボイルは温度と物質量を一定にして圧力と体積の関係を調べたんだ。これを記号で言えば，T と n を一定にして，P と V の関係を調べるわけだ。$PV = nRT$ から考えれば，nRT が一定になる訳だから $PV = $ **一定**はごく当たり前だね。これが**ボイルの法則**なんだ。

> T と n を一定にすると
> P は V に反比例するのだ！
> (PV は一定になる)

> T と n を一定にすると
> $PV = \boxed{nRT}$ ←一定
> $PV = $ **一定** だね！

(2) シャルルの法則

同様に**シャルルの法則** $\dfrac{V}{T} = $ **一定**も簡単に説明できるよ。

> P と n を一定にすると
> V と T は比例するのだ！
> $\left(\dfrac{V}{T} \text{は一定になる} \right)$

> $PV = nRT$ を変形して
> $\dfrac{V}{T} = \dfrac{nR}{P}$
> n と P が一定なら
> $\dfrac{V}{T} = \boxed{\dfrac{nR}{P}}$ ←一定
> $\dfrac{V}{T} = $ **一定** だね！

第23章 気体の状態方程式と気体の法則

(3) ボイル・シャルルの法則

この2つの法則を統合したのが、**ボイル・シャルルの法則** $\frac{PV}{T} =$ **一定**だけど、$PV = nRT$ から考えれば、一瞬でわかるね。

物質量（モル数）n が一定なら
$\frac{PV}{T} =$ 一定
という統合法則が成立するのだ！

n が一定なら
$PV = nRT$ を変形して
$\frac{PV}{T} = nR$ だから
　　　　　↑一定
$\frac{PV}{T} =$ 一定 になるね！

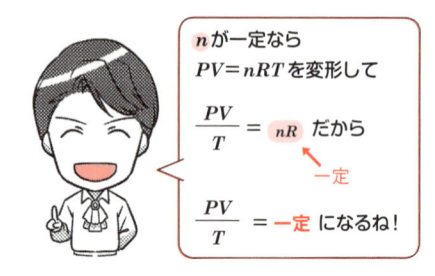

> **Point！ ボイル・シャルルの法則**
>
> **ボイルの法則**：T が一定なら $PV =$ **一定**
>
> **シャルルの法則**：P が一定なら $\frac{V}{T} =$ **一定**
>
> **ボイル・シャルルの法則**：$\frac{PV}{T} =$ **一定**

当たり前のことだけど、気体に関するこれら全ての法則は $PV = nRT$ から説明できるということになってしまうんだ。$PV = nRT$ は本当にすばらしい統合をした方程式だということがわかるね。

story 3 理想気体のグラフ

> 気体のグラフって，たくさんあって頭がこんがらがっちゃう！

確かに気体のグラフはたくさんあるように見えるね。それは 気体の状態方程式 $PV = nRT$ には変数が3つ（P, V, T）だからだよ。みんなが得意なグラフは平面だから2変数しか使えないだろう。だから基本のグラフが3つ（$P－V$, $P－T$, $V－T$）になってしまうんだよ。もし，立体のグラフが理解できれば，グラフは1つだよ。そう考えれば基本は1つしかないので，難しくはないんだよ。

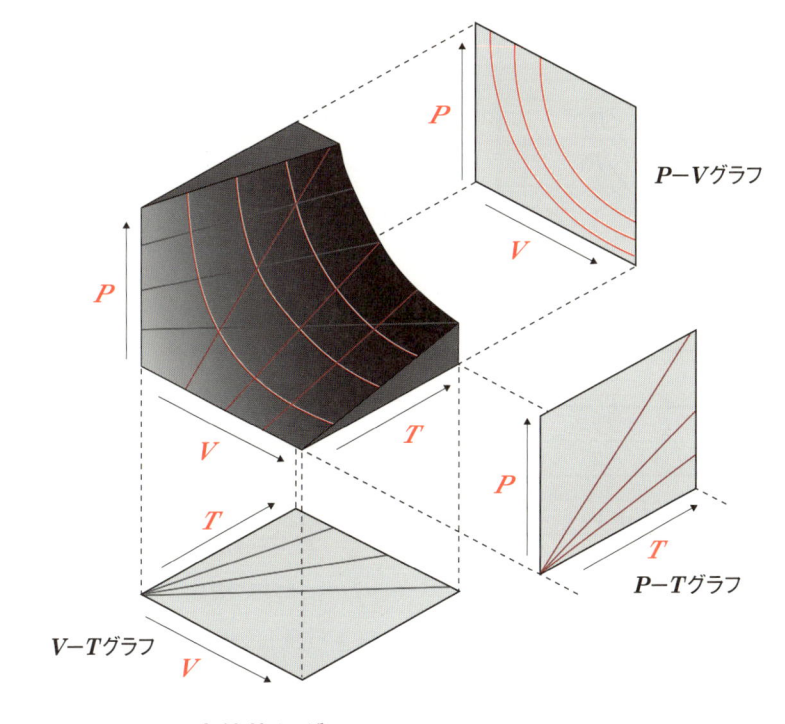

▲ $PV=nRT$ の立体的なグラフ

第23章 気体の状態方程式と気体の法則

3つのグラフを整理すれば，もっとよくわかるよ。

種類	P－Vグラフ
条件	T＝一定
グラフ	$T_1 < T_2$ のグラフ（縦軸P，横軸V，T_2が上，T_1が下の双曲線）

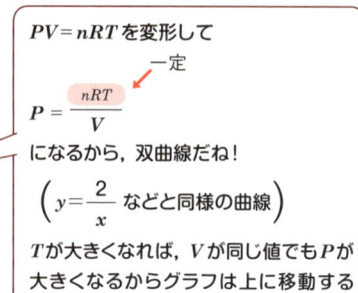

$PV=nRT$ を変形して

$P = \dfrac{nRT}{V}$ （nRTは一定）

になるから，双曲線だね！

$\left(y = \dfrac{2}{x} \text{などと同様の曲線}\right)$

Tが大きくなれば，Vが同じ値でもPが大きくなるからグラフは上に移動するね！

種類	V－Tグラフ
条件	P＝一定
グラフ	$P_1 < P_2$ のグラフ（縦軸V，横軸T，P_1が急な直線，P_2がゆるやかな直線）

$PV=nRT$ を変形して

$V = \dfrac{nR}{P} T$ （$\dfrac{nR}{P}$は一定）

になるから，直線になるね！
（$y=2x$などと同様の直線）
Pが大きくなれば，

傾き $\dfrac{nR}{P}$ が小さくなるから P_1とP_2のグラフの関係もすぐに理解できるでしょ！

種類	P－Tグラフ
条件	V＝一定
グラフ	$V_1 < V_2$ のグラフ（縦軸P，横軸T，V_1が急な直線，V_2がゆるやかな直線）

$PV=nRT$ を変形すると

$P = \dfrac{nR}{V} T$ （$\dfrac{nR}{V}$は一定）になるから，直線になるね！

（$y=2x$などと同様の直線）

Vが大きくなれば，傾き $\dfrac{nR}{V}$ が小さくなるから V_1とV_2のグラフの関係もすぐに理解できるでしょ！

| 確認問題 |

次の **1**〜**7** の問いに答えよ。ただし，答えは全て有効数字2桁で答えよ。

気体はすべて理想気体とし，必要なら気体定数 $R = 8.3 \times 10^3$ L·Pa/(K·mol) を用いよ。

1 1.0×10^5 Pa，5.0 L，27℃の気体の物質量を求めよ。

| 解 答 |
0.20 mol

| 解 説 |

1〜**7** はすべて $PV = nRT$，$PV = \dfrac{w}{M}RT$，$P = CRT$ で解けるよ！

$PV = nRT$ に代入して，

$$1.0 \times 10^5 \times 5.0 = n \times 8300 \times (273 + 27)$$

$$n \,[\text{mol}] = 0.200\cdots \text{mol} \fallingdotseq 0.20\,\text{mol}$$

2 ある気体 A 28 g は 37℃ で 1.0×10^5 Pa，8.0 L だった。気体 A の分子量を求めよ。

| 解 答 |
90

| 解 説 |

$PV = \dfrac{w}{M}RT$ に代入して，

$$1.0 \times 10^5 \times 8.0 = \dfrac{28}{M} \times 8300 \times (273 + 37)$$

$$M = 90.055 \fallingdotseq 90$$

第23章 気体の状態方程式と気体の法則

3 1.0×10^6 Pa，157℃の気体のモル濃度を求めよ。

解答 0.28 mol/L

解説

$P = CRT$ に代入して，
$1.0 \times 10^6 = C \times 8300 \times (273 + 157)$
$C \text{[mol/L]} = 0.280 \cdots \text{mol/L} \fallingdotseq 0.28 \text{mol/L}$

4 2.0×10^5 Pa，10 L の水素を，温度を0℃に保ち，圧力を8.0×10^5 Pa にしたときの体積を求めよ。

解答 2.5 L

解説

$PV = nRT$ で $nRT = $ 一定より $PV = $ 一定
よって，$PV = 2.0 \times 10^5 \times 10 = 8.0 \times 10^5 \times V$ より
$V \text{[L]} = 2.5 \text{L}$

5 15 L，27℃の窒素を，圧力を1.0×10^5 Pa に保ち，温度を227℃にしたときの体積を求めよ。

解答 25 L

解説

$PV = nRT$ で nR，P が一定より $\dfrac{V}{T} = \dfrac{nR}{P} = $ 一定
よって，$\dfrac{V}{T} = \dfrac{15}{273 + 27} = \dfrac{V}{273 + 227}$ より
$V \text{[L]} = 25 \text{L}$

気体

6 5.0×10⁵Pa，77℃のアルゴンを，体積を17Lに保ち，温度を427℃にしたときの圧力を求めよ。

|解答| 1.0×10⁶Pa

|解説|

$PV = nRT$ で nR，V が一定より $\dfrac{P}{T} = \dfrac{nR}{V} = $ 一定

よって，$\dfrac{P}{T} = \dfrac{5.0 \times 10^5}{273 + 77} = \dfrac{P}{273 + 427}$ より

$P \text{[Pa]} = 1.0 \times 10^6 \text{Pa}$

7 2.7×10⁵Pa，87℃のヘリウムを，モル濃度を一定に保ちながら，207℃にしたときの圧力を求めよ。

|解答| 3.6×10⁵Pa

|解説|

$P = CRT$ で CR が一定より $\dfrac{P}{T} = CR = $ 一定

よって，$\dfrac{P}{T} = \dfrac{2.7 \times 10^5}{273 + 87} = \dfrac{P}{273 + 207}$ より

$P \text{[Pa]} = 3.6 \times 10^5 \text{Pa}$

第23章 気体の状態方程式と気体の法則

第24章 実在気体と飽和蒸気圧

> き、消える……!?

> フフフ…

実在忍者　　　理想忍者

▶ 実在する忍者(実在気体)には自身の体積があるが，透明忍者(理想気体)には体積がない。

story 1　実在気体と飽和蒸気圧

(1) 理想気体と実在気体

：理想気体と実在気体ってどう違うんですか？

：決定的な違いは**理想気体**がどんな条件でも気体のままいられる仮想的な気体なのに対して，**実在気体**は圧縮したり冷却したりすると液体や固体になるということだね。

　圧力と温度によって状態がどうなっているかを表した**状態図**というものを見ると違いがよくわかるよ。

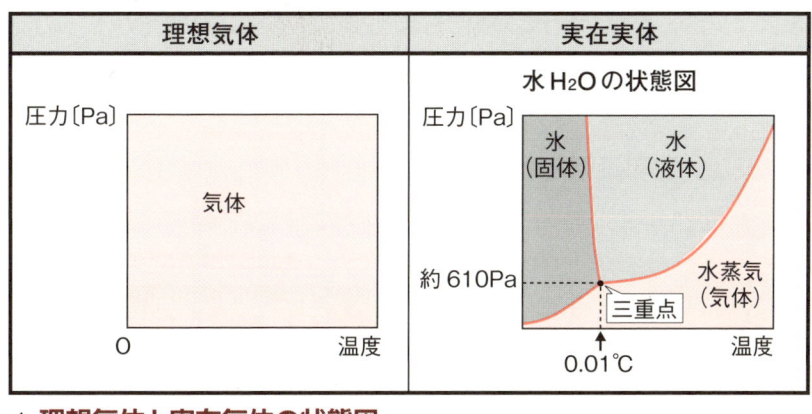

理想気体	実在実体
圧力〔Pa〕 気体 O　　　　　温度	水 H_2O の状態図 圧力〔Pa〕 氷（固体）／水（液体） 約610Pa　　水蒸気（気体） 三重点 0.01℃　　　温度

▲ 理想気体と実在気体の状態図

実在気体の状態図にある境界線にはそれぞれ名前がついているから，しっかり覚えてね。

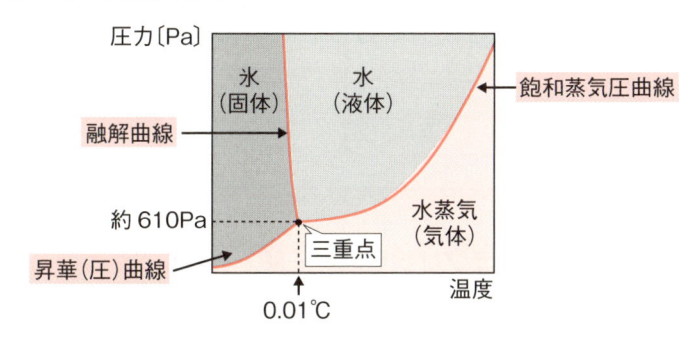

圧力〔Pa〕
氷（固体）　水（液体）　飽和蒸気圧曲線
融解曲線
約610Pa　　水蒸気（気体）
昇華（圧）曲線　三重点
0.01℃　　温度

(2) 飽和蒸気圧曲線

飽和蒸気圧曲線（**蒸気圧曲線**）は特に有名だね。飽和蒸気圧曲線上にある水が気体か液体かの判断はできないんだけど，もし，真空の容器に水だけを入れて，水と水蒸気が共存しているとしたら，この曲線上にあるといえるんだ。またこの状態を**気液平衡**（**蒸発平衡**）というから，それも覚えよう！　図にすると簡単に理解できるよ。ちなみに，状態図の右側にある蒸気圧曲線の部分だけ

第24章　実在気体と飽和蒸気圧

をアップにしたグラフは試験にもよく出ているよ。見覚えがあるのではないかな？

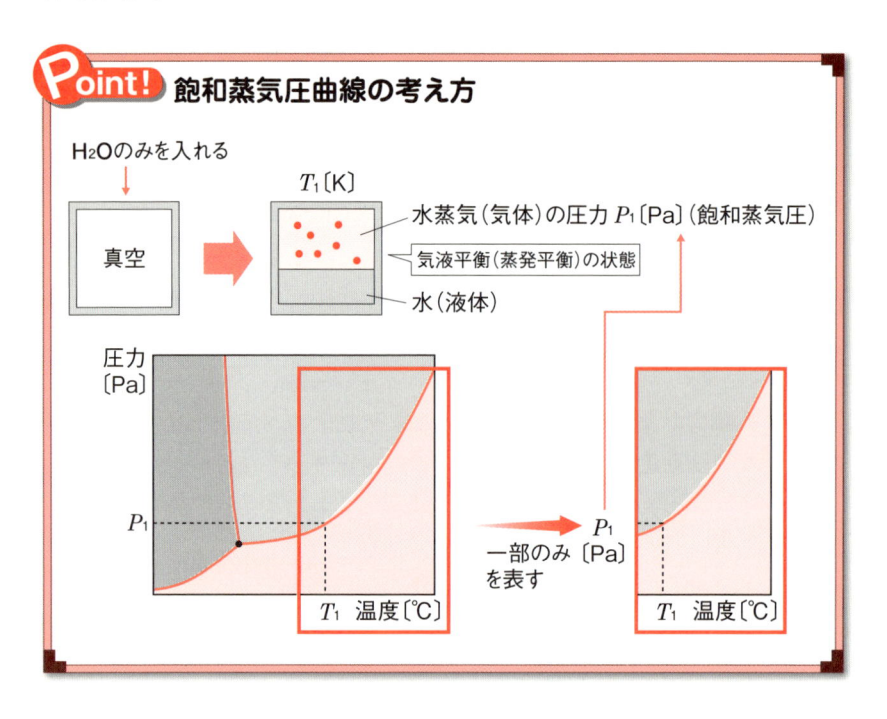

Point! 飽和蒸気圧曲線の考え方

H₂Oのみを入れる

真空 → T_1〔K〕

水蒸気（気体）の圧力 P_1〔Pa〕（飽和蒸気圧）
気液平衡（蒸発平衡）の状態
水（液体）

圧力〔Pa〕

P_1

T_1 温度〔℃〕

一部のみ〔Pa〕を表す

P_1

T_1 温度〔℃〕

飽和蒸気圧曲線のグラフは状態図の一部であることがわかれば、問題を解くのもグッと簡単になるんだよ。

(3) 気体の液化を判定する計算

気体が液化する問題って苦手！蒸気圧の計算にコツがありますか？

もちろん大丈夫。コツは状態図つまり**飽和蒸気圧曲線のグラフをかくことだよ。気体のゾーンを赤、液体のゾーンを青などに色分けすれば一発**だよ！
問題を解いてみよう！

問題 1 飽和蒸気圧と気体の状態方程式 ★★

5.0 L の真空容器に 0.10 mol の水 H_2O を入れ 107 ℃にしたら水蒸気の圧力が P_1〔Pa〕になった。その後，23 ℃に冷却したら水蒸気の圧力は P_2〔Pa〕になった。P_1 と P_2 を求めよ。ただし，気体定数は $R = 8.3 \times 10^3$ L・Pa/(K・mol)，飽和水蒸気圧は 107 ℃で 1.8×10^5 Pa，23 ℃で 2.8×10^4 Pa とする。

解説

H_2O が全て気体になるか，液体と気体になるかわからない場合は，**全て気体になっていると仮定して計算する**んだよ。全て気体と仮定すれば，気体の状態方程式が使えるでしょう。

❶ 107 ℃で全て気体と仮定すると $PV = nRT$ より
  $P \times 5.0 = 0.10 \times 8300 \times (273 + 107)$
  P〔Pa〕$= 6.308 \times 10^4$ Pa

❷ 23 ℃で全て気体と仮定すると $PV = nRT$ より
  $P \times 5.0 = 0.10 \times 8300 \times (273 + 23)$
  P〔Pa〕$= 4.9136 \times 10^4$ Pa

ここで，状態図の登場だよ。問題の中に状態図がなければ，30秒くらいで自分でかけばいいんだよ。状態図の中で，どのゾーンになるかで圧力が決まるよ。コツを教えるよ！

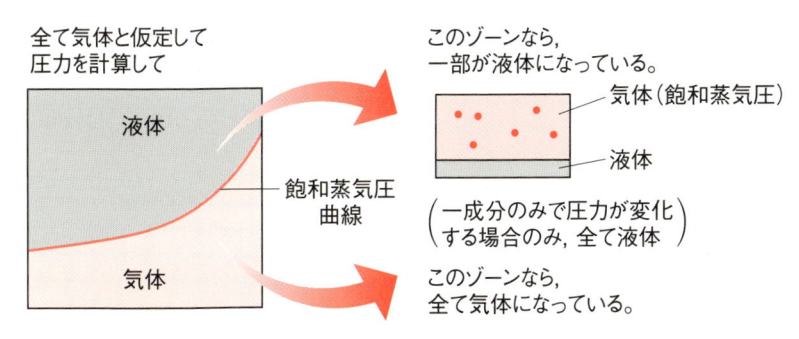

▲ 液化する気体（実在気体）の圧力の判定

それでは，さっそく，状態図から判定してみよう！

❶ 117℃で全て気体であると仮定する。

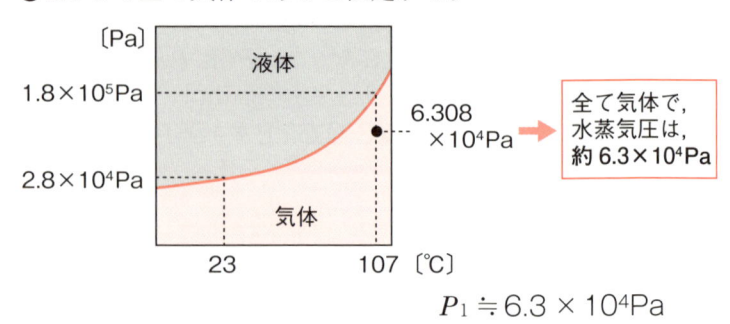

［Pa］縦軸、［℃］横軸の状態図：
- 1.8×10⁵Pa
- 2.8×10⁴Pa
- 23, 107 ［℃］
- 6.308×10⁴Pa

全て気体で，水蒸気圧は，約 $6.3×10^4$ Pa

$P_1 ≒ 6.3 × 10^4$ Pa

❷ 23℃で全て気体と仮定する。

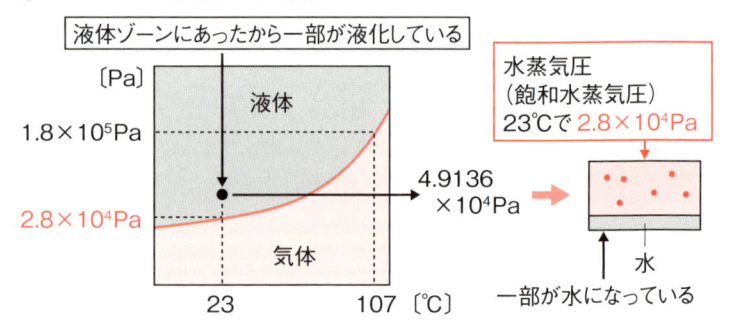

液体ゾーンにあったから一部が液化している

状態図：
- 1.8×10⁵Pa
- 2.8×10⁴Pa
- 23, 107 ［℃］
- 4.9136×10⁴Pa

水蒸気圧（飽和水蒸気圧）23℃で $2.8×10^4$ Pa

一部が水になっている

この場合は，状態図で液体のゾーンにあるから，一部が液化し，容器内の上部の気体は飽和している。

$P_2 ≒ 2.8 × 10^4$ Pa

| 解 答 |

$P_1 = 6.3 × 10^4$ Pa ， $P_2 = 2.8 × 10^4$ Pa

図で見ると超〜わかりやすい!!

story 2 沸点の考え方

> 沸点って，液体が蒸発する温度で当たってますか？

それはハズレ！ 例えば水なら常温つまり25℃付近でも蒸発しているだろう。だから洗濯物が乾くではないか。沸点は次のように考えるんだ。

$$\boxed{\text{沸点 boiling point}} = \boxed{\begin{array}{c}\text{液体内部からも蒸}\\\text{発が起こる温度}\\\text{(沸騰する温度)}\end{array}} = \boxed{\begin{array}{c}\text{飽和蒸気圧＝外圧}\\\text{となる温度}\end{array}}$$

沸点は液体が沸騰する温度で，**沸騰とは液体内部からも蒸発が起こること**なんだ。液体内部から蒸発が起こるためには，外部の圧力に打ち勝って蒸発する必要があるから，**飽和蒸気圧＝外圧**となる温度が沸点になるんだよ。

通常は外圧は大気圧だから，飽和蒸気圧＝大気圧（標準大気圧約 1.0×10^5 Pa）となる温度が沸点だよ。

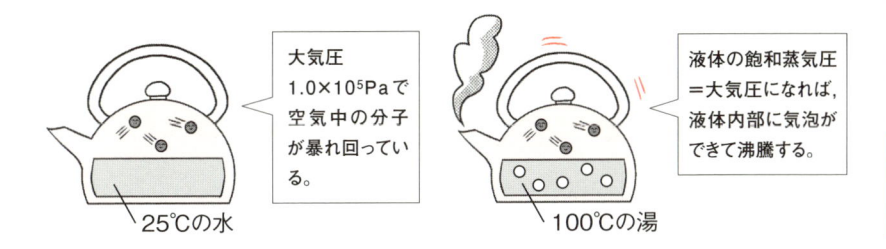

大気圧 1.0×10^5 Pa で空気中の分子が暴れ回っている。 — 25℃の水

液体の飽和蒸気圧＝大気圧になれば，液体内部に気泡ができて沸騰する。 — 100℃の湯

第24章 実在気体と飽和蒸気圧

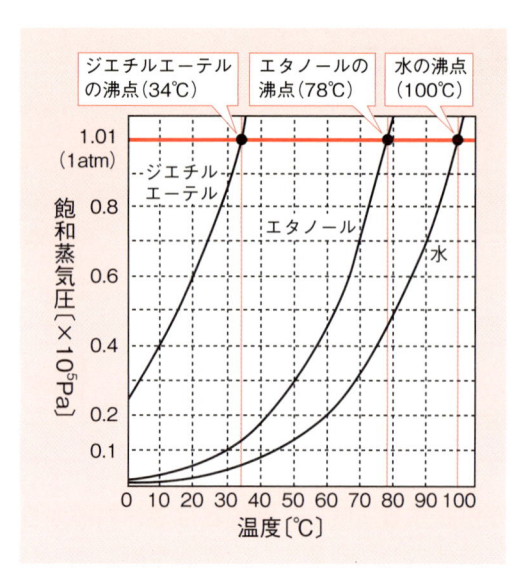

▲ 飽和蒸気圧曲線

（いろいろな液体の沸点の例だよ！）

（飽和蒸気圧曲線と大気圧がぶつかる点が沸点ね！）

story 3 分 圧

(1) 分圧の法則

分圧って，何ですか？

分圧は混合気体を考える上で非常に大切な値だよ。例えば，A，Bの2種類の気体が含まれる混合気体が容器に入っているとしよう。この気体の圧力は，気体分子が容器の壁に当たることで発生しているから，次の図のように**Aの圧力（Aの分圧）**と

Bの圧力（Bの分圧）をたして**全圧**と考えるんだ。図にすると一瞬でわかるよ。

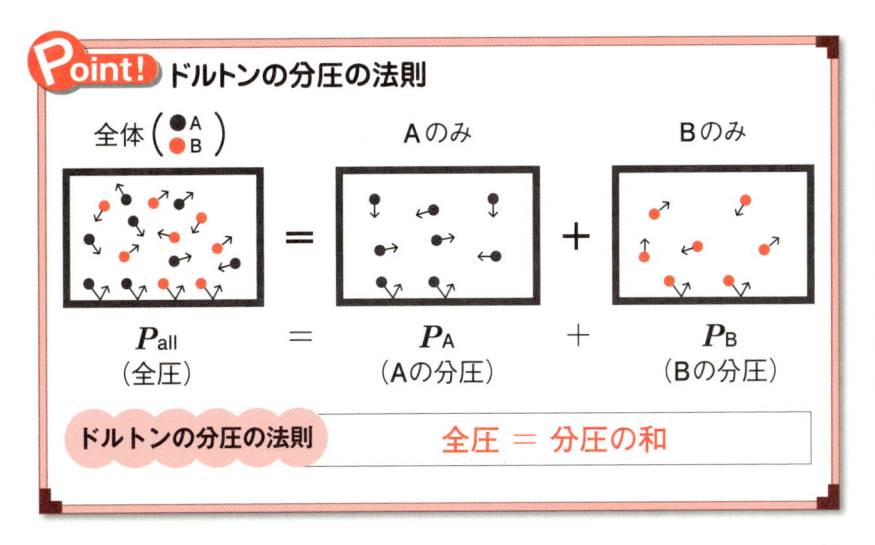

Point! ドルトンの分圧の法則

全体（●A ●B）　　Aのみ　　　　Bのみ

P_{all}（全圧） ＝ P_A（Aの分圧） ＋ P_B（Bの分圧）

| ドルトンの分圧の法則 | 全圧 ＝ 分圧の和 |

分圧の和が全圧になることは，**ドルトンの分圧の法則**というから覚えておくんだよ。

Aの声 ＋ Bの声 → 2人の歌声

(2) 分圧とモル分率

前の例でAとBと全体，それぞれについて気体の状態方程式 $PV = nRT$ を当てはめてみると次のようになるよ。

Aについて：$P_A V = n_A RT$ … ①
Bについて：$P_B V = n_B RT$ … ②
全体　　　：$P_{all} V = n_{all} RT$ … ③

$\begin{pmatrix} P_{all}：全圧，n_{all}：全物質量 \\ P_{all} = P_A + P_B, \\ n_{all} = n_A + n_B \end{pmatrix}$

第24章　実在気体と飽和蒸気圧

①÷②より

$$\frac{P_A V}{P_B V} = \frac{n_A RT}{n_B RT} \quad \frac{P_A}{P_B} = \frac{n_A}{n_B} \quad \Rightarrow \quad \boxed{P_A : P_B = n_A : n_B}$$
分圧の比　　物質量の比

①÷③より

$$\frac{P_A V}{P_{all} V} = \frac{n_A RT}{n_{all} RT} \quad \frac{P_A}{P_{all}} = \frac{n_A}{n_{all}} \quad \Rightarrow \quad \boxed{P_A = \frac{n_A}{n_{all}} \times P_{all}}$$
　　　　　　　　　　　　　　　　　　　　　　分圧　　モル分率　　全圧

$\dfrac{n_A}{n_{all}}$ の値は気体全体の物質量に対する気体 A の物質量の割合で mol で出すから**モル分率**というんだ。モル分率というと難しそうだけど、全体に対する割合なので簡単なんだ。

> **モル分率**
> 空気は窒素が80％ ⇒ モル分率＝0.8

それでは問題を解いてみよう！

問題 2 　分圧とモル分率 ★★

27℃, 100kPa, 8.0Lの窒素 N_2 と27℃, 50kPa, 2.0Lのアルゴン Ar を20Lの容器に入れ27℃に保った。次の問いに有効数字2桁で答えよ。

(1) N_2 と Ar の分圧を答えよ。
(2) N_2 のモル分率を答えよ。

解説

(1) 気体の問題はまず図示してみることが重要だよ！　図にしたら、あとはそれぞれの気体で何が一定かを見つけて、計算するんだ（図では一定な条件のものに○をつけている）。

| 27℃ 8.0L |
| N₂ 100kPa |

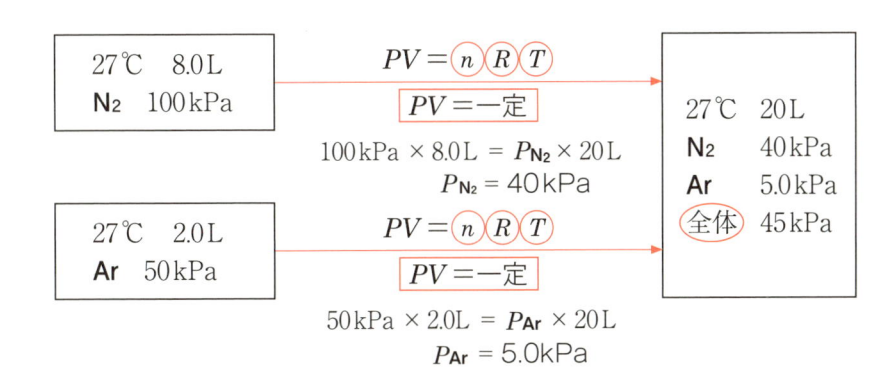

$PV = nRT$
$PV = $ 一定

$100\,\text{kPa} \times 8.0\,\text{L} = P_{N_2} \times 20\,\text{L}$
$P_{N_2} = 40\,\text{kPa}$

| 27℃ 2.0L |
| Ar 50kPa |

$PV = nRT$
$PV = $ 一定

$50\,\text{kPa} \times 2.0\,\text{L} = P_{Ar} \times 20\,\text{L}$
$P_{Ar} = 5.0\,\text{kPa}$

| 27℃ 20L |
| N₂ 40kPa |
| Ar 5.0kPa |
| 全体 45kPa |

(2) 分圧の比＝物質量の比より
$n_{N_2} : n_{Ar} = 40 : 5 = 8 : 1$

よって，$\dfrac{n_{N_2}}{n_{all}} = \dfrac{8}{9} = 0.888\cdots \fallingdotseq 0.89$

|解 答|

(1)　N₂：40kPa，Ar：5.0kPa　　(2)　0.89

story 4　実在気体の体積

(1) 圧力を大きくしたときの理想気体と実在気体の違い

理想気体と実在気体の違いをもっと詳しく教えて！

そうだね，詳しくいえば理想気体というのは，**分子自身の体積と分子間力がない仮想的な気体**なんだ。

実在気体の場合，大気圧付近では，分子と分子の間が離れているから，分子間力の影響がほとんどなくて理想気体と考えて問題ないんだけど，圧力が大気圧の100倍ぐらいになって分子間の距離が近づいてくると，**分子間力の影響で分子どうしが引き合って，理想気体より体積が小さくなる**んだ。さらに，大気圧の700倍ぐらいの高

圧になってくると，今度は**分子自身の体積の影響**で**理想気体より体積が大きくなる**んだ。次の表で見れば一発でわかるよ！

	理想気体	実在実体
分子自身の体積	なし	あり
分子間力（分子と分子の間に働く引力）	なし	あり
大気圧付近	27℃，大気圧	27℃，大気圧 — 体積はほぼ同じ。
大気圧×100倍くらいの圧力	27℃，大気圧×100倍程度	27℃，大気圧×100倍程度 — 分子間力の影響で，理想気体より体積が小さくなる。
大気圧×700倍くらいの圧力	27℃，大気圧×700倍程度	27℃，大気圧×700倍程度 — 分子自身の体積の影響で，理想気体より体積が大きくなる。

▲ **理想気体と実在気体**

(2) z–Pグラフの理想気体からのずれ

この体積の影響が著しく出ているのが次の z–P グラフなんだ！

このグラフは縦軸が $\dfrac{PV}{nRT}$（圧縮率因子 z で略されることが多い），横軸が P のグラフで，高圧下での理想気体と実在気体との違いをよく表しているんだ。大気圧付近の低圧なら，実在気体の体積は理想気体とほぼ変わらない。

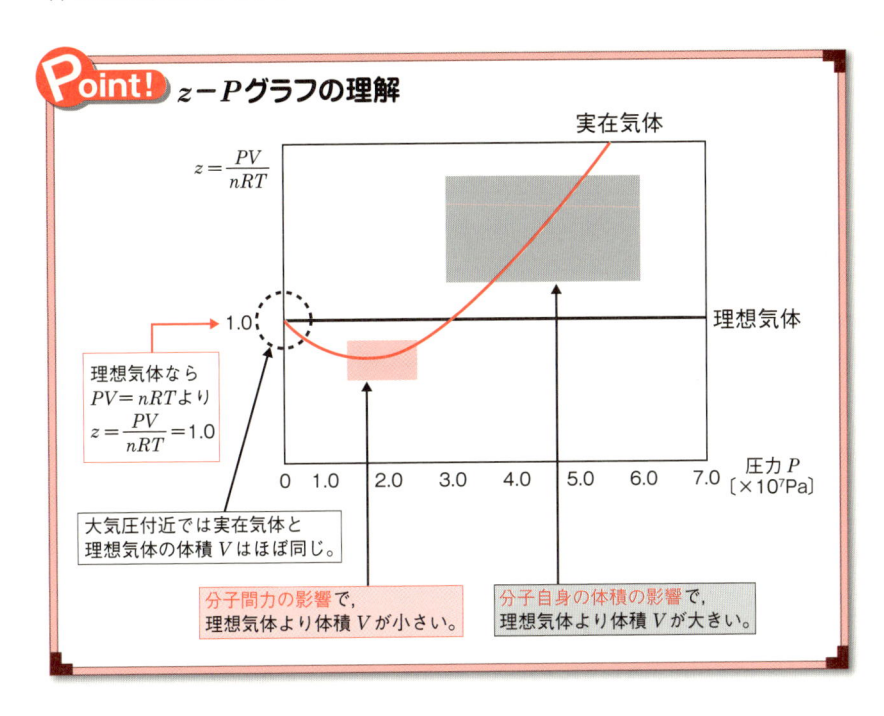

Point! z–Pグラフの理解

$z = \dfrac{PV}{nRT}$

実在気体

理想気体

1.0

理想気体なら $PV = nRT$ より $z = \dfrac{PV}{nRT} = 1.0$

圧力 P 〔×10^{7}Pa〕 0 1.0 2.0 3.0 4.0 5.0 6.0 7.0

大気圧付近では実在気体と理想気体の体積 V はほぼ同じ。

分子間力の影響で，理想気体より体積 V が小さい。

分子自身の体積の影響で，理想気体より体積 V が大きい。

(3) 分子間力の小さい気体の z–P グラフ

分子間力が弱い無極性分子の H₂ や He などの実在気体のグラフは，z が小さくなることがほぼなくて，分子自身の体積の影響で z が大きくなるよ。

Point! $z-P$ グラフ（分子間力が小さい実在気体）

$$z = \frac{PV}{nRT}$$

分子間力が小さい実在気体のグラフ

理想気体

圧力 $[\times 10^7 \text{Pa}]$

(4) $z-P$ グラフに対する温度の影響

実在気体には温度の影響はないんですか？

温度の影響はもちろんあるんだ。**温度が高いと理想気体に近づく**ことが知られているんだよ。下の $z-P$ グラフを見れば一発で理解できるよ！

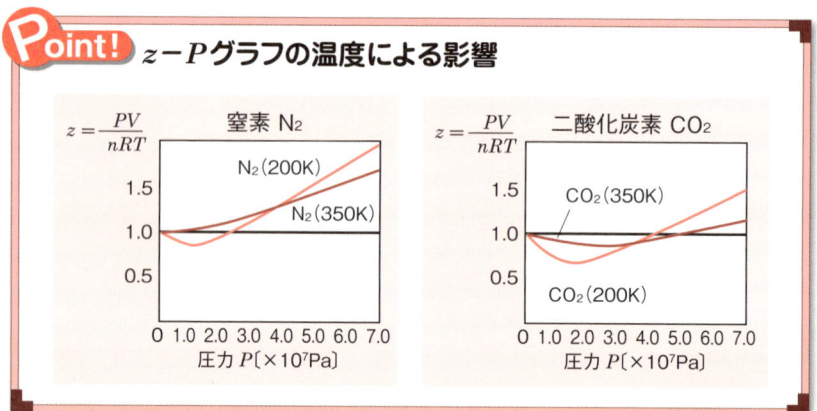

Point! $z-P$ グラフの温度による影響

$$z = \frac{PV}{nRT}$$

窒素 N_2

$N_2(200K)$
$N_2(350K)$

圧力 $P[\times 10^7 \text{Pa}]$

二酸化炭素 CO_2

$CO_2(350K)$
$CO_2(200K)$

圧力 $P[\times 10^7 \text{Pa}]$

どっちのグラフも温度が高くなるほど理想気体の直線に近づいている！

そうだよ！だから実在気体は**高温，低圧**で理想気体に近づくんだ！

| 確認問題 |

次の**1**~**5**の問いに答えよ。ただし、気体は全て理想気体の状態方程式に従うものとし、答えは全て有効数字2桁で答えよ。必要なら以下の数値を用いよ。

気体定数 $R=8.3\times 10^3$ L・Pa/(K・mol), 23℃での飽和水蒸気圧は 2.8×10^4 Pa

1 100kPa, 5.0L, 27℃の空気中の窒素の分圧を求めよ。ただし空気中の窒素のモル分率を0.80とする。

| 解 答 |
80 kPa

2 2.0molの水を20Lの真空容器に入れ、温度23℃に保った。水蒸気の圧力を求めよ。

2.8×10^4 Pa

| 解 説 |

水が全て気体になっていると仮定して、

$PV = nRT \Rightarrow P = \dfrac{nRT}{V}$ に値を代入するよ。

$$P\,[\text{Pa}] = \frac{nRT}{V} \frac{2.0\times 8300\times (273+23)}{20}\,\text{Pa}$$
$$= 2.4568\times 10^5\,\text{Pa} > 2.8\times 10^4\,\text{Pa}$$

より、液体が存在する。よって、容器内の圧力は飽和水蒸気圧になっているので

$P = 2.8\times 10^4$ Pa
水

第24章 実在気体と飽和蒸気圧

3 温度一定の容器に Ar と Ne が入っている。それぞれの分圧は Ar＝240kPa，Ne＝80kPa であった。Ne のモル分率を求めよ。

|解答|
0.25

|解説|

分圧の比＝モル比より
$P_{Ar} : P_{Ne} = n_{Ar} : n_{Ne} = 240 : 80 = 3 : 1$

∴ Ne のモル分率 $= \dfrac{1}{(1+3)} = 0.25$

4 27℃，100kPa，2.0L の N_2 と 27℃，200kPa，4.0L の Ne を 10L の容器に入れて 27℃に保った。容器中の N_2 と Ne の分圧を求めよ。

|解答|
N_2：20 kPa
Ne：80 kPa

|解説|

$PV=nRT$ で $nRT=$ 一定より，$PV=$ 一定。
よって $P_{N_2}V = 100\text{kPa} \times 2.0\text{L} = P_{N_2} \times 10\text{L}$ より
$P_{N_2} = 20\text{kPa}$
$P_{Ne}V = 200\text{kPa} \times 4.0\text{L} = P_{Ne} \times 10\text{L}$ より
$P_{Ne} = 80\text{kPa}$

5 理想気体の特徴として正しいものを次の①～④から全て選べ。
　① 分子自身の質量がない。
　② 分子自身の体積がない。
　③ 分子間力がない。
　④ 分子間の距離が一定。

|解答|
②③

IX

固体結晶

第25章 金属結晶

▶くり返しの単位を見破って全体を知るのが単位格子の勉強。

story 1 結晶格子の考え方

> 結晶格子の中の球の数がわからないです!

　それは,結晶格子の基本的な見方がわかってないからで,わかってしまえば簡単だよ。まずは下の図を見てごらん。球が金属の原子だと思ってね。

　実際の構造を見ても立体の中でどのように球(原子)が配置されているか詳しくわからないので,この図からくり返しの最小単位を探すんだ。

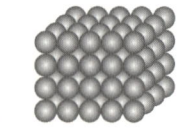

　この最小の単位が**単位格子**なんだよ。単純結晶の単位格子の表し方を次のページにわかりやすく示してみたから見てごらん!

288　固体結晶

実際の構造
（全体）

実際の構造
（単位格子）

簡易的な表現
（単位格子）

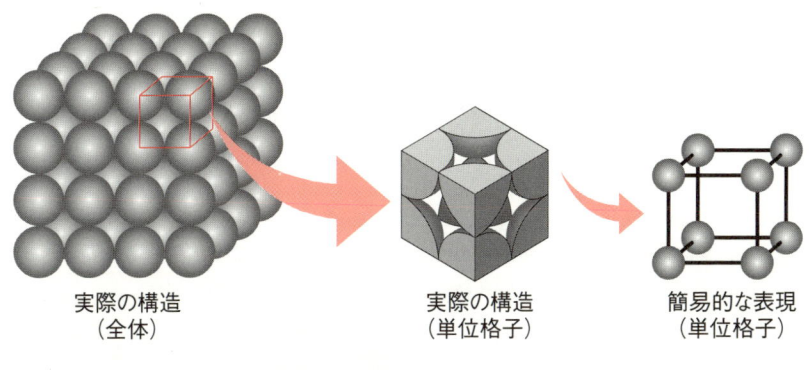

▲ 結晶格子（単純立方格子）の表し方

　この3つの図を比べてみれば，単位格子がどのように表記されているか一目瞭然だよね。通常は実際の構造（単位格子）ではなく，簡易的な表現をするんだ。**この簡易的な表現を見て，構造がわからないと言う人が多いんだけど，当たり前だね。**

story 2　体心立方格子

(1) 体心立方格子の原子の配置

体心立方格子って，どんな配置か覚えられません！

　ただ，暗記しようとしているからだよ。言葉の意味がわかれば簡単なんだ。まず，**面心立方格子**も**体心立方格子**も**立方体の8つの頂点には原子が配置されている**と覚えておいてね。

8つの頂点には必ず原子があるよ！

第25章　金属結晶

この立方体の頂点にある球（原子）は実際には球を $\frac{1}{8}$ にカットしたものだから，この **8つの頂点にある球は全部で $\frac{1}{8} \times 8 = 1$（個）の球になる**んだよ。

8つの頂点の球は全部で $\frac{1}{8} \times 8 = 1$（個）になるよ！

頂点の球は本当は $\frac{1}{8}$ で，これが8個あるってことね！

次に重要なのは，立方体の中心の位置だよ。この位置を体心の位置というんだ。8つの頂点に球が入っている状況から体心の位置に球を入れたら，形が変わるだろう。この構造が **体心立方格子** で形の変化を見れば，立体的な配置が理解できるよ。

Point! 体心立方格子

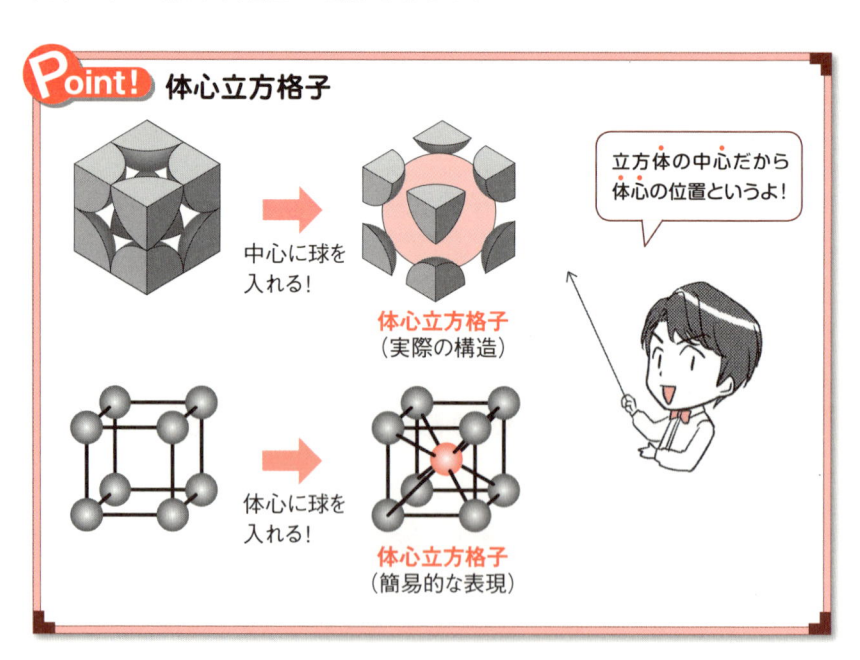

中心に球を入れる！ → 体心立方格子（実際の構造）

体心に球を入れる！ → 体心立方格子（簡易的な表現）

立方体の中心だから体心の位置というよ！

290　固体結晶

8つの頂点にある球と体心の位置にある球の数をたして

$$\frac{1}{8} \times 8 + 1 = 2 (個)$$

体心立方格子の単位格子には合計2個の球が入っているよ！

(2) 配位数

すっごくわかりやすい！　でも，配位数って，何ですか？

配位数は，その原子（球）が何個の原子と接触しているかということだよ。下のような本当の図を見れば**体心の原子は8配位だ**ということはわかるね。

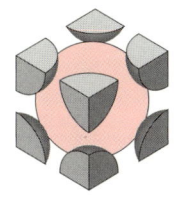

体心の位置の球は8個の球と接触しているから**8配位**だよ！

▲ 体心立方格子の配位数

でも，頂点の球が何個の球と接触しているかは図を見ただけではわからないかもしれないね。そんなときは体心立方格子をたくさんかいた下の図を見れば，**どの球も8配位だ**ということがわかるよ。

単位格子を8つ重ねて，簡易的な表現をしたものだよ。

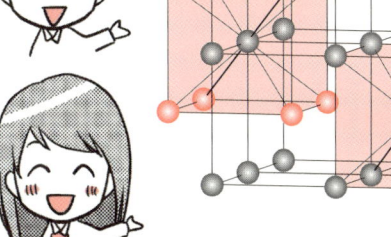

わーっ！　本当だ！　体心の位置の球も，頂点の球も8つの球が近くにある！　どの球も**8配位**！

第25章　金属結晶

(3) 単位格子の一辺の長さと原子半径

> 原子半径と単位格子の一辺の長さの関係は暗記するんですか？

まさか！ 暗記はしないよ！ この関係式は球（原子）が接している場所を探せば一発で出せるんだよ。体心立方格子は実際の構造を見るとわかるけど，体心の位置（単位格子の中央）の球と8つの頂点の球が接触しているので，**原子半径 r と，単位格子の一辺の長さ a の関係式は $\sqrt{3}a = 4r$** とすぐに求められるよ。

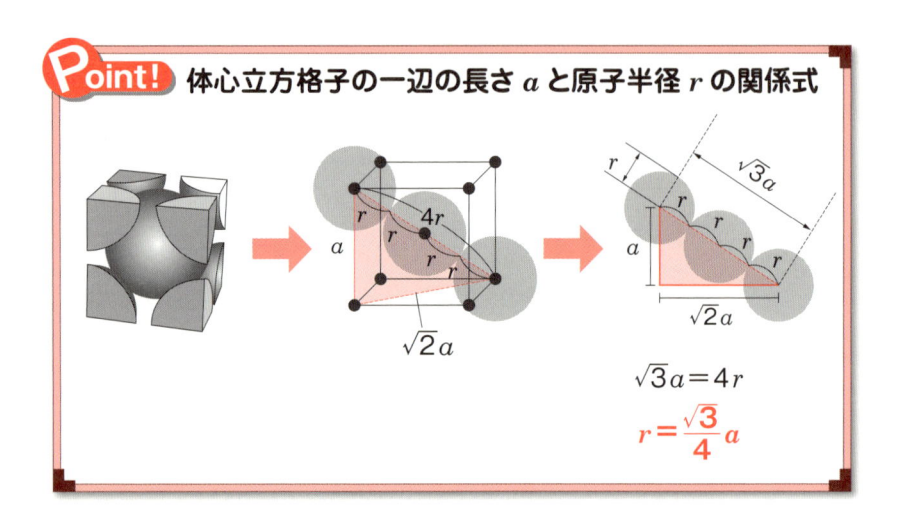

Point! 体心立方格子の一辺の長さ a と原子半径 r の関係式

$$\sqrt{3}a = 4r$$

$$r = \frac{\sqrt{3}}{4}a$$

story 3　面心立方格子

(1) 面心立方格子の原子の配置

　面心立方格子って球がたくさんでわかりません！

　体心立方格子と同じで，面心の位置さえわかってしまえば一瞬で理解できるよ。まず，立方体の8つの頂点の全てに球が入っている状況を考えるんだ。そこから，各面の中心の位置（面心の位置）に，球を配置した構造が**面心立方格子**なんだ。このとき，立方体の6面全ての面心に球を配置するんだよ。

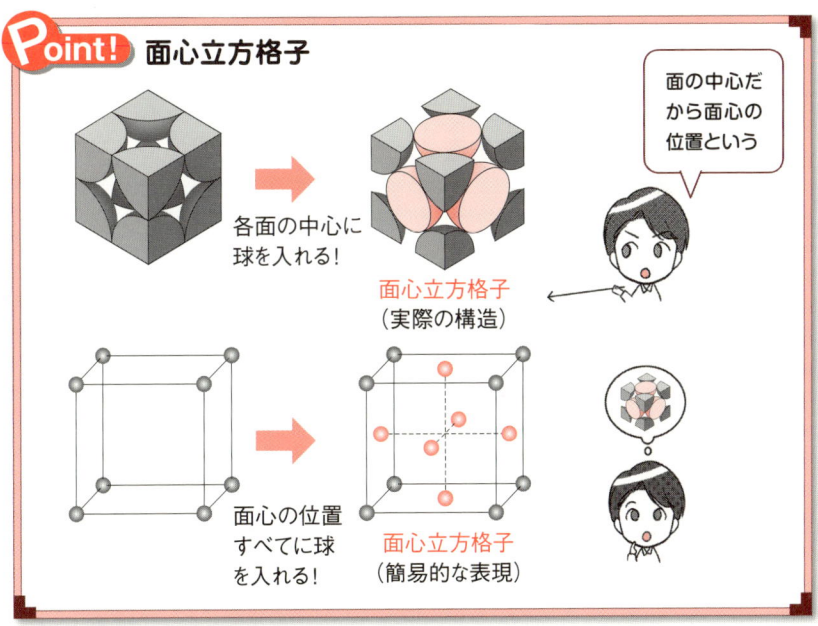

Point! 面心立方格子

各面の中心に球を入れる！ → 面心立方格子（実際の構造）

面心の位置すべてに球を入れる！ → 面心立方格子（簡易的な表現）

面の中心だから面心の位置という

8つの頂点にある球と面心の位置にある球をたして

$$\frac{1}{8} \times 8 + \frac{1}{2} \times 6 = 4 \text{（個）}$$

面心立方格子の単位格子には合計4個の球が入っているよ！

(2) 配位数

> すっごくわかりやすい！ でも，面心立方格子の配位数って難しい。

そうだね。面心立方格子の配位数は1つの図ではわからないけど，単位格子はくり返しの最小単位だから，もう1つ単位格子をかけば **12配位** だと一発でわかるよ！

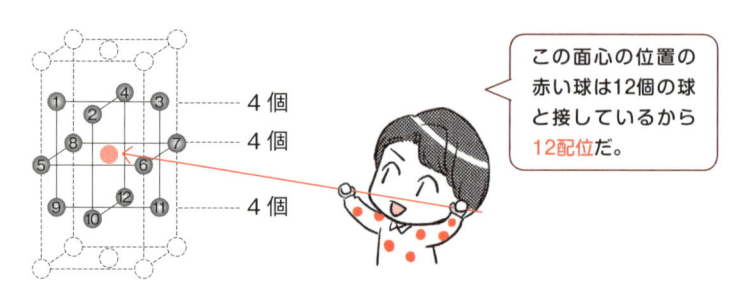

> この面心の位置の赤い球は12個の球と接しているから **12配位** だ。

4個
4個
4個

▲ 面心立方格子の配位数

> 左の面心立方格子の面の赤い球が中心になるように単位格子をずらすと右のようになるよ！

> 真ん中の赤い球は **12個** の球全てと接している！

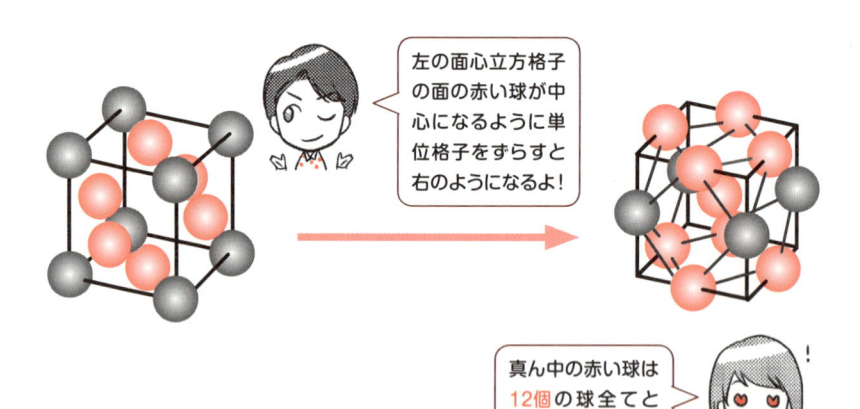

(3) 単位格子の一辺の長さと原子半径

面心立方格子の原子半径は表面の正方形に注目して調べるよ。

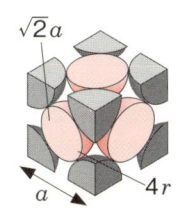

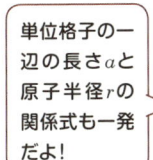

単位格子の一辺の長さ a と原子半径 r の関係式も一発だよ！

a と r の関係式
$\sqrt{2}a = 4r$

Point! 面心立方格子の一辺の長さ a と原子半径 r の関係式

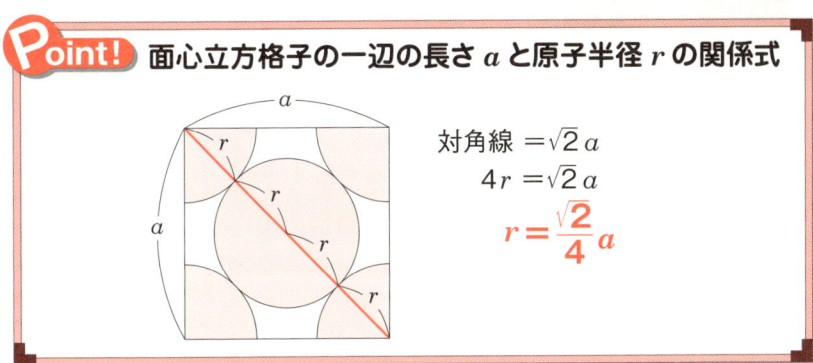

対角線 $= \sqrt{2}a$
$4r = \sqrt{2}a$
$r = \dfrac{\sqrt{2}}{4}a$

story 4　最密構造

最密構造って，何ですか？

最密構造とはずばり，球（原子）を最も密に詰めた構造なんだよ。同じ半径の球を平面に1層だけ並べると，最も詰まった構造は1種類しかないんだよ。

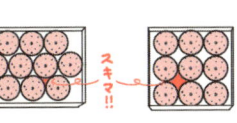

これなら最密だろ！

スキマ!!

確かにこれじゃ，スキ間が多いもんね。

第25章　金属結晶　295

この最密な層を上に重ねていったものが**最密構造**なんだ。ただ、重ね方には**六方最密構造**（六方最密充填）と**立方最密構造**（立方最密充填）の2種類あるんだ。

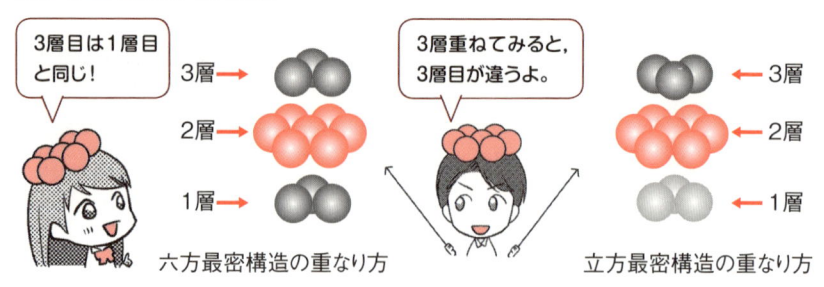

3層目は1層目と同じ！
3層重ねてみると、3層目が違うよ。

六方最密構造の重なり方　　　立方最密構造の重なり方

(1) 六方最密構造

六方最密構造は、**Point!** の左側の図をそのまま抜き出したものだからわかりやすいよ。2層目の真ん中の球に注目すれば、その他の全ての球に接触しているので、**最密構造の球（原子）の配位数はいずれも12**だとわかるよ！

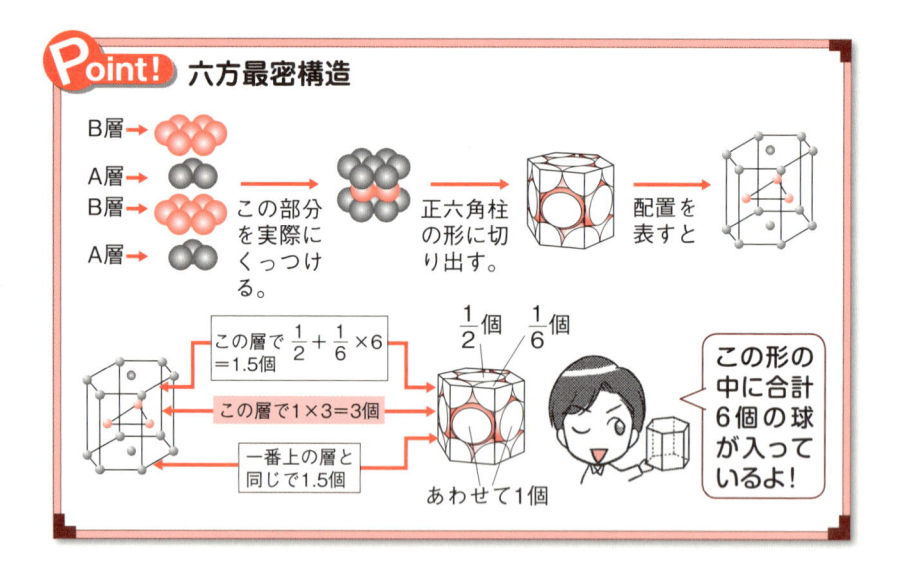

Point! 六方最密構造

B層→
A層→
B層→
A層→

この部分を実際にくっつける。

正六角柱の形に切り出す。

配置を表すと

この層で $\frac{1}{2} + \frac{1}{6} \times 6 = 1.5$ 個

この層で $1 \times 3 = 3$ 個

一番上の層と同じで1.5個

$\frac{1}{2}$ 個　$\frac{1}{6}$ 個

あわせて1個

この形の中に合計6個の球が入っているよ！

固体結晶

(2) 立方最密構造

立方最密構造は3層の異なる最密層が並ぶよ。

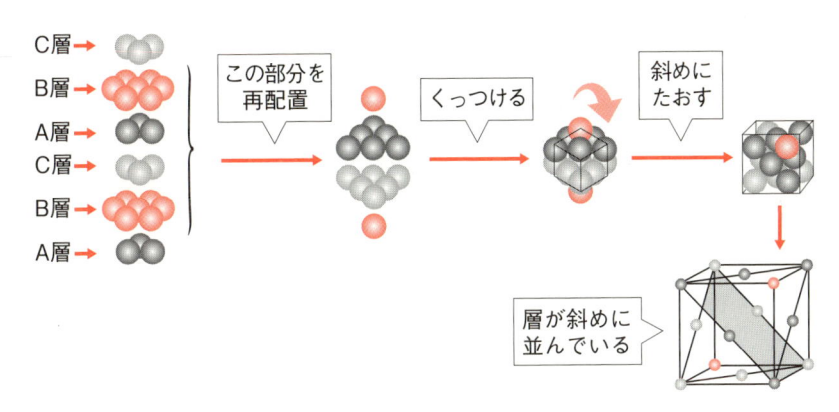

C層→
B層→
A層→
C層→
B層→
A層→

この部分を再配置 → くっつける → 斜めにたおす

層が斜めに並んでいる

▲ 立方最密構造

斜めに倒すと，面心立方格子になるよ！

立方最密構造＝面心立方格子なんだよ。だから，面心立方格子の結晶の次の図に示した正三角形の面には，球が最密に並んでいるんだよ。

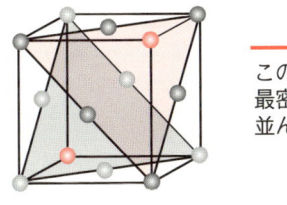

この面には最密に球が並んでいる

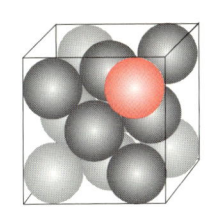

第25章　金属結晶

story 5 充填率と密度の計算

(1) 充填率

充填率ってどうやって計算するんですか？

充填率は、**単位格子にどのぐらい、球（原子）が占有しているか**というもので、立方格子なら計算は簡単だよ。原子の半径を r、単位格子の 1 辺を a として計算するよ。

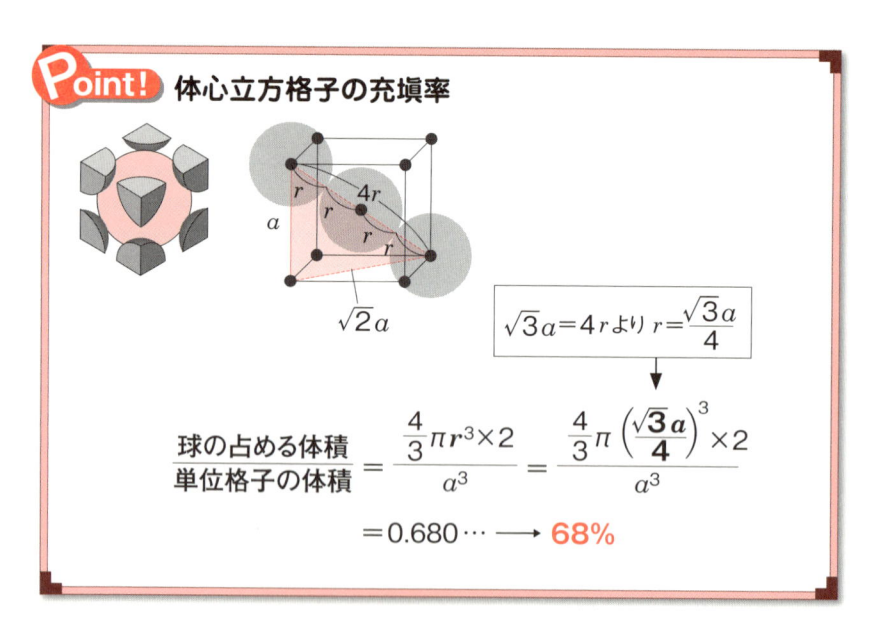

球の体積ってどうやって出すんだっけ？

しっかりしてくれ～！
$\frac{4}{3}\pi r^3$　身の上に心配あるさ～
　　　3　　　$4\pi r^3$
って覚えなかった？

Point!　体心立方格子の充填率

$\sqrt{3}a = 4r$ より $r = \dfrac{\sqrt{3}a}{4}$

$$\frac{\text{球の占める体積}}{\text{単位格子の体積}} = \frac{\frac{4}{3}\pi r^3 \times 2}{a^3} = \frac{\frac{4}{3}\pi \left(\frac{\sqrt{3}a}{4}\right)^3 \times 2}{a^3}$$

$$= 0.680\cdots \longrightarrow \mathbf{68\%}$$

固体結晶

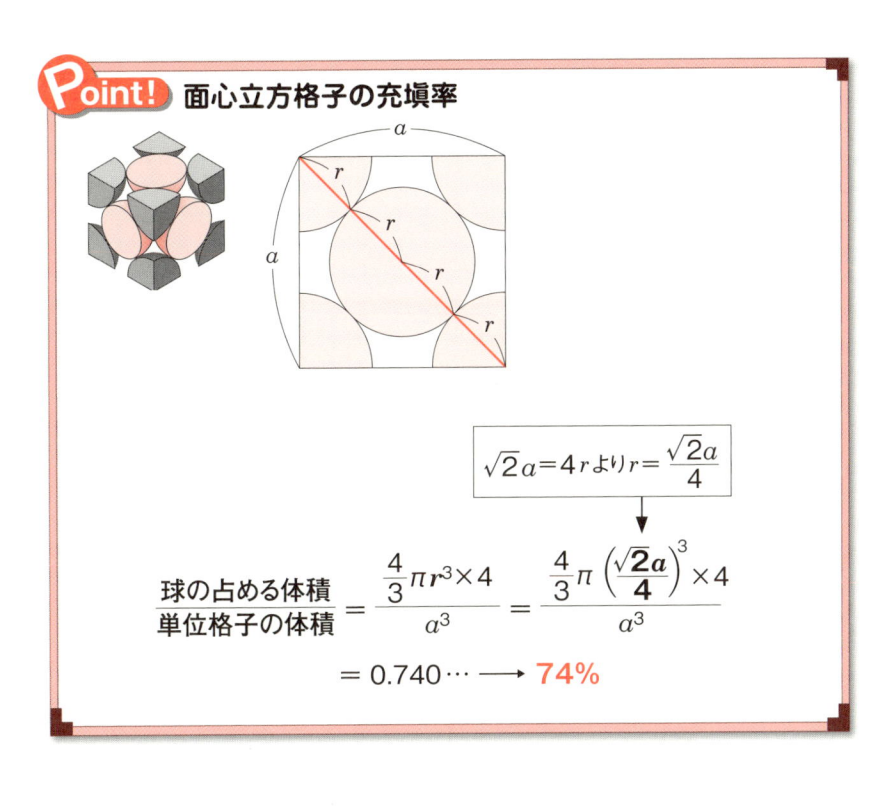

Point! 面心立方格子の充填率

$$\sqrt{2}a = 4r \text{ より } r = \frac{\sqrt{2}a}{4}$$

$$\frac{\text{球の占める体積}}{\text{単位格子の体積}} = \frac{\frac{4}{3}\pi r^3 \times 4}{a^3} = \frac{\frac{4}{3}\pi \left(\frac{\sqrt{2}a}{4}\right)^3 \times 4}{a^3}$$

$$= 0.740\cdots \longrightarrow 74\%$$

　最密構造は同じ大きさの球を最密に並べたものだから，**六方最密構造と面心立方格子（立方最密構造）の充填率は同じ**だよ。

● ゴロ合わせ暗記

「体は牢屋で面はなし」
　　68　　　　　　74
　体心立方格子　　面心立方格子

第25章　金属結晶

(2) 密度の計算

密度 d〔g/cm³〕の計算は簡単だけど，試験によく出るから間違えないでね！

Point! 密度を求める計算

$$d = \frac{\text{単位格子の質量}}{\text{単位格子の体積}} = \frac{\dfrac{\text{式量}}{N_A} \times \text{単位格子中の粒子の個数}}{\text{単位格子の体積}}$$

（N_A：アボガドロ定数，$N_A = 6.02 \times 10^{23}$/mol）

金属は式量＝原子量なので，原子量を M としたら，金属の体心立方格子と面心立方格子の密度は次のようになるよ。

体心立方格子の密度	面心立方格子の密度
$d = \dfrac{\left(\dfrac{M}{N_A} \times 2\right)〔\text{g}〕}{a^3 〔\text{cm}^3〕}$	$d = \dfrac{\left(\dfrac{M}{N_A} \times 4\right)〔\text{g}〕}{a^3 〔\text{cm}^3〕}$

確認問題

次の **1**〜**6** の問いに答えよ。ただし，答えはすべて有効数字2桁とし，必要なら以下の数値を用いよ。

$\sqrt{2}=1.41$，$\sqrt{3}=1.73$，原子量は Al＝27，Fe＝56，アボガドロ定数＝6.0×10^{23}/mol

1 体心立方格子の単位格子の一辺の長さは，原子半径の何倍か。

解答 2.3倍

解説

$\sqrt{3}\,a = 4r$ より，$a = \dfrac{4r}{\sqrt{3}} = \dfrac{4r}{1.73} ≒ 2.3r$

よって，$\dfrac{a}{r} = 2.3$ より，2.3倍

2 面心立方格子の単位格子内に原子は何個あるか。

解答 4個

3 面心立方格子と六方最密構造の配位数をそれぞれ求めよ。

解答 面心立方格子：12
六方最密構造：12

解説

面心立方格子（立方最密構造）も六方最密構造もどちらも最密構造であり，配位数は12。

4 体心立方格子と面心立方格子では，どちらのほうが充填率が大きいか。

解答 面心立方格子

解説

充填率は最密構造の方が大きいので，面心立方格子（立方最密構造）が正解。

第25章 金属結晶

5 鉄 Fe の結晶は格子定数（単位格子の一辺の長さ）が 2.87×10^{-8} cm の体心立方格子である。鉄の密度を求めよ。

解答 7.9g/cm³

解説

$$\frac{\dfrac{56\text{g/mol}}{6.0 \times 10^{23}\text{個/mol}} \times 2\text{個}}{(2.87 \times 10^{-8}\text{cm})^3} = 7.89\cdots\text{g/cm}^3 \fallingdotseq 7.9\,\text{g/cm}^3$$

6 アルミニウム Al の結晶は格子定数（単位格子の一辺の長さ）4.05×10^{-8} cm の面心立方格子である。アルミニウムの密度を求めよ。

解答 2.7g/cm³

解説

$$\frac{\dfrac{27\text{g/mol}}{6.0 \times 10^{23}\text{個/mol}} \times 4\text{個}}{(4.05 \times 10^{-8}\text{cm})^3} = 2.70\cdots\text{g/cm}^3 \fallingdotseq 2.7\,\text{g/cm}^3$$

第26章 イオン結晶・共有結合の結晶

> ダイヤモンド型の結晶格子はきれいだが、君はもっときれいだ!!

> やだー嬉しい！指輪部分は面心立方格子のプラチナね！

▶ 鉱物や金属は結晶だらけである。

story 1 塩化セシウム型のイオン結晶

> 結晶格子は体心立方格子と面心立方格子と六方最密構造だけ覚えれば大丈夫ですか？

もちろん駄目だよ。まずは，結晶の分類と結晶格子が頭の中で整理されていないとね。まとめておいたから見てごらん。入試では**イオン結晶の構造**もよく出題されているから，しっかりマスターしよう。

▼ 結晶の分類と結晶格子

	共有結合の結晶	イオン結晶	金属結晶	分子結晶
結晶格子	ダイヤモンド型	CsCl 型 NaCl 型（岩塩型）	体心立方格子 面心立方格子 六方最密構造	最密構造が多い

(1) 結晶の構造

イオン結晶って金属結晶と何が違うんですか？

それは，構成粒子が金属結晶の場合は金属原子だったけど，イオン結晶の場合は陽イオンと陰イオンだということだよ。一番簡単な**塩化セシウム CsCl 型の結晶構造**を見てもらおう。

見た目は体心立方格子だけど，Cs$^+$と Cl$^-$で構成されていることに注意だよ。

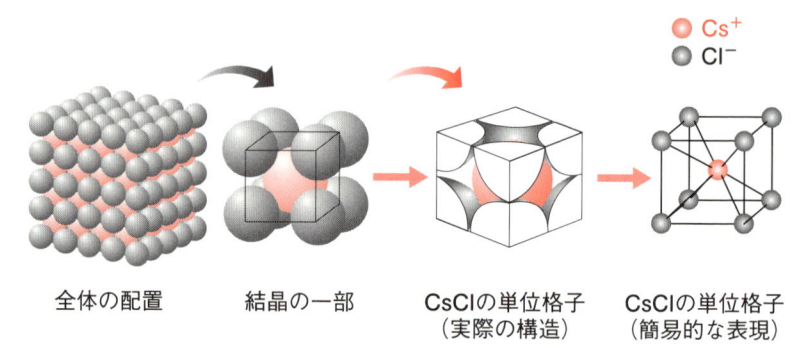

○ Cs$^+$
● Cl$^-$

全体の配置　　結晶の一部　　CsClの単位格子　　CsClの単位格子
　　　　　　　　　　　　　　（実際の構造）　　（簡易的な表現）

▲ CsCl型の結晶構造

配置は体心立方格子と同じだけど，Cs$^+$と Cl$^-$のどちらかを中心にして見ると2種類の表し方があることに気づくだろう。しかし，どちらも CsCl 型結晶の単位格子で，**Cs$^+$を体心の位置にもってきても，Cl$^-$を体心の位置にもってきても，他のイオンは同じ配置になる**んだ。

Point! CsCl 型のイオン結晶の単位格子

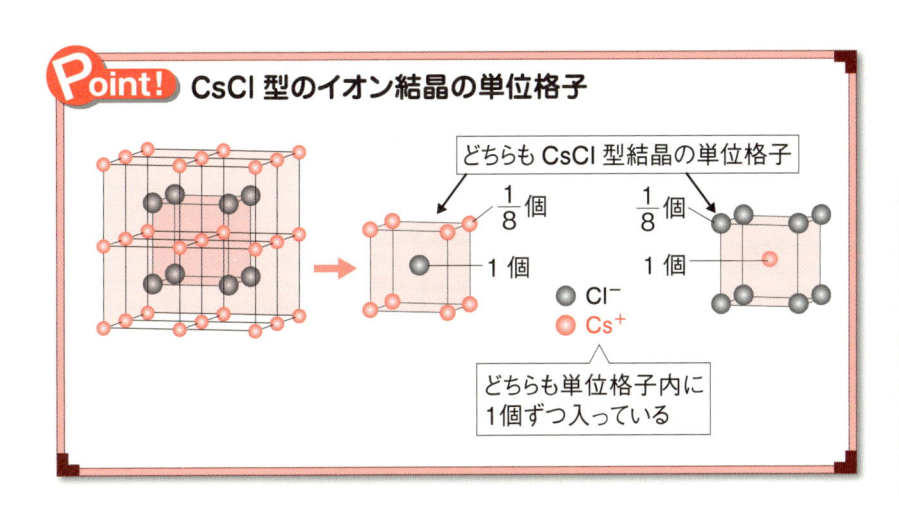

どちらも CsCl 型結晶の単位格子

$\frac{1}{8}$ 個　　$\frac{1}{8}$ 個

1 個　　1 個

● Cl^-
● Cs^+

どちらも単位格子内に1個ずつ入っている

(2) 配位数

CsCl 型結晶の**配位数**は体心立方格子と同じだけど，Cs^+ と Cl^- それぞれで考える必要があるんだ。

Point! CsCl 型のイオン結晶の配位数

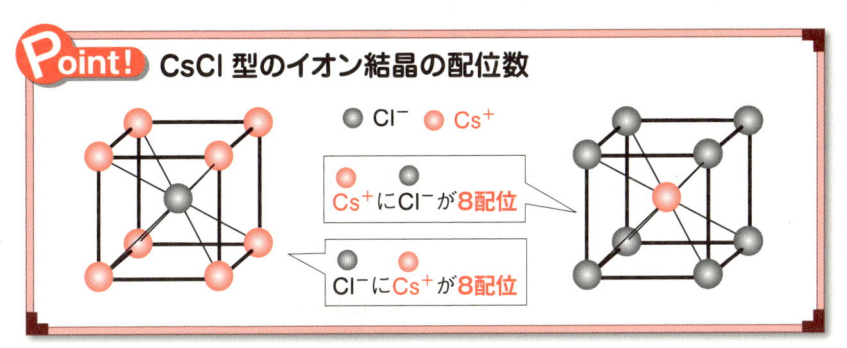

● Cl^-　● Cs^+

Cs^+ に Cl^- が **8配位**

Cl^- に Cs^+ が **8配位**

(3) 単位格子の一辺の長さとイオン半径

陽イオンと陰イオンが接している場所も体心立方格子と同じだから，単位格子の一辺の長さ a とイオン半径 r^+，r^- の関係は次のとおりだよ。

第26章　イオン結晶・共有結合の結晶

Point! CsCl型結晶の単位格子の一辺の長さ a とイオン半径 r^+, r^- の関係式

この面で切断！

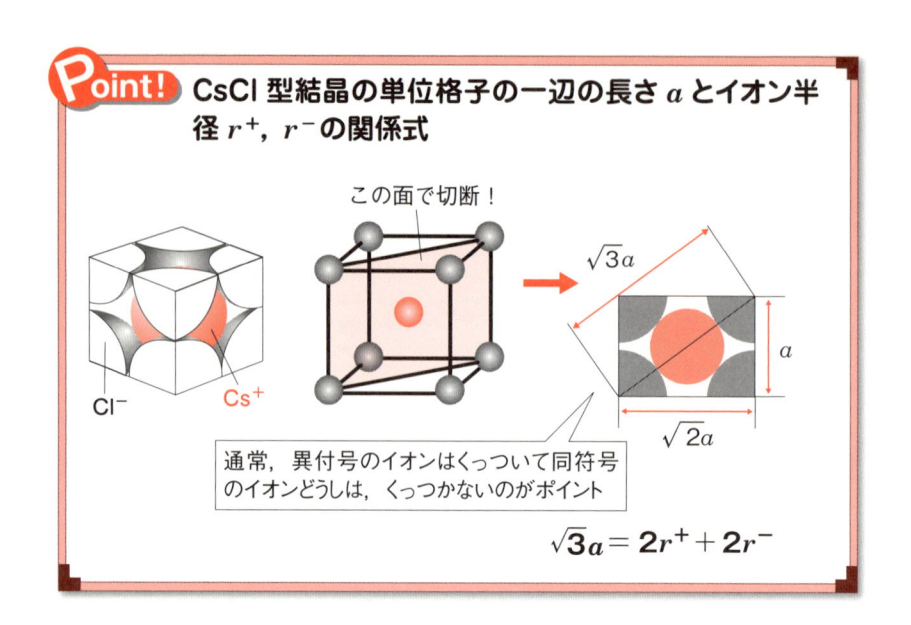

Cl⁻ Cs⁺

通常，異符号のイオンはくっついて同符号のイオンどうしは，くっつかないのがポイント

$\sqrt{3}a$ $\sqrt{2}a$ a

$$\sqrt{3}a = 2r^+ + 2r^-$$

CUT!

こっ，これは塩化セシウム型いちご大福だわ！

story 2 塩化ナトリウム型のイオン結晶

(1) 結晶の構造

NaCl型の結晶って球がありすぎます〜。

イオン結晶の構造を何となく眺めているから，そんな気がするだけだよ。イオン結晶の基本は何といっても"**陽イオンと陰イオンを別々に見る**"ことだよ。

まずはCsCl型と同様に結晶の構造を見てもらおう。**見た目は面心立方格子**だけど，Na⁺とCl⁻で構成されていることに注意してね。

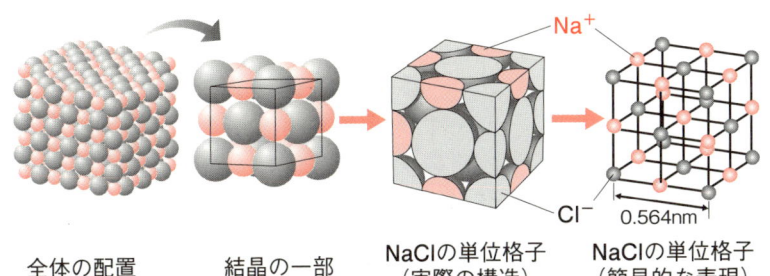

全体の配置　結晶の一部　NaClの単位格子
（実際の構造）　NaClの単位格子
（簡易的な表現）

Na⁺　Cl⁻　0.564nm

▲ NaCl型の結晶構造

　NaCl型結晶の単位格子も，CsCl型と同様に表し方が2種類あるんだ。**それは単位格子の8つの頂点が Na⁺ であるタイプと Cl⁻ であるタイプだよ。**結晶の最小単位が単位格子だということがわかっていれば実に簡単に理解できるよ。

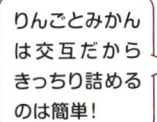

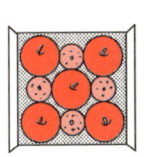

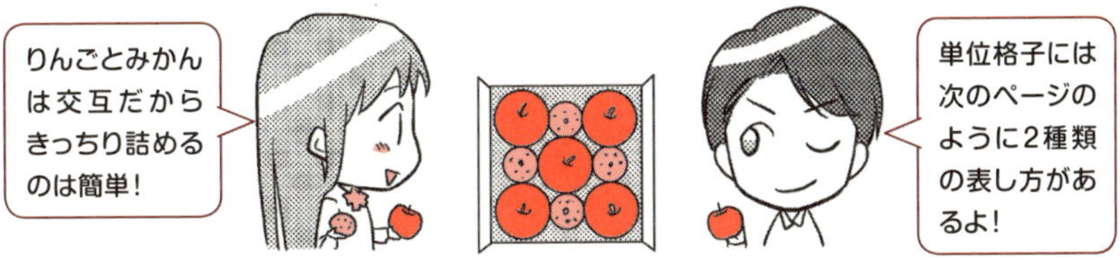

りんごとみかんは交互だからきっちり詰めるのは簡単！

単位格子には次のページのように2種類の表し方があるよ！

第26章　イオン結晶・共有結合の結晶　307

Point! NaClのイオン結晶の単位格子

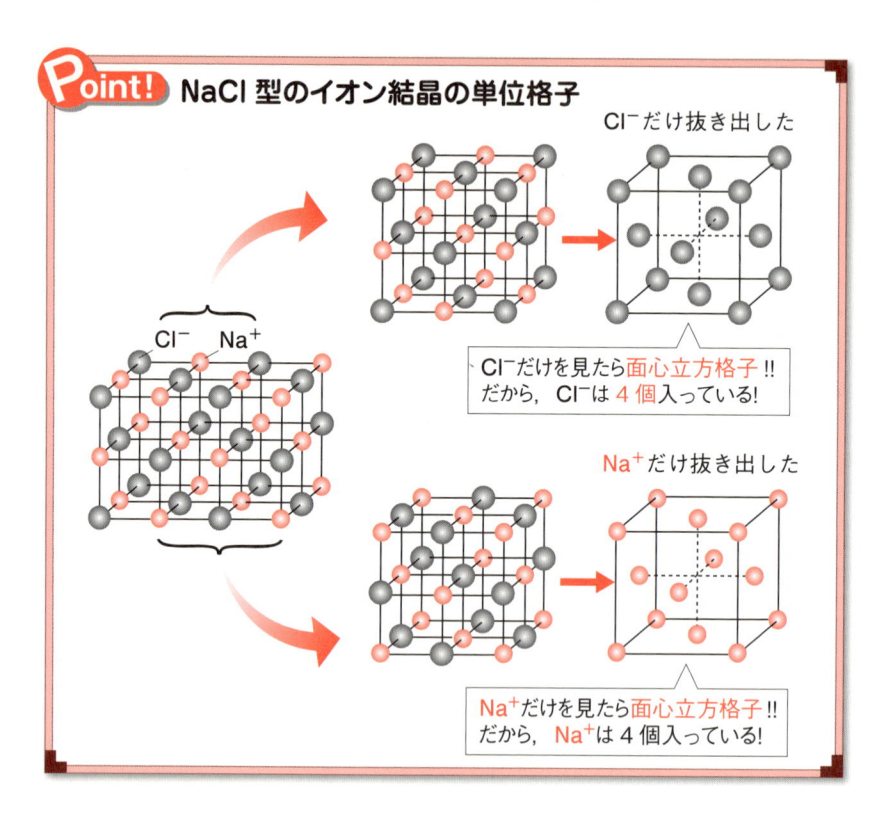

Cl⁻だけ抜き出した

Cl⁻ Na⁺

Cl⁻だけを見たら**面心立方格子**!!
だから，Cl⁻は4個入っている！

Na⁺だけ抜き出した

Na⁺だけを見たら**面心立方格子**!!
だから，Na⁺は4個入っている！

(2) 配位数

　NaCl型結晶の**配位数**はNa⁺に注目してもCl⁻に注目しても**6配位**で，どちらも正八面体方向に配位していることが図にするとわかるよ。

Point! NaCl型のイオン結晶の配位数

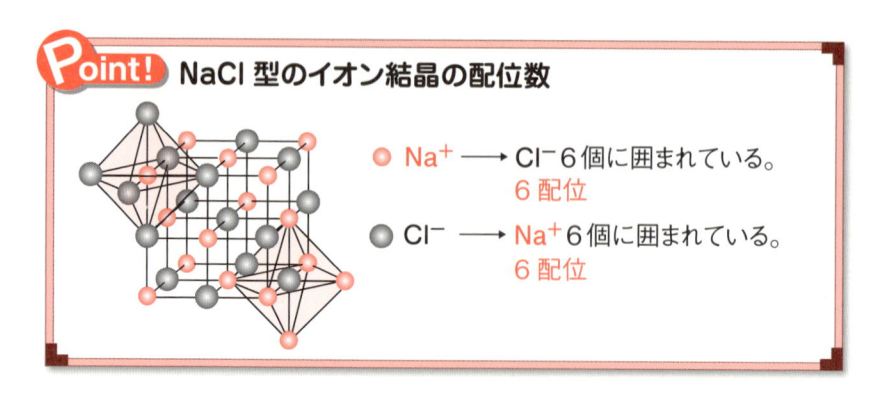

● Na⁺ → Cl⁻6個に囲まれている。
　　　　6配位
● Cl⁻ → Na⁺6個に囲まれている。
　　　　6配位

「どっちも8面体方向に配位している！」

「どちらのイオンも6配位だ！」

(3) 単位格子の一辺の長さとイオン半径

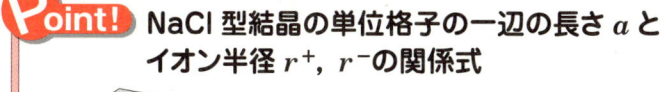

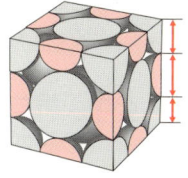

Point! NaCl型結晶の単位格子の一辺の長さ a と
イオン半径 r^+, r^- の関係式

Cl^- の半径 $= r^-$
Na^+ の半径 $\times 2 = 2r^+$
Cl^- の半径 $= r^-$

$$a = 2r^+ + 2r^-$$

「立方体の形をした岩塩は，超拡大するとこうなっているんだ！」

story 3 ダイヤモンド型の共有結合の結晶

(1) 結晶の構造

「ダイヤモンドの結晶格子って意味不明です。」

いやいや意味不明ではないよ。よく見ると炭素原子がつくる**面心立方格子の単位格子の中に，さらに4つの炭素原子が入っているだけ**だよ。色分けすると簡単にわかるよ。

第26章 イオン結晶・共有結合の結晶

Point! ダイヤモンド型の結晶の構造

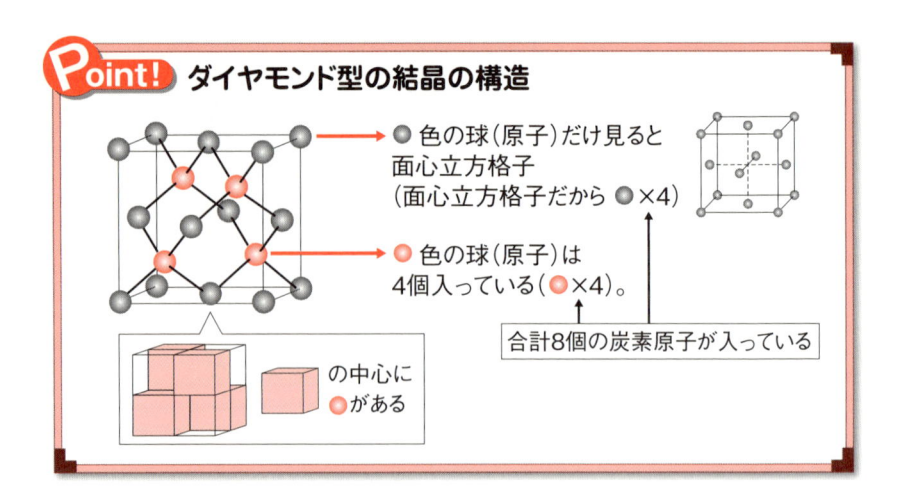

- ● 色の球（原子）だけ見ると面心立方格子（面心立方格子だから ●×4）
- ● 色の球（原子）は4個入っている（●×4）。

合計8個の炭素原子が入っている

の中心に ● がある

　それに，**配位数**は炭素が4つの単結合（共有結合）が出て結合しているので，4配位に決まっているんだ。炭素原子から4つの手が出ているといえば，メタン CH_4 が有名だけど，それと同じように正四面体方向に炭素どうしが結合しているんだよ。

(2) 配位数

Point! ダイヤモンド型の結晶の配位数

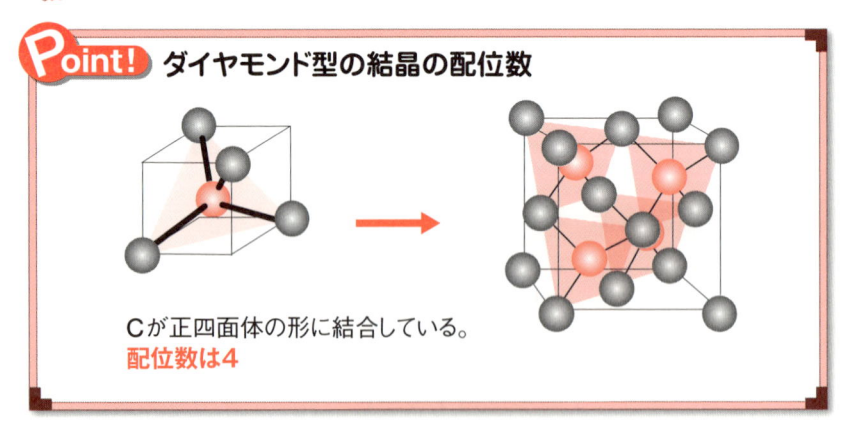

Cが正四面体の形に結合している。
配位数は4

(3) 単位格子の一辺の長さと原子半径

結合している場所で結晶格子を切断すると，一辺の長さ（格子定数 a）と原子半径 r の関係が簡単にわかるよ。

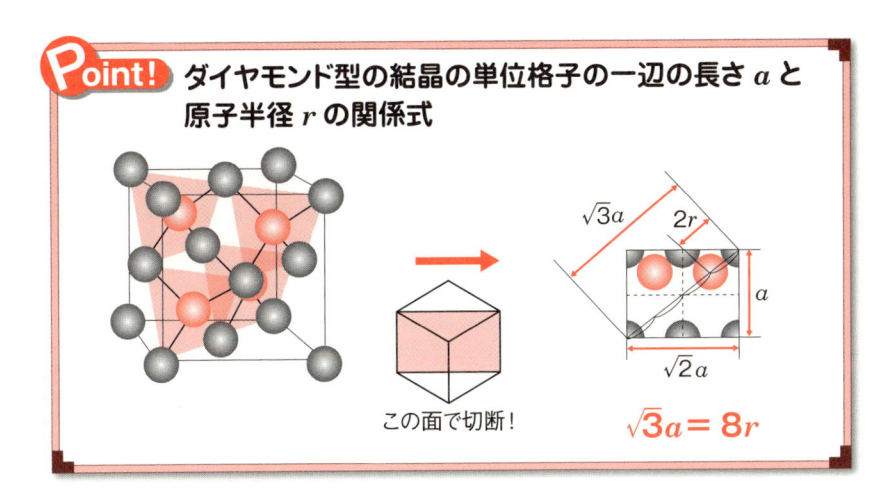

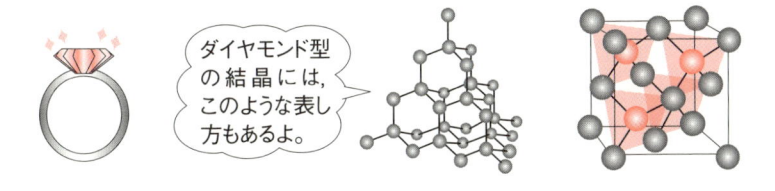

Point! ダイヤモンド型の結晶の単位格子の一辺の長さ a と原子半径 r の関係式

この面で切断！

$\sqrt{3}a = 8r$

ダイヤモンド型の結晶には，このような表し方もあるよ。

story 4 密度の計算

密度の計算が試験によく出るけど，解くコツはありますか？

密度の計算は確かに試験によく出ているけど，簡単だよ。

$$密度〔g/cm^3〕= \frac{単位格子内の物質の全質量〔g〕}{単位格子内の体積〔cm^3〕}$$

第26章 イオン結晶・共有結合の結晶

(1) 単位格子の体積の求め方

単位格子の一辺の長さ（格子定数）をa〔cm〕とすると体積はa^3〔cm^3〕だね。ダイヤモンドの場合は$a = 3.56 \times 10^{-8}$ cm だから，a^3〔cm^3〕 $= (3.56 \times 10^{-8} cm)^3$ という具合だよ。

(2) 単位格子の質量の求め方

結晶格子の中にイオンが何個あるかを考えればいいんだ。例えば，ダイヤモンドなら，炭素の原子量は12.0 だから，炭素原子を6.02×10^{23} 個集めた質量が12.0 g だということだよね。だから炭素原子1個の質量は $\dfrac{12.0 \text{ g/mol}}{6.02 \times 10^{23} \text{ 個/mol}} \fallingdotseq 2.0 \times 10^{-23}$ g／個と計算できるんだ。ダイヤモンドの結晶格子には8個の炭素原子が含まれるから，その質量は，2.0×10^{-23} g／個 $\times$ 8個 $= 1.6 \times 10^{-22}$ g と計算できるよ。

$$\text{密度}(d) = \frac{\text{単位格子の質量}}{\text{単位格子の体積}} = \frac{1.6 \times 10^{-22} \text{g}}{(3.56 \times 10^{-8} \text{cm})^3} \fallingdotseq 3.5 \text{ g/cm}^3$$

CsCl 型，NaCl 型のイオン結晶やダイヤモンド型の結晶の密度をまとめると，次のとおりだよ。

▼ 結晶の密度

CsCl 型	NaCl 型	ダイヤモンド型
$d = \dfrac{\dfrac{M}{N_A} \times 1 \text{〔g〕}}{a^3 \text{〔cm}^3\text{〕}}$	$d = \dfrac{\dfrac{M}{N_A} \times 4 \text{〔g〕}}{a^3 \text{〔cm}^3\text{〕}}$	$d = \dfrac{\dfrac{M}{N_A} \times 8 \text{〔g〕}}{a^3 \text{〔cm}^3\text{〕}}$

M：式量，N_A：アボガドロ定数，a：単位格子の一辺の長さ

|確認問題|

次の**1**~**6**の問いに答えよ。ただし，答えはすべて有効数字2桁で答えよ。また，必要なら以下の数値を用いよ。
$\sqrt{2} = 1.41$，$\sqrt{3} = 1.73$，原子量は Si $= 28$，K $= 39$，Cs $= 133$，Cl $= 35.5$，I $= 127$，アボガドロ定数は 6.0×10^{23}/mol

1 Cs^+ と Cl^- のイオン半径をそれぞれ $Cs^+ = 0.181$nm，$Cl^- = 0.167$nm として CsCl の結晶の単位格子の一辺の長さを求めよ。

|解答| 0.40 nm

|解説|
$\sqrt{3}\, a = 2r^+ + 2r^-$ より $\sqrt{3}\, a = 2 \times (0.167 + 0.181) = 0.696$
∴ $a = 0.696 \div \sqrt{3} = 0.696 \div 1.73 = 0.402\cdots ≒ 0.40$ nm

2 Na^+ と Cl^- のイオン半径をそれぞれ $Na^+ = 0.116$nm，$Cl^- = 0.167$nm として NaCl の結晶の単位格子の一辺の長さを求めよ。

|解答| 0.57 nm

|解説|
$a = 2r^+ + 2r^-$ より $a = 2 \times (0.116 + 0.167) = 0.566$
$≒ 0.57$ nm

3 ダイヤモンドの単位格子の一辺の長さは 0.356nm である。結晶中の炭素の原子間距離を求めよ。

|解答| 0.15 nm

|解説|
原子間距離とは原子半径の2倍つまり $2r$ を指すよ。
$\sqrt{3}\, a = 8r$ より $2r = \dfrac{\sqrt{3}\, a}{4} = \dfrac{1.73 \times 0.356}{4}$
$= 0.153\cdots ≒ 0.15$ nm

第26章　イオン結晶・共有結合の結晶

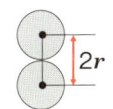

4 塩化カリウム KCl は格子定数（単位格子の一辺の長さ）が 6.29×10^{-8} cm で，NaCl 型の結晶構造である。KCl の密度を求めよ。

解答 2.0 g/cm^3

解説

$$\frac{\frac{(39+35.5) \text{ g/mol}}{6.0 \times 10^{23} \text{個/mol}} \times 4 \text{ 個}}{(6.29 \times 10^{-8} \text{cm})^3} = 1.99\cdots \text{g/cm}^3 \fallingdotseq 2.0 \text{ g/cm}^3$$

5 ヨウ化セシウム CsI は格子定数（単位格子の一辺の長さ）が 4.58×10^{-8} cm で，CsCl 型の結晶構造をとる。CsI の密度を求めよ。

解答 4.5 g/cm^3

解説

$$\frac{\frac{(133+127) \text{ g/mol}}{6.0 \times 10^{23} \text{個/mol}} \times 1 \text{ 個}}{(4.58 \times 10^{-8} \text{cm})^3} = 4.51\cdots \text{g/cm}^3 \fallingdotseq 4.5 \text{ g/cm}^3$$

6 ケイ素 Si は格子定数（単位格子の一辺の長さ）5.43×10^{-8} cm のダイヤモンド型の結晶構造をとる。Si の密度を求めよ。

解答 2.3 g/cm^3

解説

$$\frac{\frac{28 \text{ g/mol}}{6.0 \times 10^{23} \text{個/mol}} \times 8 \text{ 個}}{(5.43 \times 10^{-8} \text{cm})^3} = 2.33\cdots \text{g/cm}^3 \fallingdotseq 2.3 \text{ g/cm}^3$$

X

溶液

第27章 溶解平衡

▶ 単位時間あたりに部屋を出る妖怪の数と，入る妖怪の数が同じなら，部屋の中の妖怪の数は同じ。これを妖怪平衡という？

story 1 溶質と溶媒

(1) 用語の整理

> 水に溶けやすい物質の特徴って何ですか？

まずは基本的な用語の復習をしよう。砂糖水をつくるとき，砂糖を**溶質**，溶かす液体である水を**溶媒**，できた砂糖水を**溶液**といって，特に水が溶媒の場合は**水溶液**というよ。すでに111ページで勉強してるけど，正しく使ってね。

> インスタントコーヒーの粉末も砂糖も溶質なのね！

> コーヒーは溶媒が水だから水溶液だな！

316 溶液

(2) 極性溶媒での溶解

溶媒として一番身近なのが水だけど，化学では有機溶媒としてエーテルなどもよく使われるんだよ。何が違うかといえば，溶媒分子の**極性**なんだよ。**水は非常に極性の強い溶媒**として有名なんだ。水分子を見てみると，**電気陰性度**（共有電子対を引っ張る度合い）が非常に大きい酸素原子が，水素と結合して非常に強い極性を生じているだろう。あまりに極性が強いため，水分子どうしが**水素結合**しているね（→ P.86）。

Point! 水分子の水素結合

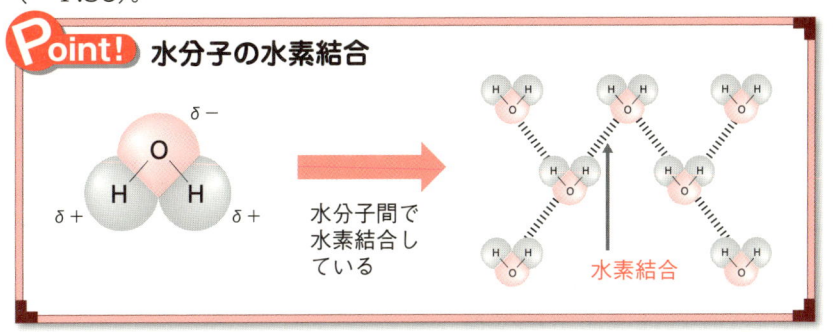

水分子間で水素結合している

水素結合

極性の強い溶媒は極性の強い溶質をよく溶かすんだ。 極性の強い溶質の代表が**イオン**だよ。イオンはマイナスやプラスに帯電しているので，水分子が集まってくるんだ。この現象を**水和**といって，イオンは**水和イオン**とよばれる状態になるよ。

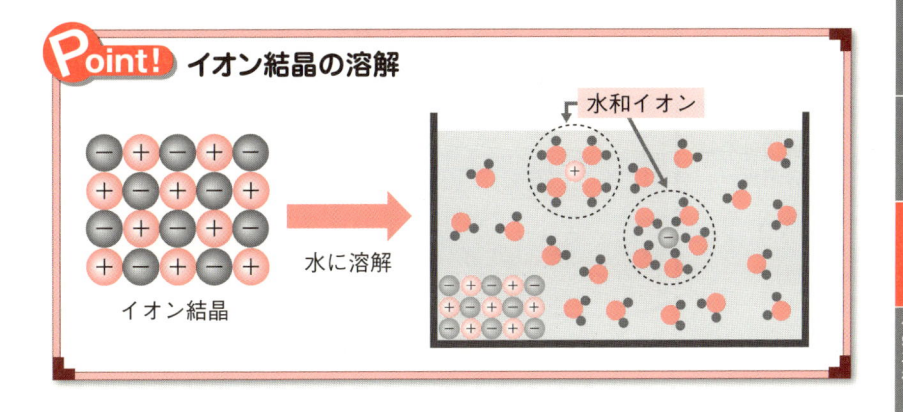

Point! イオン結晶の溶解

イオン結晶 → 水に溶解 → 水和イオン

第27章 溶解平衡

砂糖はイオンにならないけど，**水和しやすい部分があるから水に溶ける**んだ。水和しやすい部分を**親水基**，水和しにくい部分を**疎水基**というから覚えてね。

Point! 親水基による水和

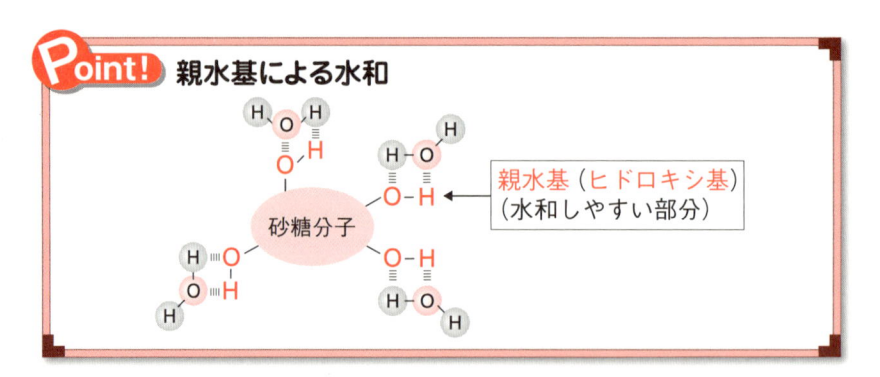

親水基（ヒドロキシ基）
（水和しやすい部分）

砂糖分子

水のように**極性の強い溶媒は，イオンや極性の強い物質，親水基をもつ物質**をよく溶かすんだ。

(3) 無極性溶媒での溶解

逆に，**極性の弱い溶媒は極性の弱い物質をよく溶かす**んだ。無極性溶媒であるテトラクロロメタン CCl_4 と無極性分子の溶質であるヨウ素 I_2 が代表例だよ。

Point! 無極性溶媒と無極性分子の溶質

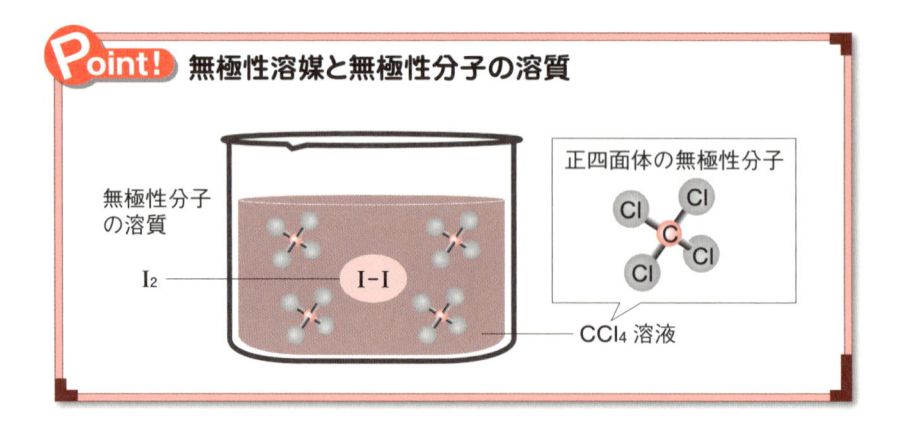

無極性分子の溶質
I_2
I−I
CCl_4 溶液

正四面体の無極性分子

極性の強い溶媒－極性の強い溶質
極性の弱い溶媒－極性の弱い溶質
の組み合わせが溶けやすいんだ！

story 2 溶解度曲線

溶解度曲線の見方にはコツがありますか？

溶媒に溶質が最大限に溶けた溶液が飽和溶液だよね。水100gの飽和溶液に溶けている溶質の量を**溶解度**というんだけれど，**溶解度は温度によって異なる**んだ。この**温度による溶解度の変化を表したもの**が**溶解度曲線**なんだよ。砂糖を冷たい水に溶かすよりもお湯の方がたくさん溶けるよね。砂糖と同じように，溶解度を縦軸に，温度を横軸にとった溶解度曲線は**右上がりになる固体が多い**んだ。硝酸カリウムKNO_3を例に溶解度曲線の基本的な見方を学んでもらおう。

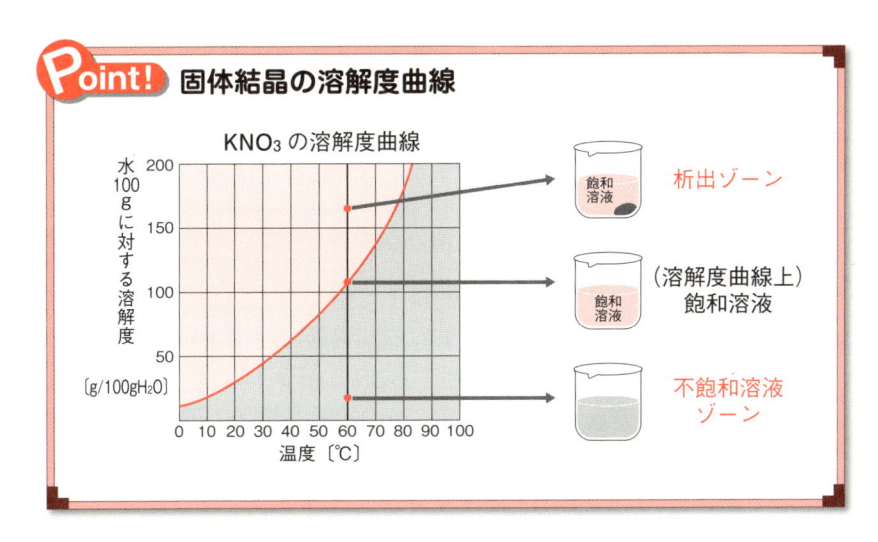

Point! 固体結晶の溶解度曲線

KNO_3の溶解度曲線

水100gに対する溶解度 [g/100gH$_2$O]
縦軸：0, 50, 100, 150, 200
横軸：温度〔℃〕0, 10, 20, 30, 40, 50, 60, 70, 80, 90, 100

飽和溶液 → **析出ゾーン**
飽和溶液 → （溶解度曲線上）飽和溶液
→ **不飽和溶液ゾーン**

第27章　溶解平衡

溶解度曲線上の値は飽和溶液を表しているんだ。だから KNO_3 の60℃の飽和溶液は水100gに対して KNO_3 が110g溶けるということなんだ。

図にすると次のようになるよ。

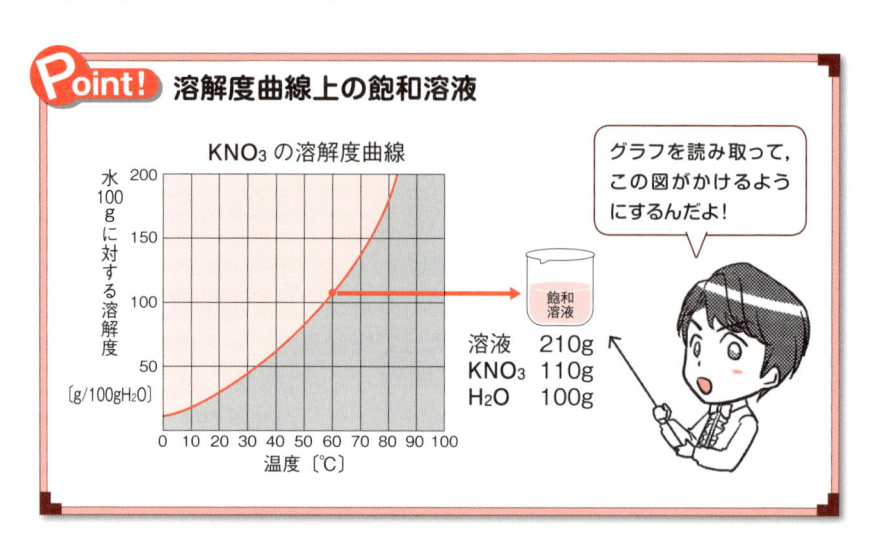

Point! 溶解度曲線上の飽和溶液

KNO_3 の溶解度曲線

(水100gに対する溶解度 〔g/100gH_2O〕 縦軸：0〜200、横軸：温度〔℃〕 0〜100)

溶液	210g
KNO_3	110g
H_2O	100g

グラフを読み取って、この図がかけるようにするんだよ！

story 3 溶解平衡と再結晶

(1) 溶解平衡

溶解度曲線より多く溶ける溶質ってないんですか？

それはないんだ。溶解度曲線上は飽和しているときの溶解度だけど、それより上、つまり飽和溶液の状態より多く溶質を入れても、溶質が溶け残ってしまい、それ以上溶けないんだ。溶質を塩化ナトリウム NaCl にして、その状態を考えてみよう。

320 溶液

Point! 溶解平衡

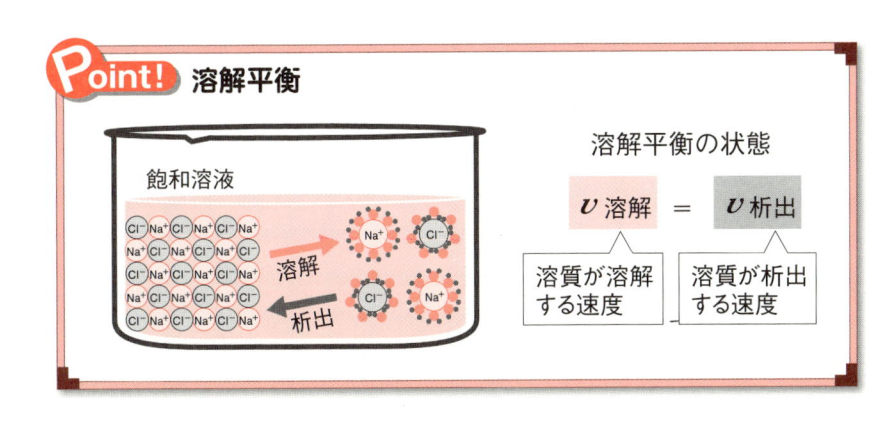

溶解平衡の状態

v 溶解 $=$ v 析出

溶質が溶解する速度 ／ 溶質が析出する速度

　上の図の溶液部分は溶質が最高に溶けている飽和溶液だ。小中学生だったら，飽和溶液中では何も起こっていないと思ってしまうだろう。ところが，**飽和溶液内に溶質の結晶があるときには，常に溶解と析出が同時に起こっている**んだ。
析出速度＝溶解速度の状態を**溶解平衡**というから，しっかり意識してね。

(2) 再結晶

溶解度を利用した再結晶の計算問題の解き方を教えてください！

初めに結晶水のない硝酸カリウム KNO_3 が析出するという再結晶の問題を解いてみよう。

問題 1　再結晶　★★

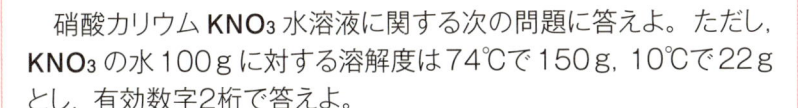

　硝酸カリウム KNO_3 水溶液に関する次の問題に答えよ。ただし，KNO_3 の水 100 g に対する溶解度は 74℃ で 150 g，10℃ で 22 g とし，有効数字 2 桁で答えよ。

(1) 74℃の飽和KNO₃水溶液100g中にKNO₃は何g入っているか。
(2) 74℃の飽和KNO₃水溶液100gを10℃に冷却したら結晶は何g析出するか。

解説

全て図にしてみると計算が簡単だよ。まず，与えられた溶解度は水100gに対する値で，問題(1), (2)はどちらも溶液100gに対する値だから気をつけよう！

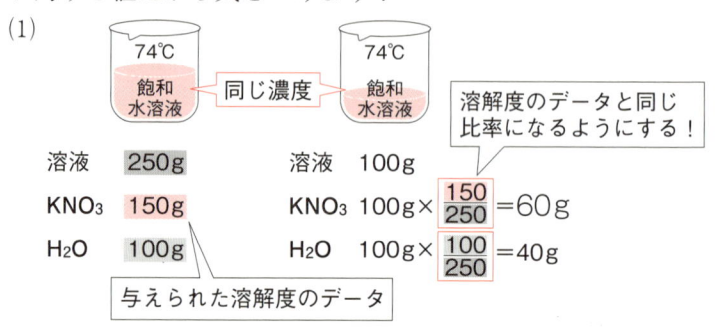

(1)

	74℃飽和水溶液		74℃飽和水溶液
溶液	250g	溶液	100g
KNO₃	150g	KNO₃	$100g \times \dfrac{150}{250} = 60g$
H₂O	100g	H₂O	$100g \times \dfrac{100}{250} = 40g$

与えられた溶解度のデータ ／ 同じ濃度 ／ 溶解度のデータと同じ比率になるようにする！

(2) 温度によって飽和水溶液の濃度が異なることだけ注意すれば簡単に算出できるよ。10℃に冷却したときに析出するKNO₃の質量を W [g] とする。

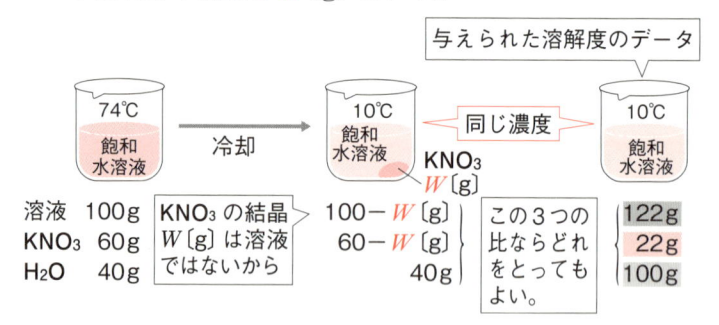

74℃飽和水溶液	→ 冷却 →	10℃飽和水溶液	同じ濃度	10℃飽和水溶液
溶液 100g	KNO₃の結晶 W[g] は溶液ではないから	$100-W$ [g]		122g
KNO₃ 60g		$60-W$ [g]	この3つの比ならどれをとってもよい。	22g
H₂O 40g		40g		100g

与えられた溶解度のデータ

$$\frac{\text{KNO}_3 \text{の質量}}{\text{H}_2\text{O の質量}} = \frac{60 - W \text{[g]}}{40 \text{ g}} = \frac{22 \text{ g}}{100 \text{ g}}$$

$$\therefore \quad W = 51.2 \text{ g} \fallingdotseq 51 \text{ g}$$

| 解 答 |

(1) **60 g**　　(2) **51 g**

　10℃に冷却したとき，結晶が析出する（**再結晶**という）場合，そのときの最大のポイントは，**結晶が析出した溶液は溶解平衡に達していて，溶液部分は飽和している**ということなんだ。10℃の KNO_3 飽和水溶液のデータは問題文にあるから，比をとれば簡単に答えが出るよ。例えば，前の問題の(2)なら KNO_3 と H_2O の比をとるのが簡単だね。

砂糖を入れまくって溶解平衡だ～！

冷蔵庫で冷やしたら，本当に砂糖がカップの壁面に再結晶してる～

story 4　結晶水をもつ結晶の析出

　硫酸銅（Ⅱ）五水和物 $\text{CuSO}_4 \cdot 5\text{H}_2\text{O}$ の結晶が析出する問題って難しいです。

　みんな，そういうんだけど，図をちゃんとかくと，硝酸カリウム KNO_3 の再結晶の問題とほとんど変わらないよ。まずは結晶水をもつ結晶についてきちんと理解しよう。

　水中で結晶が析出するとき，水 H_2O を抱き込んで結晶化するんだ。代表的なものが硫酸銅（Ⅱ）五水和物 $\text{CuSO}_4 \cdot 5\text{H}_2\text{O}$ なんだ。**水中で CuSO_4 が溶解平衡に達すると，$\text{CuSO}_4 \cdot 5\text{H}_2\text{O}$ の形になってしまう。**この抱き込んだ H_2O を**結晶水**（**水和水**）というよ。

第27章　溶解平衡

Point! 結晶水をもつ結晶の考え方

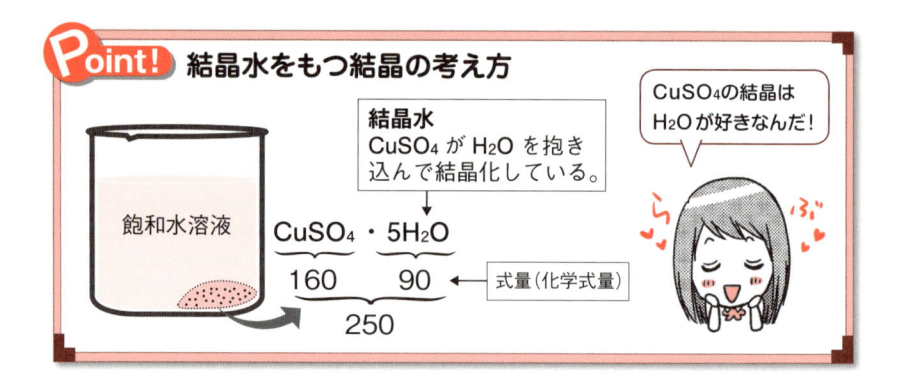

飽和水溶液

結晶水
$CuSO_4$ が H_2O を抱き込んで結晶化している。

$CuSO_4 \cdot 5H_2O$
160   90   ← 式量(化学式量)
　250

$CuSO_4$の結晶はH_2Oが好きなんだ!

　組成式とその式量からわかることは，$CuSO_4 \cdot 5H_2O$ の結晶250 g は，90 g の水を含んでいるということだね。結晶全体が W 〔g〕なら，

$CuSO_4$ は $\dfrac{160}{250} \times W$ 〔g〕，

H_2O（結晶水）は $\dfrac{90}{250} \times W$ 〔g〕

この点にさえ注意すれば，簡単だよ。

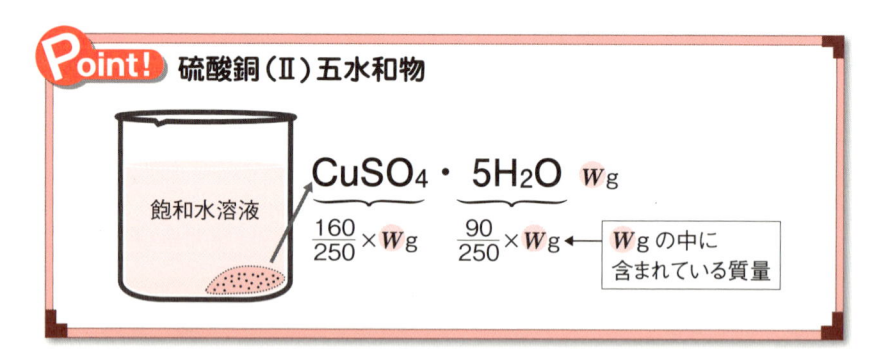

Point! 硫酸銅（Ⅱ）五水和物

飽和水溶液

$CuSO_4 \cdot 5H_2O$ Wg
$\dfrac{160}{250} \times W$g $\dfrac{90}{250} \times W$g ← Wgの中に含まれている質量

問題 2　結晶水をもつ物質の再結晶　★★

硫酸銅（Ⅱ）$CuSO_4$ 水溶液に関する次の問題に答えよ。ただし，$CuSO_4$（無水物）の水100gに対する溶解度は60℃で40g，20℃で20g，$CuSO_4$ と H_2O の式量をそれぞれ160，18とし，有効数字2桁で答えよ。

(1) 60℃の $CuSO_4$ の飽和水溶液100g中に $CuSO_4$ は何g入っているか。

(2) 60℃の $CuSO_4$ の飽和水溶液100gを20℃に冷却したら何gの $CuSO_4 \cdot 5H_2O$ の結晶が析出するか。

解説

問題1 の硝酸カリウム KNO_3 のときと計算はほぼ同じだよ。同じように図にしてみよう！

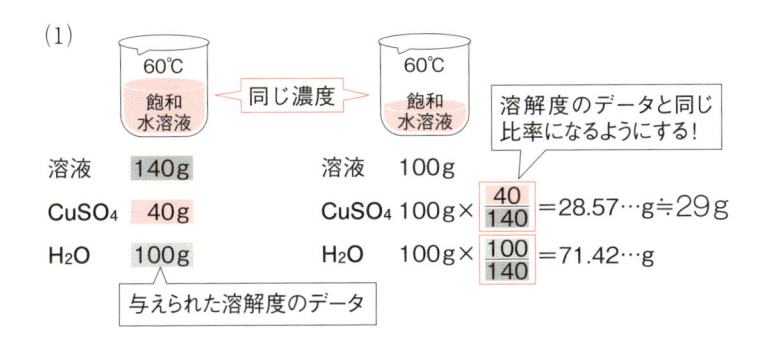

(1)

60℃ 飽和水溶液　─ 同じ濃度 ─　60℃ 飽和水溶液

溶液	140g	溶液	100g
$CuSO_4$	40g	$CuSO_4$	$100g \times \dfrac{40}{140} = 28.57\cdots g ≒ 29g$
H_2O	100g	H_2O	$100g \times \dfrac{100}{140} = 71.42\cdots g$

与えられた溶解度のデータ

溶解度のデータと同じ比率になるようにする！

(2) 析出した結晶が $CuSO_4 \cdot 5H_2O$（式量250）だということに注意する。W〔g〕の結晶が析出したとすると，

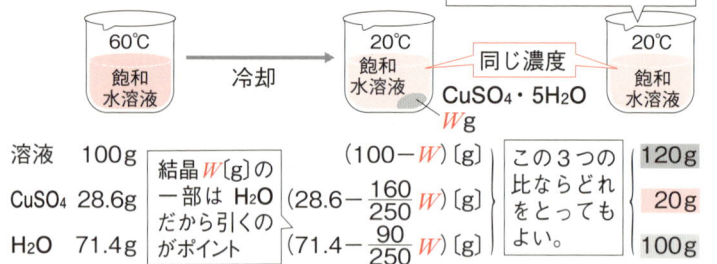

60℃ 飽和水溶液 100g → 冷却 → 20℃ 飽和水溶液 (CuSO₄・5H₂O Wg) 同じ濃度 20℃ 飽和水溶液 ← 与えられた溶解度のデータ

溶液 100g	$(100-W)$ 〔g〕	120g
CuSO₄ 28.6g	$\left(28.6-\dfrac{160}{250}W\right)$ 〔g〕	20g
H₂O 71.4g	$\left(71.4-\dfrac{90}{250}W\right)$ 〔g〕	100g

結晶 W〔g〕の一部は H₂O だから引くのがポイント

この3つの比ならどれをとってもよい。

$$\dfrac{\text{溶液の質量}}{\text{H}_2\text{O の質量}} = \dfrac{(100-W)\text{〔g〕}}{\left(71.4-\dfrac{90}{250}\times W\right)\text{〔g〕}} = \dfrac{120\text{g}}{100\text{g}}$$

∴ $W = 25.2\cdots$ g ≒ 25 g

解答

(1) **29g**　(2) **25g**

story 5 ヘンリーの法則

ヘンリーの法則って，なぜ溶解する気体の体積が一定になるの？

まず**ヘンリーの法則**を見てもらおう！

Point! ヘンリーの法則

一定温度で溶解する気体の濃度は圧力（混合気体では分圧）に比例する。

$$C = kP$$

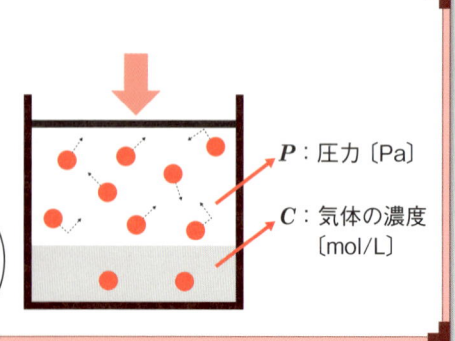

$\begin{pmatrix} k：ヘンリー定数 \\ \text{〔mol/(L・Pa)〕} \\ k は温度により変化する \end{pmatrix}$

P：圧力〔Pa〕
C：気体の濃度〔mol/L〕

このように「**一定温度における溶解する気体のモル濃度 C は圧力 P に比例する**」というのがヘンリーの法則なんだ。$C = kP$ がヘンリーの法則であって，**ヘンリーの法則自体には，溶解する気体の体積という言葉はどこにもない**んだよ。この公式だけで問題はシンプルに解けるから，体積について心配する必要はないよ。しっかり，この世界共通の「ヘンリーの法則」を覚えてね。

　溶解する気体の体積が一定になるのは，$PV = nRT$ から明らかだよ。ちなみに温度一定で P が2倍になっても，溶ける気体の物質量 n が2倍になれば，溶ける気体の体積 V は変わらないよね。

> せんせい！ヘンリーの法則に従って二酸化炭素が溶けたコーラあげる！

> サンキュー

> このコーラは二酸化炭素の圧力が高かったのか？

問題 3 　ヘンリーの法則　★★

　窒素 N_2 を25℃，1.0×10^5 Pa で25℃，1.0 L の水に接触させると 6.1×10^{-4} mol 溶ける。気体定数を $R = 8.3 \times 10^3$ L·Pa/(K·mol) として次の問いに答えよ。ただし，温度は全て25℃とする。

(1) N_2 が 2.0×10^5 Pa で 5.0 L の水に接しているとき，水に溶解する N_2 の物質量は何 mol か。

(2) N_2 が 2.0×10^5 Pa で 5.0 L の水に接しているとき，水に溶解する N_2 は25℃，1.0×10^5 Pa に換算したら何 L か。

(3) 空気が 5.0×10^5 Pa で 90 L の水に接しているとき，水に溶解する N_2 の物質量は何 mol か。ただし，空気中の N_2 のモル分率は 0.80 とする。

第27章　溶解平衡

|解説|

25℃の N_2 について，ヘンリー定数 k を出すのが最初の作業になるよ。ヘンリー定数は1.0Lの水に1.0Paの圧力をかけたとき，溶解する気体の物質量なので

$$k = \frac{6.1 \times 10^{-4}\,\mathrm{mol}}{1.0\,\mathrm{L} \times (1.0 \times 10^5)\,\mathrm{Pa}} = 6.1 \times 10^{-9}\,\mathrm{mol/(L \cdot Pa)}$$

だから25℃の N_2 について，$\boxed{C = 6.1 \times 10^{-9} \times P}$ が成立する。

(1)　$C = 6.1 \times 10^{-9} \times P$ に $P = 2.0 \times 10^5$ 〔Pa〕を代入して
　　　$C = 6.1 \times 10^{-9}\,\mathrm{mol/(L \cdot Pa)} \times (2.0 \times 10^5)\,\mathrm{Pa}$
　　　　$= 1.22 \times 10^{-3}\,\mathrm{mol/L}$
　濃度が出たので，水溶液5.0L中にある N_2 の物質量は
　　　$1.22 \times 10^{-3}\,\mathrm{mol/L} \times 5.0\,\mathrm{L} = 6.1 \times 10^{-3}\,\mathrm{mol}$

(2)　溶解する N_2 の物質量は(1)から $6.1 \times 10^{-3}\,\mathrm{mol}$ なので，$PV = nRT$ より
　　　$1.0 \times 10^5 \times V = 6.1 \times 10^{-3} \times 8300 \times (25 + 273)$
　　　$V = 0.1508\cdots ≒ 0.15\,\mathrm{L}$

(3)　N_2 の分圧は $5.0 \times 10^5\,\mathrm{Pa} \times 0.80 = 4.0 \times 10^5\,\mathrm{Pa}$ だから
　　　$C = 6.1 \times 10^{-9} \times P$ に代入して
　　　$C = 6.1 \times 10^{-9}\,\mathrm{mol/(L \cdot Pa)} \times 4 \times 10^5\,\mathrm{Pa}$
　　　　$= 2.44 \times 10^{-3}\,\mathrm{mol/L}$
　90L中に溶解している N_2 は
　　　$2.44 \times 10^{-3}\,\mathrm{mol/L} \times 90\,\mathrm{L} = 0.2196\,\mathrm{mol} ≒ 0.22\,\mathrm{mol}$

|解答|

(1)　$6.1 \times 10^{-3}\,\mathrm{mol}$　　(2)　$0.15\,\mathrm{L}$　　(3)　$0.22\,\mathrm{mol}$

確認問題

次の **1**〜**6** の問いに答えよ。ただし，計算問題は全て有効数字2桁で解答せよ。

1 食塩が水に溶けるとき，ナトリウムイオン Na^+ や塩化物イオン Cl^- のまわりに水分子が集まった状態になる。このようなイオンを何というか。

解答 水和イオン

2 ヒドロキシ基 $-OH$ のように水分子と親和性の高い基を何というか。

親水基

3 食塩の結晶が残っている飽和水溶液が溶解平衡に達しているとき，食塩の溶解速度と同じ速度になっているものは何か。

析出速度

4 硝酸カリウム KNO_3 の水に対する溶解度は60℃で110g/100gH₂Oである。この飽和溶液の質量パーセント濃度を求めよ。

52%

解説

60℃の KNO_3 飽和水溶液の溶質や水溶液の質量は次のとおり。

60℃ 飽和水溶液

水溶液	210g
KNO_3	110g
H_2O	100g

$$\frac{110\,g}{210\,g} \times 100 = 52.38\cdots \fallingdotseq 52\%$$

第27章 溶解平衡

5 硫酸銅五水和物 $CuSO_4 \cdot 5H_2O$ の結晶 50g を水 100g に溶かした。硫酸銅 $CuSO_4$ の質量パーセント濃度を求めよ。ただし，$CuSO_4$ と H_2O の式量をそれぞれ 160 と 90 とする。

解答 21%

解説

$CuSO_4 \cdot 5H_2O$ の結晶の $\dfrac{160}{250}$ が $CuSO_4$ であることに注意。

水溶液　　　　　　150g
$CuSO_4$　$50g \times \dfrac{160}{250} = 32g$
H_2O　$(150-32)g = 118g$

$$\dfrac{32\,g}{150\,g} \times 100 = 21.3 \cdots ≒ 21\%$$

6 水素 H_2 は 25℃，1.0×10^5 Pa で 25℃，1.0L の水に接していると 7.8×10^{-4} mol 溶ける。H_2 が 25℃，8.0×10^5 Pa で 25℃，1.0L の水に接しているときの水中の H_2 のモル濃度を求めよ。

解答 6.2×10^{-3} mol/L

解説

ヘンリーの法則 $C = kP$ より，気体の溶解度は圧力に比例する。

$$7.8 \times 10^{-4}\,mol/L \times \dfrac{8.0 \times 10^5\,Pa}{1.0 \times 10^5\,Pa} = 6.24 \times 10^{-3}\,mol/L$$
$$≒ 6.2 \times 10^{-3}\,mol/L$$

第28章 希薄溶液の性質

▶ 液体が過冷却になっていると、衝撃で一気に凍ることがある。

story 1 沸点上昇

(1) 蒸気圧降下

水溶液の沸点って、どれも100℃じゃないんですか？

水の沸点は大気圧下では100℃だけど、**不揮発性溶質**（蒸発しない溶質）が溶解した水溶液の沸点は100℃以上になるんだ。これは**蒸気圧降下**という現象が原因なんだよ。不揮発性物質が溶けた水溶液の液

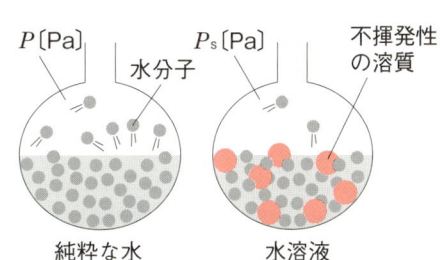

▲ 蒸気圧降下

純粋な水　　水溶液
$P > P_s$ （蒸気圧降下）

第28章 希薄溶液の性質

面を見ると，溶質のせいで，水自体の表面積が小さくなっているから，そこから蒸発する圧力も小さくなって，**蒸気圧が下がる"蒸気圧降下"という現象が起こるイメージ**なんだ。蒸気圧降下は水溶液の全ての温度帯で起こるから，水の蒸気圧曲線を下にほぼ平行移動させたものが，不揮発性溶質の溶けた水溶液の蒸気圧曲線ということになるよ。

海水で濡れた水着は，蒸気圧が下がっているから乾きにくいんだ！

プールの水はほぼ真水だから乾きやすいんだ！

(2) 沸点上昇

蒸気圧＝外圧となる温度が沸点だから，蒸気圧曲線で見ると，ショ糖水溶液（砂糖水）の沸点が高くなっているのがわかるね。この現象を沸点上昇といい，この温度の上昇度を沸点上昇度（Δt_b）とよぶんだ。

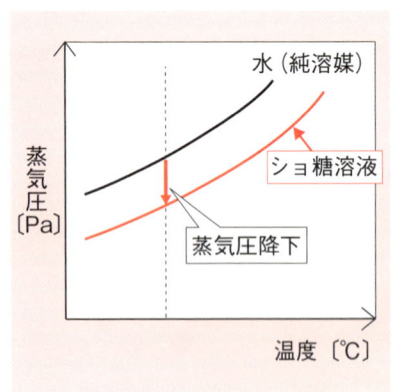

▲ 蒸気圧降下と蒸気圧曲線 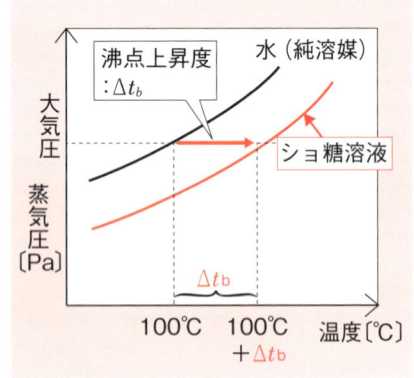　　▲ 蒸気圧降下と沸点上昇

332　溶液

この Δt_b には有名な公式があるんだけど，ここで使う溶液の濃度は"**質量モル濃度**"という特殊な濃度を使うから注意してね。

> **Point! 質量モル濃度**
>
> $$質量モル濃度 [mol/kg] = \frac{溶質の物質量 [mol]}{溶媒の質量 [kg]}$$

> **Point! 沸点上昇度の公式**
>
> $$\Delta t_b = K_b m$$
>
> Δt_b：沸点上昇度 [K]
> m　：溶質粒子の質量モル濃度 [mol/kg]
> K_b：沸点上昇定数 [K・kg/mol]
> 　　　（モル沸点上昇ともよばれる）
>
> ↑ 溶媒の種類で決まる定数（溶質の種類には関係しない）

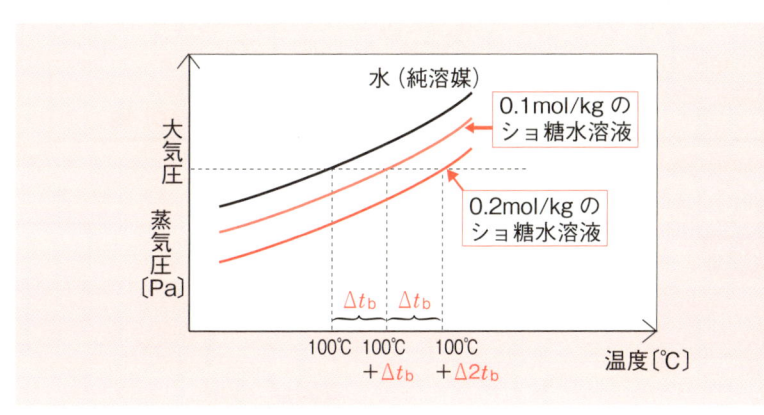

▲ 蒸気圧降下と質量モル濃度

$\Delta t_b = K_b m$ より Δt_b は m に比例するので，質量モル濃度が2倍になれば，沸点上昇度も2倍になる関係だよ。

第28章　希薄溶液の性質

この公式は簡単な式なんだけど、1つだけ次のことに注意してね。

$$\Delta t_b = K_b m$$

↑ 溶質粒子の全部のモル数から質量モル濃度を出す必要あり！

例えばショ糖（砂糖）なら電離しないから気にしなくていいけど、イオンに電離する電解質はイオンのモル数（物質量）を合計する必要があるんだ。気をつけて計算してね！

Point! $\Delta t_b = K_b m$ に代入するときの考え方

質量モル濃度	$\Delta t_b = K_b m$ に代入するときの m
0.1 mol/kg - ショ糖水溶液	**0.1 mol/kg** （電離しないものはこのままでOK！ 例 ショ糖, ブドウ糖, 尿素）
0.1 mol/kg - NaCl水溶液（食塩水）	$NaCl \longrightarrow Na^+ + Cl^-$ モル数は NaCl の 2倍 0.1 mol/kg × 2 = **0.2 mol/kg**
0.1 mol/kg - $CaCl_2$水溶液（塩化カルシウム水溶液）	$CaCl_2 \longrightarrow Ca^{2+} + 2Cl^-$ モル数は $CaCl_2$ の 3倍 0.1 mol/kg × 3 = **0.3 mol/kg**

story 2 凝固点降下

水溶液の凝固点も高くなるんですか？

液体が固体になるときの温度が**凝固点**だけど、溶媒分子（水など）が凝固するのを溶質粒子が妨害するとイメージすれば、溶液が凝固しにくいのがわかるよ。不揮発性の物質が溶けた水溶液の**凝固点は高くなるのではなく、低くなる**んだよ。凝固しにくくなるからより低い温度が必要なんだ。この現象を**凝固点降下**というよ。

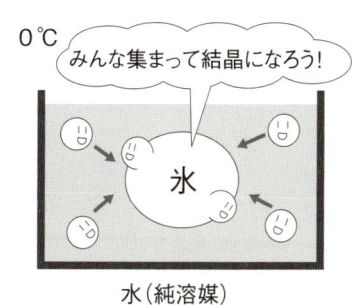

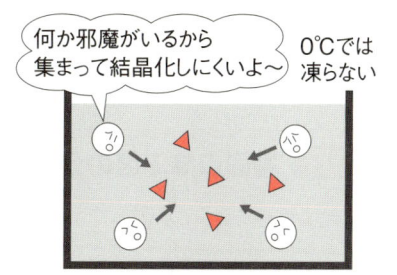

蒸気圧曲線は状態図の一部だけど，もっと広い範囲で状態図を見れば，沸点上昇と凝固点降下の両方が確認できるよ。**不揮発性溶質の溶けた溶液は蒸気圧曲線が下がるけど，同様に融解曲線も下がる**んだ（昇華圧曲線は，固体結晶から昇華するのは溶媒の水のみなので変化しないよ）。

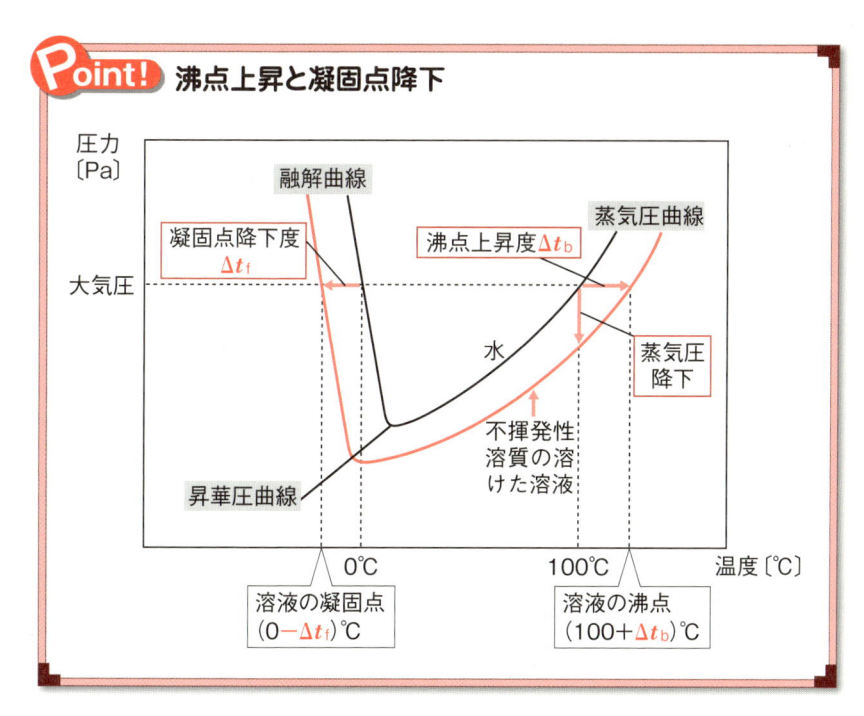

Point! 沸点上昇と凝固点降下

圧力〔Pa〕

- 融解曲線
- 凝固点降下度 Δt_f
- 沸点上昇度 Δt_b
- 蒸気圧曲線
- 大気圧
- 水
- 蒸気圧降下
- 不揮発性溶質の溶けた溶液
- 昇華圧曲線

0℃　100℃　温度〔℃〕

溶液の凝固点 $(0-\Delta t_f)$℃
溶液の沸点 $(100+\Delta t_b)$℃

第28章　希薄溶液の性質

そして，**凝固点降下度**は沸点上昇度と**全く同じ形の公式にあてはめる**から一気に頭に入るね！

Point! 凝固点降下度の公式

$$\Delta t_f = K_f m$$

Δt_f ：凝固点降下度〔K〕
m ：溶質粒子の質量モル濃度〔mol/kg〕
K_f ：凝固点降下定数〔K・kg/mol〕
　　　（モル凝固降下ともよばれる）

溶媒の種類で決まる定数（溶質の種類には関係しない）

家の池に食塩をたくさん入れたら凝固点が降下して冬でも凍らなくなるんだ！

問題 1　沸点上昇と凝固点降下 ★★

次の水溶液A〜Dについてあとの問いに答えよ。ただし電離するものは100%電離すると考えてよい。

　A：0.05 mol のショ糖を1.0 kgの水に溶かした水溶液
　B：0.08 mol の尿素を1.0 kgの水に溶かした水溶液
　C：0.03 mol の塩化ナトリウム NaCl を1.0 kgの水に溶かした水溶液
　D：0.05 mol の塩化カルシウム $CaCl_2$ を1.0 kgの水に溶かした水溶液

(1) 蒸気圧の低い方から順に並べよ。　（例）A＜B＜C＜D
(2) 大気圧下で沸点が100℃に一番近い溶液はどれか。
(3) 沸点の低い方から順に並べよ。　（例）A＜B＜C＜D
(4) 大気圧下で凝固点が0℃に一番近い溶液はどれか。
(5) 凝固点の低い方から順に並べよ。　（例）A＜B＜C＜D

解説

A, Bの溶質は非電解質だから，溶質粒子の質量モル濃度はA：0.05 mol/kg，B：0.08 mol/kgでいいけど，CとDは電離するから注意だよ！

C：NaCl ⟶ Na⁺ + Cl⁻ (2つに分かれる!) より溶質粒子の質量モル濃度は

$$0.03\,\text{mol/kg} \times 2 = 0.06\,\text{mol/kg}$$

D：$CaCl_2$ ⟶ Ca^{2+} + 2Cl⁻ (3つに分かれる!) より溶質粒子の質量モル濃度は

$$0.05\,\text{mol/kg} \times 3 = 0.15\,\text{mol/kg}$$

あとは，質量モル濃度が大きいほど，蒸気圧が下がり，融解曲線も下がることがわかっていれば，簡単な図をかいてみれば一発で順番がわかるよ。(2), (4)は，一番濃度の低い水溶液が純水に近いからどちらもAが正解だよ。

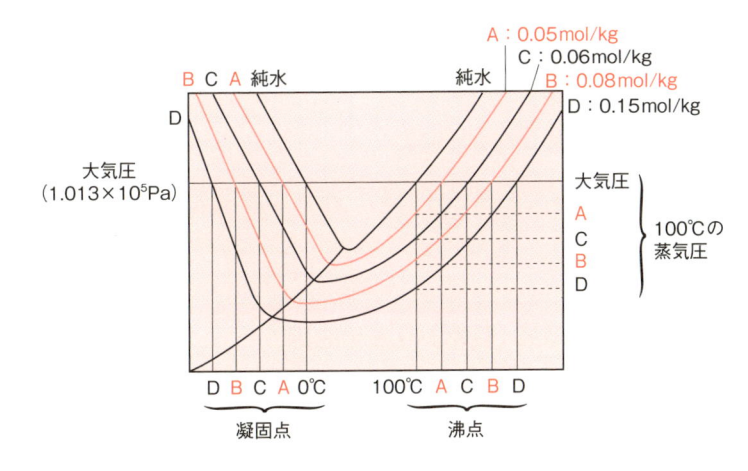

▲ 蒸気圧曲線と融解曲線のイメージ

解答

(1) D＜B＜C＜A　　(2) A　　(3) A＜C＜B＜D　　(4) A
(5) D＜B＜C＜A

story 3 冷却曲線

(1) 過冷却

> 真水は0℃で凍らないって本当ですか？

液体が固体になる温度を凝固点といったけど，実際に液体を冷却していくと凝固点で凍らないことが多いんだ。**凝固点を過ぎても凍らない状態を過冷却**（supercooling）といい，過冷却になった液体は，衝撃などのきっかけで急に凍ってしまうよ！

（お前はもう凍っている!!／えっ…液体ですけど／つん／!?／ぶはははは／一瞬で凍った…!?／コロコロ…）

(2) 純溶媒の冷却曲線

純水を冷却して，横軸に時間，縦軸に温度をとると次のようなグラフになるよ。

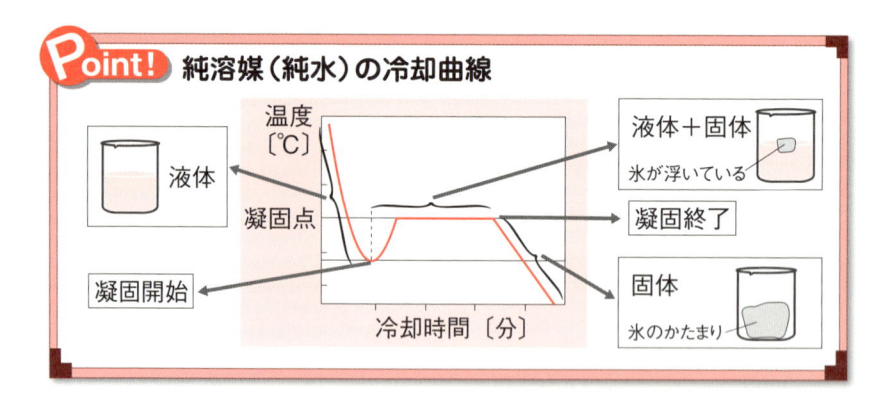

Point!　純溶媒（純水）の冷却曲線

液体 — 液体＋固体（氷が浮いている） — 凝固終了 — 固体（氷のかたまり）
凝固点　凝固開始
温度〔℃〕　冷却時間〔分〕

338　溶液

過冷却状態は本来凍っていなければならない特殊な状態なんだけど，いったん，凝固が始まると，本来の凝固点（水なら0℃）に戻って凍り始めるんだ。純溶媒の冷却曲線はこれで完璧だね！

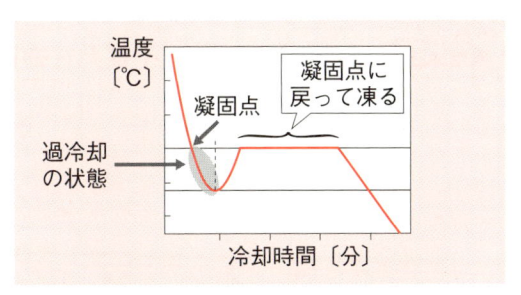

▲ 冷却曲線上で見る過冷却（純溶媒）

(3) 溶液の冷却曲線

ところで，食塩水のような溶液の場合は上の冷却曲線の形が変わるから注意するんだよ。一番の違いは液体が凝固するときの形なんだ。

ポイントは**食塩水などの溶液が凝固するとき，凍るのは水（溶媒）だけ**ということなんだ！

だから，残った食塩水はしだいに濃くなるんだよ。

濃度 m が高くなると，$\Delta t_f = K_f m$ の式からわかるように凝固点が下がるから，残った溶液はどんどん**凝固点降下によって温度が下がり続ける**んだ。

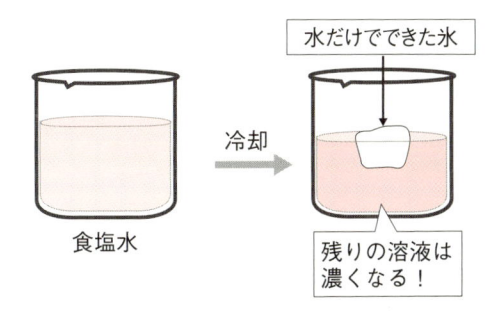

▲ 食塩水を凍らせたとき

第28章 希薄溶液の性質

Point! 溶液の冷却曲線（不揮発性物質が溶けた溶液）

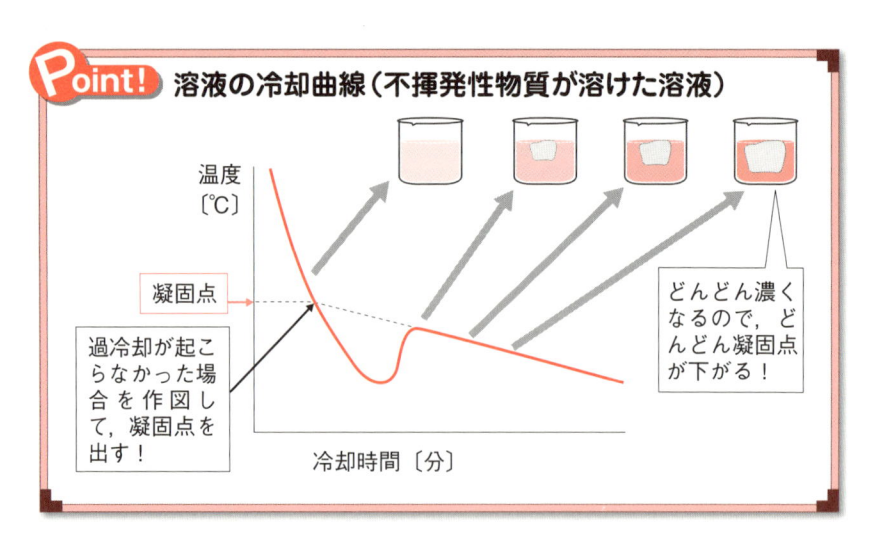

凝固点

過冷却が起こらなかった場合を作図して，凝固点を出す！

どんどん濃くなるので，どんどん凝固点が下がる！

温度〔℃〕
冷却時間〔分〕

凍らせておいたオレンジジュース，半分ぐらいしか凍ってないけど，飲んじゃえ！

ジュースの中の水だけが凍ったから，残りは濃縮されたんだよ！まずそうだね！

このジュース，超濃い〜〜！

　純溶媒と溶液の冷却曲線を重ねて，凝固点降下度を見てみると右の図のようになるよ。
　この実験結果を，
$$\Delta t_f = K_f m$$
の公式に代入して，凝固点降下係数 K_f を求めるんだよ。

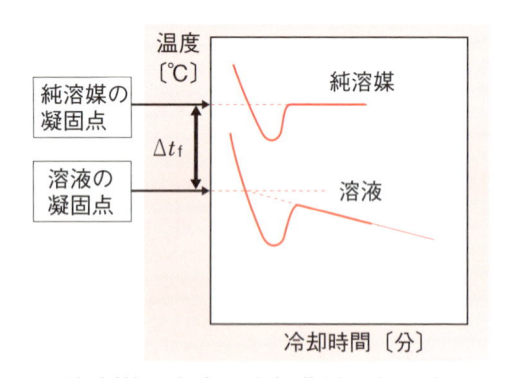

純溶媒の凝固点
溶液の凝固点
Δt_f
純溶媒
溶液
温度〔℃〕
冷却時間〔分〕

▲ 純溶媒と溶液の冷却曲線と凝固点

340 溶液

story 4 浸透圧

(1) 半透膜と浸透圧

> 浸透圧って，何が浸透する圧力なの？

溶液を半透膜(はんとうまく)（水（溶媒）は通すけど，溶質を通さない膜）**で仕切ったとき，水などの溶媒が浸透してくる圧力を浸透圧**(しんとうあつ)というよ。

　細胞膜は大ざっぱに言えば半透膜みたいなものだから，浸透圧によって物質が出入りすることが多いんだ。血液中の細胞である赤血球を水の中に入れると，赤血球内部の溶液を薄めようとして，水が内部に入ってくるんだ。最終的には赤血球が膨れて破裂してしまう現象（溶血(ようけつ)）が起こるんだ。

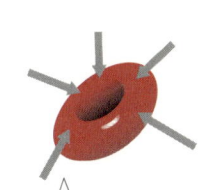

赤血球の中は水より濃度が濃いので，水が赤血球内に浸透してくる！

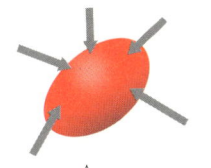

半透膜である赤血球の細胞膜を通って入ってきた水のせいで，赤血球はどんどん膨張する！

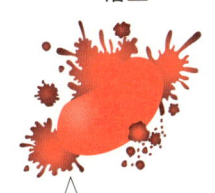

溶血

水（溶媒）が浸透し過ぎて，細胞膜がとうとう破裂する！（溶血という）

指の先切って，ちょっとだけ血が出ちゃった！

第28章　希薄溶液の性質

(2) 浸透圧の起こる仕組み

次に，濃度の異なる溶液を半透膜で仕切ると，なぜ，水が浸透してくるかを考えてみよう。U字管を水しか通さない半透膜で仕切って，左側に純水，右側にショ糖水溶液を入れてみると，ショ糖溶液側にはショ糖分子があるので，水が左に移動するのに邪魔者がいるイメージになるね。ところが，純水側には何も邪魔者がいないから純水側の水がショ糖溶液側に浸透する圧力の方が勝るんだ。

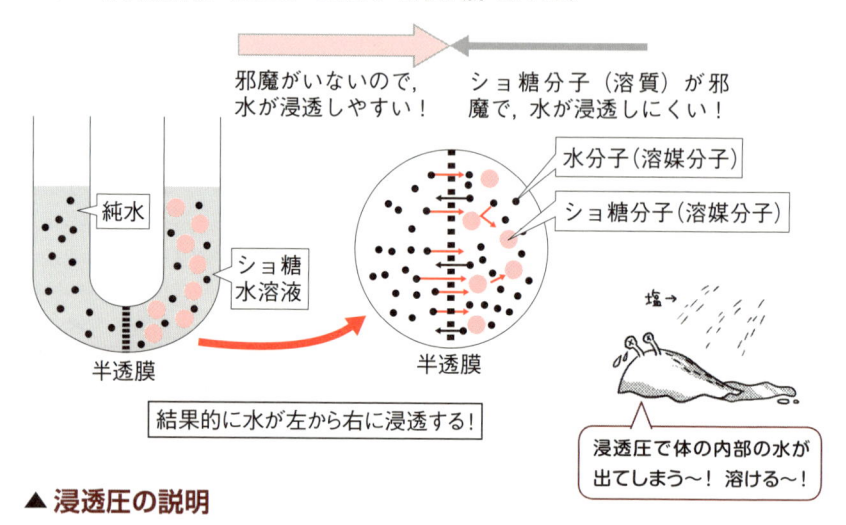

▲ 浸透圧の説明

最初の溶液の高さを同じにしておけば，水の浸透現象のため，ショ糖水溶液の液面が上昇するけど，それを**押さえつけて同じ高さにすれば**，**その圧力**，**つまり浸透圧がわかる**んだ。

公式も簡単だから覚えよう！

Point! 浸透圧の測定と公式

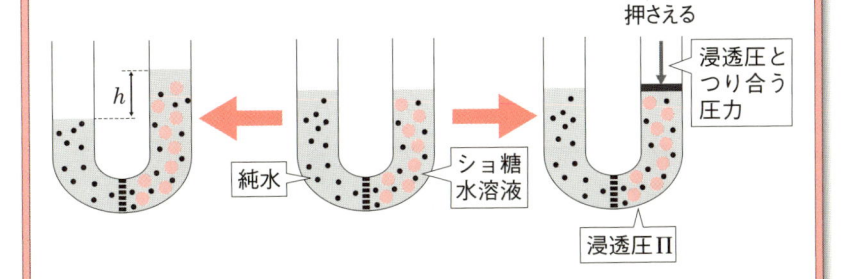

押さえる
浸透圧とつり合う圧力
h
純水
ショ糖水溶液
浸透圧 Π

浸透圧の公式（ファントホッフの式）

$$\Pi = CRT$$

Π：浸透圧〔Pa〕
R：気体定数 ← $R = 8.3 \times 10^3$ L・Pa/(K・mol)
T：絶対温度〔K〕
C：溶質粒子のモル濃度〔mol/L〕

全溶質粒子のモル濃度を代入する必要があるので電解質の場合は注意！
例えば0.1mol/LのNaCl水溶液は，
　　　NaCl ⟶ Na$^+$ + Cl$^-$
のため，溶質粒子のモル濃度は2倍の
　　　0.1mol/L×2 = 0.2mol/L
となる。

第28章　希薄溶液の性質

確認問題

次の **1**〜**5** の問いに答えよ。ただし，必要なら次の数値を用いよ。

水の沸点上昇定数（モル沸点上昇）：$K_b = 0.52\,\mathrm{K\cdot kg/mol}$，水の凝固点降下定数（モル凝固点降下）：$K_f = 1.85\,\mathrm{K\cdot kg/mol}$，気体定数：$R = 8.3 \times 10^3\,\mathrm{L\cdot Pa/(K\cdot mol)}$

1 次の A，B 2つの溶液のうち，20℃における飽和蒸気圧が低い方を答えよ。
　A：0.1 mol のショ糖を 1.0 kg の水に溶かした溶液
　B：0.06 mol の塩化カリウム KCl を 1.0 kg の水に溶かした溶液

解答 B

解説

全溶質粒子の質量モル濃度は
A：0.1 mol/kg，
B：KCl ⟶ K⁺ + Cl⁻ より
　　0.06 mol/kg × **2** = 0.12 mol/kg
よってBの方が濃度が濃いので，蒸気圧は低くなる。

2 0.2 mol の塩化ナトリウム NaCl を 1.0 kg の水に溶かした溶液の沸点を小数第2位まで求めよ。

解答 100.21℃

解説

NaCl ⟶ Na⁺ + Cl⁻ より溶質粒子の質量モル濃度が2倍になることに注意。
　$\Delta t_b = K_b m = 0.52\,\mathrm{K\cdot kg/mol} \times (0.2 \times \mathbf{2})\,\mathrm{mol/kg} = 0.208\,\mathrm{K}$
よって，沸点が 0.208℃上昇したから沸点は
　$100 + 0.208 = 100.208 ≒ 100.21\,℃$

3 1.2 mol の尿素を 600 g の水に溶かした水溶液の凝固点〔℃〕を小数第1位まで求めよ。

解答 −3.7 ℃

解説

尿素は非電解質だから質量モル濃度は

$$m = \frac{1.2\,\mathrm{mol}}{0.60\,\mathrm{kg}} = 2.0\,\mathrm{mol/kg}$$

$\Delta t_f = K_f m = 1.85\,\mathrm{K\cdot kg/mol} \times 2.0\,\mathrm{mol/kg} = 3.7\,\mathrm{K}$

よって、凝固点は3.7℃下降したから
$0 - 3.7 = -3.7 \fallingdotseq -3.7\,℃$

4 0.12 mol の塩化カルシウム $CaCl_2$ を 1.8 kg の水に溶かした溶液の凝固点を小数第2位まで求めよ。

解答 −0.37 ℃

解説

$CaCl_2 \longrightarrow Ca^{2+} + 2Cl^-$ より溶質粒子の質量モル濃度は

$$m = \frac{0.12 \times 3\,\mathrm{mol}}{1.8\,\mathrm{kg}} = 0.20\,\mathrm{mol/kg}$$

$\Delta t_f = K_f m = 1.85\,\mathrm{K\cdot kg/mol} \times 0.20\,\mathrm{mol/kg} = 0.37\,\mathrm{K}$

よって、凝固点は $0 - 0.37 = -0.37 = -0.37\,℃$

5 0.08 mol/L のグルコース水溶液の27℃での浸透圧を有効数字2桁で求めよ。

解答 2.0×10^5 Pa

解説

$\Pi = CRT$ より、
$\Pi = 0.08\,\mathrm{mol/L} \times 8300\,\mathrm{L\cdot Pa/(K\cdot mol)} \times (273 + 27)\,\mathrm{K}$
$= 1.992 \times 10^5\,\mathrm{Pa} \fallingdotseq 2.0 \times 10^5\,\mathrm{Pa}$

第28章 希薄溶液の性質

第29章 コロイド溶液

▶ 空気中には様々なコロイド粒子がブラウン運動をして浮いている。

story 1 コロイド粒子とコロイドの分類

(1) コロイド粒子とコロイドの分類

　　コロイド粒子って何ですか？

コロイド粒子は原子や分子より大きな粒子で，正確には**直径 10^{-9}～10^{-7}m の粒子**を指すんだ。粒子によってコロイドを分類すると，次のような種類があるよ。

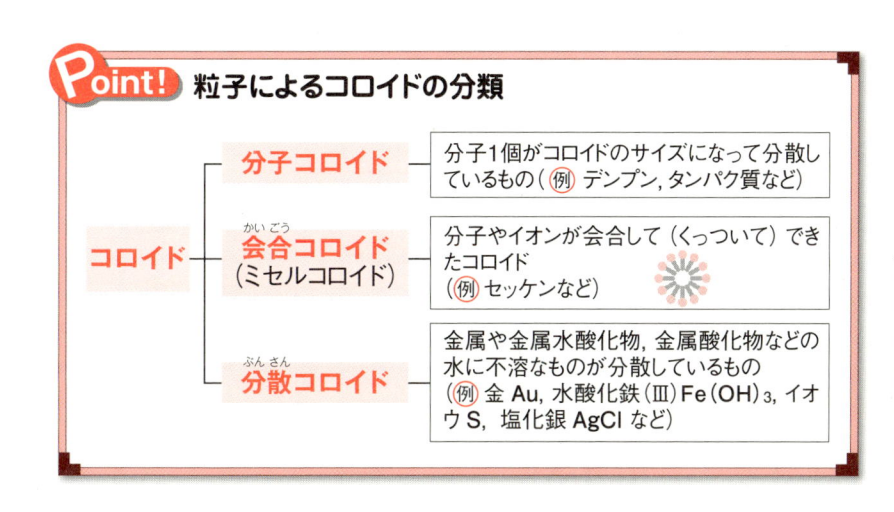

Point! 粒子によるコロイドの分類

- コロイド
  - **分子コロイド** ── 分子1個がコロイドのサイズになって分散しているもの（例 デンプン，タンパク質など）
  - **会合コロイド**（ミセルコロイド） ── 分子やイオンが会合して（くっついて）できたコロイド（例 セッケンなど）
  - **分散コロイド** ── 金属や金属水酸化物，金属酸化物などの水に不溶なものが分散しているもの（例 金 Au，水酸化鉄(Ⅲ) $Fe(OH)_3$，イオウ S，塩化銀 AgCl など）

(2) コロイドの分散系

コロイド粒子が他の物質の中に分散している状態を**コロイド** (colloid) とよんで，コロイドにおける，**コロイド粒子を分散質**，コロイドのまわりにある他の物質を**分散媒**，これらを合わせて**分散系**というんだ。例えば，コランダムという鉱物は酸化アルミニウム Al_2O_3 の無色透明な結晶だが，その中に酸化クロム(Ⅲ) Cr_2O_3 のコロイド粒子が分散しているときれいな赤色の鉱物になるんだ。それがルビーだよ。

コランダム（透明な鉱物） Al_2O_3 のみ

ルビー（赤色） 分散媒 Al_2O_3／分散質（コロイド粒子） Cr_2O_3

分散媒と分散質を気体・液体・固体に分けた表を見ると，コロイドにはどんなものがあるか，よくわかるよ。

▼ コロイドの分散質と分散媒

		分散質（コロイド粒子）		
		気 体	液 体	固 体
分散媒	気体	分散質，分散媒ともに気体であるコロイドはない。	雲 分散質：水，氷 分散媒：空気	煙 分散質：固体の微粒子 分散媒：空気
	液体	ビールの泡 分散質：二酸化炭素など 分散媒：ビール	マヨネーズ 分散質：酢 分散媒：油	油絵の具 分散質：顔料 分散媒：油
	固体	マシュマロ 分散質：空気 分散媒：ゼラチンなどの菓子本体	オレンジゼリー 分散質：オレンジジュース 分散媒：ゼラチン	ルビー 分散質：Cr_2O_3 分散媒：Al_2O_3

(3) ブラウン運動

身のまわりにはコロイドがたくさんあることがわかるだろう！　この中で分散媒が気体や液体の場合には，**コロイド粒子に熱運動している分散媒粒子**（分子など）**がぶつかることで，コロイド粒子は不規則な運動をするんだ**。これが**ブラウン運動**だよ。

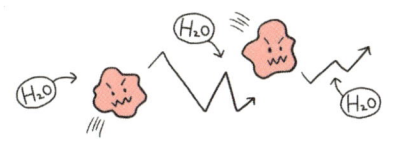

▲ ブラウン運動

(4) 流動性によるコロイドの分類

分散質が液体でブラウン運動しているコロイドにはドロドロした感じのものが多いんだ。でも，冷却したりすると流動性を失って固まるコロイドもあるよね。このように流動性のあるコロイドを**ゾル** (sol)，ゼリーのように流動性を失ったコロイドを**ゲル** (gel)，またゲルを乾燥させたものを**キセロゲル** (xerogel) というんだ。

Point! 流動性によるコロイドの分類

| 流動性のあるコロイド（ゾル） | ゼリー（ゲル） | 板ゼラチン（キセロゲル） |

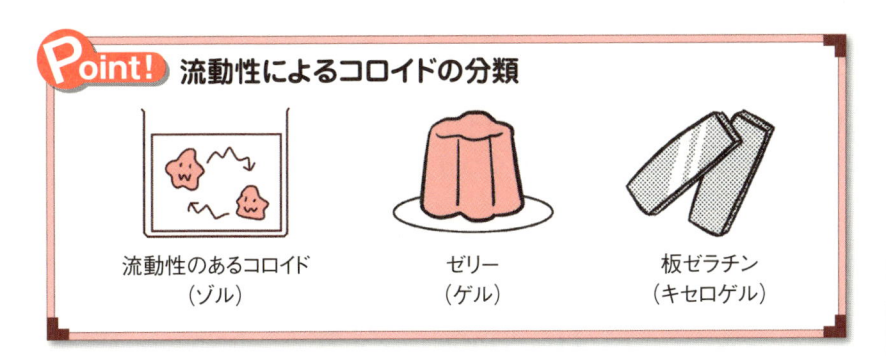

(5) チンダル現象

また，コロイドはどれもすっきり透明に見えない，つまり濁っているものばかりだよね。それはコロイド粒子が大きいので**コロイド粒子表面で光が散乱される**ためなんだ。

次のページの図のように，コロイド溶液に強い光線を当てると，コロイド粒子によって光が散乱されて，光の通路が見えるよ。この現象が**チンダル現象**だ。

第29章 コロイド溶液

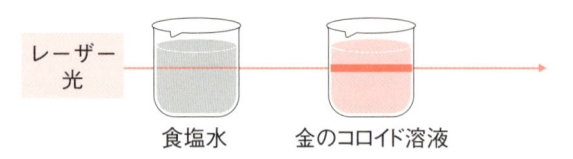

▲ **チンダル現象**

チンダル現象で，光の通路が見えるのは，コロイド粒子表面で光が散乱されるためなんだ！

　前のページで図の中に金のコロイド溶液というのがあるけど，金色をしていると思うでしょ？　実は，粒子本来の色というより，コロイド粒子の直径によっても色が変化することがあって，金コロイドは赤色になることが多いんだ。**コロイド粒子は結晶よりもはるかに小さいから，その物質の本来の色がくっきり見えるわけではない**のが面白いでしょ！

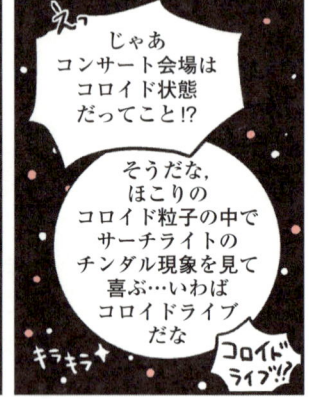

コンサート会場のサーチライトってきれい！

サーチライトの光の筋が見えるのは会場内のコロイド粒子…つまりほこりが光を散乱させているからなんだけどね

じゃあコンサート会場はコロイド状態だってこと!?

そうだな，ほこりのコロイド粒子の中でサーチライトのチンダル現象を見て喜ぶ…いわばコロイドライブだな

コロイドライブ!?

story 2 コロイド溶液と沈殿

> コロイド粒子って，ろ過では除けないんですか？

コロイド粒子はろ紙の目よりも小さいからろ紙を通過してしまうんだ。例えば，牛乳はコロイド溶液だから，ろ紙でろ過しても，下から牛乳が出てきて，ろ過できないんだ。でも，**コロイド粒子を沈殿させて除去する**裏技があるんだ！

> 確かに牛乳をろ過しても牛乳だ！

(1) 親水コロイドと疎水コロイド

> コロイド粒子を沈殿させる裏技を教えてください！

よしよし，教えてあげよう！　ブラウン運動しているコロイド粒子どうしをぶつければいいんだよ。コロイド粒子どうしがぶつかると合体して大きくなっていくんだ。大きくなったコロイドは重くなって沈殿してしまうというわけなんだ！

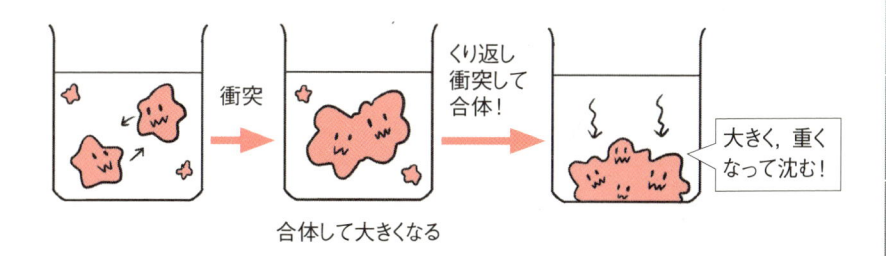

衝突　→　くり返し衝突して合体！　→　大きく，重くなって沈む！

合体して大きくなる

しかし，原理は簡単でも，実際にコロイド粒子をピンセットでつまんで他のコロイド粒子にぶつけることは難しすぎるだろう。だから，ぶつけるための裏技が必要なんだよ。

第29章　コロイド溶液　351

沈殿させるという観点から見れば、コロイド溶液は**親水コロイド**と**疎水コロイド**の2種類に分けることができて、それぞれ、沈殿のさせ方が違うんだ。

(2) 親水コロイドと塩析

はじめに親水コロイドだけど、**親水コロイドはコロイド粒子の表面に親水基があって、水分子と強く結合（水和）している**んだ。これはコロイド粒子表面に水のバリアがあるイメージだから、衝突してもくっつかないんだ。例えば、豆乳は親水コロイドなんだけど、売っているパックの中では、沈殿していないよね。それは水のバリアでコロイド粒子どうしがくっつくことが阻止されているからなんだよ。

> 先生！ウチの冷蔵庫の豆乳は沈殿してる！

> それは腐ってるだけだ！捨てなさい！

　この水のバリアをとってしまえば、コロイド粒子どうしがぶつかって、沈殿しやすくなるんだ！　**水のバリアをとるのに使われるのが多量の塩**（塩化ナトリウム NaCl など）なんだよ。例えば多量の食塩を入れたら、

$$NaCl \longrightarrow Na^+ + Cl^-$$

と電離して、生成したイオンが水と水和するから、水分子は Na^+ や Cl^- の方にどんどん集まって、コロイド粒子表面の水のバリアが薄くなって沈殿するよ。これを**塩析**というんだ。

　豆乳もにがり（主成分は塩化マグネシウム $MgCl_2$）を入れると塩析して、沈殿するんだ。それが豆腐だね。

> 豆腐は親水コロイドの粒子を沈殿させたものだよ！

> 豆腐は沈殿したコロイドだったんだ！

Point! 塩析—親水コロイドの沈殿—

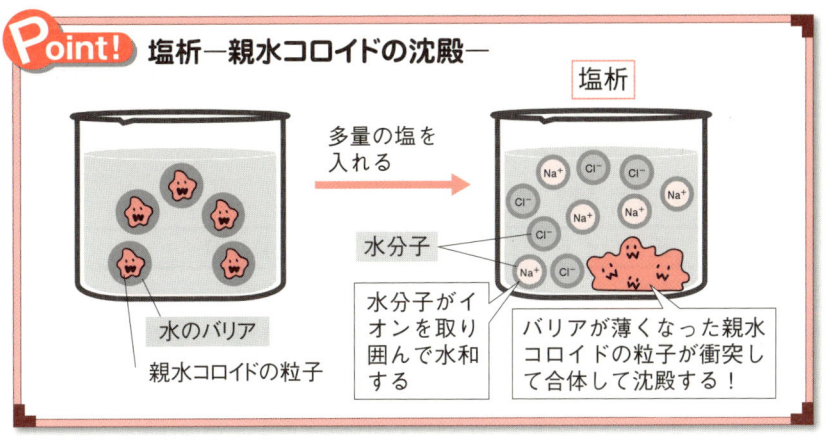

多量の塩を入れる → 塩析

- 水のバリア
- 親水コロイドの粒子
- 水分子
- 水分子がイオンを取り囲んで水和する
- バリアが薄くなった親水コロイドの粒子が衝突して合体して沈殿する！

(3) コロイド粒子の帯電と電気泳動

ところで，水のバリアを張らないコロイドもあるんだ。それが**疎水コロイド**なんだよ。疎水コロイドは水のバリアがないから放っておくと，簡単にコロイド粒子どうしがぶつかって沈殿するものもあるんだ。

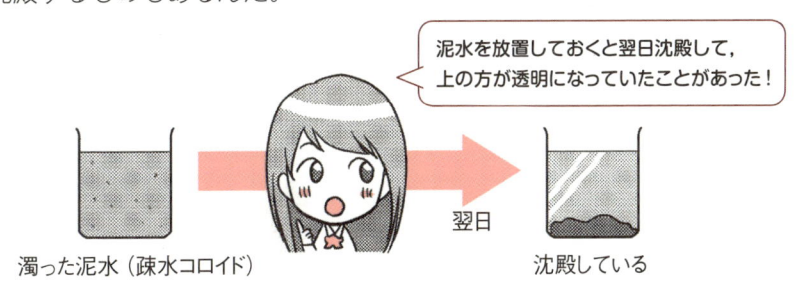

> 泥水を放置しておくと翌日沈殿して，上の方が透明になっていたことがあった！

濁った泥水（疎水コロイド） → 翌日 → 沈殿している

第29章 コロイド溶液

でも沈殿をより速くつくる裏技があるんだよ。

その前に，コロイドのもう一つの性質を知っておいてもらおう。それが，**コロイド粒子の帯電**だよ。親水コロイドも疎水コロイドも正か負に帯電しているものが多いんだ。その，正負のどちらに帯電しているかはコロイドに電圧をかけて放っておくとわかるよ。

水の入ったU字管の下部に静かにコロイド溶液を入れて電圧をかけると，正に帯電したコロイド粒子（正コロイド）は陰極に，負に帯電したコロイド粒子（負コロイド）は陽極に移動する。この現象をコロイドの**電気泳動**というから覚えておくんだよ。

▼ コロイドの電気泳動

正コロイド	負コロイド
電圧をかける前 → 直流電圧 Fe(OH)₃のコロイド 水の入ったU字管にコロイド溶液を入れて電圧をかける。 正コロイドは陰極の方に移動する（電気泳動）。	電圧をかける前 → 直流電圧 デンプンのコロイド 負コロイドは陽極の方に移動する（電気泳動）。

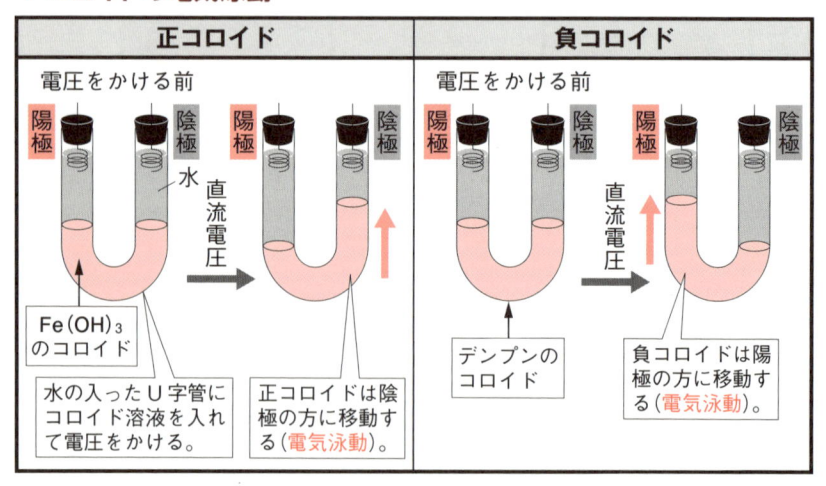

(4) 疎水コロイド粒子と凝析

コロイド粒子が帯電していることを使って，沈殿させる方法があるんだ。コロイド粒子どうしは同じ符号の電気に帯電して反発し合っていて，その反発力によって分散しているんだよ。だから，少量の塩（逆符号のイオン）を入れてコロイドの反発力を弱めてしまえば簡単にぶつかって沈殿するというわけなんだ。これを**凝析**というよ。

Point! 凝析 ―疎水コロイドの沈殿―

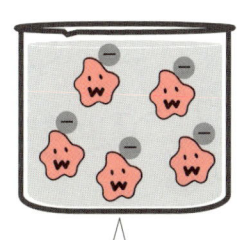

凝析

少量の塩(逆符号の イオン)を入れる Al^{3+}

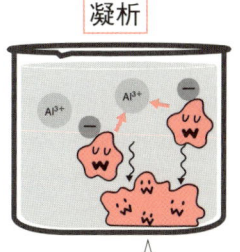

負コロイドどうしが反発し合っている

負コロイドの反発力が Al^{3+} により弱まる→ぶつかって沈殿

凝析力

負コロイドの場合
$Na^+ < Ca^{2+} < Al^{3+}$

正コロイドの場合
$Cl^- < SO_4^{2-} < PO_4^{3-}$

コロイドと逆符号で価数の大きいイオンほど,凝析させる力が強い!

---

story 3 コロイド溶液の保護と精製

(1) 保護コロイド

保護コロイドって何を保護しているんですか？

例から説明するけど,下水道処理場ではコロイドとなって汚染されている水を川に流すのは嫌だから,沈殿させて除去しているんだ。でも,コロイドの中には,沈殿してほしくないものもあるよね。

例えば,墨汁がそうだよ。墨汁は水の中に炭素(墨)のコロイド粒子が浮いているもので,この疎水コロイドは集まって沈殿しやすいんだ。

でも，墨汁の容器の中で墨が沈殿して，上澄みが透明だったら困るよね。そこで，**沈殿しないように炭素の疎水コロイドのまわりを保護している親水コロイド**があるんだ。墨汁では膠（ゼラチン）なんだが，このように疎水コロイドの凝析防止の目的で入れた親水コロイドのことを**保護コロイド**（ほご）というんだよ。

（さ～習字 習字♪）
（って え!? 墨汁が透明!?）

Point! 保護コロイド

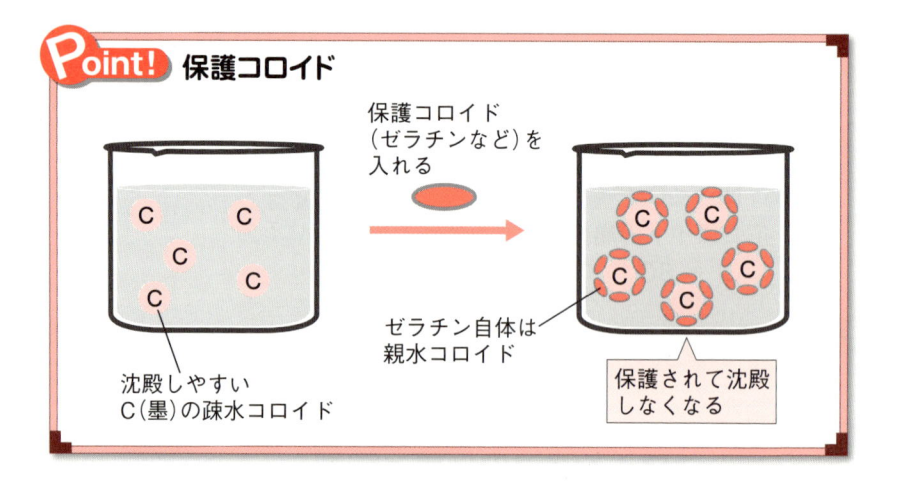

沈殿しやすい C（墨）の疎水コロイド
→ 保護コロイド（ゼラチンなど）を入れる
→ ゼラチン自体は親水コロイド／保護されて沈殿しなくなる

(2) 透 析

　コロイドを沈殿させたりしないで分離・精製する方法もあるんだ。それが**透析**（とうせき）だよ。コロイド粒子は，ろ紙は通過してしまうけど，**セロハンのような半透膜は通過できない**から，セロハン膜で仕切られた容器の中にコロイド溶液を入れて，外側に水を流し続ければ，容器内の小さなイオンなどがセロハンを通過してコロイド粒子が分離・精製できるという訳なんだ！

（セロハン膜は小さなイオンや水を通すんだ！）

356　溶 液

Point! 透析―コロイドの精製―

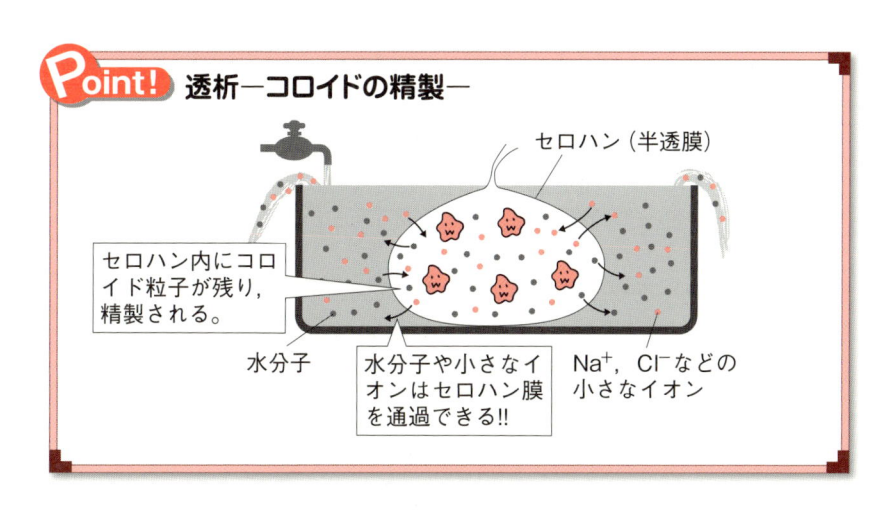

- セロハン（半透膜）
- セロハン内にコロイド粒子が残り，精製される。
- 水分子
- 水分子や小さなイオンはセロハン膜を通過できる!!
- Na^+，Cl^-などの小さなイオン

腎臓は血液を透析したあと，必要な物質や水を再吸収しているんだ。

じゃあ，単に血液を透析しているわけじゃないんだ！

確認問題

1 コロイドの粒子の直径はどのぐらいか。

2 水酸化鉄(Ⅲ) $Fe(OH)_3$ のコロイド粒子が存在する赤褐色の水溶液がある。このとき，コロイドの種類は次のどれか。次の①〜③から適当なものを選べ。
　① 分子コロイド　　② 会合コロイド
　③ 分散コロイド

3 コロイドである雲の分散質は何か。

4 コロイドであるマシュマロの分散質は何か。

解答

$10^{-9}〜10^{-7}$ m

③

水または氷

空気

第29章　コロイド溶液　357

5 コロイド粒子がブラウン運動をする原因を，次の①～③から選べ。
　① コロイド粒子どうしの衝突
　② コロイド粒子の熱運動
　③ コロイド粒子に分散媒粒子が衝突する。

解答
③

6 次のコロイドをゾル・ゲル・キセロゲルに分類せよ。
(1) プリン　　(2) 乾燥した寒天
(3) 牛乳　　　(4) 粉ゼラチン
(5) こんにゃく

(1) ゲル
(2) キセロゲル
(3) ゾル
(4) キセロゲル
(5) ゲル

7 チンダル現象が起こる原因を，次から選べ。
　① コロイド粒子が発光するため。
　② コロイド粒子が光を散乱させるため。
　③ コロイド粒子と分散媒の化学反応のため。

②

8 親水コロイドに多量の塩を入れて沈殿させることを何というか。

塩析

9 疎水コロイドに少量の塩を入れて沈殿させることを何というか。

凝析

10 負コロイドを凝析させるのに最も有効なイオンを，次の①～④から選べ。
　① Na^+　　② Ca^{2+}
　③ Al^{3+}　　④ Sn^{4+}

④

11 墨汁中の膠（にかわ）（ゼラチンなど）のような働きをしている親水コロイドを何というか。

保護コロイド

12 半透膜を使ってコロイドを分離・精製する操作を何というか。

透析

XI

反応速度と化学平衡

第30章 反応速度

▶ 恋にもクライマックスがあるように、反応にも活性状態がある。

---

story 1 反応速度の考え方

(1) 反応速度

反応速度って、何ですか？

反応速度は単位時間あたりのモル濃度の変化量だよ。言葉より式を見た方がわかるよ。

$$反応速度\ v = \frac{濃度の変化量〔mol/L〕}{単位時間〔s〕} = \frac{\Delta C}{\Delta t}$$

(1秒間に何mol/L変化するかという値)

物質の濃度−時間のグラフで見ると，もっとわかりやすいよ！

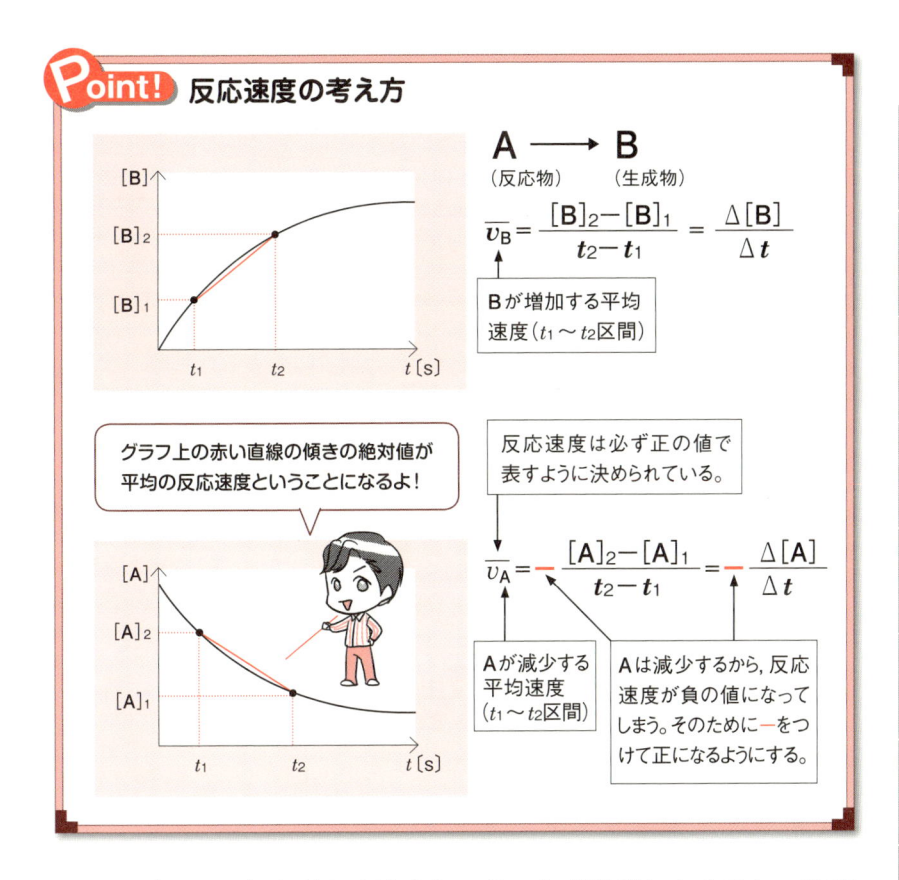

Point! 反応速度の考え方

$$A \longrightarrow B$$
（反応物）　（生成物）

$$\overline{v_B} = \frac{[B]_2 - [B]_1}{t_2 - t_1} = \frac{\Delta[B]}{\Delta t}$$

Bが増加する平均速度（$t_1 \sim t_2$区間）

グラフ上の赤い直線の傾きの絶対値が平均の反応速度ということになるよ！

反応速度は必ず正の値で表すように決められている。

$$\overline{v_A} = -\frac{[A]_2 - [A]_1}{t_2 - t_1} = -\frac{\Delta[A]}{\Delta t}$$

Aが減少する平均速度（$t_1 \sim t_2$区間）

Aは減少するから，反応速度が負の値になってしまう。そのために―をつけて正になるようにする。

　このグラフの傾きが反応速度ということが簡単にわかるね。注意することは，**反応速度は正の値で定義する**ので，**傾きが負のものには−（マイナス）をつけて正の値にする**のを忘れないようにね！

(2) 反応速度の公式

　次に A $\longrightarrow$ 2B の反応を考えて見よう。Bは2倍の速度で増加していくので，$v_A = 0.3 \, \text{mol}/(\text{L}\cdot\text{s})$ の速度でAが分解しているとき，Bの生成速度は2倍の値，つまり $v_B = 0.6 \, \text{mol}/(\text{L}\cdot\text{s})$ となるね。

第30章　反応速度

$$A \longrightarrow 2B$$

$v_A = 0.3\,\mathrm{mol/(L \cdot s)}$ のとき，$v_B = 0.6\,\mathrm{mol/(L \cdot s)}$ より

$v_A = \dfrac{1}{2} v_B$ が成立する

この関係が成立するのと同様に，次のような公式が成立するよ。

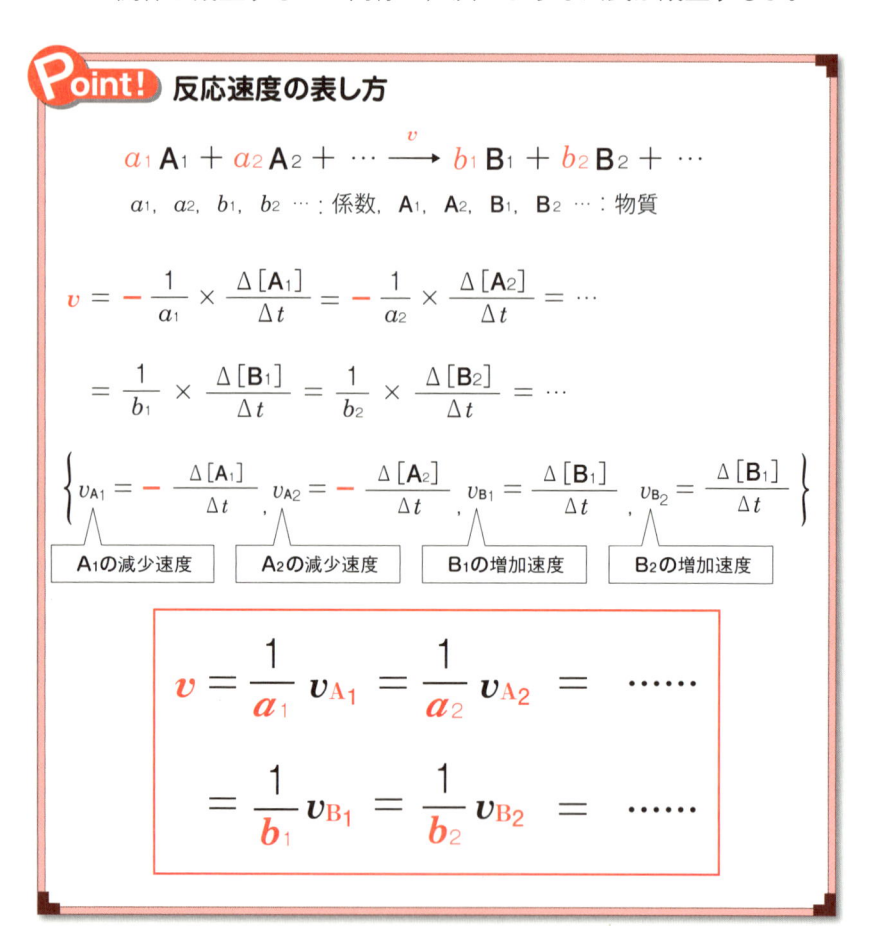

Point! 反応速度の表し方

$$a_1 A_1 + a_2 A_2 + \cdots \xrightarrow{v} b_1 B_1 + b_2 B_2 + \cdots$$

$a_1, a_2, b_1, b_2 \cdots$：係数，$A_1, A_2, B_1, B_2 \cdots$：物質

$$v = -\frac{1}{a_1} \times \frac{\Delta[A_1]}{\Delta t} = -\frac{1}{a_2} \times \frac{\Delta[A_2]}{\Delta t} = \cdots$$

$$= \frac{1}{b_1} \times \frac{\Delta[B_1]}{\Delta t} = \frac{1}{b_2} \times \frac{\Delta[B_2]}{\Delta t} = \cdots$$

$$\left\{ v_{A_1} = -\frac{\Delta[A_1]}{\Delta t},\ v_{A_2} = -\frac{\Delta[A_2]}{\Delta t},\ v_{B_1} = \frac{\Delta[B_1]}{\Delta t},\ v_{B_2} = \frac{\Delta[B_1]}{\Delta t} \right\}$$

v_{A_1}：A_1の減少速度，v_{A_2}：A_2の減少速度，v_{B_1}：B_1の増加速度，v_{B_2}：B_2の増加速度

$$v = \frac{1}{a_1} v_{A_1} = \frac{1}{a_2} v_{A_2} = \cdots\cdots$$

$$= \frac{1}{b_1} v_{B_1} = \frac{1}{b_2} v_{B_2} = \cdots\cdots$$

反応速度と化学平衡

story 2　反応速度式

(1) 反応次数と反応速度

　反応次数って，何ですか？

　反応速度が反応物質の何乗に比例しているかの値なんだ。具体的に書いてみるとまず，A $\longrightarrow$ 2B という反応がある場合，その反応速度は次のように表されるんだ。

Point!　反応速度式

A $\xrightarrow{v}$ 2B　反応速度 $\begin{cases} v = -\dfrac{\Delta[A]}{\Delta t} = \dfrac{1}{2} \times \dfrac{\Delta[B]}{\Delta t} \\ v = k[A]^n \quad \leftarrow n\text{次反応という!} \end{cases}$

k：反応速度定数

●反応次数と反応速度の関係

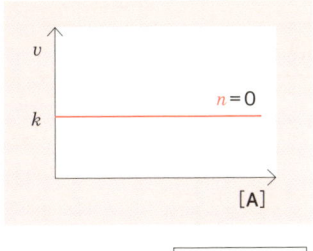

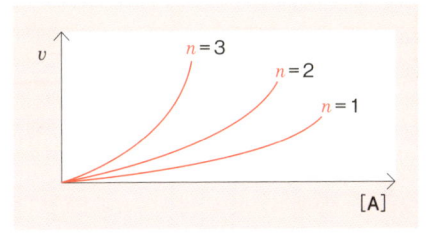

$n = 0$
0次反応では速度は一定

1次反応，2次反応などではAの濃度[A]が増加すると速度vはどんどん増加する。

第30章　反応速度

(2) 反応速度式

例えば，$v = k[A]^n$ のような式を**反応速度式**といって，このときの n が**反応次数**になるんだ。反応速度が反応物の濃度の0乗に比例していれば0次反応（つまり，濃度とは無関係），1乗に比例していれば1次反応という具合だよ。ところで，この反応次数 n がいくらになるかは，反応式を見てもわからないんだ。実際に実験してみないとわからない数値だから，反応式を見てわからなくても不安にならなくてオッケーだよ！

問題 1　反応速度式　★★

A + 2B ⟶ C という反応について，A，Bの濃度を変えてCの生成速度 v_C 〔mol/(L·s)〕を測定したら，次の表のような結果になった。この反応に関して次の問いに答えよ。

実験	[A]	[B]	v_C〔mol/L·s〕
1	0.10	0.10	0.0020
2	0.10	0.30	0.0060
3	0.30	0.30	0.0540

(1) Aの濃度を一定にしてBの濃度を3倍にすると，Cの生成速度は何倍になるか。
(2) Cの生成速度は $v_C = k[A]^x[B]^y$ で表される。x と y の値を求めよ。
(3) $v_C = k[A]^x[B]^y$ の反応速度定数 k を求めよ。
(4) 同じ反応で [A] = 0.20 mol/L，[B] = 0.20 mol/L のとき，Cの生成速度 v_C〔mol/(L·s)〕を求めよ。
(5) 実験1のとき，Aの減少速度 v_A とBの減少速度 v_B を求めよ。

解説

実験結果から反応速度を読み取る典型的な問題だよ。

(1) まず，AかBのどちらかの濃度を一定にして考えるんだ。両方の値を動かすとわからなくなるからね。実験1と実験2では[A]が同じだから，[A]を一定にして，Bの濃度を見てみよう。

実験	[A]	[B]	v_C [mol/(L·s)]
1	0.10	0.10	0.0020
2	0.10	0.30	0.0060
3	0.30	0.30	0.0540

（[B]：3倍，v_C：3倍）

Bの濃度[B]を3倍にするとCの生成速度v_C [mol/(L·s)]が3倍になることがわかるね。よって3倍が正解だよ。

このことから，v_C は[B]の**1乗**に比例することがわかるんだ。

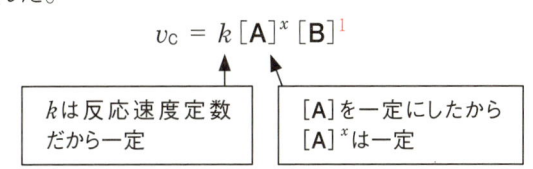

$$v_C = k[A]^x[B]^1$$

- kは反応速度定数だから一定
- [A]を一定にしたから$[A]^x$は一定

(2) 次にBの濃度[B]を一定にしてAの濃度[A]を見てみよう。

実験	[A]	[B]	v_C [mol/(L·s)]
1	0.10	0.10	0.0020
2	0.10	0.30	0.0060
3	0.30	0.30	0.0540

（[A]：3倍，v_C：9倍）

Aの濃度[A]を3倍にするとCの生成速度v_Cが9倍，つまり3^2倍になることから，v_Cは[A]の**2乗**に比例することがわかる。

$$v_C = k[A]^2[B]^1$$

- kは反応速度定数だから一定
- [B]を一定にしたから$[B]^1$は一定

よって，反応速度式は$v_C = k[A]^2[B]^1$と表されるから，$x = 2$，$y = 1$が正解だね。

(3) 実験1〜3のどの数値を反応速度式に入れても反応速度定数kは同じ値になるよ。

$$v_C = k[A]^2[B]^1$$

実験1より　　$0.0020 = k \times 0.10^2 \times 0.10$
実験2より　　$0.0060 = k \times 0.10^2 \times 0.30$
実験3より　　$0.0540 = k \times 0.30^2 \times 0.30$

$$k = 2.0 \, L^2/(mol^2 \cdot s)$$

(4) $k = 2.0 \, L^2/(mol^2 \cdot s)$を代入すると

$v_C = 2.0[A]^2[B]^1$

よって

$v_C = 2.0 \times 0.2^2 \times 0.2 \, mol/(L \cdot s)$
　　$= 0.016 \, mol/(L \cdot s)$

(5) $A + 2B \longrightarrow C$ より $v = v_A = \dfrac{1}{2}v_B = v_C$ で，

表より $v_C = 0.0020 \, mol/(L \cdot s)$

$v_A = v_C = 0.0020 \, mol/(L \cdot s)$，

$\dfrac{1}{2}v_B = v_C$ より $v_B = 2v_C = 2 \times 0.0020 \, mol/(L \cdot s)$
　　　　　　　　　　　　$= 0.0040 \, mol/(L \cdot s)$

|解 答|

(1) **3倍**　　(2) $x = 2$, $y = 1$　　(3) **$2.0 \, L^2/(mol^2 \cdot s)$**
(4) **$0.016 \, mol/(L \cdot s)$**　(5) $v_A =$ **$0.0020 \, mol/(L \cdot s)$**　$v_B =$ **$0.0040 \, mol/(L \cdot s)$**

story 3 反応速度を変化させる要因

(1) 活性化エネルギー

> 反応速度定数って，いつも一定なんですか？

それは，すばらしい質問だね。**反応速度定数**は確かに定数なんだけど，実は一定になるためには前提条件があって，**温度と活性化エネルギーが一定**であることが条件なんだ。まずは，気体 A が反応して気体 B に変化することを考えてみよう。

$$A \longrightarrow B$$

の反応があった場合，A 分子のエネルギーは A 分子の運動エネルギーとほぼ等しく，存在率の分布は次のようなグラフになるんだ。

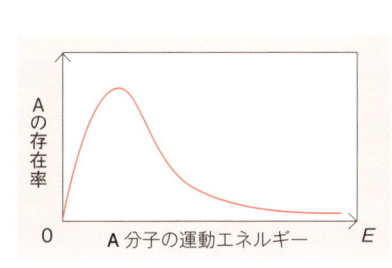

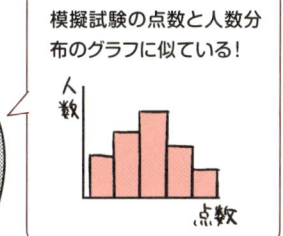

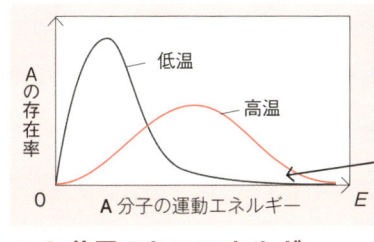

> 模擬試験の点数と人数分布のグラフに似ている！

> 高温にすると分子の速度が増加して，全体に運動エネルギーが大きい分子が増えるよ！

▲ A 分子のもつエネルギー

この分布の関数は大学で勉強するとして、ここでは形だけわかっていればいいよ。

次に、活性化エネルギーについて話そう。A ⟶ B の反応が発熱反応だとしたらエネルギー図は次のとおりだね。

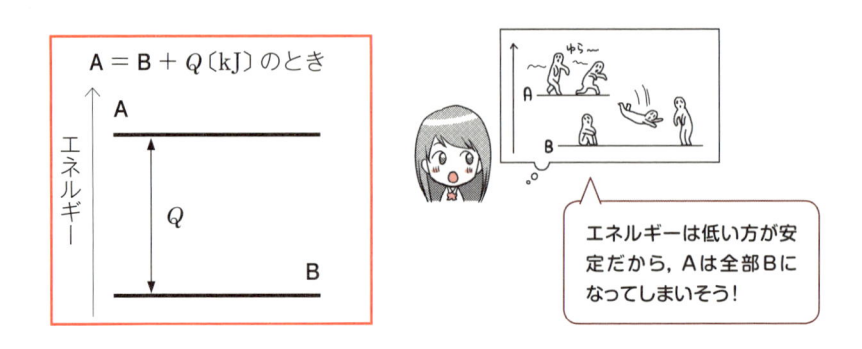

A = B + Q〔kJ〕のとき

エネルギーは低い方が安定だから、A は全部 B になってしまいそう！

エネルギーは低い方が安定だから A 分子は全て安定な B 分子に変化してしまいそうだけど、実際には A が B になるとき、超えなければならない壁みたいなエネルギーがあるんだ。それが**活性化エネルギー**だ。また、エネルギーの頂点の状態（壁の頂上）以上のエネルギーをもつ不安定な状態を**活性化状態**というんだ。だから、**活性化エネルギーとは活性化状態になるために必要な最小のエネルギー**と言えるね。

Point! 活性化エネルギー

A = B + Q〔kJ〕のとき

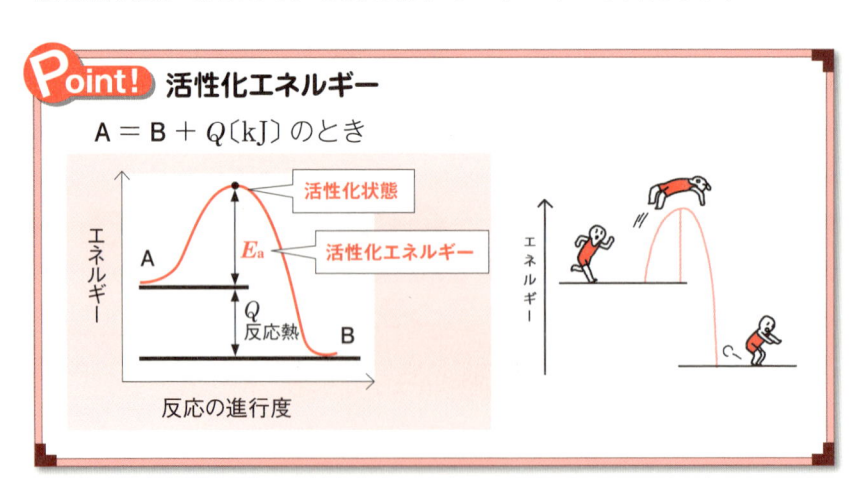

活性化状態
E_a 活性化エネルギー
Q 反応熱

(2) 活性化エネルギーと反応速度

A 分子のうち，この活性化エネルギー以上のエネルギーをもつものだけが B になれる，つまり反応するわけなんだ。この**反応する A 分子の割合（下の右の図中の赤色の部分の面積）が反応速度定数 k に比例する**んだ。

Point! 活性化エネルギーと反応速度の関係

$$A \xrightarrow{v} B \qquad v = k[A]^n \quad A = B + Q \,(kJ)$$

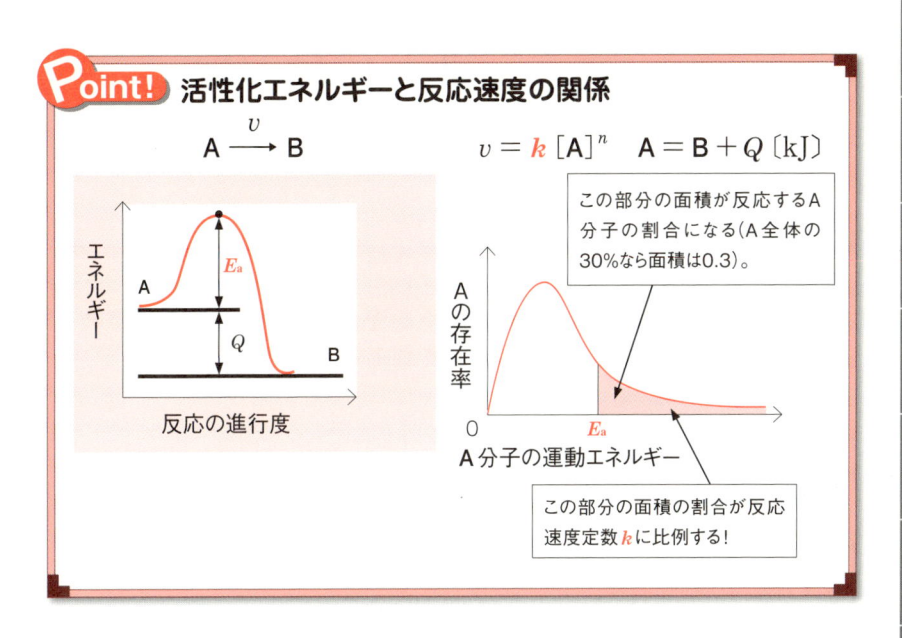

（左図）反応の進行度 ー エネルギー：活性化エネルギー E_a，反応熱 Q

（右図）A 分子の運動エネルギー ー A の存在率

この部分の面積が反応する A 分子の割合になる（A 全体の 30％なら面積は 0.3）。

この部分の面積の割合が反応速度定数 k に比例する！

(3) 触媒と反応速度

このグラフを理解すると，反応速度を上げる方法がはっきり見えてくるよ。実は，活性化エネルギー E_a は**触媒**を入れると小さくなる。触媒は**反応速度定数に影響を与える**んだ。

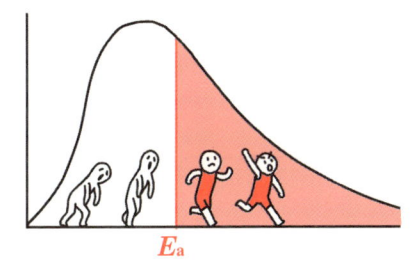

第30章 反応速度

Point! 触媒と活性化エネルギー，反応速度の関係

$$A \xrightarrow{v} B \qquad v = k[A]^n \quad A = B + Q \, [kJ]$$

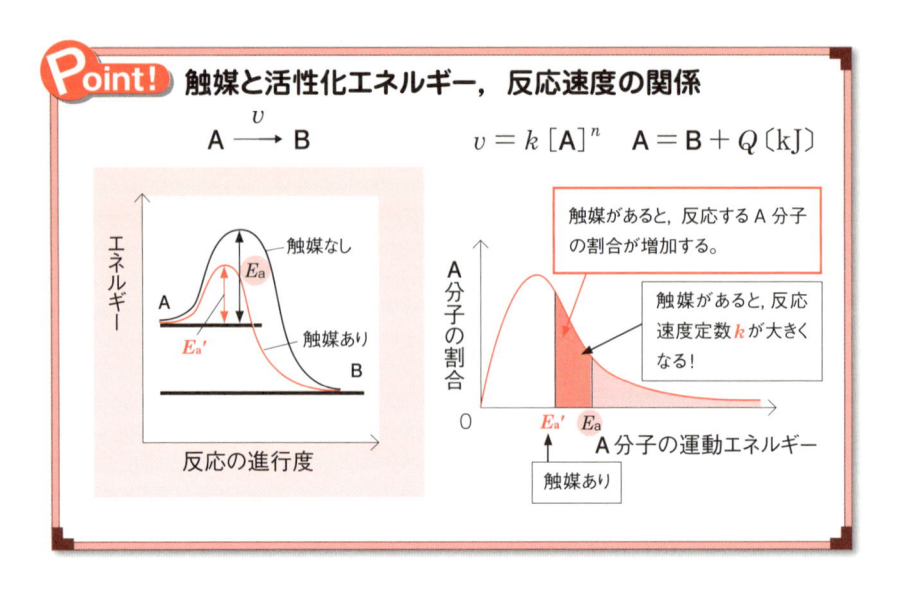

- 触媒があると，反応するA分子の割合が増加する。
- 触媒があると，反応速度定数 k が大きくなる！

つまり，**触媒を入れると活性化エネルギーが下がり反応速度定数 k が大きくなることで反応速度が大きくなる**んだ。

- 触媒を入れる。
- 活性化エネルギーが下がる。
- 反応する分子の割合が増加する。
- 反応速度定数 k が大きくなる。
- $v = k[A]^n$ より反応速度 v が大きくなる。

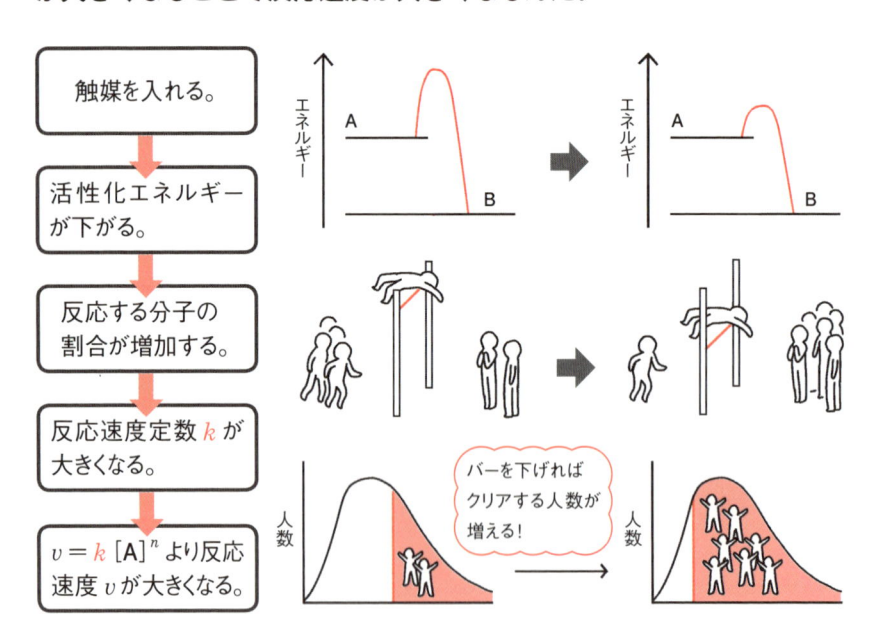

バーを下げればクリアする人数が増える！

反応速度と化学平衡

(4) 温度と反応速度

　温度を上げると必ず反応速度は増加するの？

　A ⟶ B みたいな**一方通行の反応では，温度を上げると必ず反応速度は上がる**んだよ。温度の影響もグラフで簡単に理解できるよ。

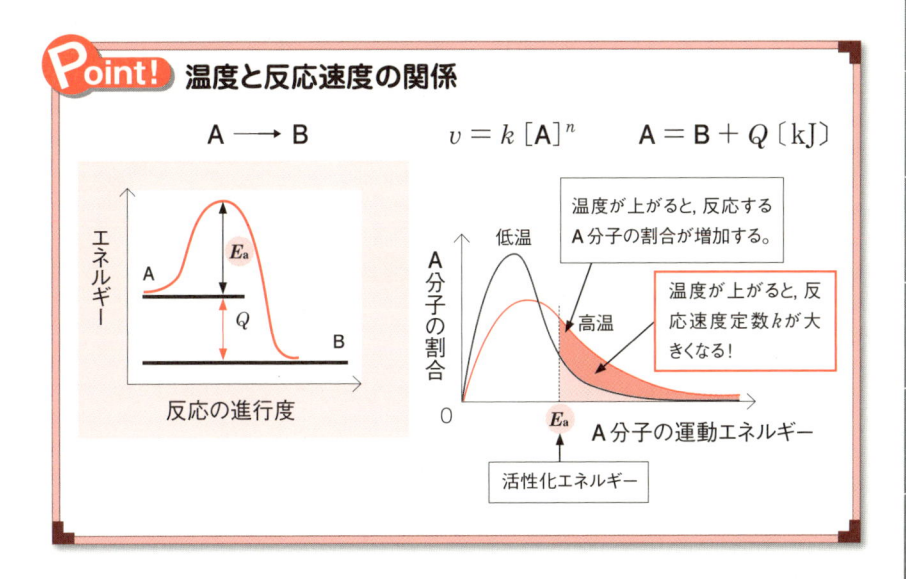

Point! 温度と反応速度の関係

A ⟶ B　　$v = k[A]^n$　　A = B + Q 〔kJ〕

左のグラフ：縦軸「エネルギー」，横軸「反応の進行度」。A から山を越えて B へ至る経路。山の高さが E_a，A と B のエネルギー差が Q。

右のグラフ：縦軸「A分子の割合」，横軸「A分子の運動エネルギー」。低温と高温の2つの分布曲線。E_a の位置に「活性化エネルギー」と記載。

温度が上がると，反応するA分子の割合が増加する。

温度が上がると，反応速度定数 k が大きくなる！

　つまり，**温度を上げると反応する分子の割合が増加し，反応速度定数 k が大きくなることで反応速度も大きくなる**んだ。

- 温度を上げる。
- 反応する分子の割合が増加する。
- 反応速度定数 k が大きくなる。
- $v = k[A]^n$ より反応速度 v が大きくなる。

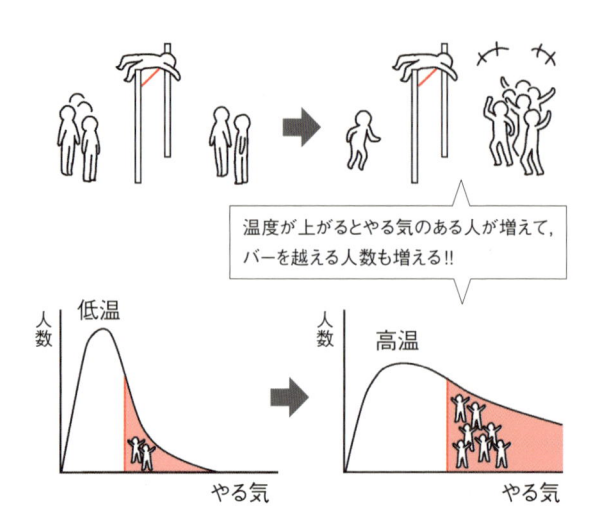

温度が上がるとやる気のある人が増えて，バーを越える人数も増える!!

story 4　反応速度定数の算出

反応速度定数を出す実験をしたんだけど，よくわかりません！

では，コツを教えてあげよう！　過酸化水素 H_2O_2 の分解を例に，問題を解きながら具体的に説明するよ。

問題 2　反応速度定数　★★

濃度 1.0 mol/L の過酸化水素 H_2O_2 の水溶液がある。温度を一定に保ち，触媒である酸化マンガン(Ⅳ) MnO_2 を入れたら次の反応が始まった。

$$2H_2O_2 \longrightarrow 2H_2O + O_2$$

この反応は 1 次反応であり，H_2O_2 の減少速度 v は次のように表される。

$$v = k[H_2O_2]$$

なお，k は反応速度定数〔/min〕である。

5分ごとに濃度を測定したら表のような結果になった。この実験に関する次の問いに答えよ。答えは有効数字2桁で求めよ。

時間〔min〕	0	5	10	15
[H_2O_2]	1.0	0.54	0.29	0.16

(1) 5分後から10分後の間のH_2O_2の平均の減少速度を求めよ。
(2) 5分後から10分後の間のH_2O_2の平均の濃度を求めよ。
(3) 5分後から10分後の間のH_2O_2の平均の減少速度と平均の濃度から，反応速度定数kを求めよ。
(4) 0分から5分，5分から10分，10分から15分の間の平均の反応速度定数を算出し，その平均値を出せ。

解説

まずは縦軸を反応物の濃度，横軸を時間にしてグラフを書くのがコツなんだ！ そのグラフの傾きが反応速度だから，グラフを書けば，ビジュアル的に理解できるよ。ここで，実際のグラフの傾きは負だけど，減少速度がvとして正の値に定義されているので，速度は正の値になるようにするから注意するんだよ。

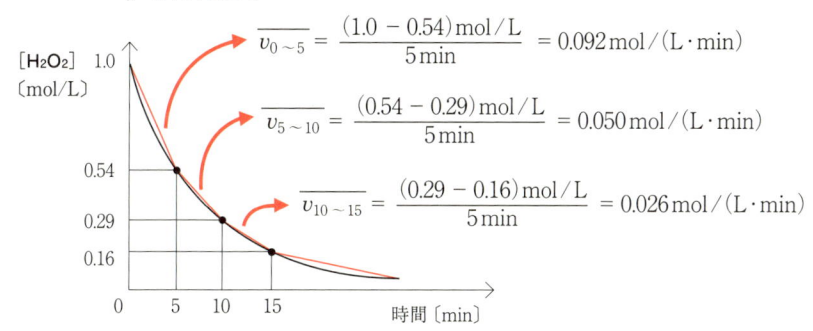

$$\overline{v_{0 \sim 5}} = \frac{(1.0 - 0.54)\,\mathrm{mol/L}}{5\,\mathrm{min}} = 0.092\,\mathrm{mol/(L \cdot min)}$$

$$\overline{v_{5 \sim 10}} = \frac{(0.54 - 0.29)\,\mathrm{mol/L}}{5\,\mathrm{min}} = 0.050\,\mathrm{mol/(L \cdot min)}$$

$$\overline{v_{10 \sim 15}} = \frac{(0.29 - 0.16)\,\mathrm{mol/L}}{5\,\mathrm{min}} = 0.026\,\mathrm{mol/(L \cdot min)}$$

(1) 上の計算より，5分後から10分後の間の平均速度は0.050 mol/(L·min)だとわかるね。

(2) 次に,データ整理のための表をつくるよ。ここでのポイントはすべて平均値で出すということなんだ。

$v = k[H_2O_2]$ を変形すると,$k = \dfrac{v}{[H_2O_2]}$ だけど,速度 v が平均値だから,濃度 $[H_2O_2]$ も平均値を出す必要があるんだ。よって $k = \dfrac{\overline{v}}{\overline{[H_2O_2]}}$ ←速度 v の平均値 ←$[H_2O_2]$ の平均値

のように k を出す必要があるんだ。それでは,各区間の平均を出すための表を書こう！

濃度も各区間の平均だから注意だよ。

$$\overline{[H_2O_2]}_{0\sim5} = \frac{1.0 + 0.54}{2} \text{ mol/L} = 0.770 \text{ mol/L}$$

$$\overline{[H_2O_2]}_{5\sim10} = \frac{0.54 + 0.29}{2} \text{ mol/L} = 0.415 \text{ mol/L}$$
$$\fallingdotseq 0.42 \text{ mol/L}$$

$$\overline{[H_2O_2]}_{10\sim15} = \frac{0.29 + 0.16}{2} \text{ mol/L} = 0.225 \text{ mol/L}$$

時間〔min〕	0〜5	5〜10	10〜15
$\overline{v}$〔mol/(L·min)〕	0.092	0.050	0.026
$\overline{[H_2O_2]}$〔mol/L〕	0.770	0.415	0.225
$k = \dfrac{\overline{v}}{\overline{[H_2O_2]}}$〔/min〕	0.119	0.120	0.115

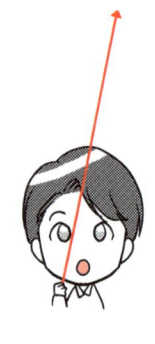

(3) (2)の表より

$$k_{5 \sim 10} = \frac{\overline{v_{5 \sim 10}}}{\overline{[\mathrm{H_2O_2}]}_{5 \sim 10}} = \frac{0.050\,\mathrm{mol/(L \cdot min)}}{0.415\,\mathrm{mol/L}}$$

$$= 0.1204\cdots/\mathrm{min} \fallingdotseq 0.12/\mathrm{min}$$

(4) (2)の表より

$$\overline{k} = \frac{0.119 + 0.120 + 0.115}{3}\,/\mathrm{min}$$

$$= 0.118/\mathrm{min} \fallingdotseq 0.12/\mathrm{min}$$

|解 答|

(1) 0.050 mol/(L・min)   (2) 0.42 mol/L   (3) 0.12/min
(4) 0.12/min

確認問題

1 反応速度式が $v = k[A]^3$ で表される反応は何次反応か。

|解 答|
3次反応

2 反応速度式が $v = k[A][B]$ で表される反応は何次反応か。

2次反応

|解 説|
反応次数は反応物のモル濃度〔mol/L〕の何乗に比例するかで決まるから，$v = k[A][B]$ よりモル濃度の2次式に比例で2次反応。

3 反応速度式が $v = k[A]^3[B]^2[C]$ で表される反応は何次反応か。

|解 答|
6次反応

4 触媒が変化させるものを，次の①～⑤から全て選べ。
　① 反応熱
　② 反応する分子の割合
　③ 活性化エネルギー
　④ 反応速度定数
　⑤ 反応速度

②③④⑤

|解 説|
触媒は活性化エネルギーを下げるから，反応する分子の割合が増加する。また，活性化エネルギーが下がれば反応速度定数 k が大きくなることで反応速度が増加するね。

5　A ⟶ B の反応の反応速度 v は，$v = k[A]$ と表される。これについて，次の問いに答えよ。
(1) この反応は何次反応か。
(2) 定数 k を何というか。
(3) k は何によって変化するか。

6　A ⟶ B の反応の反応速度 v は，$v = k[A]$ と表される。他の条件は変えずに温度のみを上げたとき成立するものを，次の①〜⑥から全て選び番号で答えよ。
　① v は必ず大きくなる。
　② v は大きくなる場合もある。
　③ v は変化しない。
　④ k は必ず大きくなる。
　⑤ k は必ず小さくなる。
　⑥ k は変化しない。

| 解 答 |
(1) 1 次反応
(2) 反応速度定数
(3) 温度と活性化エネルギー（触媒）

① ④

| 解 説 |
温度を上げると反応速度定数 k が大きくなり，反応速度 v も大きくなるよ。

第30章　反応速度

第31章 化学平衡

▶ 一日に成立するカップルの数とけんかして別れるカップルの数が等しければカップルの数は一定になる。これをカップルが平衡状態に達したという。

story 1 可逆反応

(1) 可逆反応と不可逆反応

可逆反応って，何ですか？

反応物を A，生成物を B としたときにその化学反応は2つ考えられるんだ。**一方通行型の不可逆反応**と**双方向型の可逆反応**だ。
可逆反応では右向きに進む反応を正反応，左向きに進む反応を逆反応というよ。

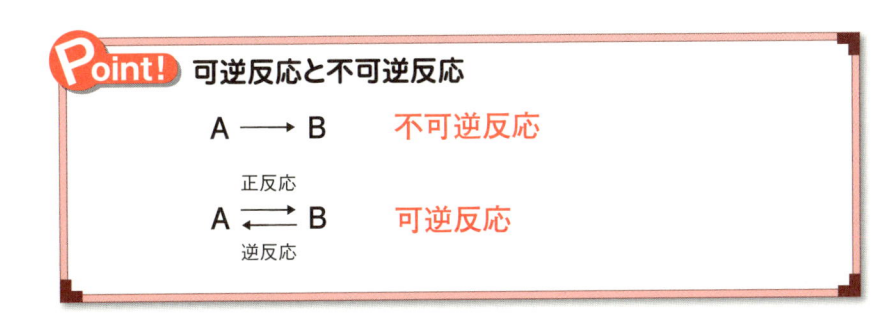

Point! 可逆反応と不可逆反応

A ⟶ B　　不可逆反応

　　　　正反応
A ⇌ B　　可逆反応
　　　　逆反応

(2) 可逆反応と活性化エネルギー

可逆反応の活性化エネルギーを見てみると面白いことがわかるよ。

Point! 可逆反応の活性化エネルギー

A ⇌ B　　　　（A＝B＋Q kJ）

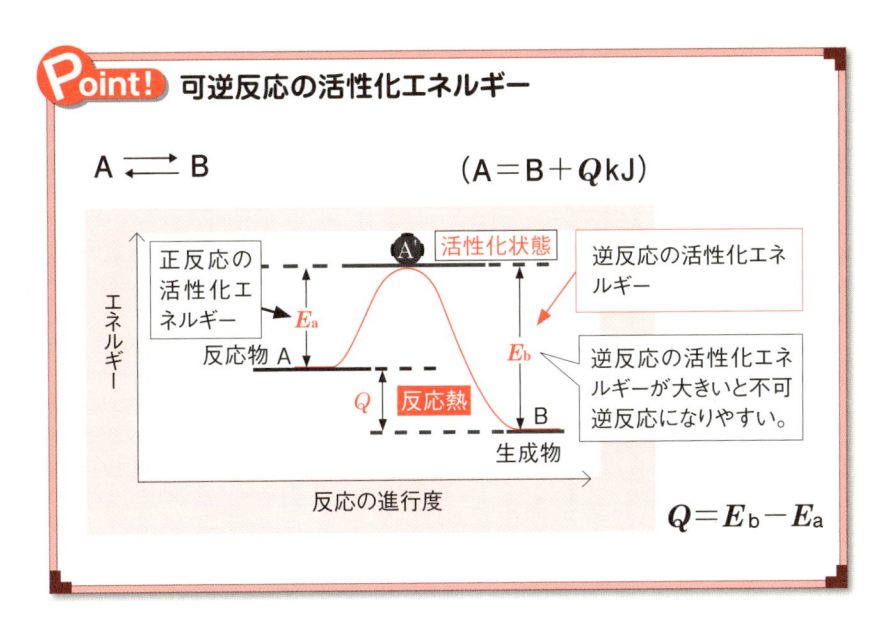

- 活性化状態
- 正反応の活性化エネルギー E_a
- 逆反応の活性化エネルギー E_b
- 反応熱 Q
- 反応物 A
- 生成物 B
- エネルギー
- 反応の進行度

逆反応の活性化エネルギーが大きいと不可逆反応になりやすい。

$$Q = E_b - E_a$$

逆反応の活性化エネルギーが大きいと逆反応が起こりにくくなるので，一般に不可逆反応 A ⟶ B になりやすいことがわかるね。逆反

第31章 化学平衡

応の活性化エネルギーを大きくする最大の原因は反応熱 Q なんだ。だから**反応熱 Q が大きいほど E_b が大きくなって，不可逆反応になりやすい。**

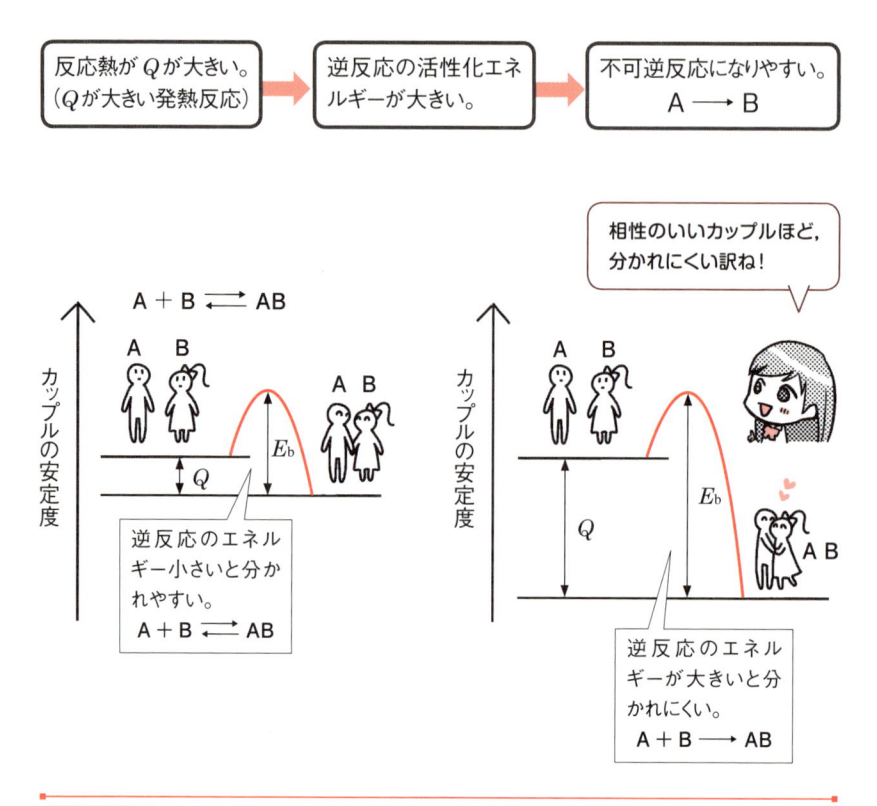

```
反応熱が $Q$ が大きい。      逆反応の活性化エネ      不可逆反応になりやすい。
($Q$ が大きい発熱反応)  →   ルギーが大きい。     →   A ⟶ B
```

図中：
- A + B ⇌ AB / 逆反応のエネルギー小さいと分かれやすい。A + B ⇌ AB
- 逆反応のエネルギーが大きいと分かれにくい。A + B ⟶ AB
- 相性のいいカップルほど，分かれにくい訳ね！

story 2　化学平衡

(1) 可逆反応と不可逆反応の比較

化学平衡の状態って反応が止まった状態なんですか？

化学平衡の状態になると，濃度がすべて一定になっているから，確かに反応が終了したように見えるが，そうではないんだ。まずは，可逆反応と不可逆反応の比較から見てもらおう。

▼ 可逆反応と不可逆反応の比較

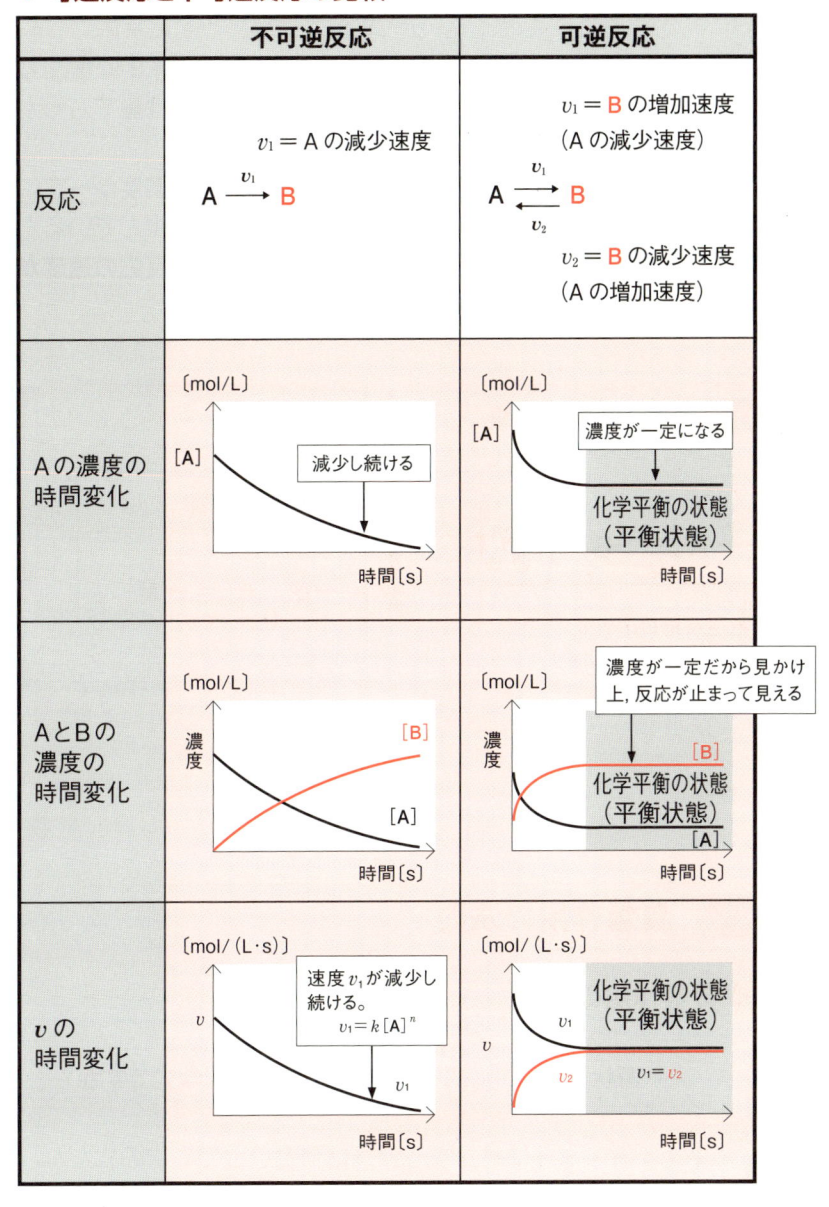

	不可逆反応	可逆反応
反応	$v_1 =$ Aの減少速度 A $\xrightarrow{v_1}$ B	$v_1 =$ Bの増加速度 （Aの減少速度） A $\underset{v_2}{\overset{v_1}{\rightleftarrows}}$ B $v_2 =$ Bの減少速度 （Aの増加速度）
Aの濃度の 時間変化	[mol/L] グラフ：[A]が減少し続ける	[mol/L] グラフ：濃度が一定になる、化学平衡の状態（平衡状態）
AとBの 濃度の 時間変化	[mol/L] グラフ：[B]増加、[A]減少	[mol/L] グラフ：濃度が一定だから見かけ上，反応が止まって見える。化学平衡の状態（平衡状態）[B]、[A]
vの 時間変化	[mol/(L·s)] グラフ：速度v_1が減少し続ける。$v_1 = k[A]^n$	[mol/(L·s)] グラフ：化学平衡の状態（平衡状態）$v_1 = v_2$

第31章　化学平衡　381

(2) 可逆反応と化学平衡

不可逆反応では反応物 A は減少し続け，生成物 B は増加し続けて，A がなくなれば反応が終了ということは誰でもわかるよね。

だけど，**可逆反応では，時間が経つと，全ての成分の濃度が一定になる**んだ。これを **化学平衡の状態** または単に **平衡状態** とよんでいるんだよ。平衡状態で，濃度が一定になるのは，**正反応と逆反応の速度が等しくなる** からなんだよ。

Point! 化学平衡の状態

$$A \underset{v_2}{\overset{v_1}{\rightleftarrows}} B$$

化学平衡の状態
$$v_1 = v_2$$
$[A] = \text{一定}$，$[B] = \text{一定}$

---

story 3 質量作用の法則

(1) 質量作用の法則

平衡状態のときに成り立つ公式って，どんな式ですか？

平衡状態のときに成立する公式は何といっても次の式だね。

Point! 平衡状態のときに成立する法則

$$a_1 A_1 + a_2 A_2 + a_3 A_3 + \cdots \rightleftarrows b_1 B_1 + b_2 B_2 + b_3 B_3 + \cdots$$

$a_1, a_2, a_3, \cdots, b_1, b_2, b_3, \cdots$：係数，$A_1, A_2, A_3, \cdots, B_1, B_2, B_3, \cdots$：物質

$$K_c = \frac{[B_1]^{b_1} [B_2]^{b_2} [B_3]^{b_3} \cdots}{[A_1]^{a_1} [A_2]^{a_2} [A_3]^{a_3} \cdots} = \text{一定}$$

（温度一定のとき）

濃度平衡定数

(2) 圧平衡定数

この関係を**質量作用の法則**，または**化学平衡の法則**というよ。もし，$A_1, A_2, A_3, \cdots$　$B_1, B_2, B_3, \cdots$ が全て気体であれば，その分圧を $P_{A_1}, P_{A_2}, P_{A_3}, \cdots$　$P_{B_1}, P_{B_2}, P_{B_3}, \cdots$ として次の関係も成立するから同時に覚えておくと便利だよ。

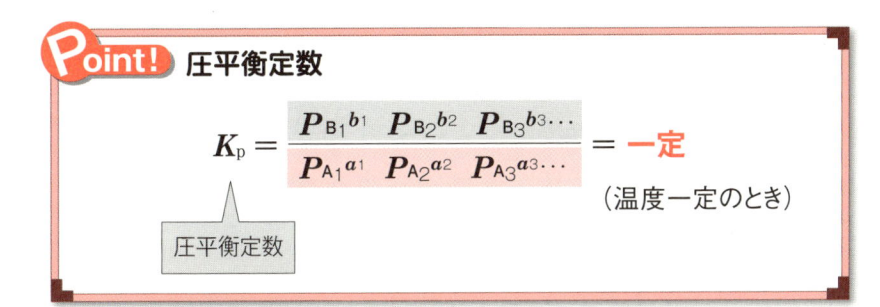

Point! 圧平衡定数

$$K_p = \frac{P_{B_1}{}^{b_1} \; P_{B_2}{}^{b_2} \; P_{B_3}{}^{b_3} \cdots}{P_{A_1}{}^{a_1} \; P_{A_2}{}^{a_2} \; P_{A_3}{}^{a_3} \cdots} = \text{一定}$$

（温度一定のとき）

圧平衡定数

(3) 濃度平衡定数と圧平衡定数の関係

全てが気体である反応の場合は，気体の状態方程式 $PV=nRT$ が成立するから，状態方程式を変形すると面白い関係が得られるよ。

第31章　化学平衡

$PV = nRT$ より，$P = \left(\dfrac{n}{V}\right) RT$

ここで $\left(\dfrac{n}{V}\right)$ 〔mol/L〕は濃度だから，例えば気体が A_1 だとした場合，次のように書くことができるね。

$P = \left(\dfrac{n}{V}\right) RT$ より　$P_{A_1} = [A_1] RT$

この関係を A_2，A_3…，B_1，B_2，B_3…などにも適用すると圧平衡定数は次のように変形できるんだ。

$$K_p = \dfrac{P_{B_1}{}^{b_1} P_{B_2}{}^{b_2} \cdots}{P_{A_1}{}^{a_1} P_{A_2}{}^{a_2} \cdots} = \dfrac{([B_1] RT)^{b_1} ([B_2] RT)^{b_2} \cdots}{([A_1] RT)^{a_1} ([A_2] RT)^{a_2} \cdots}$$

$$= \underbrace{\dfrac{[B_1]^{b_1} [B_2]^{b_2} [B_3]^{b_3} \cdots}{[A_1]^{a_1} [A_2]^{a_2} [A_3]^{a_3} \cdots}}_{\text{この部分は } K_c} (RT)^{(b_1+b_2+b_3\cdots) - (a_1+a_2+a_3\cdots)}$$

$$= K_c (RT)^{(b_1+b_2+b_3\cdots) - (a_1+a_2+a_3\cdots)}$$

Point!　K_c と K_p の関係

$$a_1 A_1 + a_2 A_2 + a_3 A_3 + \cdots \rightleftarrows b_1 B_1 + b_2 B_2 + b_3 B_3 \cdots$$

$$K_p = K_c (RT)^{(b_1+b_2+b_3\cdots) - (a_1+a_2+a_3\cdots)}$$

または

$$K_c = K_p (RT)^{(a_1+a_2+a_3\cdots) - (b_1+b_2+b_3\cdots)}$$

この公式は便利だから覚えておいてね。わかりやすい実例を出しておくよ。

● K_cとK_pの関係（全て気体とする）

$PCl_5 \rightleftarrows PCl_3 + Cl_2$ ⟹ $K_c = K_p(RT)^{1-2} = K_p(RT)^{-1}$

$H_2 + I_2 \rightleftarrows 2HI$ ⟹ $K_c = K_p(RT)^{2-2} = K_p$

$2NO_2 \rightleftarrows N_2O_4$ ⟹ $K_c = K_p(RT)^{2-1} = K_p RT$

問題 1　化学平衡　★★

次の文章を読み，(1)～(7)に答えよ。

水素H_2（気体）とヨウ素I_2（気体）を混合し，高温に保って放置すると，ヨウ化水素HIが生成して濃度が一定な状態に達する。

$$H_2（気）+ I_2（気）\rightleftarrows 2HI（気）\cdots (i)$$

次の図は，この反応の進行に伴うエネルギー変化を表したものである。

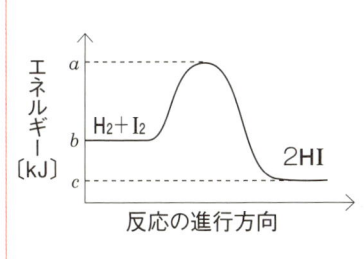

また，正反応および逆反応の反応速度をそれぞれv_1，v_2として表すと次のようになる。

$v_1 = k_1 [H_2][I_2]$
（k_1：正反応の反応速度定数）
$v_2 = k_2 [HI]^2$
（k_2：逆反応の反応速度定数）

容積が2.0Lの容器にH_2とI_2をそれぞれ0.50mol ずつ入れ，高温（T〔K〕）に保ってしばらく放置したところ，HIが0.80mol生じたところで濃度が一定になった。

(1) 式（i）の正反応の反応熱を図中の a，b，c を用いて表せ。
(2) 式（i）の逆反応の活性化エネルギーを図中の a，b，c を用いて表せ。
(3) 下線部の状態を何というか。
(4) 下線部の状態のとき，v_1 と v_2 の間にどんな式が成り立つか。
(5) 下線部の状態で，容器内に H_2 は何 mol 存在するか。

(6) 式(i)の反応のT〔K〕における濃度平衡定数をk_1, k_2を用いて表せ。
(7) 式(i)の反応のT〔K〕における濃度平衡定数はいくらか。

|解説|

(1)(2) 活性化エネルギーと反応熱の関係は次のとおりだよ。

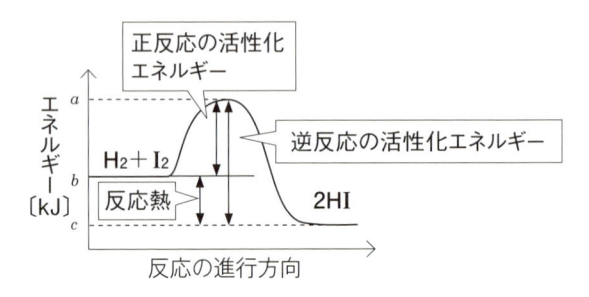

エネルギー〔kJ〕／反応の進行方向
正反応の活性化エネルギー
逆反応の活性化エネルギー
H_2+I_2
反応熱
2HI

(3) 可逆反応で濃度が一定になったとき，化学平衡の状態または平衡状態といったね。
(4) 平衡状態のときは正反応の反応速度＝逆反応の反応速度だから，$v_1 = v_2$だね。
(5) 反応した物質の物質量をきちんと書けば簡単にわかるよ。まず問題文から物質量の情報を入れてみると次のようになるよ。

	H_2（気）	＋	I_2（気）	⇄	2HI（気）
はじめ	0.50 mol		0.50 mol		0 mol
変化量					
平衡時					0.80 mol

このあと，残りの物質量を入れていくんだ。HIの生成量が0.80 molはすぐにわかるから，あとは反応式の係数を見て埋めていけばいいよ。

反応式の係数より H_2 と I_2 は HI の半分

	H_2（気）	+	I_2（気）	⇌	$2HI$（気）
はじめ	0.50 mol		0.50 mol		0 mol
変化量	−0.40 mol		−0.40 mol		+0.80 mol
平衡時	**0.10 mol**		0.10 mol		0.80 mol

(6) 平衡状態では $v_1 = v_2$ より，$k_1[H_2][I_2] = k_2[HI]^2$

よって $\dfrac{k_1}{k_2} = \dfrac{[HI]^2}{[H_2][I_2]}$ また $K_c = \dfrac{[HI]^2}{[H_2][I_2]}$ より

$$K_c = \dfrac{k_1}{k_2}$$

(7) $K_c = \dfrac{[HI]^2}{[H_2][I_2]} = \dfrac{\left(\dfrac{0.80\,\text{mol}}{2.0\,\text{L}}\right)^2}{\left(\dfrac{0.10\,\text{mol}}{2.0\,\text{L}}\right) \times \left(\dfrac{0.10\,\text{mol}}{2.0\,\text{L}}\right)} = 64$

｜解 答｜

(1) $b - c$ 〔kJ〕　(2) $a - c$ 〔kJ〕　(3) 平衡状態（化学平衡の状態）

(4) $v_1 = v_2$　(5) 0.10 mol　(6) $K_c = \dfrac{k_1}{k_2}$　(7) 64

story 4　ルシャトリエの原理

(1) ルシャトリエの原理

ルシャトリエの原理の問題って苦手，助けて先生!!

基本を押さえて具体例を考えれば簡単にわかるよ。では**ルシャトリエの原理**（**平衡移動の原理**）をマスターしていこう。

Point! ルシャトリエの原理（平衡移動の原理）

（はじめが平衡状態でなければ成立しない！）
（温度，圧力，濃度など）

平衡状態にある可逆反応において，**条件**を変化させると，その**変化を妨げる方向に平衡は移動する。**

　条件とは，温度，圧力，濃度（体積）などのことだ。濃度は体積を変えたら変化するから，体積も平衡が移動する条件だよ。
　気体の状態方程式 $PV=nRT$, $P=CRT$ で見れば，P, V, C, T を変化させると平衡が移動するんだよ。

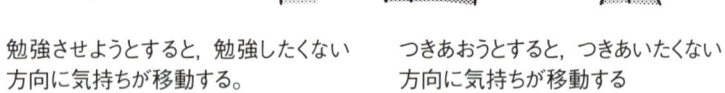

勉強させようとすると，勉強したくない方向に気持ちが移動する。

つきあおうとすると，つきあいたくない方向に気持ちが移動する

　具体的に**アンモニアの合成**（ハーバー・ボッシュ法）
　　　$N_2 + 3H_2 \rightleftarrows 2NH_3$
で平衡の移動を見てみよう。特に触媒が平衡を移動させないことに注意だよ！

Point! ハーバー・ボッシュ法における平衡移動

● 平衡が右向きに移動する例

濃度
- $[N_2]$ または $[H_2]$ を増加する。 → $[N_2]$ または $[H_2]$ が**減少する**方向へ
- $[NH_3]$ を減少する。 → $[NH_3]$ が**増加する**方向へ

圧力 ピストンを押す（加圧）。 → 気体の総分子数が**減少する**方向へ

温度 温度を下げる。 → **発熱反応**の方向へ

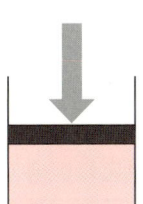

平衡は右向きに移動する。

$$N_2 + 3H_2 \rightleftarrows 2NH_3 \ (+92kJ)$$

4個　　　　　2個

平衡は左向きに移動する。

● 平衡が左向きに移動する例

濃度
- $[N_2]$ または $[H_2]$ を減少する。 → $[N_2]$ または $[H_2]$ が**増加する**方向へ
- $[NH_3]$ を増加する。 → $[NH_3]$ が**減少する**方向へ

圧力 ピストンを引く（減圧）。 → 気体の総分子数が**増加する**方向へ

温度 温度を上げる。 → **吸熱反応**の方向へ

触媒を加えても平衡は移動しない。
（正反応と逆反応の両方の反応速度が増加する）

第31章　化学平衡

(2) アルゴンを加えたときの平衡移動

> アルゴンを入れて条件を変えるときの平衡移動がわかりませ〜ん！

そうだね。実にはそれにはコツがあるから教えるよ。他の分子と反応しない，**アルゴン Ar みたいな気体分子は入れていても入れていないものとして考える**んだ。その上でルシャトリエの原理を使えば一発なんだよ。先ほどと同じアンモニアの合成のハーバー・ボッシュ法で 2 つの例をマスターしよう。

❶温度（T）と体積（V）を一定にして Ar を加えた場合

ルシャトリエの原理でいう，"**条件を変化させる**" 物質というのは，**反応に関与する物質に限る**んだ。だから，Ar などの希ガスは反応しないので，どの物質にも影響を及ぼさないから，Ar を入れても，Ar がなかったものとして考えるんだよ。

体積を一定にすると全体の圧力は大きくなるけど，**反応に関与する気体（N_2, H_2, NH_3）の分圧は変わっていない。だから，平衡は移動しない**んだよ。

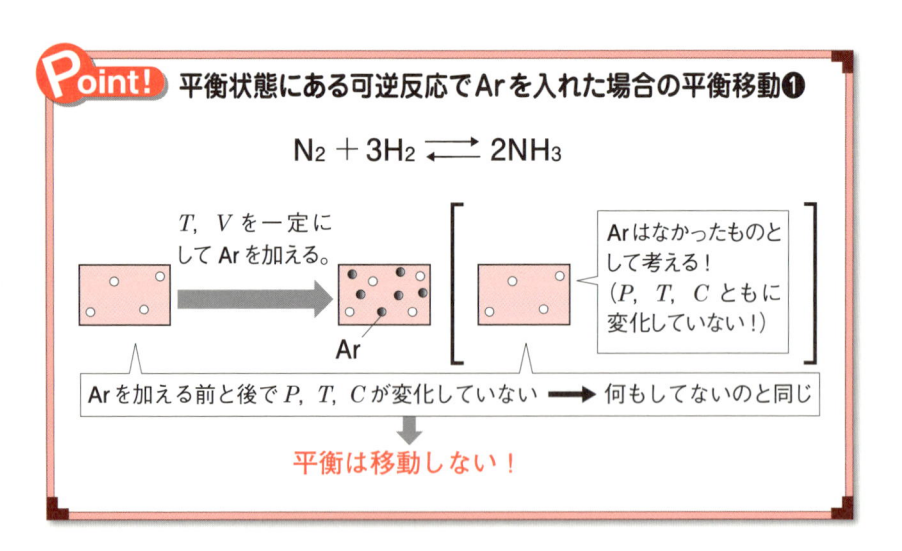

Point! 平衡状態にある可逆反応で Ar を入れた場合の平衡移動❶

$$N_2 + 3H_2 \rightleftarrows 2NH_3$$

T, V を一定にして Ar を加える。

[Ar はなかったものとして考える！（P, T, C ともに変化していない！）]

Ar を加える前と後で P, T, C が変化していない ⟶ 何もしてないのと同じ

平衡は移動しない！

❷温度（T）と圧力（P）を一定にして Ar を加えた場合

ここでは，**圧力を一定**という言葉に惑わされてパニックになる人が多いんだ。

ルシャトリエの原理は反応に関与する物質のみ考えるのが原則だから，$N_2 + 3H_2 \rightleftarrows 2NH_3$ で考えた場合 $P_{全圧}$ を一定にすると次のようになるよ。

Ar を入れる前
$(P_{全圧} = P_{N_2} + P_{H_2} + P_{NH_3})$ ➡ Ar を入れたあと
$(P_{全圧} = \underline{P'_{N_2} + P'_{H_2} + P'_{NH_3}} + P'_{Ar})$

反応に関与する物質の圧力の和が減ってしまっている！

Ar を入れる前と後では確かに全圧は同じだけど，Ar を除いたら圧力が下がっているのと同じになる。だから，**Ar を無視した場合，ピストンを引いて減圧したのと同じことになる**んだよ

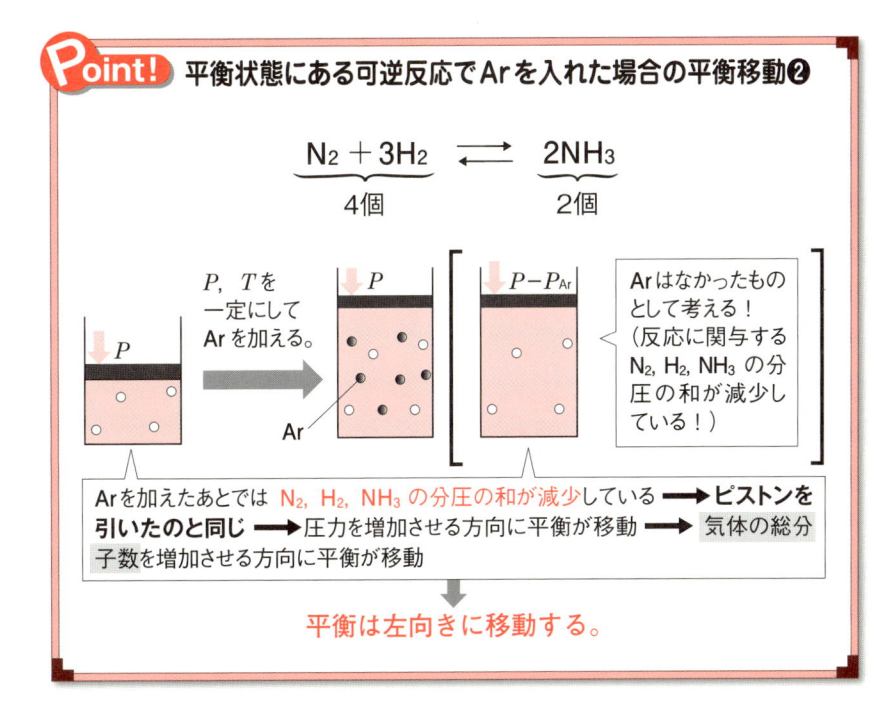

Point! 平衡状態にある可逆反応でArを入れた場合の平衡移動❷

$$\underbrace{N_2 + 3H_2}_{4個} \rightleftarrows \underbrace{2NH_3}_{2個}$$

P, T を一定にして Ar を加える。

Arはなかったものとして考える！（反応に関与する N_2, H_2, NH_3 の分圧の和が減少している！）

Arを加えたあとでは N_2, H_2, NH_3 の分圧の和が減少している ➡ **ピストンを引いたのと同じ** ➡ 圧力を増加させる方向に平衡が移動 ➡ **気体の総分子数を増加させる方向に平衡が移動**

平衡は左向きに移動する。

第31章　化学平衡

確認問題

A $\rightleftarrows$ 2B の反応が化学平衡の状態にあるとする（A，B は気体）。このとき，次の **1**～**5** の問いに答えよ。

ただし，正反応の反応速度：v_1，逆反応の反応速度：v_2，平衡時の A と B の濃度を [A]，[B] とする。

1 正反応の活性化エネルギーが 152 kJ で，逆反応の活性化エネルギーが 182 kJ のとき正反応の反応熱は何 kJ か。

解答 30 kJ

解説
正反応の反応熱 =（逆反応の活性化エネルギー）−（正反応の活性化エネルギー）= 182 kJ − 152 kJ = 30 kJ

2 化学平衡の状態のとき，v_1 と v_2 の間に成立する式を表せ。

解答 $v_1 = v_2$

3 濃度平衡定数 K_c を [A] と [B] で表せ。

$K_c = \dfrac{[B]^2}{[A]}$

4 濃度平衡定数 K_c を圧平衡定数 K_p，気体定数 R，温度 T を用いて表せ。

$K_c = K_p(RT)^{-1}$

$\left(K_c = \dfrac{K_p}{RT} \right)$

5 次の(1)～(6)の操作では平衡はどちらに移動するかを答えよ。
(1) A を加える（温度，体積は一定）。
(2) 温度を上げる（反応熱は **1** を使用）。
(3) 触媒を加える。
(4) 全圧を増加する（温度は一定）。
(5) アルゴン Ar を加える（温度，体積は一定）。
(6) Ar を加える（温度，圧力は一定）。

(1) 右
(2) 左
(3) 移動しない
(4) 左
(5) 移動しない
(6) 右

|解説|

(2) $A = 2B + 30\,kJ$ とルシャトリエの原理より，
温度を上げる ⟶ 吸熱反応（逆反応）の方向へ移動 ⟶ 左へ移動，となるよ。

(4) 全圧を大きくする ⟶ 気体の総分子数が減少する方向へ移動 ⟶ 左へ移動だね。

(5) 体積一定だから，Ar を無視したら何もしていないのと同じだね。よって，移動しないが正解。

(6) 圧力（全圧）一定では，A と B の分圧の和が減少しているからピストンを引いたのと同じで，分子数が増加する右方向へ移動だね。

第32章 電離平衡

▶buffer（緩衝）とは，侵入してきたH^+やOH^-と戦うことである。

story 1 電離定数

(1) 酸・塩基の電離定数

　電離定数と平衡定数は違うものですか？

　違うものなんだよ。水溶液中の弱酸HAは次のように電離して，平衡状態に達しているね。$HA \rightleftarrows H^+ + A^-$
　この電離の平衡定数をとると，確かに，$K = \dfrac{[H^+][A^-]}{[HA]}$

となり，平衡定数のように見えるけど，正確に書くと平衡定数でないことがわかるよ。
　弱酸HAの水溶液中での電離平衡は次の式が正確なんだ。

394　反応速度と化学平衡

$$HA + H_2O \rightleftarrows H_3O^+ + A^-$$

ここで生じた H_3O^+ を省略して H^+ と書いている

よって，平衡定数は

$$K_c = \frac{[H_3O^+][A^-]}{[HA][H_2O]} = \frac{[H^+][A^-]}{[HA][H_2O]}$$

となるね。

ここで $[H_2O]$ の値だけど，高校で扱うような溶液は全て希薄溶液で，溶質である HA，H_3O^+，A^- の物質量は少量だから，水溶液はほぼ水だけで $[H_2O]$ の値は一定と見なせる。

水溶液

1L

水溶液をほぼ H_2O だけと考えれば，水の密度は1.0 g/cm³ だから1L (1000cm³) の水は1000g/L であり，H_2O の分子量の18で割ればモル濃度が出る。

$$[H_2O] = \frac{1000 \text{g/L}}{18 \text{g/mol}} = \frac{500}{9} \text{mol/L} = \textbf{一定}$$

だから，**希薄溶液では $K_c \times [H_2O]$ を新たな平衡定数と定めても問題がない**ことがわかるね。この新たな定数を酸（acid）の場合は"**酸の電離定数 K_a**"，塩基（base）の場合は"**塩基の電離定数 K_b**"とするんだ。

Point! 酸・塩基の電離定数

● 酸の電離定数

$$HA + H_2O \rightleftarrows H_3O^+ + A^-$$

（H_2O を省略して書いた場合　$HA \rightleftarrows H^+ + A^-$）

$$K_c = \frac{[H^+][A^-]}{[HA][H_2O]} \text{ より } \boxed{K_c[H_2O]} = \frac{[H^+][A^-]}{[HA]} = K_a$$

酸（acid）の電離定数

● 塩基の電離定数

$$B + H_2O \rightleftarrows HB^+ + OH^-$$

$$K_c = \frac{[HB^+][OH^-]}{[B][H_2O]} \text{ より } \boxed{K_c[H_2O]} = \frac{[HB^+][OH^-]}{[B]} = K_b$$

塩基（base）の電離定数

story 2　弱酸・弱塩基のpH

電離定数を使った弱酸と弱塩基の公式を教えてください！

そうだね。**弱酸の [H^+] と弱塩基の [OH^+] を求める公式**は有名だから，みんな覚えるはずだけど，きちんと意味を知ると，実は非常に応用がきくから，しっかり理解してね！

(1) 弱酸の K_a, $[H^+]$ を求める式

C〔mol/L〕の弱酸 HA が電離する場合，電離度を α とすると，平衡時の濃度は次のように表されるよ。

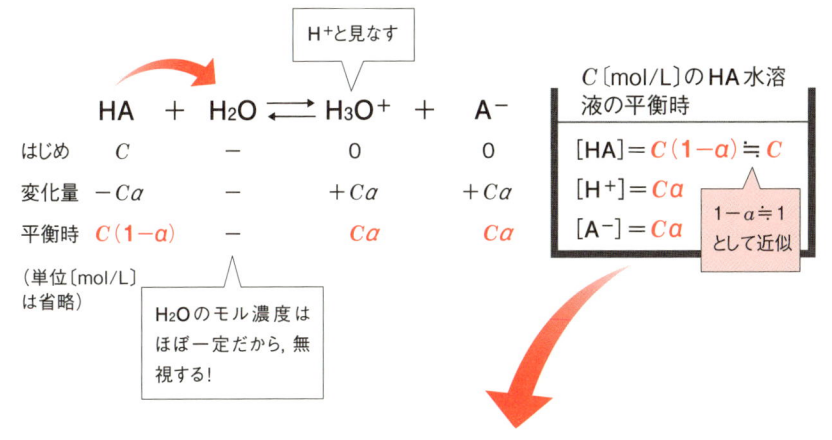

$$HA + H_2O \rightleftarrows H_3O^+ + A^-$$

（H⁺と見なす）

	HA	+ H₂O	H₃O⁺	+ A⁻
はじめ	C	—	0	0
変化量	$-C\alpha$	—	$+C\alpha$	$+C\alpha$
平衡時	$C(1-\alpha)$	—	$C\alpha$	$C\alpha$

（単位〔mol/L〕は省略）

H₂Oのモル濃度はほぼ一定だから，無視する！

C〔mol/L〕の HA 水溶液の平衡時
- $[HA] = C(1-\alpha) \fallingdotseq C$
- $[H^+] = C\alpha$
- $[A^-] = C\alpha$

（$1-\alpha \fallingdotseq 1$ として近似）

弱酸の電離度 α が $0 < \alpha < 0.05$ 程度で非常に小さい場合には $1-\alpha \fallingdotseq 1$ と見なせるよ。

$$\begin{cases} \alpha = 0.01 \text{ のとき，} 1-\alpha = 1 - 0.01 = 0.99 \fallingdotseq 1 \\ \alpha = 0.02 \text{ のとき，} 1-\alpha = 1 - 0.02 = 0.98 \fallingdotseq 1 \\ \alpha = 0.03 \text{ のとき，} 1-\alpha = 1 - 0.03 = 0.97 \fallingdotseq 1 \end{cases}$$

もちろん，これは近似計算なので，有効数字2桁以上ではずれることがあるけど，問題文中には「近似してよい」と書いてある場合が多いから安心して大丈夫だよ。

$$K_a = \frac{[H^+][A^-]}{[HA]} = \frac{C\alpha \times C\alpha}{C(1-\alpha)} = \frac{C\alpha^2}{1-\alpha} \fallingdotseq C\alpha^2 \quad (\alpha \ll 1)$$

（$1-\alpha \fallingdotseq 1$）

第32章　電離平衡

また，$[H^+] = [A^-] = C\alpha$ より

$$K_a = \frac{[H^+][A^-]}{[HA]} = \frac{[H^+]^2}{[HA]}$$

よって，$[H^+]^2 = K_a \times [HA]$ なので

$$[H^+] = \sqrt{K_a \times [HA]} = \sqrt{K_a \times C(1-\alpha)} \fallingdotseq \sqrt{CK_a}$$

$1-\alpha \fallingdotseq 1$

- **ゴロ合わせ暗記**
  弱ると超かわいい
  弱酸 ルート C K_a
  (弱酸 $[H^+] \fallingdotseq \sqrt{CK_a}$)

(2) 弱塩基の K_b，$[OH^-]$ を求める式

$C\,[\text{mol/L}]$ の弱塩基 B を考えた場合，電離度を α として，平衡時の値は次のように表されるよ。

	B	+	H_2O	$\rightleftarrows$	HB^+	+	OH^-
はじめ	C		—		0		0
変化量	$-C\alpha$		—		$+C\alpha$		$+C\alpha$
平衡時	$C(1-\alpha)$		—		$C\alpha$		$C\alpha$

C〔mol/L〕のB水溶液の平衡時

[B]	$C(1-\alpha) ≒ C$
$[HB^+]$	$C\alpha$
$[OH^-]$	$C\alpha$

$1-\alpha ≒ 1$ として近似

（単位〔mol/L〕は省略）

$$K_b = \frac{[HB^+][OH^-]}{[B]} = \frac{C\alpha \times C\alpha}{C(1-\alpha)} = \frac{C\alpha^2}{1-\alpha}$$

$1-\alpha ≒ 1$

また，$[HB^+] = [OH^-] = C\alpha$ より

$$K_b = \frac{[HB^+][OH^-]}{[B]} = \frac{[OH^-]^2}{[B]}$$

よって，$[OH^-]^2 = K_b \times [B]$ より

$$[OH^-] = \sqrt{K_b \times [B]} = \sqrt{K_b \times C(1-\alpha)} ≒ \sqrt{CK_b}$$

$1-\alpha ≒ 1$

問題 1　弱酸の電離定数とイオン濃度 ★★

0.10mol/L の酢酸について，次の値を計算せよ。ただし，酢酸の電離定数 $K_a = 2.0 \times 10^{-5}$ mol/L, $\sqrt{2} = 1.4$, $\log_{10} 2 = 0.30$ とし，答えは全て有効数字2桁で求めよ。

(1)　酢酸の電離度
(2)　酢酸分子の濃度
(3)　酢酸イオンの濃度
(4)　水素イオン濃度
(5)　pH

解説

(1) まずは，a を近似式で出して $a \ll 1$ と見なせるかを確かめよう。

$K_a \fallingdotseq Ca^2$ より

$$a \fallingdotseq \sqrt{\frac{K_a}{C}} = \sqrt{\frac{2 \times 10^{-5}}{0.10}} = \sqrt{2} \times 10^{-2} = 1.4 \times 10^{-2}$$

電離度は $a \fallingdotseq 0.014$ つまり 0.05 以下だから $1 - a \fallingdotseq 1$ と近似して問題ないことがわかるね。

(2)〜(4) 酢酸の電離の式を書いて，整理すれば全てわかるよ。

	CH_3COOH	$\rightleftarrows$	CH_3COO^-	$+$	H^+
はじめ	0.10		0		0
変化量	$-0.10a$		$+0.10a$		$+0.10a$
平衡時	$0.10(1-a)$		$0.10a$		$0.10a$
	∥		∥		∥
	0.10		0.0014		0.0014

単位〔mol/L〕は省略　　$a = 0.014$ より

平衡時のモル濃度
- $[CH_3COOH] \fallingdotseq 0.10 \, mol/L$
- $[CH_3COO^-] \fallingdotseq 0.0014 \, mol/L$
- $[H^+] \fallingdotseq 0.0014 \, mol/L$

(5) $[H^+] \fallingdotseq 1.4 \times 10^{-3} \, mol/L$ から計算するのは難しいので，(1)の結果を使い，$a \fallingdotseq \sqrt{2} \times 10^{-2}$ を代入するよ。

$$[H^+] = 0.10a \fallingdotseq \sqrt{2} \times 10^{-3}$$

$$pH = -\log_{10}(\sqrt{2} \times 10^{-3}) = -\left(\frac{1}{2}\log_{10}2 + \log_{10}10^{-3}\right)$$

$$= 3 - \frac{1}{2}\log_{10}2 = 3 - 0.15 = 2.85 \fallingdotseq 2.9$$

解答

(1) 1.4×10^{-2}　　(2) $0.10 \, mol/L$
(3) $1.4 \times 10^{-3} \, mol/L$　　(4) $1.4 \times 10^{-3} \, mol/L$　　(5) 2.9

story 3 塩のpH

(1) 塩の加水分解の考え方

> 塩の加水分解って，何ですか？

塩の加水分解というのは，塩が電離して生成するイオンが水 H_2O と反応することをいうよ。

具体的に C 〔mol/L〕の酢酸ナトリウム CH_3COONa 水溶液で考えてみよう。まずは CH_3COONa が電離するんだけど，これは100%進行すると考えていいよ。

$$CH_3COONa \longrightarrow CH_3COO^- + Na^+$$

電離後　　　0 mol/L　　　　　C〔mol/L〕　　C〔mol/L〕

H_2O と反応するのは，アレニウスの定義で考える弱酸や弱塩基から生成する陰イオンや陽イオンなんだけれど，ここで生成した CH_3COO^- は H_2O に対して**ブレンステッド塩基として作用する**んだ。

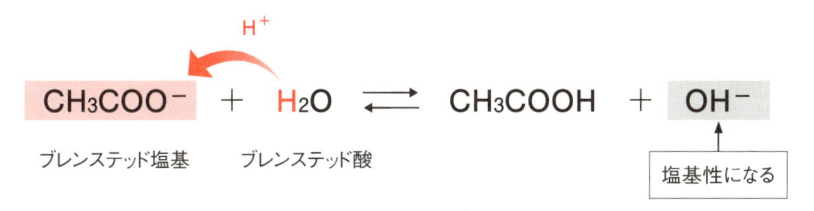

$$CH_3COO^- + H_2O \rightleftarrows CH_3COOH + OH^-$$

ブレンステッド塩基　　ブレンステッド酸　　　　　　　　　　　塩基性になる

この反応のために CH_3COONa の水溶液は塩基性を示すんだ。また，この反応は H_2O **と反応している**から，**塩の加水分解**とよばれるんだよ。

Na⁺は加水分解しないんですか？

加水分解するイオン，つまりブレンステッドの定義における酸や塩基になる物質は決まっているんだ。強酸からの陰イオンや強塩基からの陽イオンは加水分解しないと考えていいんだ。

H₂Oに関心はないな。　Na⁺
H₂O
H⁺がほしいわ〜。　CH₃COO⁻

Point! 加水分解するイオンとしないイオンの考え方

強酸	HCl $\longrightarrow$ H⁺ + Cl⁻
	HNO₃ $\longrightarrow$ H⁺ + NO₃⁻
強塩基	NaOH $\longrightarrow$ OH⁻ + Na⁺
	Ca(OH)₂ $\longrightarrow$ 2OH⁻ + Ca²⁺

← 加水分解しない。

| 弱酸 | CH₃COOH $\rightleftarrows$ H⁺ + CH₃COO⁻ |
| | HClO $\rightleftarrows$ H⁺ + ClO⁻ |

加水分解する。（ブレンステッドの定義の塩基になる）

| 弱塩基 | NH₃ + H₂O $\rightleftarrows$ OH⁻ + NH₄⁺ |

加水分解する。（ブレンステッドの定義の酸になる）

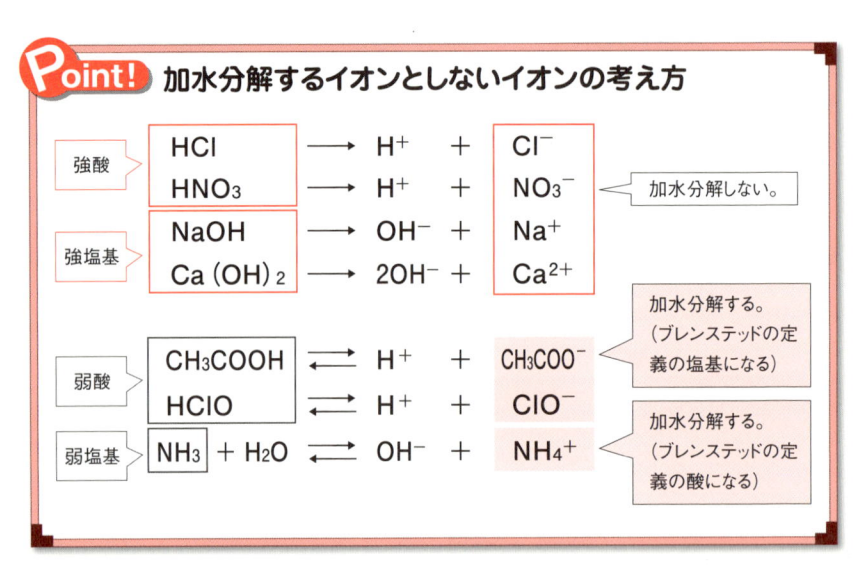

だから，CH₃COONaの生じる2つのイオンのうち，CH₃COO⁻は加水分解するが，Na⁺は加水分解しないんだ。

$$\text{CH}_3\text{COONa} \longrightarrow \text{CH}_3\text{COO}^- + \text{Na}^+$$

- CH$_3$COO$^-$：加水分解する。（ブレンステッドの定義で塩基になる）
- Na$^+$：加水分解しない。

(2) 加水分解後の[OH$^-$]

CH$_3$COONa から生じた CH$_3$COO$^-$ は H$_2$O に対してブレンステッド塩基として作用するから，加水分解の反応式は NH$_3$ の電離と何ら変わらないよ。だから，加水分解の平衡定数は塩基の電離定数 K_b と表すのが普通なんだ。

NH$_3$ + H$_2$O $\rightleftarrows$ NH$_4^+$ + OH$^-$ と同様の反応

$$\text{CH}_3\text{COO}^- + \text{H}_2\text{O} \rightleftarrows \text{CH}_3\text{COOH} + \text{OH}^-$$

$$K_\text{b} = \frac{[\text{CH}_3\text{COOH}][\text{OH}^-]}{[\text{CH}_3\text{COO}^-]}$$

電離定数だから[H$_2$O]は無視する

よって，C〔mol/L〕の CH$_3$COONa 水溶液の電離によって生じた C〔mol/L〕の CH$_3$COO$^-$（ブレンステッド塩基）と H$_2$O の反応から，平衡時の[OH$^-$]が出てくるよ。

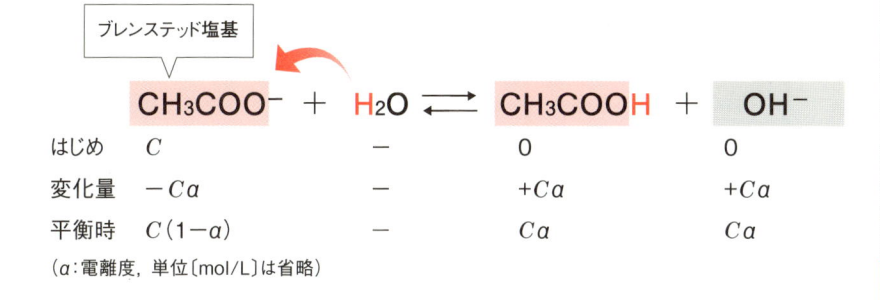

	CH$_3$COO$^-$ (ブレンステッド塩基)	+ H$_2$O	$\rightleftarrows$	CH$_3$COOH	+ OH$^-$
はじめ	C	—		0	0
変化量	$-C\alpha$	—		$+C\alpha$	$+C\alpha$
平衡時	$C(1-\alpha)$	—		$C\alpha$	$C\alpha$

（α：電離度，単位〔mol/L〕は省略）

また，$[\mathrm{CH_3COOH}] = [\mathrm{OH^-}] = C\alpha$ (mol/L) より

$$K_\mathrm{b} = \frac{[\mathrm{CH_3COOH}][\mathrm{OH^-}]}{[\mathrm{CH_3COO^-}]} = \frac{[\mathrm{OH^-}]^2}{[\mathrm{CH_3COO^-}]}$$

よって $[\mathrm{OH^-}]^2 = K_\mathrm{b}[\mathrm{CH_3COO^-}]$ より，

$$[\mathrm{OH^-}] = \sqrt{K_\mathrm{b} \times [\mathrm{CH_3COO^-}]} = \sqrt{K_\mathrm{b} \times C(1-\alpha)}$$

$$\fallingdotseq \sqrt{CK_\mathrm{b}} \quad (\alpha \ll 1)$$

これは，弱塩基の $[\mathrm{OH^-}]$ を求める公式と同じだ。というか，$\mathrm{CH_3COO^-}$ が $\mathrm{H_2O}$ に対してブレンステッドの塩基として作用したわけだから，ブレンステッドの定義から見たら塩基の水溶液なんだ。だから $\mathrm{NH_3}$ の電離と同じ結果になるんだよ。

以上の結果をまとめると次の **Point!** のようになるよ。

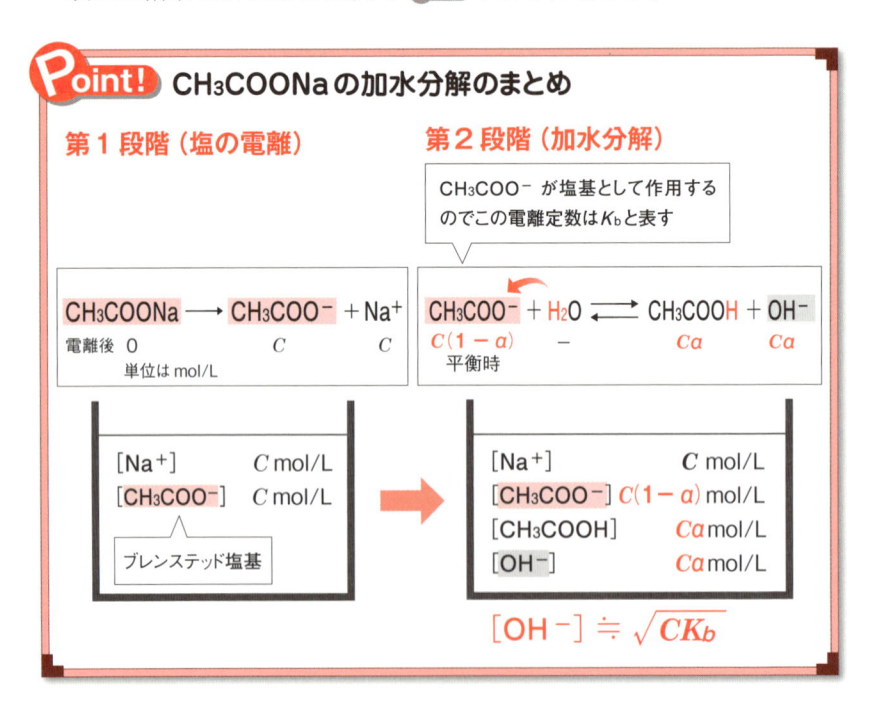

Point! $\mathrm{CH_3COONa}$ の加水分解のまとめ

第1段階（塩の電離）

$\mathrm{CH_3COONa} \longrightarrow \mathrm{CH_3COO^-} + \mathrm{Na^+}$

電離後　0　　　　　C　　　　C
単位は mol/L

第2段階（加水分解）

$\mathrm{CH_3COO^-}$ が塩基として作用するのでこの電離定数は K_b と表す

$\mathrm{CH_3COO^-} + \mathrm{H_2O} \rightleftarrows \mathrm{CH_3COOH} + \mathrm{OH^-}$

平衡時　$C(1-\alpha)$　　—　　　$C\alpha$　　　$C\alpha$

$[\mathrm{Na^+}]$ C mol/L $[\mathrm{CH_3COO^-}]$ C mol/L ブレンステッド塩基	$[\mathrm{Na^+}]$ C mol/L $[\mathrm{CH_3COO^-}]$ $C(1-\alpha)$ mol/L $[\mathrm{CH_3COOH}]$ $C\alpha$ mol/L $[\mathrm{OH^-}]$ $C\alpha$ mol/L

$$[\mathrm{OH^-}] \fallingdotseq \sqrt{CK_\mathrm{b}}$$

NH₃も CH₃COO⁻も同じようなものね。

H⁺がほしいよ～

H⁺がほしいわ～

(3) 共役の関係にある酸と塩基

でも CH₃COO⁻ の K_b って，どうやって出すの？

それはいい質問だね。**CH₃COO⁻**は酢**酸**イオンだから，**塩基の電離定数** K_b ってどうやって出すのか疑問に思ってしまうね。ここで非常に大切なことは，

(1) 酸と塩基の世界はもはやブレンステッド・ローリーの定義が主流。
(2) 酸の K_a や塩基の K_b はブレンステッド・ローリーの定義で考える。

ということなんだ。酸 HA は HA $\rightleftarrows$ H⁺ + A⁻ のように電離するね。このとき酸 HA と H⁺ を失った A⁻ の関係を**共役の関係**というんだ。

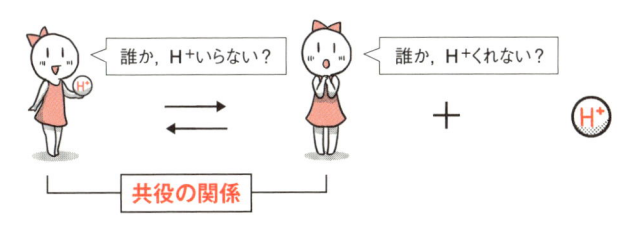

誰か，H⁺いらない？　　誰か，H⁺くれない？

共役の関係

HA はブレンステッド・ローリーの定義における酸となり，その電離定数は K_a で表され，A⁻ はブレンステッド・ローリーの定義における塩基となり，その電離定数は K_b で表されるんだ。そして，**共役の関係**にある酸と塩基を共役酸，共役塩基といい，次のような関係があるよ。

第32章 電離平衡

Point! 共役酸と共役塩基の関係

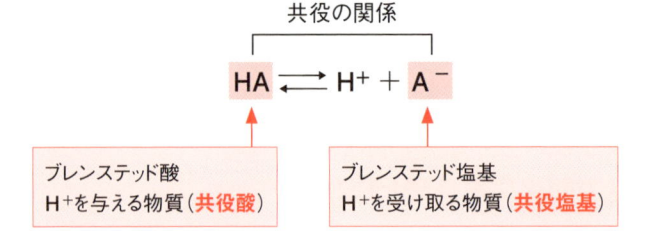

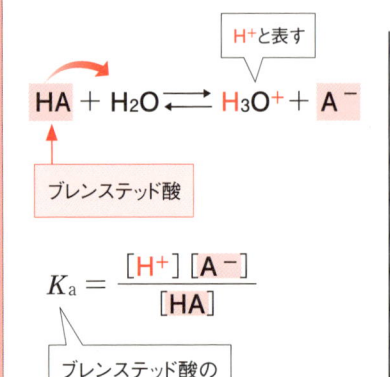

共役の関係

$$HA \rightleftarrows H^+ + A^-$$

ブレンステッド酸
H^+を与える物質(**共役酸**)

ブレンステッド塩基
H^+を受け取る物質(**共役塩基**)

$$HA + H_2O \rightleftarrows H_3O^+ + A^-$$
(H_3O^+をH^+と表す)

ブレンステッド酸

$$A^- + H_2O \rightleftarrows HA + OH^-$$

ブレンステッド塩基

$$K_a = \frac{[H^+][A^-]}{[HA]}$$

ブレンステッド酸の電離定数

$$K_b = \frac{[HA][OH^-]}{[A^-]}$$

ブレンステッド塩基の電離定数

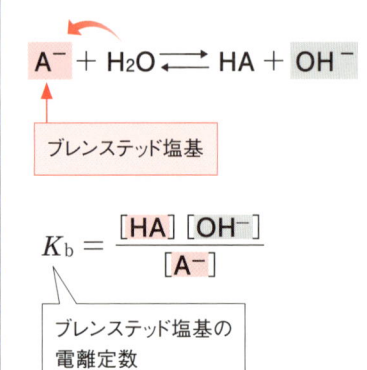

ここで K_a と K_b の積を考えてみると

$$K_a K_b = \frac{[H^+][A^-]}{[HA]} \times \frac{[HA][OH^-]}{[A^-]} = [H^+] \times [OH^-] = K_w$$

（水のイオン積）

共役の関係の公式　$K_a K_b = K_w$

$$K_a K_b = 1.0 \times 10^{-14} \, (mol/L)^2 \quad (25℃)$$

この**共役の関係の公式**から，酢酸 CH_3COOH の酸の電離定数 K_a がわかれば，CH_3COO^- の塩基の電離定数 K_b がわかるんだよ。さっそくこれを使って，CH_3COONa 水溶液の pH を求めてみよう。

問題 2　塩のpH　★★

0.10 mol/L の酢酸ナトリウム CH_3COONa 水溶液について次の値を計算せよ。ただし，酢酸の電離定数を $K_a = 2.0 \times 10^{-5}$ mol/L，$K_w = 1.0 \times 10^{-14}$ (mol/L)^2，$\sqrt{2} = 1.4$，$\log_{10} 2 = 0.30$ とし，答えは全て有効数字2桁で表せ。

(1)　Na^+ のモル濃度
(2)　CH_3COO^- のモル濃度
(3)　CH_3COOH のモル濃度
(4)　OH^- のモル濃度
(5)　pH

解説

(1)　まずは CH_3COOH の K_a から公式を使って，K_b を出すよ。

$$K_a K_b = K_w \text{ より，} K_b = \frac{K_w}{K_a} = \frac{10^{-14}}{2.0 \times 10^{-5}}$$

$$= \frac{1}{2} \times 10^{-9}$$

ここで，電離度を a として溶液の図をかいてみると次のようになるよ。$[Na^+]$ は 0.10 mol/L だね。

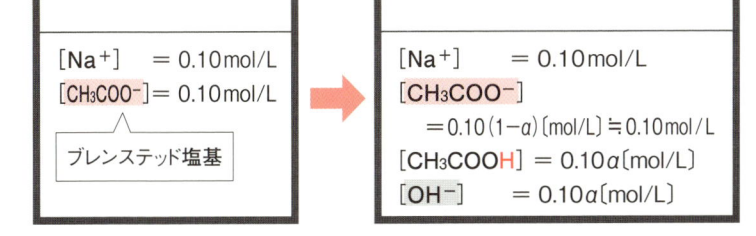

```
[Na+]      = 0.10 mol/L           [Na+]      = 0.10 mol/L
[CH3COO-]  = 0.10 mol/L           [CH3COO-]
     └─ ブレンステッド塩基              = 0.10(1-a)(mol/L) ≒ 0.10 mol/L
                                  [CH3COOH]  = 0.10a (mol/L)
                                  [OH-]      = 0.10a (mol/L)
```

第32章　電離平衡

(2)〜(4)　弱塩基の公式より
$$[\text{OH}^-] \fallingdotseq \sqrt{CK_b} = \sqrt{K_b \times C}$$
$$= \sqrt{\frac{1}{2} \times 10^{-9} \times 0.10} \text{ mol/L}$$
$$= \frac{\sqrt{2}}{2} \times 10^{-5} \text{mol/L}$$
$$= 1.4 \div 2 \times 10^{-5} \text{mol/L}$$
$$= 7.0 \times 10^{-6} \text{ mol/L} \quad (4)$$

図より，$[\text{CH}_3\text{COOH}] = [\text{OH}^-]$
$= 7.0 \times 10^{-6}$ mol/L　(3)

また，$[\text{OH}^-] = 0.1a$ より
$[\text{OH}^-] = 0.1a \fallingdotseq 7.0 \times 10^{-6}$ mol/L
$a \fallingdotseq 7.0 \times 10^{-5}$

となるから，$a \ll 1$ としてよく
$[\text{CH}_3\text{COO}^-] = 0.10(1-a) \fallingdotseq 0.10$ mol/L　(2)

となるね。

(5)　最後に pH だけど $[\text{OH}^-] \fallingdotseq \frac{\sqrt{2}}{2} \times 10^{-5}$

$$[\text{H}^+] = \frac{K_w}{[\text{OH}^-]} \fallingdotseq \frac{1.0 \times 10^{-14}}{\frac{\sqrt{2}}{2} \times 10^{-5}} \text{ mol/L}$$

$$= \sqrt{2} \times 10^{-9} \text{ mol/L}$$

∴　$\text{pH} \fallingdotseq -\log_{10}(\sqrt{2} \times 10^{-9}) = 9 - \frac{1}{2}\log_{10}2$

$$= 9 - \frac{1}{2} \times 0.3 = 8.85 \fallingdotseq 8.9$$

|解 答|

(1)　0.10 mol/L　　(2)　0.10 mol/L　　(3)　7.0×10^{-6} mol/L
(4)　7.0×10^{-6} mol/L　　(5)　8.9

story 4 　緩衝液

(1) 緩衝作用と緩衝液

緩衝作用って，何ですか？

緩衝というのは"衝撃を和らげる"という意味なんだけど，化学でいう**緩衝作用**とは次の通りなんだ。

> **緩衝作用**…少量の酸や塩基を加えたときに，**pHの変動をおさえる**作用

つまり，pHが変動する衝撃をおさえる作用なんだ。緩衝作用をもつ溶液を**緩衝液**または**緩衝溶液**というんだよ。具体的にどんな溶液が緩衝液になり得るかを教えてあげよう。

緩衝液とは，H^+ や OH^- を加えたときにそれらの濃度が変動しないような溶液なので，それぞれに対して対策を立てる必要があるんだ。

❶ 緩衝液に H^+ を加えた場合

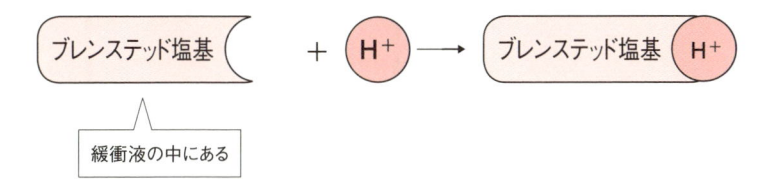

ブレンステッド塩基（緩衝液の中にある） ＋ H^+ → ブレンステッド塩基 H^+

❷ 緩衝液に OH^- を加えた場合

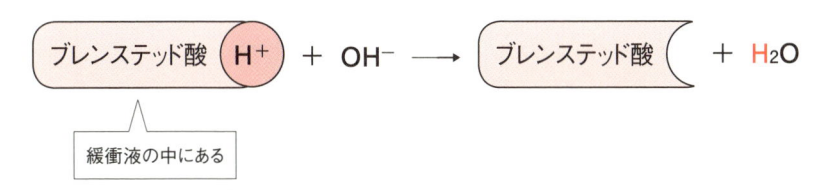

ブレンステッド酸 H^+（緩衝液の中にある） ＋ OH^- → ブレンステッド酸 ＋ H_2O

第32章　電離平衡

つまり，**緩衝液にはブレンステッド酸とブレンステッド塩基の両方が入っていることが必要**となるね。

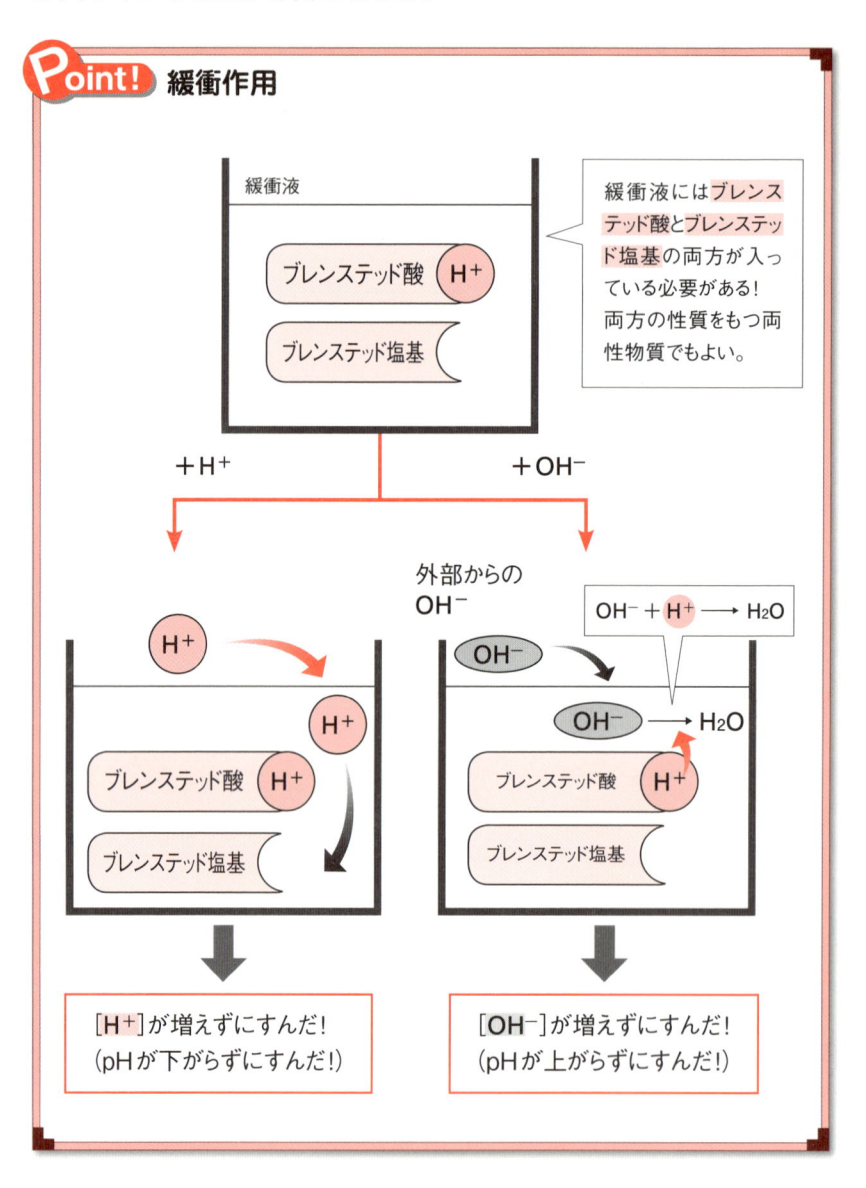

Point! 緩衝作用

緩衝液にはブレンステッド酸とブレンステッド塩基の両方が入っている必要がある！両方の性質をもつ両性物質でもよい。

緩衝液：ブレンステッド酸（H^+）、ブレンステッド塩基

$+H^+$ の場合：
H^+ が加わると、ブレンステッド塩基が H^+ を受け取り、ブレンステッド酸になる。
→ $[H^+]$ が増えずにすんだ！（pHが下がらずにすんだ！）

$+OH^-$ の場合：
外部からの OH^- が加わると、$OH^- + H^+ \longrightarrow H_2O$
ブレンステッド酸が H^+ を放出し、OH^- と反応して H_2O になる。
→ $[OH^-]$ が増えずにすんだ！（pHが上がらずにすんだ！）

反応速度と化学平衡

例えるなら，緩衝液中には２種類の部隊があって，空から降ってくる H^+ と OH^- という２種類の爆弾を無力化する能力がある感じなんだ。

この２種類の部隊によって，地上で H^+ 爆弾や OH^- 爆弾が爆発しないで平和が保たれているというわけなんだ。いわば，ブレンステッド塩基部隊とブレンステッド酸部隊によって平和が保たれている王国が，緩衝液というわけだ！

(2) 緩衝液の例 ― 酢酸と酢酸ナトリウムの混合水溶液

緩衝液の例を教えてください！

よく使われる緩衝液は，**ブレンステッド酸とブレンステッド塩基が共役の関係にあるもの**なんだ。例えば，酢酸 CH_3COOH と酢酸ナトリウム CH_3COONa の混合溶液みたいなものだよ。

だから，次の溶液が緩衝液になるんだ。

弱酸と弱酸の塩	CH_3COOH ＋ CH_3COONa
弱塩基と弱塩基の塩	アンモニア NH_3 ＋ 塩化アンモニウム NH_4Cl

第32章 電離平衡

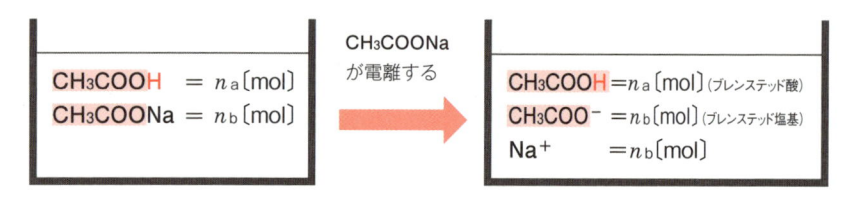

| CH₃COOH = n_a [mol] |
| CH₃COONa = n_b [mol] |

CH₃COONaが電離する →

| CH₃COOH = n_a [mol] (ブレンステッド酸) |
| CH₃COO⁻ = n_b [mol] (ブレンステッド塩基) |
| Na⁺ = n_b [mol] |

ここで，**CH₃COOH が電離したり，CH₃COO⁻ が加水分解したりしないのか**と思う人が多いかもしれないけど，この緩衝液中にある，共役の関係にあるイオンにより，電離や加水分解がおさえられているんだ。

Point! 共通イオン効果

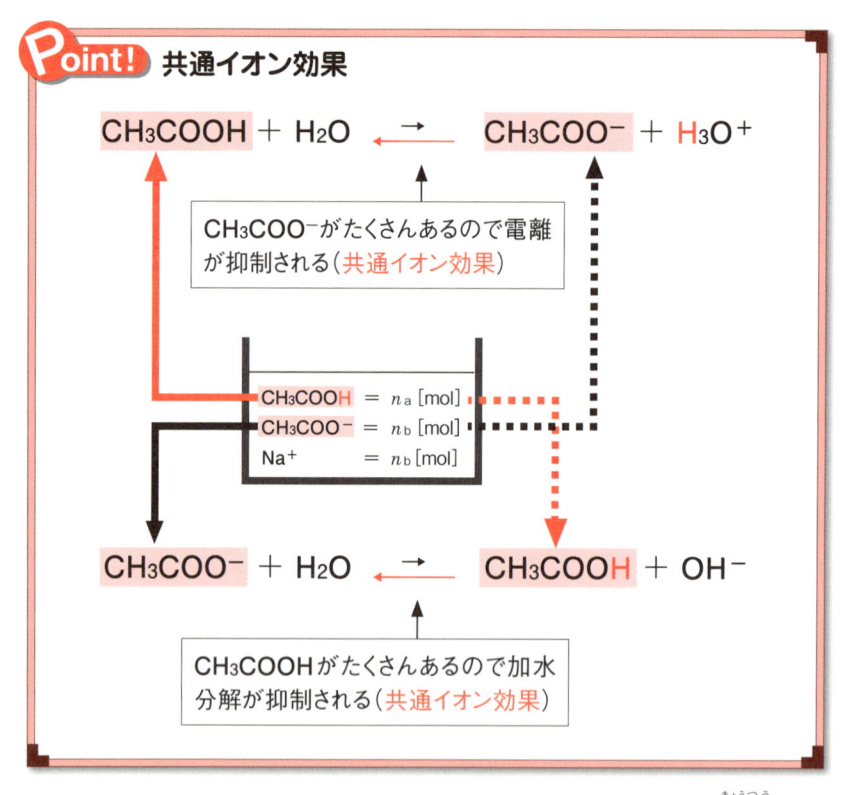

CH₃COOH + H₂O ⇌ CH₃COO⁻ + H₃O⁺

CH₃COO⁻がたくさんあるので電離が抑制される（**共通イオン効果**）

| CH₃COOH = n_a [mol] |
| CH₃COO⁻ = n_b [mol] |
| Na⁺ = n_b [mol] |

CH₃COO⁻ + H₂O ⇌ CH₃COOH + OH⁻

CH₃COOHがたくさんあるので加水分解が抑制される（**共通イオン効果**）

このように共通するイオンによって平衡が移動する現象を**共通イオン効果**というよ。これにより，緩衝液の pH 計算が簡単になるんだ。

第32章　電離平衡

(3) 緩衝液のpH

緩衝液のpH計算を教えてください！

OK！　仕組みがわかってしまえば，計算はとても簡単だよ。

例
$\begin{cases} CH_3COOH = n_a \text{[mol]} \\ CH_3COONa = n_b \text{[mol]} \end{cases}$ を含む緩衝液

	CH_3COONa が電離する	
$CH_3COOH = n_a$ [mol] $CH_3COONa = n_b$ [mol]	→	$CH_3COOH = n_a$ [mol]　ブレンステッド酸 $CH_3COO^- = n_b$ [mol]　ブレンステッド塩基 $Na^+ = n_b$ [mol]

酢酸の電離定数 $K_a = \dfrac{[CH_3COO^-][H^+]}{[CH_3COOH]}$ より

全体の体積をVとして計算

$$[H^+] = \dfrac{[CH_3COOH] \times K_a}{[CH_3COO^-]} = \dfrac{\dfrac{n_a}{V}}{\dfrac{n_b}{V}} K_a = \dfrac{n_a}{n_b} K_a$$

反応速度と化学平衡

問題 3 緩衝液のpH ★★

酢酸 CH_3COOH 0.10 mol と酢酸ナトリウム CH_3COONa 0.20 mol を含む1Lの水溶液がある。この水溶液のpHを求めよ。ただし，酢酸の電離定数を $K_a = 2.0 \times 10^{-5}$ mol/L とする。

解説

酢酸の電離定数を変形しなくても，簡単に算出できるよ。

$$K_a = \frac{[CH_3COO^-][H^+]}{[CH_3COOH]} = \frac{0.20\,\text{mol}}{0.10\,\text{mol}}[H^+] = 2[H^+]$$

よって，$K_a = 2.0 \times 10^{-5}$ mol/L を代入すると

2.0×10^{-5} mol/L $= 2[H^+]$

$[H^+] = 1.0 \times 10^{-5}$ mol/L ∴ pH = 5.0

解答
5.0

---

story 5 溶解度積

(1) 溶解度積

溶解度積って，何ですか？

水に難溶なイオンでできた物質が入っているとしよう。その物質は，ほんのわずかだけど，水に溶けているんだ。その**ほんのわずかなイオンを，濃度の積で表したもの**が**溶解度積**だよ。

第32章 電離平衡

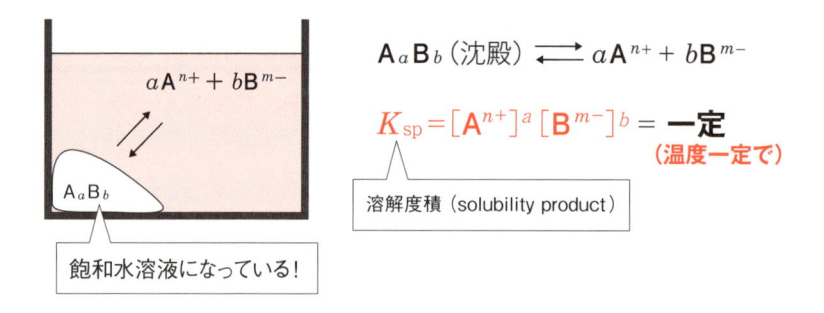

A_aB_b（沈殿） $\rightleftarrows$ $aA^{n+} + bB^{m-}$

$K_{sp} = [A^{n+}]^a [B^{m-}]^b =$ **一定**（温度一定で）

溶解度積（solubility product）

飽和水溶液になっている！

溶解度積は**飽和溶液で成り立っている関係**ともいえるんだ。例えば水酸化鉄（Ⅲ）$Fe(OH)_3$ が水中にあって**溶解平衡に達していたとすると**，**水溶液中の** $[Fe^{3+}][OH^-]^3$ の値が**溶解度積**なんだ。平衡の状態の水溶液にさらに水酸化ナトリウム $NaOH$ を加えて，$[OH^-]$ を大きくすると，共通イオン効果で沈殿の量が増加すると考えられるね。

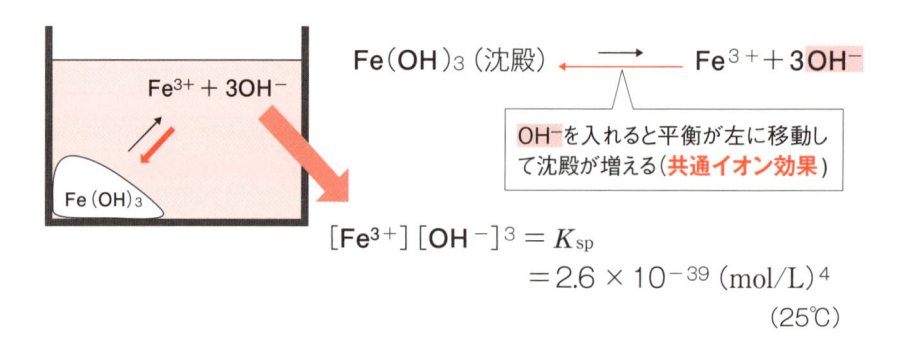

$Fe(OH)_3$（沈殿）$\longleftarrow \rightleftarrows$ $Fe^{3+} + 3OH^-$

OH^- を入れると平衡が左に移動して沈殿が増える（**共通イオン効果**）

$[Fe^{3+}][OH^-]^3 = K_{sp}$
$= 2.6 \times 10^{-39} \ (mol/L)^4$
（25℃）

(2) 溶解度積と沈殿の有無

沈殿の有無の確認にも溶解度積は大活躍するんだ。例えば，A^{n+} と B^{m-} のモル濃度を $[A^{n+}]$，$[B^{m-}]$ になるように調整した溶液がどんな状態なのかを判定するのにも使えるよ。

Point! 溶解度積と沈殿の有無

A_aB_b(沈殿) $\rightleftarrows$ $aA^{n+} + bB^{m-}$

$K_{sp} < [A^{n+}]^a[B^{m-}]^b$
飽和溶液
沈殿生成

$[A^{n+}]^a[B^{m-}]^b = K_{sp}$
飽和溶液

$[A^{n+}]^a[B^{m-}]^b < K_{sp}$
不飽和溶液

$[A^{n+}]^a[B^{m-}]^b$
沈殿生成
K_{sp}
不飽和溶液

A^{n+} と B^{m-} のモル濃度を $[A^{n+}]$, $[B^{m-}]$ となるように調整

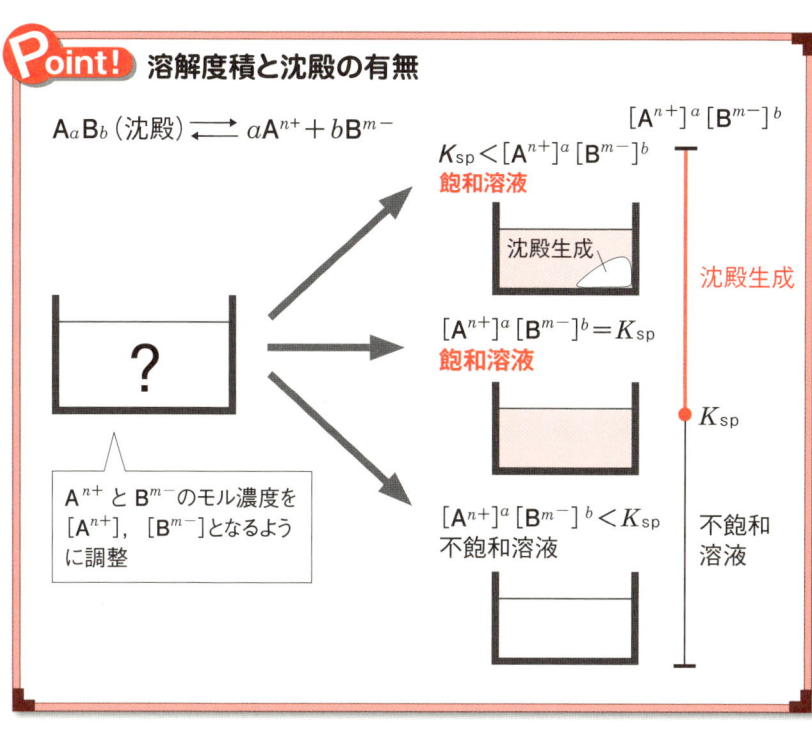

　今度は塩化銀 AgCl を例に考えてみよう。水に塩化銀を入れると，沈殿したまま水中に残る。水溶液は飽和になって溶解平衡に達し，AgCl（沈殿）$\rightleftarrows$ $Ag^+ + Cl^-$ のように電離するんだ。

　塩化銀の溶解度積を，おおよそ $K_{sp} = [Ag^+][Cl^-] = 1.0 \times 10^{-10}$ $(mol/L)^2$ とすると，ここに塩化ナトリウム NaCl 水溶液をゆっくり入れていけば，次の図のように考えられるね。でも実際にやると，すぐに飽和溶液になるから，最初の一滴で沈殿ができる感じだよ。

第32章　電離平衡

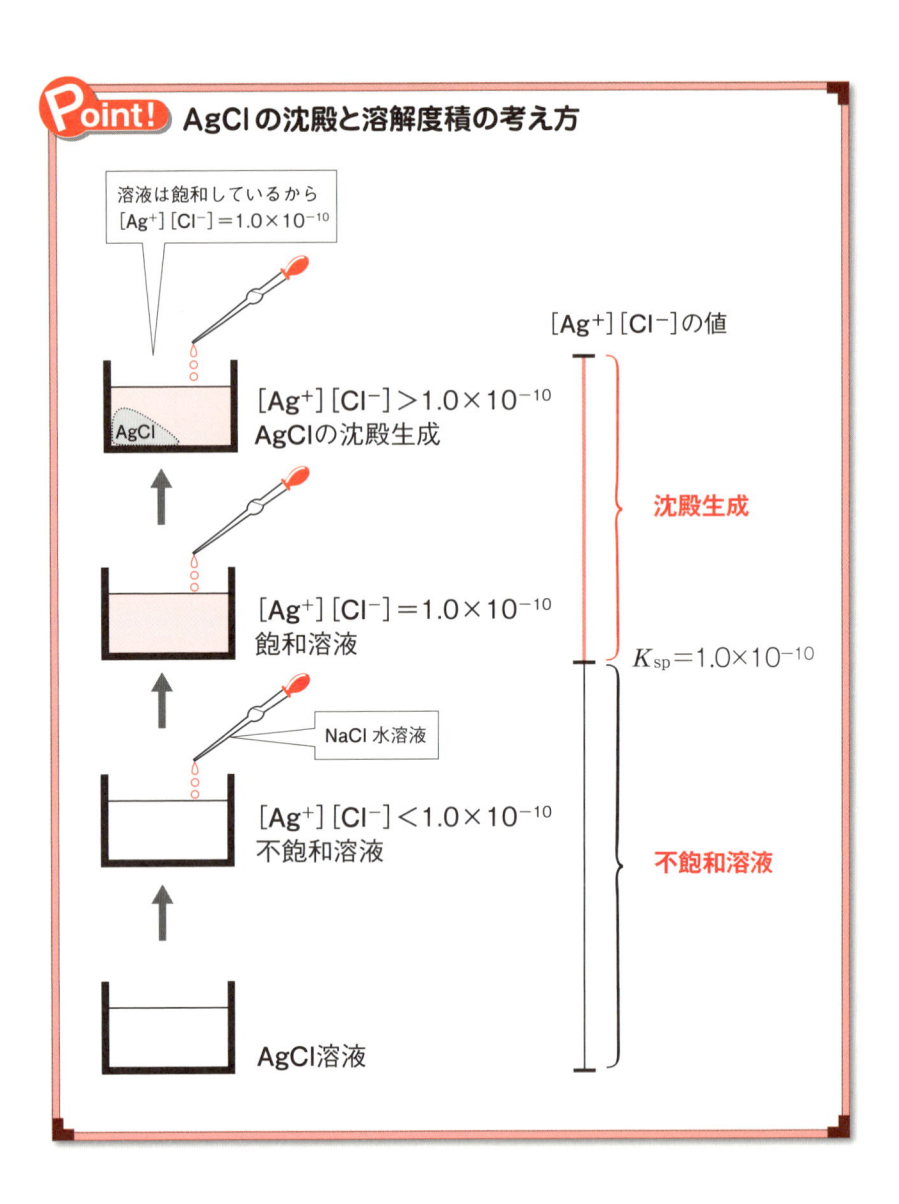

Point! AgClの沈殿と溶解度積の考え方

溶液は飽和しているから
$[Ag^+][Cl^-] = 1.0 \times 10^{-10}$

$[Ag^+][Cl^-] > 1.0 \times 10^{-10}$
AgClの沈殿生成

$[Ag^+][Cl^-] = 1.0 \times 10^{-10}$
飽和溶液

NaCl水溶液

$[Ag^+][Cl^-] < 1.0 \times 10^{-10}$
不飽和溶液

AgCl溶液

$[Ag^+][Cl^-]$の値

沈殿生成

$K_{sp} = 1.0 \times 10^{-10}$

不飽和溶液

反応速度と化学平衡

確認問題

次の**1**～**6**の問いに答えよ。ただし，計算問題の答は全て有効数字2桁で答えよ。

必要なら次の値を用いよ。CH_3COOH の $K_a = 2.8 \times 10^{-5}$ mol/L，NH_3 の $K_b = 2.8 \times 10^{-5}$ mol/L，水のイオン積 $K_w = 1.0 \times 10^{-14}$ (mol/L)^2，$\log_{10} 2.8 = 0.447$，$\sqrt{2.8} = 1.67$

1 ブレンステッド塩基 B の下式で示される平衡定数 K_c と電離定数 K_b の関係式を書け。

$$B + H_2O \rightleftarrows HB^+ + OH^-$$

解答
$K_b = K_c [H_2O]$

2 0.10 mol/L の酢酸 CH_3COOH 水溶液の pH を答えよ。

解答
2.8

解説

公式より

$$[H^+] \fallingdotseq \sqrt{CK_a} = \sqrt{0.10 \times 2.8 \times 10^{-5}} \text{ mol/L}$$
$$= \sqrt{2.8} \times 10^{-3} \text{ mol/L}$$
$$\therefore \ \text{pH} = -\log_{10}(2.8^{\frac{1}{2}} \times 10^{-3})$$
$$= 3 - \frac{1}{2}\log_{10} 2.8 = 2.7765 \fallingdotseq 2.8$$

3 0.10 mol/L のアンモニア NH_3 水中のアンモニウムイオン NH_4^+ のイオン濃度を求めよ。

解答
1.7×10^{-3} mol/L

解説

$$[NH_4^+] = [OH^-] \fallingdotseq \sqrt{CK_b} = \sqrt{0.10 \times 2.8 \times 10^{-5}} \text{ mol/L}$$
$$= \sqrt{2.8} \times 10^{-3} \text{ mol/L} = 1.67 \times 10^{-3} \text{ mol/L}$$
$$\fallingdotseq 1.7 \times 10^{-3} \text{ mol/L}$$

第32章 電離平衡

4 0.10 mol/L の酢酸ナトリウム CH_3COONa の pH を求めよ。

解 答
8.8

| 解 説 |

$[OH^-] ≒ \sqrt{CK_b}$, $K_b = \dfrac{K_w}{K_a}$ より

$[OH^-] = \sqrt{\dfrac{K_w}{K_a}C} = \sqrt{\dfrac{1.0 \times 10^{-14}}{2.8 \times 10^{-5}} \times 0.1}$ mol/L

$= \dfrac{10^{-5}}{\sqrt{2.8}}$ mol/L

$[H^+] = \dfrac{K_w}{[OH^-]} = 10^{-14} \div \dfrac{10^{-5}}{\sqrt{2.8}}$ mol/L $= \sqrt{2.8} \times 10^{-9}$ mol/L

pH $= 9 - \dfrac{1}{2} \times \log_{10} 2.8 = 8.7765 ≒ 8.8$

5 1.0 L 中に酢酸 CH_3COOH と酢酸ナトリウム CH_3COONa を 0.10 mol ずつ含む緩衝液の pH を答えよ。

解 答
4.6

| 解 説 |

$[CH_3COOH] = 0.10$ mol/L, $[CH_3COO^-] = 0.10$ mol/L より

$K_a = \dfrac{[CH_3COO^-][H^+]}{[CH_3COOH]} = [H^+]$

よって, $[H^+] = K_a = 2.8 \times 10^{-5}$ mol/L

pH $= -\log_{10}(2.8 \times 10^{-5}) = 5 - \log_{10} 2.8$
$= 4.553 ≒ 4.6$

6 1.0 L 中にアンモニア NH_3 と塩化アンモニウム NH_4Cl を 0.10 mol ずつ含む緩衝液に 0.001 mol の水酸化ナトリウム $NaOH$ を入れたときのイオン反応式を書け。

解 答
$NH_4^+ + OH^-$ $\longrightarrow NH_3 + H_2O$

さくいん

あ行

- アイソトープ……………………………35
- 圧平衡定数……………………………383
- アボガドロ定数………………………104
- アボガドロの法則……………………107
- アモルファス……………………………70
- アルカリマンガン乾電池……………222
- アルゴン………………………………390
- アレニウス……………………………128
- アレニウス塩基………………………129
- アレニウス酸…………………………129
- アレニウスの酸と塩基の定義………128
- 安定同位体………………………………35
- アンモニウムイオン……………………78
- イオン化エネルギー……………………55
- イオン化傾向…………………………206
- イオン化列……………………………206
- イオン結合…………………………65, 94
- イオン結晶………………………70, 95, 303
- イオン交換膜法………………………236
- イオン式…………………………………43
- イオン式量……………………………101
- イオンの価数……………………………43
- イオン半径…………………………305, 309
- イオン反応式…………………………134
- 一次電池………………………………219
- 陰極……………………………………231
- 陰性………………………………………54
- エネルギー図…………………………242
- 塩…………………………………150, 401
- 塩化銀……………………………………12
- 塩化セシウム型のイオン結晶………303
- 塩化ナトリウム型のイオン結晶……306

- 塩基性塩………………………………152
- 塩基の電離定数………………………395
- 炎色反応…………………………………11
- 延性………………………………………93
- 塩析……………………………………352
- 塩の加水分解…………………………401
- 王水……………………………………214
- 黄リン………………………………13, 14
- オキソニウムイオン……………………78
- オゾン……………………13, 14, 182, 186

か行

- 会合コロイド…………………………347
- 化学反応式……………………………119
- 化学平衡………………………………380
- 化学平衡の法則………………………383
- 化学変化…………………………………28
- 可逆反応………………………………378
- 拡散………………………………………24
- 化合物……………………………………15
- 過酸化水素……………………………188
- 活性化エネルギー…………………367, 368
- 活性化状態……………………………368
- 活物質…………………………………218
- 価電子……………………………………41
- 価標…………………………………74, 76
- 過マンガン酸カリウム……182, 187, 193
- 過冷却…………………………………338
- 還元……………………………………171
- 還元剤………………………………180, 218
- 還元力…………………………………206
- 緩衝液…………………………………409
- 緩衝作用………………………………409

緩衝溶液	409
気液平衡	273
希ガス	44
希釈の公式	117
キセロゲル	349
起電力	219
気体の状態方程式	262
逆反応	378
吸熱反応	243
強塩基	130, 132
凝固	27
凝固点降下	334
凝固点降下度	336
凝固熱	245
強酸	130, 132
凝縮	27
凝縮熱	245
凝析	354
共通イオン効果	412
共役塩基	406
共役酸	406
共役の関係	405
共役の関係の公式	406
共有結合	73, 94
共有結合の結晶	70, 87, 95, 309
共有結晶	87
共有電子対	76
極性	317
極性分子	83
極性溶媒	317
巨大分子	87
金属イオン	206
金属結合	92, 94
金属結晶	70, 92, 95, 288
金属元素	51, 65
金属光沢	93
クリストバル石	88
クーロン力	65
クロマトグラフィー	17, 20
ケイ素	87
結合エネルギー	247, 256
結晶	70
結晶水	323
ゲル	349
ケルビン	26
原子	33
原子価	76
原子核	34
原子間結合	95
原子の相対質量	99
原子半径	59, 311
原子番号	35
原子量	98
元素	10
元素の周期表	42, 50
元素の周期律	50
構造式	74
黒鉛	13, 14, 88
コニカルビーカー	158
孤立電子対	76
コロイド	346
コロイド粒子	346
混合物	15

さ 行

最外殻電子	40, 41
再結晶	17, 321
最密構造	295
錯イオン	79
酸・塩基の価数	132
酸化	170
酸化還元滴定	193
酸化還元滴定の公式	195
三角フラスコ	158
酸化剤	180, 218

酸化数	173
酸化と還元の定義	170
三原子分子	74
三重結合	77
酸性塩	152
酸素	13, 14
酸の電離定数	395
式量	101
実在気体	272, 283
質量	383
質量作用の法則	382
質量数	36
質量パーセント濃度	113
質量モル濃度	333
弱塩基	130, 132, 145, 154, 396, 398
弱酸	130, 132, 145, 154, 396
斜方硫黄	13, 14
シャルルの法則	264
周期	51
充電	219
自由電子	92
充填率	298
純物質	15
昇華	17, 27, 332
昇華熱	245
蒸気圧曲線	273, 332
蒸気圧降下	331
状態図	272
状態変化	27, 28, 244
蒸発	27
蒸発熱	29, 245
蒸発平衡	273
蒸留	17
蒸留装置	18
食塩水の電気分解	236
触媒	369
親水コロイド	351, 352
親水基	318

浸透圧	341
浸透圧の公式	343
水素イオン指数	139
水素結合	84, 86, 94, 317
水和	317
水和イオン	317
水和水	323
正塩	152
正極活物質	218
生成熱	247, 251
静電気力	65
正反応	378
石英	88
石英ガラス	88
赤リン	13, 14
石灰水	12
絶対温度	26
絶対零度	26
全圧	279
遷移元素	51
相転移	27
相転移熱	245, 247
族	51, 68
疎水基	318
疎水コロイド	351, 353
組成式	68
組成式量	101
ゾル	349

た行

第一イオン化エネルギー	55
体心立方格子	289, 298
第二イオン化エネルギー	55
ダイヤモンド	13, 14, 87, 88
ダイヤモンド型の結晶	309
多原子分子	74
ダニエル電池	220

単位格子	288
単結合	77
単原子分子	74
単斜硫黄	13, 14
単体	13, 15
蓄電池	219, 224
抽出	17, 19
中性子	34
中和滴定	158
中和滴定の公式	161
中和点	159
中和熱	247
中和反応	134, 150
起電力	219
チンダル現象	349
沈殿	416
電解質	64
電気陰性度	82, 317
電気泳動	354
電気伝導性	93
電気分解	230
典型元素	51
電子	34
電子殻	39
電子式	75
電子親和力	53, 54
電子対	75
電子配置	40, 44
展性	93
電離	64
電離式	129, 131
電離定数	394
電離度	130, 147
同位体	35
透析	356
同族元素	51
同素体	13
当量点	159

共洗い	116
ドルトンの分圧の法則	279

な 行

鉛蓄電池	223
二原子分子	74
二酸化硫黄	189
二次電池	219, 224
二重結合	77
二段階の中和	164
熱運動	25
熱化学	242
熱化学方程式	242
熱伝導性	93
燃焼熱	247
燃料電池	225
濃度平衡定数	383

は 行

ハーバー・ボッシュ法	388
配位結合	78
配位子	79
配位数	182, 291, 294, 296, 308, 310
発熱反応	243
半減期	37
半透膜	341, 356
反応次数	363
反応速度	360
反応速度式	364
反応速度定数	367, 372
反応熱	246
半反応式	172, 182
光ファイバー	88
非共有電子対	76
非金属元素	51, 65
非晶質	70

非電解質	65
ビュレット	115, 158
標準状態	106
ファラデー定数	224
ファンデルワールス力	84, 76, 94
ファントホッフの式	343
フェノールフタレイン	141
ブレンステッド塩基	409
不可逆反応	378
不揮発性溶質	331
負極活物質	218
不対電子	75
物質量	94, 102, 122
沸点	30, 86, 89, 277
沸点上昇	332
沸点上昇度	332
物理変化	28
ブラウン運動	348
ブレンステッド	133
ブレンステッド塩基	134, 409
ブレンステッド酸	134, 409
ブレンステッド・ローリーの酸と塩基の定義	133
分圧	278
分液漏斗	19
分極	82
分散系	347
分散コロイド	347
分散質	347
分散媒	347
分散力	84
分子	74, 82
分子間力	84, 94, 281
分子結晶	70, 89, 95
分子コロイド	347
分子式	74
分子量	101
分留	17

閉殻	41, 44
平衡移動の原理	388
ペーパークロマトグラフィー	21
ヘスの法則	254
変色域	141
ヘンリーの法則	326
ボイル・シャルルの法則	266
ボイルの法則	264
方珪石	88
放射性同位体	35, 36, 37, 158
放射能	37
放電	219
飽和蒸気圧	277
飽和蒸気圧曲線	273
飽和溶液	416
ホールピペット	115, 159
保護コロイド	355

ま行

マンガン乾電池	222
水のイオン積	138
水の電気分解	234
密度	112, 298, 300, 311
無極性分子	83
無極性溶媒	318
メスフラスコ	115
メチルオレンジ	141
面心立方格子	293, 297, 299
メンデレーエフ	50
モル質量	104
モル体積	106
モル濃度	113
モル分率	279

や行

融解	27

融解熱	29, 245
融点	30
溶液	111, 316
溶解度	319
溶解度曲線	319
溶解度積	415
溶解熱	247
溶解平衡	320
ヨウ化カリウム	186, 188
陽極	231, 232
陽子	34
溶質	111, 316
陽性	55
ヨウ素滴定	197, 316
溶媒	111, 136
四原子分子	74

ら行

ラジオアイソトープ	35, 36
リトマス	141
理想気体	272, 283
立方最密構造	296
立方最密充填	296
硫酸銅（Ⅱ）水溶液の電気分解	238
ルシャトリエの原理	387
冷却曲線	338
ローリー	133
ろ過	17
六方最密構造	296
六方最密充填	296

わ行

ワルダー法	164

アルファベット・数字

atom	33
H_2-O_2 燃料電池	225
pH	139, 396, 401, 414
pH 指示薬	141, 158
z-P グラフ	283
^{14}C 年代測定法	37

Point! 一覧

第1章 物質の分類

炎色反応 ･････････････････････････････ 11
同素体 ･･････････････････････････････ 14
物質の分類 ･･････････････････････････ 15
蒸留装置－5つのポイント－ ･･････････ 18
抽　出 ･･････････････････････････････ 20
ペーパークロマトグラフィー ･･････････ 21

第2章 物質の三態

気体分子の速さの分布 ････････････････ 25
t〔℃〕→ T〔K〕の単位変換 ･･････････ 26
物質の三態と状態変化 ････････････････ 27
化学変化と状態変化 ･･････････････････ 28
融点と沸点 ･･････････････････････････ 30

第3章 原子の構造

原子のモデルとサイズ ････････････････ 34
陽子，中性子，電子の質量比 ･･････････ 34
水素の同位体（アイソトープ）････････ 35
原子の表し方 ････････････････････････ 36
中性子の数の求め方 ･･････････････････ 36
放射性同位体の量と時間の関係 ････････ 38
電子の授受とイオンの表し方 ･･････････ 43
Ne 型の電子配置をとる
単原子イオンの大きさ ････････････････ 45

第4章 元素の周期律

周期表上のイオン化エネルギー ････････ 57
周期表上の陽性と陰性 ････････････････ 58

第5章 イオン結合

電解質と非電解質 ････････････････････ 65
イオン結合しやすい元素 ･･････････････ 66
組成式 ･･････････････････････････････ 69
固体の分類 ･･････････････････････････ 70

第6章 共有結合

共有結合 ････････････････････････････ 73
電子式と原子価 ･･････････････････････ 76
分子の構造式，電子式，分子の形 ･･････ 77

第7章 分　子

電気陰性度 ･･････････････････････････ 83
無極性分子と極性分子 ････････････････ 84
分子間力 ････････････････････････････ 85
各族の水素化合物の分子量と沸点 ･･････ 87

第8章 金属結合と結合の強さ

結合力の強さ ････････････････････････ 95

Point 一覧

元素の組み合せと結合,
結晶の基本的な考え方 ················· 95

第9章 化学式量と物質量

式量 ·· 101
1molとは ································· 102
数から物質量を求める公式 ········ 103
アボガドロ定数 ························ 104
質量から物質量を求める公式 ····· 105
モル体積 ·································· 106
アボガドロの法則 ····················· 107
気体の体積と物質量 ·················· 107

第10章 溶液の濃度, 反応式からの計算

溶液 ··· 112
密度 ρ〔g/cm^3〕のときの体積と
質量の関係 ······························ 112
質量パーセント濃度 a〔%〕 ······ 113
モル濃度 C〔mol/L〕 ················ 114
溶液の希釈 ······························ 117
希釈の公式 ······························ 117
化学反応式の原子数 ················· 119
C, H, O を含む化合物の
完全燃焼の生成物 ···················· 120
化学反応式からわかる情報 ······· 121

第11章 酸と塩基の定義

電離度 ····································· 130
酸と塩基の分類 ························ 132
アレニウスとブレンステッド・
ローリーの酸と塩基の定義 ······· 133
中和反応 ·································· 135

第12章 pHと中和反応

水溶液中の H^+ と OH^- と水の
イオン積 ·································· 139
pH, pOH の定義と公式 ·············· 139
pH と pOH の関係 ····················· 141

第13章 中和反応と塩の生成

弱酸, 弱塩基の遊離 ·················· 155

第14章 中和滴定

中和滴定の操作 ························ 159
pH 指示薬 ································ 161
中和滴定の公式 ························ 161

第15章 酸化と還元の定義

酸化と還元の定義 ····················· 171
酸化数の考え方 ························ 173
酸化数の規則 ··························· 175

第16章 酸化剤と還元剤

O^{2-} の水溶液中での変換 ············ 184

第17章 酸化還元滴定

$KMnO_4$ 水溶液の滴定 ················ 194
酸化還元滴定の公式 ·················· 195
ヨウ素滴定 ······························ 197

第18章 金属の酸化還元反応

金属のイオン化傾向・
イオン化列 ……………………… 206
金属イオンの酸化力 …………… 207
金属と金属イオンの
反応の考え方 …………………… 209
H^+と反応する可能性のある金属
（還元剤） ………………………… 211
硝酸や熱濃硫酸と金属の反応 ……… 213

第19章 電　池

電池の原理と例 ………………… 219
ダニエル電池の原理 …………… 220
ダニエル電池の酸化剤と還元剤 … 221
ダニエル電池の起電力を
大きくする方法 ………………… 222
鉛蓄電池の原理 ………………… 223
ファラデー定数 ………………… 224
H_2-O_2燃料電池（リン酸型）の
原理 ……………………………… 225

第20章 電気分解

電気分解の原理 ………………… 233
水の電気分解 …………………… 236
イオン交換膜法
（食塩水の電気分解） …………… 237
銅電極による硫酸銅（Ⅱ）水溶液の
電気分解 ………………………… 238

第21章 熱化学方程式とエネルギー図

エネルギー図 …………………… 244
反応熱の熱量の求め方 ………… 248

第22章 ヘスの法則と反応熱の計算

生成熱を使った計算 …………… 254
ヘスの法則 ……………………… 255
結合エネルギーを使った計算 … 258

第23章 気体の状態方程式と気体の法則

気体の状態方程式❶ …………… 263
気体の状態方程式❷ …………… 263
気体の状態方程式❸ …………… 264
ボイル・シャルルの法則 ……… 266

第24章 実在気体と飽和蒸気圧

飽和蒸気圧曲線の考え方 ……… 274
ドルトンの分圧の法則 ………… 279
$z-P$グラフの理解 ……………… 283
$z-P$グラフ
（分子間力が小さい実在気体） … 284
$z-P$グラフの温度による影響 … 284

第25章 金属結晶

体心立方格子 …………………… 290
体心立方格子の一辺の長さ a と
原子半径 r の関係式 …………… 292
面心立方格子 …………………… 293

Point一覧

面心立方格子の一辺の長さ a と
原子半径 r の関係式 ……………… 295
六方最密構造 ……………………… 296
体心立方格子の充填率 ……………… 298
面心立方格子の充填率 ……………… 299
密度を求める計算 ………………… 300

第26章 イオン結晶・共有結合の結晶

CsCl 型のイオン結晶の単位格子 …… 305
CsCl 型のイオン結晶の配位数 ……… 305
CsCl 型結晶の単位格子の
一辺の長さ a とイオン半径 r^+,
r^- の関係式 ………………………… 306
NaCl 型のイオン結晶の単位格子 …… 308
NaCl 型のイオン結晶の配位数 ……… 308
NaCl 型結晶の単位格子の
一辺の長さ a とイオン半径 r^+,
r^- の関係式 ………………………… 309
ダイヤモンド型の結晶の構造 ……… 310
ダイヤモンド型の結晶の配位数 …… 310
ダイヤモンド型の結晶の単位格子の
一辺の長さ a と原子半径 r の
関係式 ……………………………… 311

第27章 溶解平衡

水分子の水素結合 ………………… 317
イオン結晶の溶解 ………………… 317
親水基による水和 ………………… 318
無極性溶媒と無極性分子の溶質 …… 318
固体結晶の溶解度曲線 …………… 319
溶解度曲線上の飽和溶液 ………… 320
溶解平衡 …………………………… 321
結晶水をもつ結晶の考え方 ……… 324
硫酸銅(Ⅱ)五水和物 ……………… 324

ヘンリーの法則 …………………… 326

第28章 希薄溶液の性質

質量モル濃度 ……………………… 333
沸点上昇の公式 …………………… 333
$\Delta t_b = K_b m$ に代入するときの
考え方 ……………………………… 334
沸点上昇と凝固点降下 …………… 335
凝固点降下度の公式 ……………… 336
純溶媒(純水)の冷却曲線 ………… 338
溶液の冷却曲線
(不揮発性物質が溶けた溶液) …… 340
浸透圧の測定と公式 ……………… 343

第29章 コロイド溶液

粒子によるコロイドの分類 ……… 347
流動性によるコロイドの分類 …… 349
塩析 − 親水コロイドの沈殿 − …… 353
凝析 − 疎水コロイドの沈殿 − …… 355
保護コロイド ……………………… 356
透析 − コロイドの精製 − ………… 357

第30章 反応速度

反応速度の考え方 ………………… 361
反応速度の表し方 ………………… 362
反応速度式 ………………………… 363
活性化エネルギー ………………… 368
活性化エネルギーと
反応速度の関係 …………………… 369
触媒と活性化エネルギー,
反応速度の関係 …………………… 370
温度と反応速度の関係 …………… 371

第31章 化学平衡

可逆反応と不可逆反応 ……………… 379
可逆反応の活性化エネルギー ……… 379
化学平衡の状態 ……………………… 382
平衡状態のときに成立する法則 …… 383
圧平衡定数 …………………………… 383
K_c と K_p の関係 ……………………… 384
ルシャトリエの原理(平衡移動の原理) … 388
ハーバー・ボッシュ法における
平衡移動 ……………………………… 389
平衡状態にある可逆反応で
Ar を入れた場合の平衡移動❶ …… 390
平衡状態にある可逆反応で
Ar を入れた場合の平衡移動❷ …… 391

第32章 電離平衡

酸・塩基の電離定数 ………………… 396
加水分解するイオンと
しないイオンの考え方 ……………… 402
CH_3COONa の加水分解のまとめ … 404
共役酸と共役塩基の関係 …………… 406
緩衝作用 ……………………………… 410
共通イオン効果 ……………………… 412
溶解度積と沈殿の有無 ……………… 417
AgCl の沈殿と溶解度積の考え方 … 418

元素周期表

*2013年12月現在

族	1	2	3	4	5	6	7	8	9	10	11	12	13	14	15	16	17	18
1	1 H 1.0 水素 2.20																	2 He 4.0 ヘリウム —
2	3 Li 6.9 リチウム 0.98	4 Be 9.0 ベリリウム 1.57											5 B 10.8 ホウ素 2.04	6 C 12.0 炭素 2.55	7 N 14.0 窒素 3.04	8 O 16.0 酸素 3.44	9 F 19.0 フッ素 3.98	10 Ne 20.2 ネオン —
3	11 Na 23.0 ナトリウム 0.93	12 Mg 24.3 マグネシウム 1.31											13 Al 27.0 アルミニウム 1.61	14 Si 28.1 ケイ素 1.90	15 P 31.0 リン 2.19	16 S 32.1 硫黄 2.58	17 Cl 35.5 塩素 3.16	18 Ar 39.9 アルゴン —
4	19 K 39.1 カリウム 0.82	20 Ca 40.1 カルシウム 1.00	21 Sc 45.0 スカンジウム 1.36	22 Ti 47.9 チタン 1.54	23 V 50.9 バナジウム 1.63	24 Cr 52.0 クロム 1.66	25 Mn 54.9 マンガン 1.55	26 Fe 55.8 鉄 1.83	27 Co 58.9 コバルト 1.88	28 Ni 58.7 ニッケル 1.91	29 Cu 63.5 銅 1.90	30 Zn 65.4 亜鉛 1.65	31 Ga 69.7 ガリウム 1.81	32 Ge 72.6 ゲルマニウム 2.01	33 As 74.9 ヒ素 2.18	34 Se 79.0 セレン 2.55	35 Br 79.9 臭素 2.96	36 Kr 83.8 クリプトン 3.00
5	37 Rb 85.5 ルビジウム 0.82	38 Sr 87.6 ストロンチウム 0.95	39 Y 88.9 イットリウム 1.22	40 Zr 91.2 ジルコニウム 1.33	41 Nb 92.9 ニオブ 1.6	42 Mo 96.0 モリブデン 2.16	43 Tc (99) テクネチウム 1.9	44 Ru 101.1 ルテニウム 2.2	45 Rh 102.9 ロジウム 2.28	46 Pd 106.4 パラジウム 2.20	47 Ag 107.9 銀 1.93	48 Cd 112.4 カドミウム 1.69	49 In 114.8 インジウム 1.78	50 Sn 118.7 スズ 1.96	51 Sb 121.8 アンチモン 2.05	52 Te 127.6 テルル 2.1	53 I 126.9 ヨウ素 2.66	54 Xe 131.3 キセノン 2.6
6	55 Cs 132.9 セシウム 0.79	56 Ba 137.3 バリウム 0.89	57-71 ランタノイド	72 Hf 178.5 ハフニウム 1.3	73 Ta 180.9 タンタル 1.5	74 W 183.8 タングステン 2.36	75 Re 186.2 レニウム 1.9	76 Os 190.2 オスミウム 2.2	77 Ir 192.2 イリジウム 2.20	78 Pt 195.1 白金 2.28	79 Au 197.0 金 2.54	80 Hg 200.6 水銀 2.00	81 Tl 204.4 タリウム 2.04	82 Pb 207.2 鉛 2.33	83 Bi 209.0 ビスマス 2.02	84 Po (210) ポロニウム 2.0	85 At (210) アスタチン 2.2	86 Rn (222) ラドン —
7	87 Fr (223) フランシウム 0.7	88 Ra (226) ラジウム 0.9	89-103 アクチノイド	104 Rf (267) ラザホージウム	105 Db (268) ドブニウム	106 Sg (271) シーボーギウム	107 Bh (272) ボーリウム	108 Hs (277) ハッシウム	109 Mt (276) マイトネリウム	110 Ds (281) ダームスタチウム	111 Rg (280) レントゲニウム	112 Cn (285) コペルニシウム						

凡例:
- 原子番号 → 1 H ← 元素記号
- 1.0 ← 原子量
- 水素 ← 元素名
- 2.20 ← 電気陰性度

■:気体　■:液体　他は固体
☢:放射能が必ずあるもの

← 典型元素　遷移元素　典型元素 →

大学入試
亀田 和久の
理論化学
が面白いほどわかる本

【別 冊】

この別冊は、本体にこの表紙を残したまま、ていねいに抜き取ってください。
なお、この別冊付録の抜き取りの際の損傷についてのお取り替えはご遠慮願います。

DATEBASE

理論化学
のデーターベース

*この冊子は,『大学入試 亀田和久の 理論化学が面白いほどわかる本』の別冊付録です。

もくじ

Ⅰ● 物質の構成 ……………………………………… 3

第1章　物質の分類 ……………………………………… 3
第2章　物質の三態 ……………………………………… 4
第3章　原子の構造 ……………………………………… 6
第4章　元素の周期律 …………………………………… 8

Ⅱ● 化学結合 ……………………………………… 12

第5章　イオン結合 ……………………………………… 12
第6章　共有結合 ………………………………………… 13
第7章　分　子 …………………………………………… 14
第8章　金属結合と結合の強さ ………………………… 15

Ⅲ● 物　質　量 …………………………………… 18

第9章　化学式量と物質量 ……………………………… 18
第10章　溶液の濃度，反応式からの計算 ……………… 19

Ⅳ● 酸と塩基の反応 ……………………………… 21

第11章　酸と塩基の定義／第12章　pHと中和反応 … 21
第13章　中和反応と塩の生成 …………………………… 24
第14章　中和滴定 ………………………………………… 26

Ⅴ● 酸化還元反応 ………………………………… 28

第15章　酸化と還元の定義 ……………………………… 28
第16章　酸化剤と還元剤 ………………………………… 29
第17章　酸化還元滴定 …………………………………… 31
第18章　金属の酸化還元反応 …………………………… 32

VI ● 電池と電気分解 ... 33

- 第19章　電　池 ... 33
- 第20章　電気分解 ... 34

VII ● 熱化学 ... 36

- 第21章　熱化学方程式とエネルギー図 ... 36
- 第22章　ヘスの法則と反応熱の計算 ... 38

VIII ● 気　体 ... 39

- 第23章　気体の状態方程式と気体の法則 ... 39
- 第24章　実在気体と飽和蒸気圧 ... 41

IX ● 固体結晶 ... 43

- 第25章　金属結晶 ... 43
- 第26章　イオン結晶・共有結合の結晶 ... 45

X ● 溶　液 ... 47

- 第27章　溶解平衡 ... 47
- 第28章　希薄溶液の性質 ... 49
- 第29章　コロイド溶液 ... 52

XI ● 反応速度と化学平衡 ... 55

- 第30章　反応速度 ... 55
- 第31章　化学平衡 ... 57
- 第32章　電離平衡 ... 59

元素周期表 ... 62

Ⅰ 物質の構成

第1章 物質の分類

1 確認事項

確認事項		内容
元素の確認	炎色反応	Li（赤）　Na（黄）　K（赤紫）　Ca（橙赤） Sr（紅）　Ba（黄緑）　Cu（青緑）
	Cの確認	試料を燃焼して発生した**二酸化炭素**が**石灰水**を白濁する。
	Clの確認	試料の水溶液に硝酸銀水溶液を入れると，**白色沈殿**（**AgCl**）が生成する。
同素体		同じ元素でできているが，性質や構造の異なる**単体**どうしを**同素体**という。
同素体の例		S　（**斜方硫黄，単斜硫黄，ゴム状硫黄**） C　（**ダイヤモンド，黒鉛，フラーレン**） O　（**酸素 O_2，オゾン O_3**） P　（**黄リン，赤リン**）
物質の分類		物質 ─┬─ **純物質** ─┬─ **単体**（同素体を含む）… 　　　　　　　　　　　　　　1種類の元素で構成 　　　　　　　　　└─ **化合物**…2種類以上の元素で構成 　　　└─ **混合物**…2種類以上の純物質で構成
混合物の分離法		**ろ過，再結晶，蒸留，分留，抽出，昇華，クロマトグラフィー**など

第2章 物質の三態

1 確認事項

確認事項	内容
絶対温度〔K〕 (ケルビンと読む)	理論上,一番低い温度を0K(ゼロケルビン)としたときの温度
セルシウス温度(t℃)と 絶対温度(TK)の関係	$T = t + 273$
物質の三態(状態)	気体,液体,固体
状態変化の具体例	昇華(固体⇔気体),昇華・凝縮(気体→固体),凝固(液体→固体),融解(固体→液体),蒸発(液体→気体)
状態変化のポイント	・状態変化が起こると,**エネルギーの出入り**がある。 ・状態変化は**物理変化**である。
融点(mp)	物質が**融解**する温度
沸点(bp)	物質が**沸騰**する温度

2 熱運動と拡散

熱運動は温度が高くなるほど激しくなる。

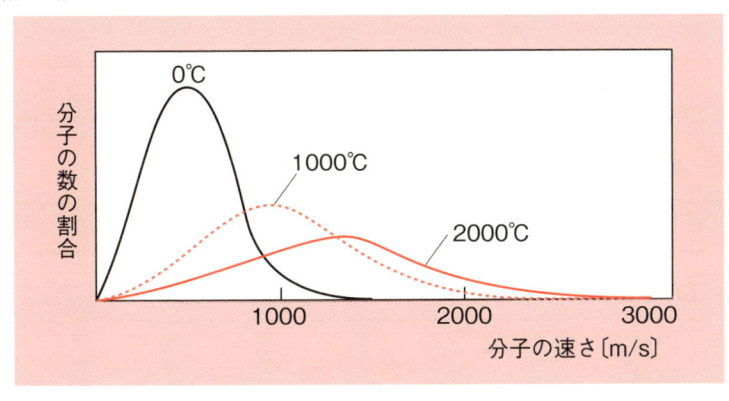

縦軸: 分子の数の割合
横軸: 分子の速さ〔m/s〕
曲線: 0℃, 1000℃, 2000℃

熱運動によって**拡散**が起こる。

第3章　原子の構造

1 原子の表し方

⊕ 陽子の数＋ ◯ 中性子の数 ＝ **質量数** → m
⊕ 陽子の数＝ ⊖ 電子の数 ＝ **原子番号**→ a　A　←元素記号

中性子の数 ◯ ＝ $m - a$

2 確認事項

確認事項	内　容
原子核の大きさ	原子のおよそ $\dfrac{1}{10^5} \sim \dfrac{1}{10^4}$
電子の質量と陽子の質量の関係	⊖ ＝ ⊕ × $\dfrac{1}{1840}$
◯ 中性子の数	**質量数－原子番号**
同位体の定義	**原子番号**（**陽子の数**）が同じで，**質量数**（または**中性子の数**）が異なる原子どうし
放射線を出す同位体の名称	**放射性同位体**（**ラジオアイソトープ**）
放射線を出す能力	**放射能**
各電子殻に入る最大電子数	K殻：**2個**，L殻：**8個**，M殻：**18個**，N殻：**32個**（K，L，M，Nの順に$n = 1, 2, 3$……とすると$2n^2$個）
放射性同位体の量が半分になる時間	**半減期**（$t_{\frac{1}{2}}$）
放射線同位体の量と時間との関係	$C = C_0 \left(\dfrac{1}{2}\right)^{\frac{t}{t_{\frac{1}{2}}}}$
同じ元素の原子，陽イオン，陰イオンの半径	**陽イオン＜原子＜陰イオン** $Cl^+ < Cl < Cl^-$

3 周期表と価電子数の関係

周期＼族	1族	2族	13族	14族	15族	16族	17族	18族
第1周期	H							He
第2周期	Li	Be	B	C	N	O	F	Ne
第3周期	Na	Mg	Al	Si	P	S	Cl	Ar
価電子数	1	2	3	4	5	6	7	0

18族の価電子数0は**閉殻構造**

4 イオンの電子配置

単原子イオンは原子番号が近い**希ガス**の電子配置をとりやすい。

周期＼族	1族	2族	13族	14族	15族	16族	17族	18族
第1周期	H							He
第2周期	Li	Be	B	C	N	O	F	Ne
第3周期	Na	Mg	Al	Si	P	S	Cl	Ar
第4周期	K	Ca						

5 イオンの大きさ

同じ電子配置のイオン半径は原子番号順に**小さく**なる。

He型（電子配置：K^2）のイオンの半径

Li^+ > Be^{2+}

Ne型（電子配置：K^2L^8）のイオンの半径

O^{2-} > F^- > Na^+ > Mg^{2+} > Al^{3+}

Ar型（電子配置：$K^2L^8M^8$）のイオンの半径

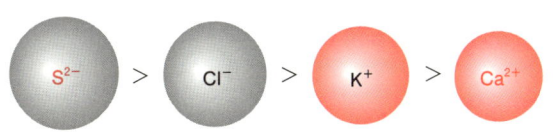

S^{2-} > Cl^- > K^+ > Ca^{2+}

Ⅰ 物質の構成

第4章　元素の周期律

1 確認事項

確認事項	内　容
元素の分類	**典型**元素と**遷移**元素
遷移元素の特徴	(1) **3族〜11族**の元素 (2) **価電子**が全て**1個**または**2個**であるため，**横**に並んだ同一周期のもので類似している。 (3) 全て**金属**元素
周期表における非金属の位置	非金属元素は周期表の**右上**に多く存在している。
周期表の同族元素の固有名	**アルカリ金属**（Hを除く1族） 　…**Li, Na, K, Rb, Cs, Fr** **アルカリ土類金属**（Be, Mgを除く2族） 　…**Ca, Sr, Ba, Ra** **ハロゲン**（17族）…**F, Cl, Br, I, At** **希ガス**（18族）…**He, Ne, Ar, Kr, Xe, Rn**
電子親和力	定義：原子が電子1個を受け取って，1価の**陰イオン**になるときに**放出**するエネルギー **電子親和力**が**大きい**ほど陰イオンになりやすい。→ **陰性**強
（第一）イオン化エネルギー	定義：原子が電子1個を放出して1価の**陽イオン**になるときに**吸収**するエネルギー **イオン化エネルギー**が**小さい**ほど陽イオンになりやすい。→ **陽性**強

2 第一イオン化エネルギー, 陽性・陰性の大小

(1) 第一イオン化エネルギー

大

周期＼族	1族	2族	12族	13族	14族	15族	16族	17族	18族
第1周期	H								He
第2周期	Li	Be		B	C	N	O	F	Ne
第3周期	Na	Mg		Al	Si	P	S	Cl	Ar
第4周期	K	Ca	Zn	Ga	Ge	As	Se	Br	Kr
第5周期	Rb	Sr	Cd	In	Sn	Sb	Te	I	Xe
第6周期	Cs	Ba	Hg	Tl	Pb	Bi	Po	At	Rn
第7周期	Fr	Ra	Cn						
価電子数	1	2	2	3	4	5	6	7	0

小

(2) 陽性・陰性

周期＼族	1族	2族	12族	13族	14族	15族	16族	17族
第1周期	H							
第2周期	Li	Be		B	C	N	O	F
第3周期	Na	Mg		Al	Si	P	S	Cl
第4周期	K	Ca	Zn	Ga	Ge	As	Se	Br
第5周期	Rb	Sr	Cd	In	Sn	Sb	Te	I
第6周期	Cs	Ba	Hg	Tl	Pb	Bi	Po	At
第7周期	Fr	Ra	Cn					
価電子数	1	2	2	3	4	5	6	7

右上ほど, 陰性が強くなり, イオン化エネルギーが大きくなる

左下ほど, 陽性が強くなり, 原子半径が大きくなる

3 元素の周期性

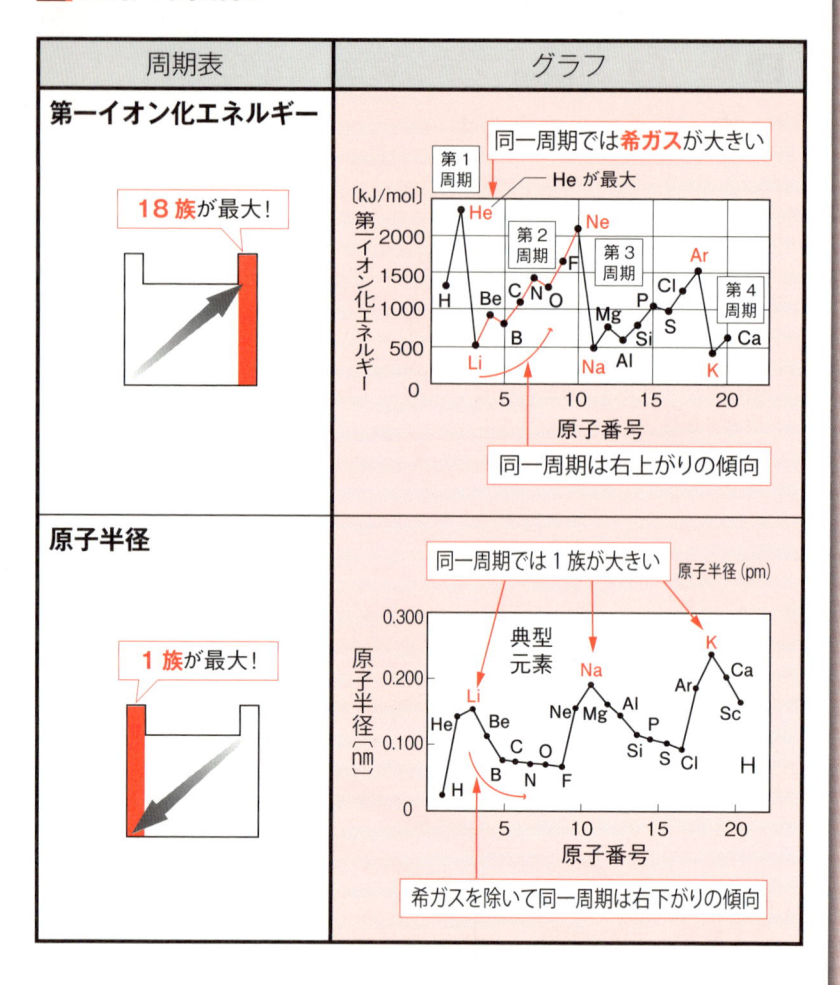

周期表	グラフ
第一イオン化エネルギー 18族が最大！	同一周期では**希ガス**が大きい／Heが最大 〔kJ/mol〕第1周期／第2周期／第3周期／第4周期 第一イオン化エネルギー He 2000, Ne, Ar 1500 F, Cl 1000 H, Be, C, N, O, Mg, P, S 500 Li, B, Na, Al, Si, K, Ca 0　　5　　10　　15　　20　原子番号 同一周期は右上がりの傾向
原子半径 1族が最大！	同一周期では1族が大きい　原子半径(pm) 0.300 典型元素 原子半径(nm) 0.200 Li, Na, K, Ca Ar, Sc 0.100 He, Be, Ne, Mg, Al, P, Si, Cl H, B, C, N, O, F, S, H 0　　5　　10　　15　　20　原子番号 希ガスを除いて同一周期は右下がりの傾向

I 物質の構成

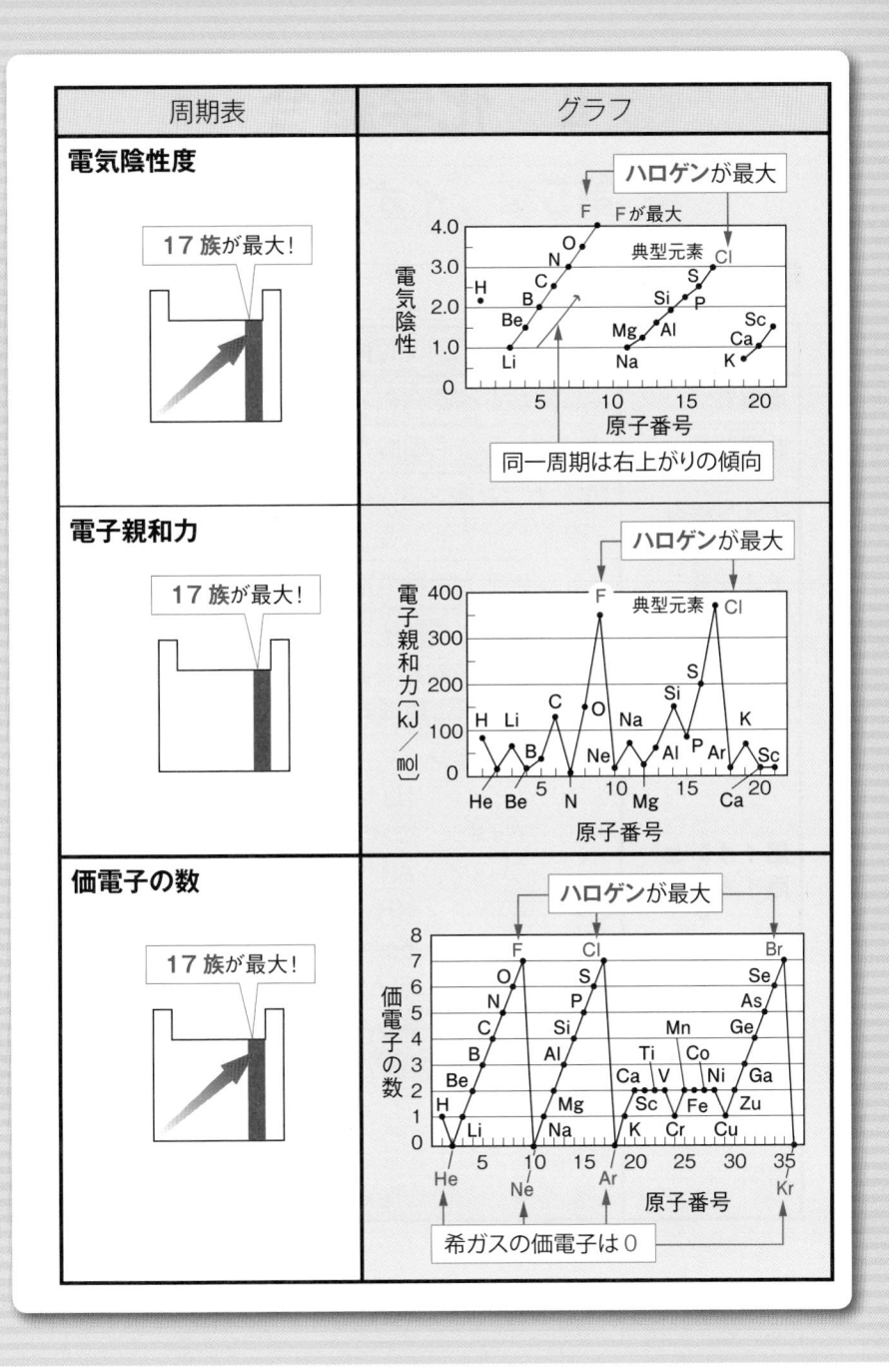

周期表	グラフ
電気陰性度 17族が最大！	ハロゲンが最大 / Fが最大 典型元素 縦軸：電気陰性、横軸：原子番号 F 4.0、O、N、Cl 3.0、H、B、S、Si、P 2.0、Be、Mg、Al、Sc、Ca 1.0、Li、Na、K 同一周期は右上がりの傾向
電子親和力 17族が最大！	ハロゲンが最大 典型元素 縦軸：電子親和力（kJ/mol）、横軸：原子番号 F、Cl が約350–400、C、O、Si、S、K、H、Li、Na など He、Be、N、Ne、Mg、Ar、Ca は低い
価電子の数 17族が最大！	ハロゲンが最大 縦軸：価電子の数（0〜8）、横軸：原子番号 F、Cl、Br が7 He、Ne、Ar、Kr は0 希ガスの価電子は0

I 物質の構成　11

Ⅱ　化学結合

第5章　イオン結合

1 確認事項

確認事項	内　容
電解質	水に溶かすと陽イオンと陰イオンに電離する物質
非電解質	水に溶かしても電離しない物質
イオン結合	陽イオンと陰イオンが**静電引力（クーロン力）**で結びついてる結合
イオン式	イオン価数と電荷の正負を表した化学式
組成式	物質を構成する原子，イオンの種類とその数を最も簡単な整数比で表した化学式（イオン結合している物質は**組成式**で表す）
陽イオンと陰イオンの例	**陽イオン**　　　　　　　　　**陰イオン** ナトリウムイオン　Na^+　　水酸化物イオン　OH^- カルシウムイオン　Ca^{2+}　硝酸イオン　　　NO_3^- アルミニウムイオン Al^{3+}　硫酸イオン　　　SO_4^{2-} アンモニウムイオン NH_4^+　リン酸イオン　　PO_4^{3-} 鉄(Ⅱ)イオン　　　Fe^{2+}　炭酸イオン　　　CO_3^{2-} 鉄(Ⅲ)イオン　　　Fe^{3+}　炭酸水素イオン　HCO_3^-
結晶とは	原子，分子，イオンが**規則正しく配列している固体**（陽イオンと陰イオンで構成された結晶を**イオン結晶**という）
劈開(へきかい)	結晶に急激な力を加えると，特定の面に沿って割れやすいという性質

第6章　共有結合

1 確認事項

確認事項	内　容
分　子	共有結合によってできた粒子 （例外：単原子分子は共有結合していない）
単原子分子	**希ガス**（He，Ne，Ar，Kr，Xe，Rn）
結合を構成する電子の数	共有結合の**単結合**は電子**2個**を共有してできている。
分子を表す化学式：分子式	**分子**を表した化学式 例　H_2，HCl，H_2O，NH_3
分子を表す化学式：構造式	結合を**価標**で表した化学式 例　$H-Cl$，$O=C=O$，$H-C\equiv C-H$
分子を表す化学式：電子式	結合に使われている価電子を点で表した式 例　$:\ddot{O}::C::\ddot{O}:$
単結合，二重結合，三重結合	2つの原子で共有する電子対が，1組の結合を**単結合**，2組の結合を**二重結合**，3組の結合を**三重結合**という。
配位結合	結合に使われている電子対が，一方の原子から供給されている共有結合
錯イオン	配位結合をしてできたイオン 例　$[Ag(NH_3)_2]^+$ 　　この場合 NH_3 を**配位子**という。

第7章 分　子

1 確認事項

確認事項	内容
電気陰性度	共有電子対を引きつける度合い
電気陰性度と周期表	周期表の**右上**のものほど**電気陰性度**が大きい。
分子間力の分類	分子間力 ─ 水素結合 / ファンデルワールス力　強↑ 結合力
水素結合する分子の例	H_2O，HF，NH_3
CH_4，SiH_4，GeH_4，SnH_4 の沸点の高低	$CH_4 < SiH_4 < GeH_4 < SnH_4$
HF，HCl，HBr，HI の沸点の高低	$HCl < HBr < HI < \boxed{HF}$
H_2O，H_2S，H_2Se，H_2Te の沸点の高低	$H_2S < H_2Se < H_2Te < \boxed{H_2O}$

分子間の水素結合により沸点が高い。

14族は分子間に水素結合がないため分子量が大きくなるほど沸点が上がる。

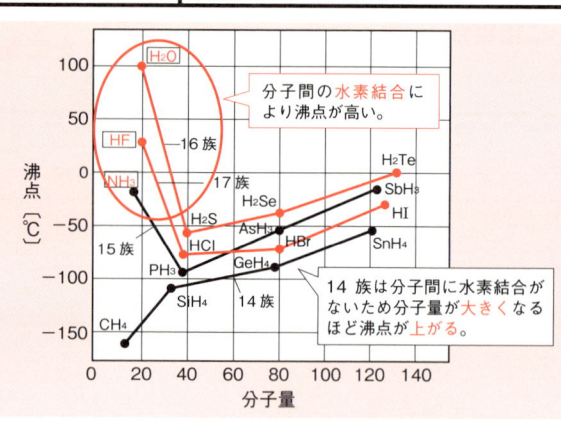

第8章　金属結合と結合の強さ

1 金属結晶の特徴

自由電子をもつためにさまざまな性質がある。
- (1) **金属光沢**がある。
- (2) **熱伝導性**，**電気伝導性**が大きい。
- (3) **展性**（叩くとうすく広がる性質），**延性**（引っ張ると長く伸びる性質）がある。

2 結合力のイメージ

共有結合 > イオン結合 > 金属結合（典型金属元素） ≫ 水素結合 > ファンデルワールス力

原子間結合　　　　　　　　　　　　分子間力

※（遷移元素）の結合力は，イオン結合や共有結合くらい強いものが多い。

ダイヤ	食塩	鉄	ドライアイス
共有結合の結晶	イオン結晶	金属結晶	分子結晶

Ⅱ 化学結合

3 結晶のまとめ

	共有結合の結晶	イオン結晶	金属結晶	分子結晶
構成粒子	原子	陽イオン $+$ 陰イオン $-$	原子(金属元素)	分子
粒子間の結合	共有結合	イオン結合	金属結合	分子間力
融点	非常に高い	高い	高いものから低いものまでさまざま	低い
電気伝導性	なし（黒鉛はあり）	なし	あり	なし
例	ダイヤモンド C 黒鉛 C ケイ素 Si 炭化ケイ素 SiC 石英・水晶 SiO_2	塩化ナトリウム $NaCl$ 酸化カルシウム CaO 硝酸カリウム KNO_3 フッ化リチウム LiF 硝酸アンモニウム※ NH_4NO_3 硫酸アンモニウム※ $(NH_4)_2SO_4$ (※上の2つは非金属元素のみ)	ナトリウム Na カリウム K リチウム Li カルシウム Ca バリウム Ba マグネシウム Mg 銅 Cu マンガン Mn 銀 Ag	二酸化炭素 CO_2 ヨウ素 I_2 水 H_2O スクロース（氷砂糖） $C_{12}H_{22}O_{11}$

化学式の赤字は非金属元素，黒字は金属元素

3 結晶の分類と融点・沸点

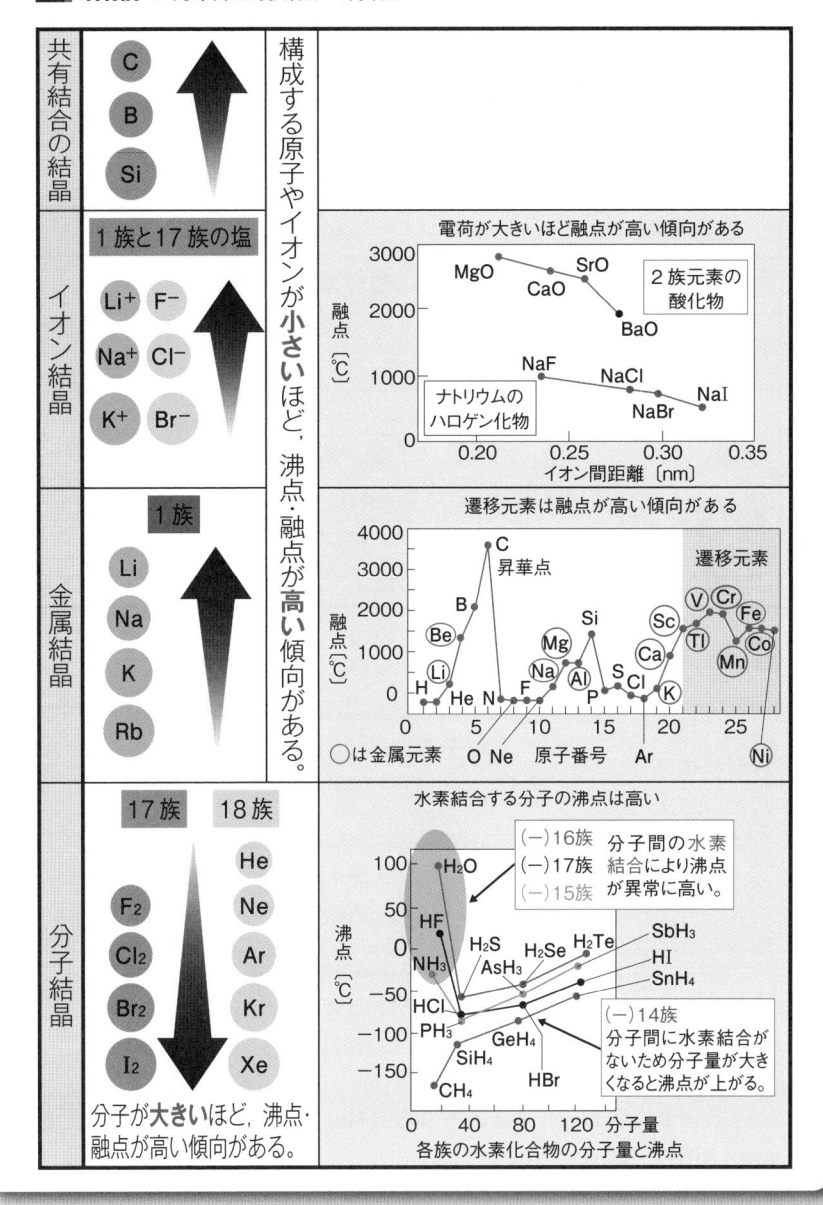

共有結合の結晶
C, B, Si ↑

構成する原子やイオンが**小さい**ほど、沸点・融点が**高い**傾向がある。

イオン結晶
1族と17族の塩
Li⁺, F⁻, Na⁺, Cl⁻, K⁺, Br⁻ ↑

電荷が大きいほど融点が高い傾向がある

2族元素の酸化物: MgO, CaO, SrO, BaO
ナトリウムのハロゲン化物: NaF, NaCl, NaBr, NaI

縦軸: 融点 [℃] (0〜3000)
横軸: イオン間距離 [nm] (0.20〜0.35)

金属結晶
1族: Li, Na, K, Rb ↑

遷移元素は融点が高い傾向がある

H, Li, Be, B, C (昇華点), N, O, F, Ne, Na, Mg, Al, Si, P, S, Cl, Ar, K, Ca, Sc, Ti, V, Cr, Mn, Fe, Co, Ni

○は金属元素
縦軸: 融点 [℃] (0〜4000)
横軸: 原子番号

分子結晶
17族: F₂, Cl₂, Br₂, I₂ ↓
18族: He, Ne, Ar, Kr, Xe

分子が**大きい**ほど、沸点・融点が高い傾向がある。

水素結合する分子の沸点は高い

(−)16族, (−)17族, (−)15族: 分子間の水素結合により沸点が異常に高い。

H₂O, HF, NH₃, H₂S, HCl, PH₃, AsH₃, H₂Se, HBr, GeH₄, SiH₄, CH₄, H₂Te, HI, SnH₄, SbH₃

(−)14族: 分子間に水素結合がないため分子量が大きくなると沸点が上がる。

縦軸: 沸点 [℃] (−150〜100)
横軸: 分子量 (0〜120)
各族の水素化合物の分子量と沸点

Ⅲ　物質量

第9章　化学式量と物質量

1 確認事項

確認事項	内　容
原子量の基準	$^{12}C=12$ とした**相対質量**で表す。
原子量とは	自然界の元素の同位体の存在比を考慮した**相対質量**の**平均値**
化学式量（式量）	化学式の**原子量**をたしたもの（例　**分子量**，**イオン式量**，**組成式量**）
物質量の定義	$1\,mol = {}^{12}C\,12\,g$ 中に含まれる原子の数　$= 6.02 \times 10^{23}$ 個
アボガドロ定数	$6.02 \times 10^{23}/mol$

2 物質量を求める公式

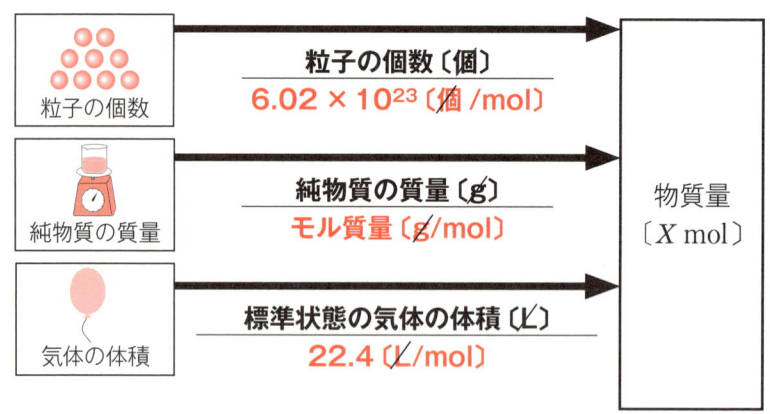

$$\text{粒子の個数} \xrightarrow{\dfrac{\text{粒子の個数〔個〕}}{6.02 \times 10^{23}\,\text{〔個/mol〕}}} \text{物質量〔}X\,\text{mol〕}$$

$$\text{純物質の質量} \xrightarrow{\dfrac{\text{純物質の質量〔g〕}}{\text{モル質量〔g/mol〕}}} \text{物質量〔}X\,\text{mol〕}$$

$$\text{気体の体積} \xrightarrow{\dfrac{\text{標準状態の気体の体積〔L〕}}{22.4\,\text{〔L/mol〕}}} \text{物質量〔}X\,\text{mol〕}$$

標準状態（$0\,℃$，$1.013 \times 10^5\,Pa$）のとき，どんな気体でも**モル体積**は $22.4\,L/mol$

第10章　溶液の濃度, 反応式からの計算

1 溶　液

食塩水の場合，食塩を**溶質**，水を**溶媒**，食塩水を**溶液**という。

2 密度 ρ と体積 V の関係

$\rho \, [\text{g/cm}^3] \times V \, [\text{cm}^3] = \rho V \, [\text{g}]$	$\dfrac{m \, [\text{g}]}{\rho \, [\text{g/cm}^3]} = \dfrac{m}{\rho} \, [\text{cm}^3]$

3 溶液の濃度表示

(1) 質量パーセント濃度（質量百分率）

$$a \, [\%] = \frac{\text{溶質の質量} \, [\text{g}]}{\text{溶液の質量} \, [\text{g}]} \times 100$$

(2) モル濃度

$$C \, [\text{mol/L}] = \frac{\text{溶質の物質量} \, [\text{mol}]}{\text{溶液の体積} \, [\text{L}]} = \frac{10 \rho a}{M} \, [\text{mol/L}]$$

（M：式量，ρ：密度）

4 化学反応式のルール

反応物　　　　　　　　　　　**生成物**

反応物の各元素の原子の数	＝	生成物の各元素の原子の数

5 C, H, O を含む化合物の燃焼式の書き方

C, H, O を含む化合物 → 完全燃焼 → C → CO_2 ／ H → H_2O

6 化学反応式からわかる理論値の考え方

$$CS_2 + 3O_2 \longrightarrow CO_2 + 2SO_2$$

物質量 ➡	-1 mol	-3 mol	$+1$ mol	$+2$ mol
質　量 ➡	-76 g (CS_2の分子量76)	$-3×32$ g (O_2の分子量32)	$+44$ g (CO_2の分子量44)	$+2×64$ g (SO_2の分子量64)
標準状態の 気体の体積 ➡	-22.4 L	$-3×22.4$ L	$+22.4$ L	$+2×22.4$ L
分子の数 ➡	$-N_A$ 個	$-3N_A$ 個	$+N_A$ 個	$+2N_A$ 個

※ $N_A = 6.02 × 10^{23}$ とする。

mol
気体の体積
g
個数
おっけー♪

Ⅳ　酸と塩基の反応

第11章　酸と塩基の定義
第12章　pHと中和反応

1 確認事項

確認事項		内容
酸・塩基の定義	アレニウスの定義と中和反応	酸 → H$^+$ ／ OH$^-$ ← 塩基 → H$_2$O
	ブレンステッド・ローリーの定義と中和反応	酸 → H$^+$ → 塩基（ブレンステッド酸　ブレンステッド塩基）
電離度の定義		電離度 $a = \dfrac{\text{電離している溶質の物質量〔mol〕}}{\text{溶質の物質量〔mol〕}}$
水のイオン積 K_w		$K_w = [H^+] \times [OH^-]$
25℃のときの K_w		$K_w = [H^+] \times [OH^-] = 1.0 \times 10^{-14}$ 〔mol/L〕^{2}
pH, pOHの定義		水素イオン指数：$[H^+] = 10^{-a}$ mol/L → pH $= a$ 水酸化物イオン指数：$[OH^-] = 10^{-b}$ mol/L → pOH $= b$
pH, pOHの関係式（25℃）		pH + pOH = 14
中性のときに成立する式（25℃）		$[H^+] = [OH^-] = 10^{-7}$ 〔mol/L〕 pH = pOH = 7
1価の酸（HA）の $[H^+]$		$[H^+] = Ca$ C：濃度，単位 mol/L　　a：電離度，強酸の場合 $a ≒ 1$
1価の塩基（B）の $[OH^-]$		$[OH^-] = Ca$ C：濃度，単位 mol/L　　a：電離度，強酸の場合 $a ≒ 1$

2 アレニウスの定義による酸と塩基

酸		価数	塩基	
弱酸	強酸		強塩基	弱塩基
HCl 塩酸 HNO₃ 硝酸	CH₃COOH 酢酸 HClO 次亜塩素酸 HF フッ化水素 HCN シアン化水素	1価	LiOH 水酸化リチウム NaOH 水酸化ナトリウム KOH 水酸化カリウム	NH₃ *1 （アンモニア）
H₂SO₄ 硫酸	(COOH)₂ シュウ酸 （H₂C₂O₄ でもよい） H₂S 硫化水素 H₂CO₃ 炭酸 (CO₂)*2	2価	Ca(OH)₂ 水酸化カルシウム Sr(OH)₂ 水酸化ストロンチウム Ba(OH)₂ 水酸化バリウム	Cu(OH)₂ 水酸化銅 Mg(OH)₂ 水酸化マグネシウム
	H₃PO₄ リン酸	3価		Al(OH)₃ 水酸化アルミニウム Fe(OH)₃ 水酸化鉄（Ⅲ）

*1 NH₃は水溶液中で次のように電離し, OH⁻を出す。
$$NH_3 + H_2O \rightleftarrows NH_4^+ + OH^-$$

*2 CO₂は水溶液中で次のように電離している。
$$CO_2 + H_2O \rightleftarrows H_2CO_3 \rightleftarrows H^+ + HCO_3^- \rightleftarrows 2H^+ + CO_3^{2-}$$

3 酸性, 塩基性とpHの関係

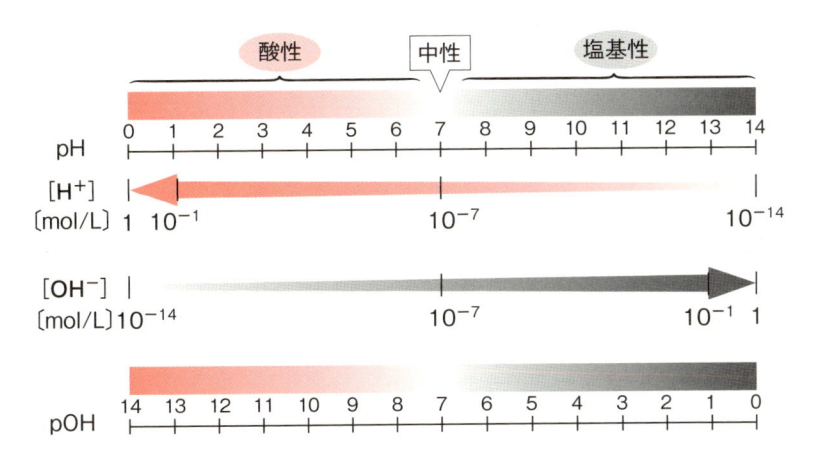

| 酸性 | 中性 | 塩基性 |

pH 0 1 2 3 4 5 6 7 8 9 10 11 12 13 14

[H⁺] (mol/L) 1 10⁻¹ ← → 10⁻⁷ → 10⁻¹⁴

$[H^+]$ $[mol/L]$: 1 10^{-1} … 10^{-7} … 10^{-14}

$[OH^-]$ $[mol/L]$: 10^{-14} … 10^{-7} … 10^{-1} 1

pOH 14 13 12 11 10 9 8 7 6 5 4 3 2 1 0

4 pH指示薬

pH指示薬	略称	pH 0 1 2 3 4 5 6 7 8 9 10 11 12 13 14
リトマス	LM	赤色 ／ 青色
メチルオレンジ	MO	赤色 ／ 黄色
フェノールフタレイン	PP	無色 ／ 赤色

フェノールフタレイン

第13章　中和反応と塩の生成

1 中和反応（アレニウスの定義）

イオン反応式　　$H^+ + OH^- \longrightarrow H_2O$
全反応式　　　　酸　＋　塩基　$\longrightarrow$　水＋塩
　例　$CH_3COOH + NaOH \longrightarrow H_2O + CH_3COONa$
　　　　　酸　　　　塩基　　　　水　　　塩（酢酸ナトリウム）

2 塩の分類

酸性塩	正塩	塩基性塩
放出できる H^+ を含む	—	放出できる OH^- を含む
$NaHCO_3$, $NaHSO_4$ KHC_2O_4, K_2HPO_4 LiH_2PO_4	$NaCl$, CH_3COONa KNO_3, Na_2CO_3 K_3PO_4	$Ca(OH)NO_3$ $Al(OH)SO_4$ $MgCl(OH)$

3 酸性塩の例

　硫酸水素ナトリウム　$NaHSO_4$　$\longrightarrow$　酸性
　炭酸水素ナトリウム　$NaHCO_3$　$\longrightarrow$　塩基性

4 正塩の水溶液の酸性, 塩基性, 中性の判定 ⇒ 酸の強弱に注目

組み合わせ	酸性／塩基性	例
強酸と強塩基の塩	中性	KNO_3, $NaCl$, Na_2SO_4
強酸と弱塩基の塩	酸性	NH_4Cl, NH_4NO_3, $CuSO_4$
弱酸と強塩基の塩	塩基性	CH_3COONa, Na_2CO_3
弱酸と弱塩基の塩	中性付近	CH_3COONH_4

5 弱酸，弱塩基の遊離（ブレンステッド・ローリーの定義による中和）

弱酸の遊離　弱酸の塩＋強酸 ⟶ 強酸の塩＋**弱酸**
弱塩基の遊離　弱塩基の塩＋強塩基 ⟶ 強塩基の塩＋**弱塩基**

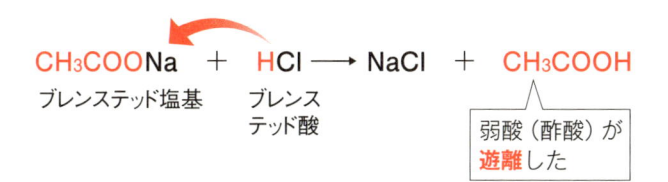

CH₃COONa ＋ HCl ⟶ NaCl ＋ CH₃COOH

ブレンステッド塩基　　ブレンステッド酸　　　　　　　弱酸（酢酸）が遊離した

弱い酸や塩基は追い出されるのね

弱肉強食…

Ⅳ 酸と塩基の反応

第14章　中和滴定

1 中和滴定におけるpH指示薬

中和点が 塩基性 　　　⟶　**フェノールフタレイン**
中和点が 酸性　　　　 ⟶　**メチルオレンジ**
中和点が中性（強酸―強塩基）⟶　どちらでも可

2 中和滴定の公式

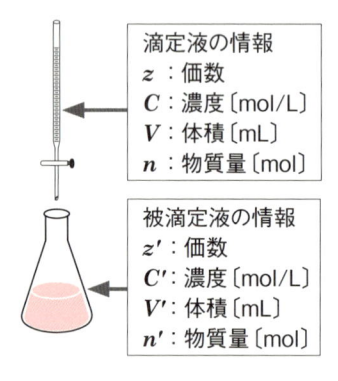

滴定液の情報
z：価数
C：濃度〔mol/L〕
V：体積〔mL〕
n：物質量〔mol〕

被滴定液の情報
z'：価数
C'：濃度〔mol/L〕
V'：体積〔mL〕
n'：物質量〔mol〕

より一般的には

$$zCV = z'C'V'$$
$$zn = z'n'$$

$$\Sigma zCV = \Sigma z'C'V'$$
$$\Sigma zn = \Sigma z'n'$$

3 ワルダー法（NaOH＋Na_2CO_3をHClで中和）

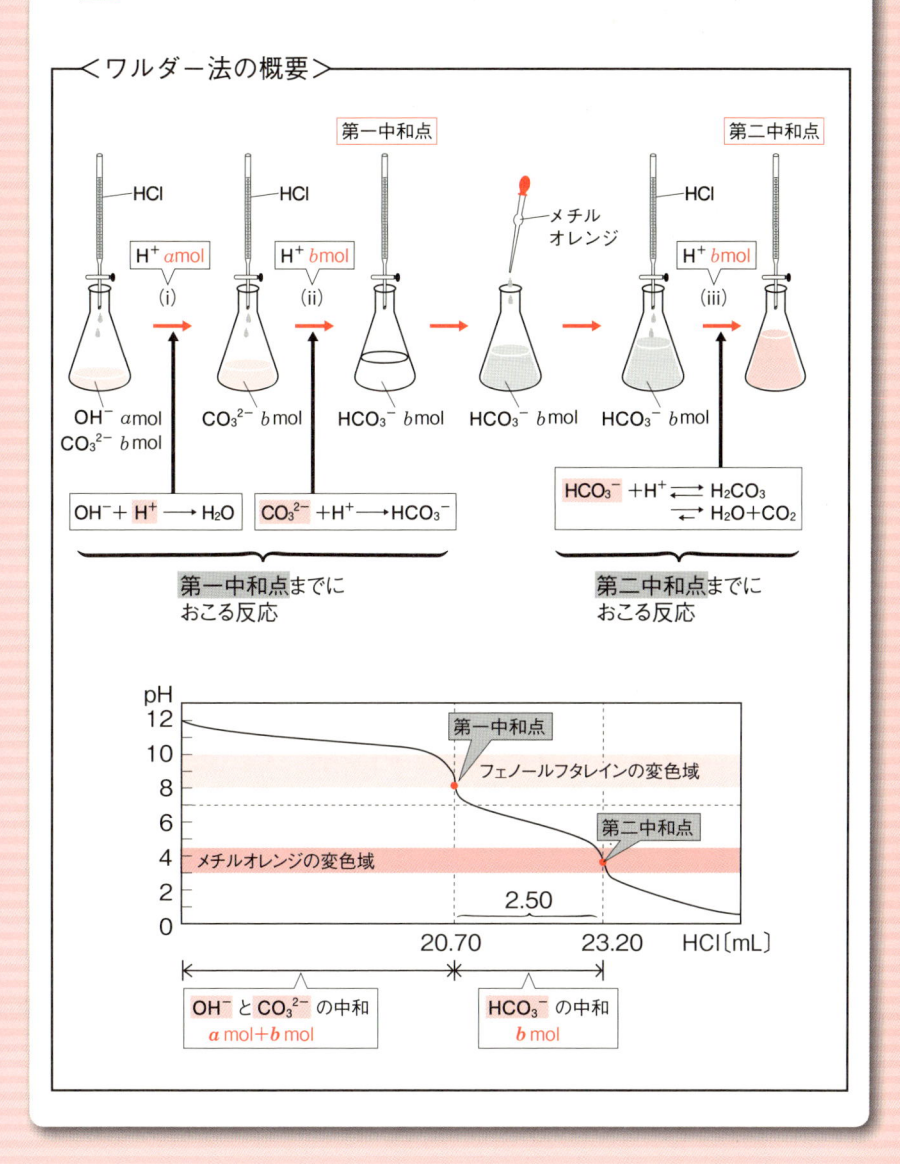

＜ワルダー法の概要＞

第一中和点 / 第二中和点

HCl / H^+ a mol (i) / HCl / H^+ b mol (ii) / メチルオレンジ / HCl / H^+ b mol (iii)

OH^- a mol
CO_3^{2-} b mol

CO_3^{2-} b mol

HCO_3^- b mol

HCO_3^- b mol

HCO_3^- b mol

$OH^- + H^+ \longrightarrow H_2O$

$CO_3^{2-} + H^+ \longrightarrow HCO_3^-$

$HCO_3^- + H^+ \rightleftarrows H_2CO_3 \rightleftarrows H_2O + CO_2$

第一中和点までにおこる反応

第二中和点までにおこる反応

pH
12, 10, 8, 6, 4, 2, 0

第一中和点
フェノールフタレインの変色域
第二中和点
メチルオレンジの変色域

2.50

20.70 23.20 HCl〔mL〕

OH^-とCO_3^{2-}の中和
a mol＋b mol

HCO_3^-の中和
b mol

Ⅳ 酸と塩基の反応

Ⅴ 酸化還元反応

第15章　酸化と還元の定義

1 酸化と還元の定義

	酸素 O	水素 H	電子 e^-	酸化数
物質が酸化される	受け取る	失う	失う	増加
物質が還元される	失う	受け取る	受け取る	減少

2 酸化数

1. 単体…**0**
2. イオン…**イオンの電荷**
3. 酸化数が決まっているものを覚える。

原子	酸化数	原子	酸化数
F	－1	Li, Na, K	＋1
O	－2 が多い（H_2O_2 中では －1）	Mg, Ca, Ba	＋2
H	＋1（非金属と結合するとき） －1（金属と結合するとき）	Al	＋3

第16章　酸化剤と還元剤

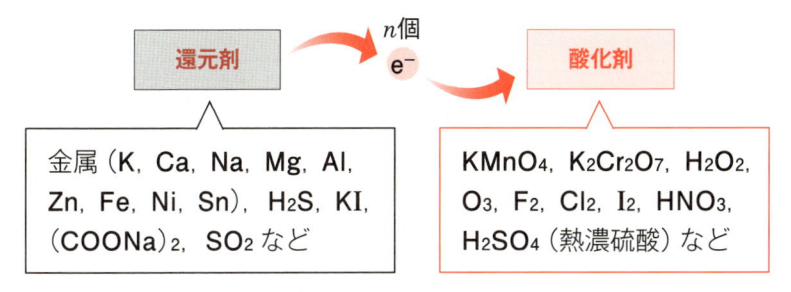

1 酸化剤と還元剤

還元剤 →(n個 e^-)→ 酸化剤

還元剤：金属（K, Ca, Na, Mg, Al, Zn, Fe, Ni, Sn），H_2S, KI, $(COONa)_2$, SO_2 など

酸化剤：$KMnO_4$, $K_2Cr_2O_7$, H_2O_2, O_3, F_2, Cl_2, I_2, HNO_3, H_2SO_4（熱濃硫酸）など

2 相手によって酸化剤，還元剤の両方になる物質
（H_2O_2, SO_2 の例）

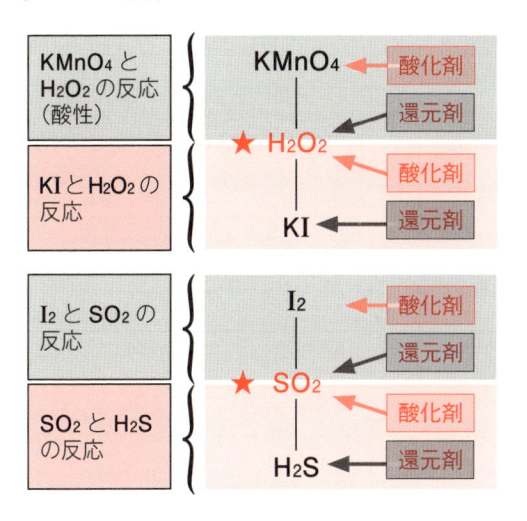

- $KMnO_4$ と H_2O_2 の反応（酸性）: $KMnO_4$（酸化剤）― ★H_2O_2（還元剤）
- KI と H_2O_2 の反応: ★H_2O_2（酸化剤）― KI（還元剤）

- I_2 と SO_2 の反応: I_2（酸化剤）― ★SO_2（還元剤）
- SO_2 と H_2S の反応: ★SO_2（酸化剤）― H_2S（還元剤）

V 酸化還元反応

3 半反応式

分類	化学式	z 価数	半反応式
酸化剤	ハロゲン単体 X_2 (F_2, Cl_2, Br_2, I_2)	2	$X_2 + 2e^- \longrightarrow 2X^-$ 例 $Cl_2 + 2e^- \longrightarrow 2Cl^-$（黄緑色）
	過マンガン酸カリウム $KMnO_4$	5	$MnO_4^- + 8H^+ + 5e^- \longrightarrow Mn^{2+} + 4H_2O$（酸性） （赤紫色）
		3	$MnO_4^- + 2H_2O + 3e^- \longrightarrow MnO_2 + 4OH^-$（中性・塩基性） （赤紫色） （※ $KMnO_4$ は酸性と中性・塩基性とでは生成物が異なるから注意）
	二クロム酸カリウム $K_2Cr_2O_7$（酸性）	6	$Cr_2O_7^{2-} + 14H^+ + 6e^- \longrightarrow 2Cr^{3+} + 7H_2O$ （橙赤色） （緑色）
	オゾン O_3（気体）	2	$O_3 + 2H^+ + 2e^- \longrightarrow H_2O + O_2$（酸性） （淡青色）
		2	$O_3 + H_2O + 2e^- \longrightarrow 2OH^- + O_2$（中性・塩基性） （淡青色）
	濃硝酸 HNO_3	1	$HNO_3 + H^+ + e^- \longrightarrow NO_2 + H_2O$ （赤褐色）
	希硝酸 HNO_3	3	$HNO_3 + 3H^+ + 3e^- \longrightarrow NO + 2H_2O$
	熱濃硫酸 H_2SO_4	2	$H_2SO_4 + 2H^+ + 2e^- \longrightarrow SO_2 + 2H_2O$
	過酸化水素 H_2O_2 （酸化剤） （還元剤）	2 2	$H_2O_2 + 2H^+ + 2e^- \longrightarrow 2H_2O$（酸性） $H_2O_2 \longrightarrow O_2 + 2H^+ + 2e^-$（酸性）
	二酸化硫黄 SO_2（気体） （酸化剤） （還元剤）	4 2	$SO_2 + 4H^+ + 4e^- \longrightarrow S + 2H_2O$（酸性） $SO_2 + 2H_2O \longrightarrow SO_4^{2-} + 4H^+ + 2e^-$（酸性）
	硫化水素 H_2S（気体）	2	$H_2S \longrightarrow S + 2H^+ + 2e^-$（酸性）
還元剤	金属単体 （Na, Al, Zn, Fe など）		$Na \longrightarrow Na^+ + e^-$, $Al \longrightarrow Al^{3+} + 3e^-$ $Zn \longrightarrow Zn^{2+} + 2e^-$, $Fe \longrightarrow Fe^{2+} + 2e^-$ （淡緑色）
	シュウ酸ナトリウム $(COONa)_2$	2	$(COO^-)_2 \longrightarrow 2CO_2 + 2e^-$
	シュウ酸 $(COOH)_2$	2	$(COOH)_2 \longrightarrow 2CO_2 + 2H^+ + 2e^-$
	ヨウ化カリウム KI	1	$2I^- \longrightarrow I_2 + 2e^-$ （水溶液中では I_2 は黄褐色） （I^- は2個で2個の e^- を出すが、 I^- 1個では e^- 1個なので $z=1$）
	鉄(Ⅱ)イオン Fe^{2+}	1	$Fe^{2+} \longrightarrow Fe^{3+} + e^-$ （淡緑色） （黄褐色）
	スズ(Ⅱ)イオン Sn^{2+}	2	$Sn^{2+} \longrightarrow Sn^{4+} + 2e^-$

第17章　酸化還元滴定

1 酸化還元滴定の公式

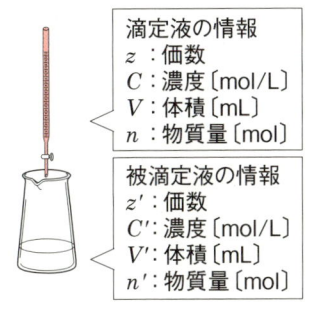

滴定液の情報
z：価数
C：濃度〔mol/L〕
V：体積〔mL〕
n：物質量〔mol〕

被滴定液の情報
z'：価数
C'：濃度〔mol/L〕
V'：体積〔mL〕
n'：物質量〔mol〕

$$zCV = z'C'V'$$
$$zn = z'n'$$

zn と $z'n'$ は酸化剤，還元剤が授受する電子の物質量を表す。

2 KMnO₄水溶液の滴定

酸化剤
KMnO₄水溶液（赤紫色）

滴下すると赤紫色が消える。
$MnO_4^- + 8H^+ + 5e^- \longrightarrow Mn^{2+} + 4H_2O$

還元剤
H_2O_2, $(COONa)_2$, Fe^{2+} などの硫酸酸性溶液

終点

KMnO₄水溶液を1滴過剰に入れると，**赤紫色**になるので，この点を終点とみなす！
（1滴オーバーで終点，1滴は誤差とみなす）

3 ヨウ素滴定

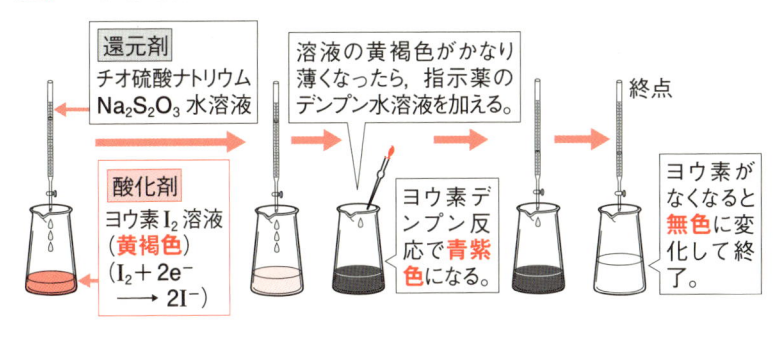

還元剤
チオ硫酸ナトリウム
$Na_2S_2O_3$ 水溶液

酸化剤
ヨウ素I_2溶液
（**黄褐色**）
($I_2 + 2e^- \longrightarrow 2I^-$)

溶液の黄褐色がかなり薄くなったら，指示薬のデンプン水溶液を加える。

ヨウ素デンプン反応で**青紫色**になる。

終点

ヨウ素がなくなると**無色**に変化して終了。

V 酸化還元反応

第18章　金属の酸化還元反応

1 金属イオンと金属の反応の考え方

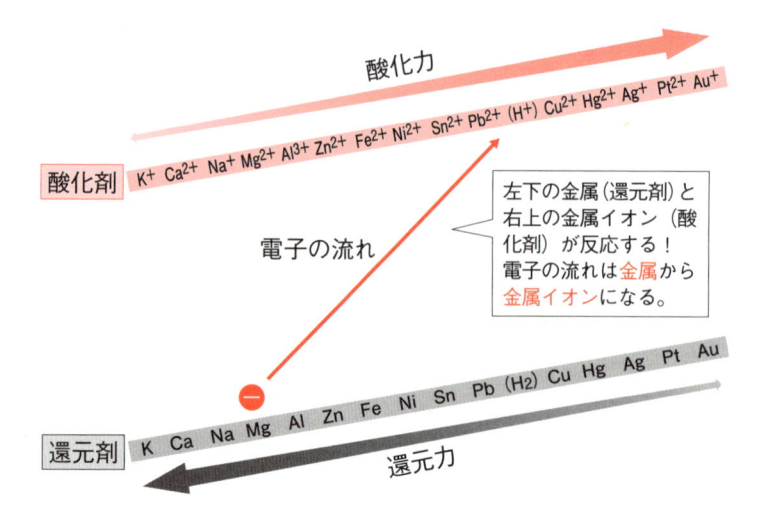

酸化力 →

酸化剤： K^+　Ca^{2+}　Na^+　Mg^{2+}　Al^{3+}　Zn^{2+}　Fe^{2+}　Ni^{2+}　Sn^{2+}　Pb^{2+}　(H^+)　Cu^{2+}　Hg^{2+}　Ag^+　Pt^{2+}　Au^+

電子の流れ

左下の金属（還元剤）と右上の金属イオン（酸化剤）が反応する！電子の流れは金属から金属イオンになる。

還元剤： K　Ca　Na　Mg　Al　Zn　Fe　Ni　Sn　Pb　(H₂)　Cu　Hg　Ag　Pt　Au

← 還元力

2 金属と水または酸との反応

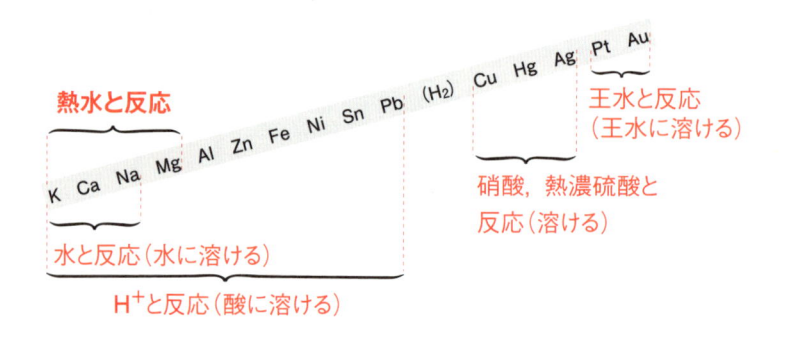

熱水と反応

K　Ca　Na　Mg　Al　Zn　Fe　Ni　Sn　Pb　(H₂)　Cu　Hg　Ag　Pt　Au

水と反応（水に溶ける）

H^+と反応（酸に溶ける）

硝酸，熱濃硫酸と反応（溶ける）

王水と反応（王水に溶ける）

Ⅵ 電池と電気分解

第19章　電池

1 用語のまとめ

活物質…電池の酸化剤と還元剤 　正極活物質…電池の酸化剤 　負極活物質…電池の還元剤 電極…電解質に浸している金属など 　正極…酸化剤が反応する電極 　負極…還元剤が反応する電極 電子の流れ…負極（還元剤側）から正極（酸化剤側）	電流の流れ…正極から負極 放電…電池から電流を取り出すこと 充電…外部から放電時と逆向きに電流を流して起電力を回復させる操作 一次電池…充電できない電池 二次電池…充電可能な電池 起電力…両極間の電位差（電圧）の最大値

2 ファラデー定数

$$\boxed{1\text{mol}のe^-がもつ電気量} = \boxed{96500\,\text{C/mol}\,(ファラデー定数)} = \boxed{96500\,\text{A}\cdot\text{s/mol}}$$

3 電池のまとめ

電池	還元剤（負極活物質）	電解質	酸化剤（正極活物質）
ボルタ電池	Zn $(Zn \longrightarrow Zn^{2+}+2e^-)$	H_2SO_4	H^+ $(2H^++2e^- \longrightarrow H_2)$
ダニエル電池	^	$ZnSO_4 \| CuSO_4$	Cu^{2+} $(Cu^{2+}+2e^- \longrightarrow Cu)$
マンガン乾電池	^	$ZnCl_2$ (NH_4Cl)	MnO_2
アルカリマンガン乾電池	^	KOH	^
鉛蓄電池	Pb $(Pb+SO_4^{2-}$ $\longrightarrow PbSO_4+2e^-)$	H_2SO_4	PbO_2 $(PbO_2+4H^++SO_4^{2-}+2e^-$ $\longrightarrow PbSO_4+2H_2O)$
燃料電池	H_2 $(H_2 \longrightarrow 2H^++2e^-)$	H_3PO_4 など	O_2 $(O_2+4H^++4e^-$ $\longrightarrow 2H_2O)$

第20章　電気分解

1 電気分解の原理

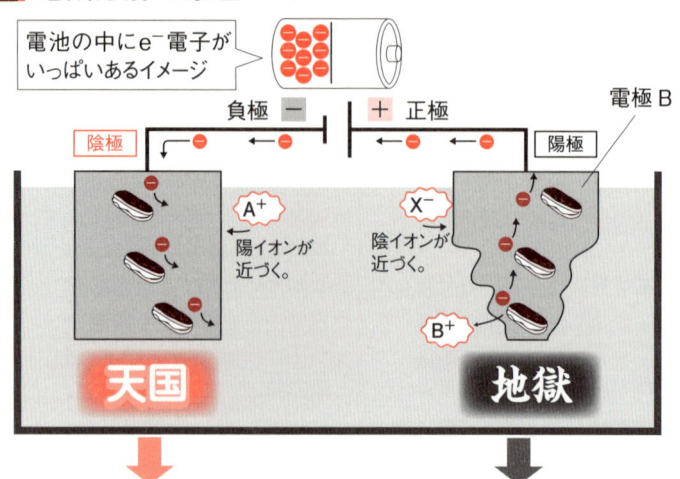

電池の中に e^- 電子がいっぱいあるイメージ

負極 −　　＋ 正極

陰極　　　　　　　　　電極B　陽極

A^+ 陽イオンが近づく。
X^- 陰イオンが近づく。
B^+

天国　　　地獄

A^+ が e^- を受け取る還元反応。

$H^+ < Cu^{2+} < Ag^+$ の順に e^- を受け取りやすい。

$\begin{cases} 2H^+ + 2e^- \longrightarrow H_2 \\ Cu^{2+} + 2e^- \longrightarrow Cu \\ Ag^+ + e^- \longrightarrow Ag \end{cases}$

（K^+, Ca^{2+}, Na^+ などは e^- を受け取らない）

X^- または電極Bが e^- を吸い取られる酸化反応。

1. 電極が Pt, Au, 黒鉛以外は電極Bが溶ける。
   $B \longrightarrow B^+ + e^-$
   $B \longrightarrow B^{2+} + 2e^-$

2. 水溶液中にハロゲン化物イオンがあれば反応する。
   $2Cl^- \longrightarrow Cl_2 + 2e^-$
   （SO_4^{2-}, NO_3^- は反応しない）

3. 水溶液中の H_2O か OH^- が反応する。
   $2H_2O \longrightarrow O_2 + 4H^+ + 4e^-$
   $4OH^- \longrightarrow O_2 + 2H_2O + 4e^-$

2 水の電気分解

水溶液	陰極（−極）	陽極（＋極）
H_2SO_4 を加えた場合	$2H^+ + 2e^- \longrightarrow H_2$	$2H_2O \longrightarrow O_2 + 4H^+ + 4e^-$
H_2O のみ	$2H_2O + 2e^- \longrightarrow H_2 + 2OH^-$	
$NaOH$ を加えた場合		$4OH^- \longrightarrow O_2 + 2H_2O + 4e^-$

3 イオン交換膜法（食塩水の電気分解）

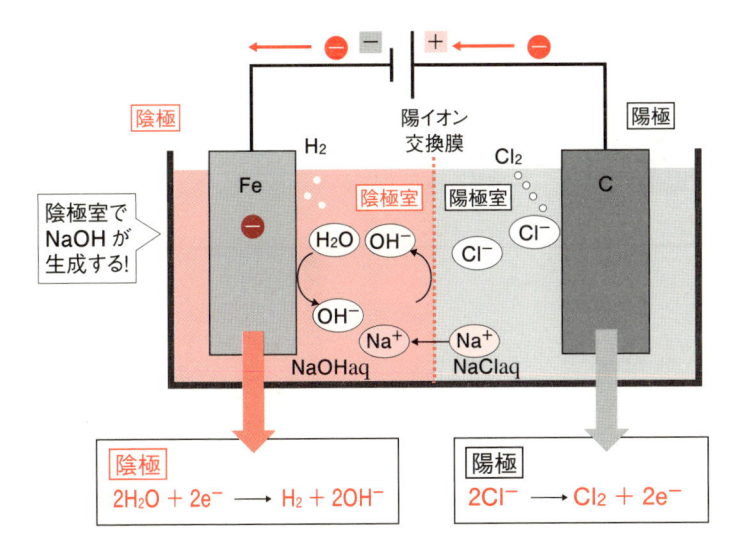

陰極　陽イオン交換膜　陽極

Fe　H₂　Cl₂　C

陰極室でNaOHが生成する！

陰極室：H₂O, OH⁻, OH⁻
陽極室：Cl⁻, Cl⁻
Na⁺ → Na⁺

NaOHaq　NaClaq

陰極
$2H_2O + 2e^- \longrightarrow H_2 + 2OH^-$

陽極
$2Cl^- \longrightarrow Cl_2 + 2e^-$

4 銅電極による硫酸銅（Ⅱ）CuSO₄水溶液の電気分解

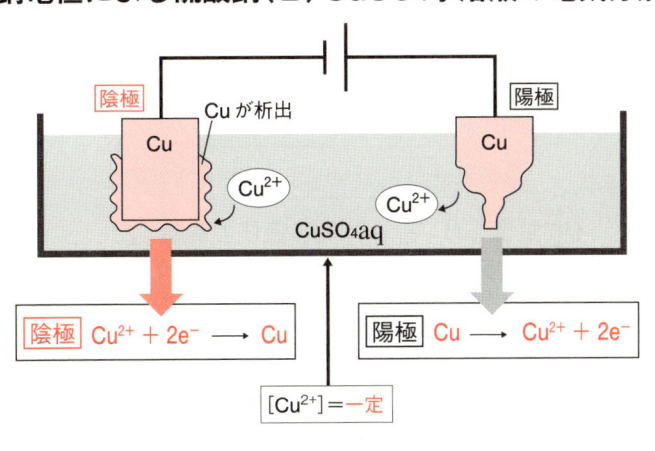

陰極　Cuが析出　陽極

Cu　Cu²⁺　Cu²⁺　Cu

CuSO₄aq

陰極 $Cu^{2+} + 2e^- \longrightarrow Cu$

陽極 $Cu \longrightarrow Cu^{2+} + 2e^-$

$[Cu^{2+}] = $ 一定

Ⅵ 電池と電気分解

Ⅶ 熱化学

第21章　熱化学方程式とエネルギー図

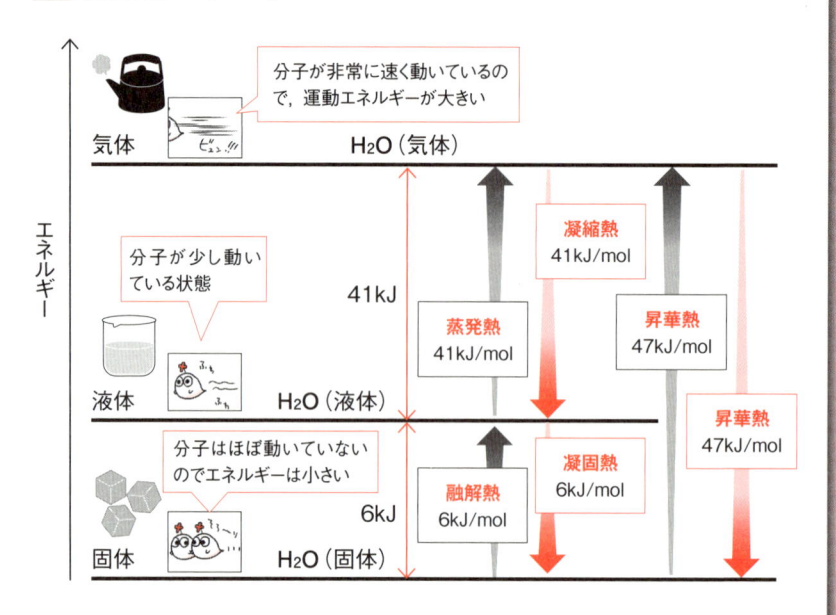

1 状態とエネルギー

エネルギー ↑

気体　H₂O（気体）
- 分子が非常に速く動いているので，運動エネルギーが大きい

41kJ

液体　H₂O（液体）
- 分子が少し動いている状態

蒸発熱 41kJ/mol
凝縮熱 41kJ/mol
昇華熱 47kJ/mol

6kJ

固体　H₂O（固体）
- 分子はほぼ動いていないのでエネルギーは小さい

融解熱 6kJ/mol
凝固熱 6kJ/mol
昇華熱 47kJ/mol

2 反応熱の求め方

$$Q = mc\Delta t$$

Q：熱量〔J〕　　　　m：液体の質量〔g〕
Δt：温度変化〔K〕　c：液体の比熱〔J/(g・K)〕

3 反応熱

反応熱	内容	発熱/吸熱
燃焼熱	物質1mol →(完全燃焼) 物質1molが完全に燃焼するときに発生する熱量	発熱反応
生成熱	単体 →(生成)→ 物質1mol 単体から化合物1molが生成するときに発生または吸収する熱量	符号どおり
溶解熱	物質1mol →(溶解)→ 溶質1molが多量の水に溶解するときに発生または吸収する熱量	符号どおり
中和熱	酸 + 塩基 →(中和)→ 水 酸と塩基が中和して水1molができるときに発生する熱量	符号どおり
相転移熱	物質1mol →(状態変化(相転移))→ 物質1molが状態変化するときに発生または吸収する熱量(蒸発熱,凝縮熱,融解熱,凝固熱,昇華熱)	自分で考えて+,−を書く
結合エネルギー	結合1mol(気体) →(共有結合を切る)→ 1molの共有結合を切るのに必要な熱量	吸熱反応

Ⅶ 熱化学

第22章　ヘスの法則と反応熱の計算

1 ヘスの法則

化学変化の 最初の状態 と 最後の状態 が決まれば，
変化の経路に関係なく，熱量の総和は同じ

2 生成熱を使った計算

化合物	生成熱〔kJ/mol〕
A	a
B	b

熱化学方程式 ➡ $A = B + Q$ 〔kJ〕

計算 ➡ $-a \quad +b \quad = Q$

熱化学方程式に単体が存在するときは，単体の生成熱は0とする。

熱化学方程式の左辺にある生成熱はマイナス（-）符号をつける。

熱化学方程式の右辺にある生成熱はプラス（+）符号をつける。

3 結合エネルギーを使った計算

結合	結合エネルギー〔kJ/mol〕
A-A	a
B-B	b
A-B	c

熱化学方程式 ➡ $A-A + B-B = 2A-B + Q$〔kJ〕

計算 ➡ $-a \quad -b \quad +2c = Q$

熱化学方程式の左辺にある結合エネルギーはマイナス（-）符号をつける。

熱化学方程式の右辺にある結合エネルギーはプラス（+）符号をつける。

ふぁいとっ！

Ⅷ 気体

第23章 気体の状態方程式と気体の法則

1 理想気体の状態方程式

(1) $PV = nRT$

(2) $PV = \dfrac{w}{M} RT$

(3) $P = CRT$

$\begin{pmatrix} P：圧力〔Pa〕, & n：物質量〔mol〕 \\ V：体積〔L〕, & R：気体定数〔L·Pa/(K·mol)〕 \\ T：絶対温度〔K〕, & w：質量〔g〕 \\ M：分子のモル質量〔g/mol〕, & C：モル濃度〔mol/L〕 \end{pmatrix}$

2 ボイル・シャルルの法則

法則	条件	結果
ボイルの法則	$n, T =$ 一定	$PV =$ 一定
シャルルの法則	$n, P =$ 一定	$\dfrac{V}{T} =$ 一定
ボイル・シャルルの法則	$n =$ 一定	$\dfrac{PV}{T} =$ 一定

3 理想気体の基本グラフ

種類	P–V グラフ	V–T グラフ	P–T グラフ
条件	T ＝一定	P ＝一定	V ＝一定
グラフ	$T_1 < T_2$ の P-V 曲線（双曲線）	$P_1 < P_2$ の V-T 直線	$V_1 < V_2$ の P-T 直線

気体のグラフは基本3つね！

おっけー♪

第24章　実在気体と飽和蒸気圧

1 状態図

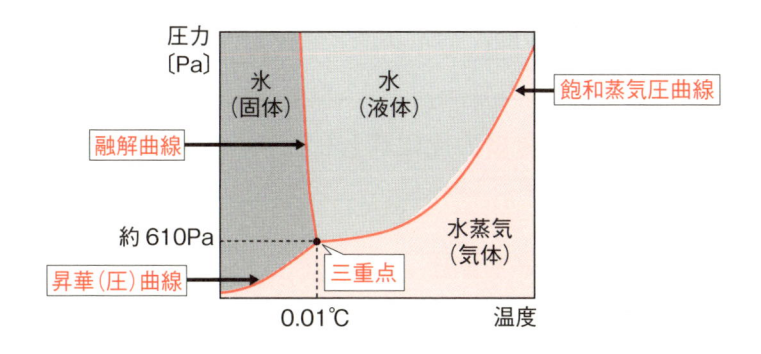

圧力〔Pa〕／氷（固体）／水（液体）／水蒸気（気体）／融解曲線／飽和蒸気圧曲線／昇華（圧）曲線／三重点／約610Pa／0.01℃／温度

2 蒸和蒸気圧曲線と液化

液化する気体の判定
第1段階…全て気体と仮定して圧力を計算する。
第2段階…蒸気圧曲線のグラフを見て仮定が正しかったかを判断する。

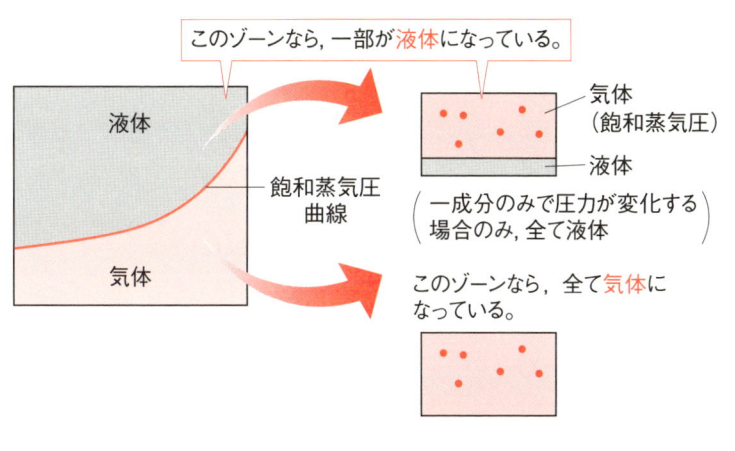

このゾーンなら，一部が液体になっている。
液体／飽和蒸気圧曲線／気体
気体（飽和蒸気圧）／液体
（一成分のみで圧力が変化する場合のみ，全て液体）

このゾーンなら，全て気体になっている。

3 分圧の法則

A, B 2つの混合気体があるとき

(1) 全圧＝分圧の和（ドルトンの分圧の法則）

$$P_{all} = P_A + P_B$$

(2) 分圧の比は物質量の比に等しい

$$P_A : P_B = n_A : n_B$$

(3) 分圧＝モル分率×全圧

$$P_A = \frac{n_A}{n_{all}} \times P_{all}$$

4 理想気体と実在気体

(1) 理想気体
分子自身の**体積**と**分子間力**がない仮想的な気体

(2) 実在気体
高温, **低圧**で理想気体に近づく。

5 z-P グラフ

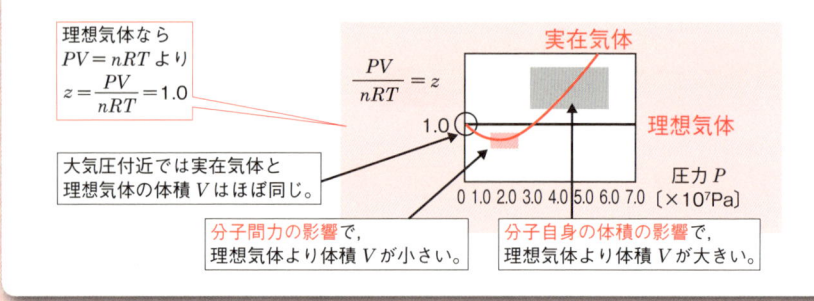

理想気体なら
$PV = nRT$ より
$z = \dfrac{PV}{nRT} = 1.0$

大気圧付近では実在気体と理想気体の体積 V はほぼ同じ。

$\dfrac{PV}{nRT} = z$

1.0

実在気体

理想気体

圧力 P 〔×10^7Pa〕

0 1.0 2.0 3.0 4.0 5.0 6.0 7.0

分子間力の影響で、理想気体より体積 V が小さい。

分子自身の体積の影響で、理想気体より体積 V が大きい。

Ⅸ 固体結晶

第25章 金属結晶

1 体心立方格子と面心立方格子

	体心立方格子	面心立方格子 （立方最密構造）
単位格子		
単位格子内の原子数	頂点は $\frac{1}{8}$ 個分 体心は1個分 $\frac{1}{8}$ 個×8＋1個 ＝2個	頂点は $\frac{1}{8}$ 個分 面心は $\frac{1}{2}$ 個分 $\frac{1}{8}$ 個×8＋$\frac{1}{2}$ 個 ×6＝4個
配位数	8	12
密度	$\dfrac{\left(\dfrac{M}{N_A}\times 2\right)〔g〕}{a^3〔cm^3〕}$	$\dfrac{\left(\dfrac{M}{N_A}\times 4\right)〔g〕}{a^3〔cm^3〕}$
a-rの関係式	$\sqrt{3}a=4r$	$\sqrt{2}a=4r$
充填率	68%	74%

2 最密構造

	六方最密構造	面心立方格子 （立方最密構造）
構　造		
配位数	12	12
充填率	74%	74%

密！

金属結晶
制覇！

第26章　イオン結晶・共有結合の結晶

1 代表的なイオン結晶

	CsCl型	NaCl型 （岩塩型）
単位格子	Cs⁺　Cl⁻	Na⁺　Cl⁻
単位格子内のイオン数	Cs^+：1個 Cl^-：1個	Na^+：4個 Cl^-：4個 （どちらも面心立方格子）
配位数	Cs^+：8 Cl^-：8	Na^+：6 Cl^-：6
密度	$\dfrac{\left(\dfrac{M}{N_A}\times 1\right)\,[g]}{a^3\,[cm^3]}$	$\dfrac{\left(\dfrac{M}{N_A}\times 4\right)\,[g]}{a^3\,[cm^3]}$
a-rの関係式	$\sqrt{3}a = 2r^+ + 2r^-$	Cl^-の半径$=r^-$ Na^+の半径$\times 2 = 2r^+$ Cl^-の半径$=r^-$ $a = 2r^+ + 2r^-$

2 ダイヤモンド型の共有結合の結晶

単位格子	原子数 配位数	$a-r$の関係式
	原子数 8 配位数 4	切断 → $\sqrt{3}a$, $2r$, $\sqrt{2}a$, a $\sqrt{3}a = 8r$

切断面がわかれば完璧！

X 溶 液

第27章 溶解平衡

1 溶媒と溶質

		無極性溶媒	極性溶媒
例		テトラクロロメタン CCl_4, ベンゼン C_6H_6 など	水 H_2O, メタノール CH_3OH など
溶液	I_2（無極性）	溶ける（CCl_4中）	溶けない（H_2O中に I_2）
溶液	NaCl（極性大）	溶けない（CCl_4中にNaCl）	溶ける（Na^+とCl^-が水和して、水和イオンになっている）

2 溶解平衡

析出速度＝溶解速度

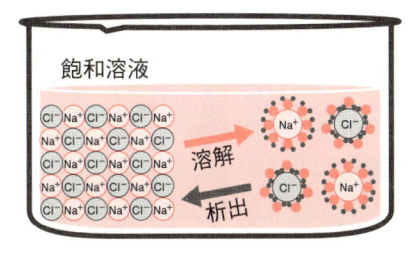

飽和溶液　溶解 ⇄ 析出

3 溶解度曲線

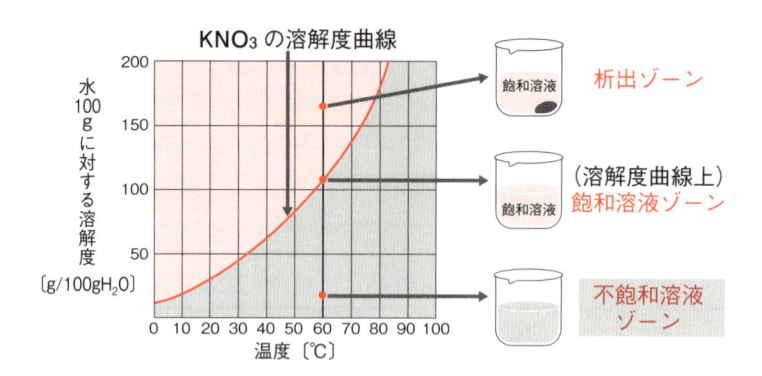

KNO₃ の溶解度曲線

水100gに対する溶解度〔g/100gH₂O〕

温度〔℃〕

→ 析出ゾーン（飽和溶液）
→ （溶解度曲線上）飽和溶液ゾーン
→ 不飽和溶液ゾーン

4 結晶水をもつ結晶の計算

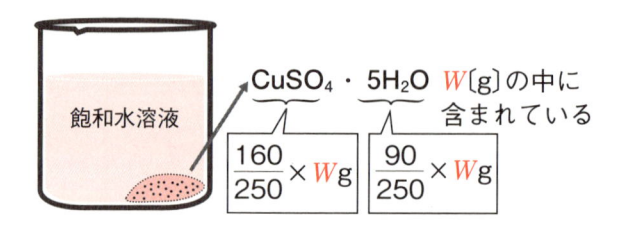

飽和水溶液

$CuSO_4 \cdot 5H_2O$ W〔g〕の中に含まれている

$\dfrac{160}{250} \times W$ g $\dfrac{90}{250} \times W$ g

5 ヘンリーの法則

一定温度で溶解する気体の溶解度は圧力（混合気体では分圧）に比例する。

$$C = kP$$

$\begin{pmatrix} k：ヘンリー定数 \\ 〔mol/(L \cdot Pa)〕 \\ k は温度により変化する \end{pmatrix}$

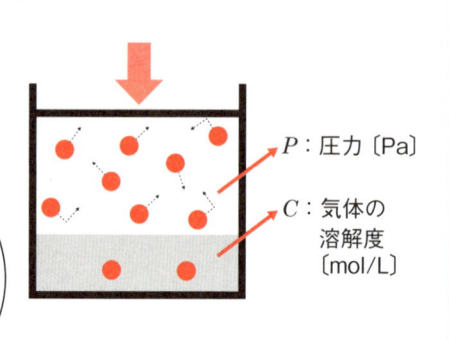

P：圧力〔Pa〕
C：気体の溶解度〔mol/L〕

X 溶　液

第28章　希薄溶液の性質

1 質量モル濃度

$$\text{質量モル濃度〔mol/kg〕} = \frac{\text{溶質の物質量〔mol〕}}{\text{溶媒の質量〔kg〕}}$$

2 蒸気圧降下と沸点上昇, 凝固点降下

(1) 沸点上昇と凝固点降下

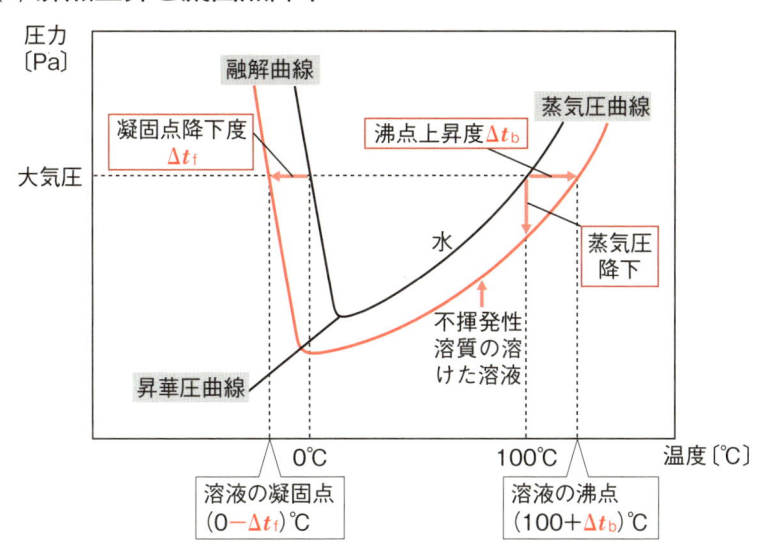

圧力〔Pa〕

融解曲線
凝固点降下度 Δt_f
大気圧
蒸気圧曲線
沸点上昇度 Δt_b
水
蒸気圧降下
不揮発性溶質の溶けた溶液
昇華圧曲線
0℃　　　100℃　　温度〔℃〕
溶液の凝固点 $(0-\Delta t_f)$℃
溶液の沸点 $(100+\Delta t_b)$℃

(2) 沸点上昇の公式

$$\Delta t_b = K_b m$$

Δt_b：沸点上昇度〔K〕
m　：溶質粒子の質量モル濃度〔mol/kg〕
K_b：沸点上昇定数〔K·kg/mol〕
　　　（モル沸点上昇ともよばれる）

(3) 凝固点降下の公式

$$\Delta t_f = K_f m$$

Δt_f：凝固点降下度〔K〕
m　：溶質粒子の質量モル濃度〔mol/kg〕
K_f：凝固点降下定数〔K·kg/mol〕
　　　（モル凝固降下ともよばれる）

溶媒の種類で決まる定数（溶質の種類には関係しない）

X 溶液

3 冷却曲線

(1) 純溶媒の冷却曲線

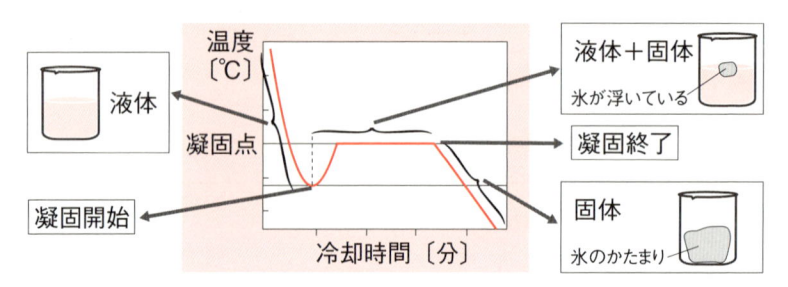

- 液体
- 凝固開始
- 凝固点
- 液体＋固体（氷が浮いている）
- 凝固終了
- 固体（氷のかたまり）
- 温度〔℃〕
- 冷却時間〔分〕

(2) 純溶媒と溶液の冷却曲線

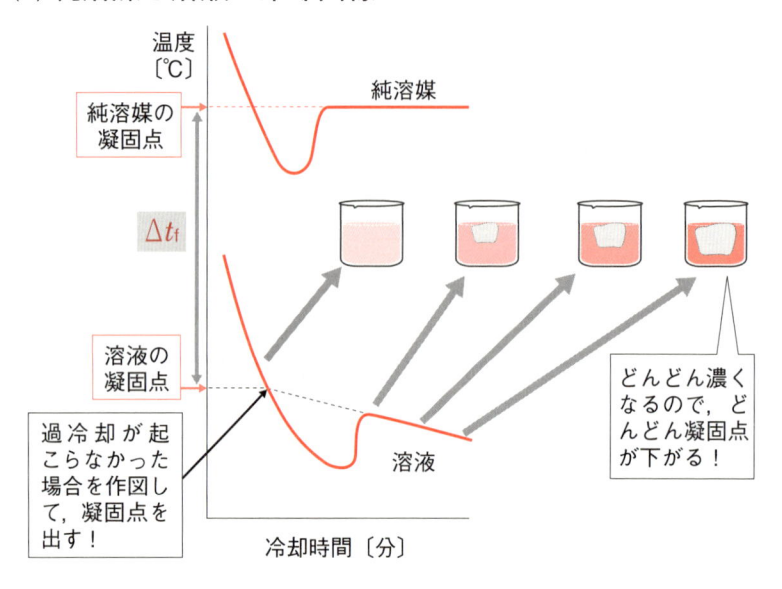

- 温度〔℃〕
- 純溶媒
- 純溶媒の凝固点
- Δt_f
- 溶液の凝固点
- 過冷却が起こらなかった場合を作図して、凝固点を出す！
- 溶液
- 冷却時間〔分〕
- どんどん濃くなるので、どんどん凝固点が下がる！

X 溶 液

4 浸透圧の公式

$$\Pi = CRT$$

Π：浸透圧〔Pa〕
C：溶質粒子のモル濃度〔mol/L〕
R：気体定数 = 8.3×10^3 L・Pa/〔K・mol〕
T：絶対温度〔K〕

第29章　コロイド溶液

1 コロイド粒子

(1) コロイド粒子の直径　$10^{-9} \sim 10^{-7}$ m
(2) 粒子によるコロイドの分類

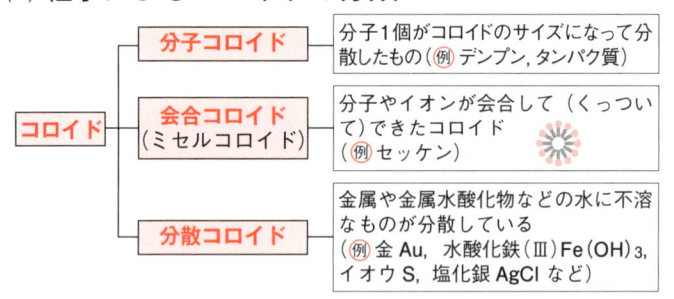

- コロイド
  - **分子コロイド**：分子1個がコロイドのサイズになって分散したもの（例 デンプン, タンパク質）
  - **会合コロイド**（ミセルコロイド）：分子やイオンが会合して（くっついて）できたコロイド（例 セッケン）
  - **分散コロイド**：金属や金属水酸化物などの水に不溶なものが分散している（例 金 Au，水酸化鉄(Ⅲ) $Fe(OH)_3$，イオウ S，塩化銀 AgCl など）

2 コロイドの分類

(1) 分散質と分散媒の組み合わせ

		分散質（コロイド粒子）		
		気体	液体	固体
分散媒	気体	分散質, 分散媒ともに気体のコロイドはない	雲 分散質：水, 氷 分散媒：空気	煙 分散質：固体の微粒子 分散媒：空気
	液体	ビールの泡 分散質：二酸化炭素など 分散媒：ビール	マヨネーズ 分散質：酢 分散媒：油	油絵の具 分散質：顔料 分散媒：油
	固体	マシュマロ 分散質：空気 分散媒：ゼラチンなどの菓子本体	オレンジゼリー 分散質：オレンジジュース 分散媒：ゼラチン	ルビー 分散質：Cr_2O_3 分散媒：Al_2O_3

(2) 流動性による分類
- **ゾル**（sol）…流動性のあるコロイド
- **ゲル**（gel）…流動性を失ったコロイド
- **キセロゲル**（xerogel）…乾燥したゲル

(3) 帯電による分類
- **正コロイド**…正に帯電したコロイド
- **負コロイド**…負に帯電したコロイド

(4) 水に対する親和性による分類
　親水コロイド…水に対する親和性が強いコロイド
　疎水コロイド…水に対する親和性が弱いコロイド

3 コロイドの沈殿

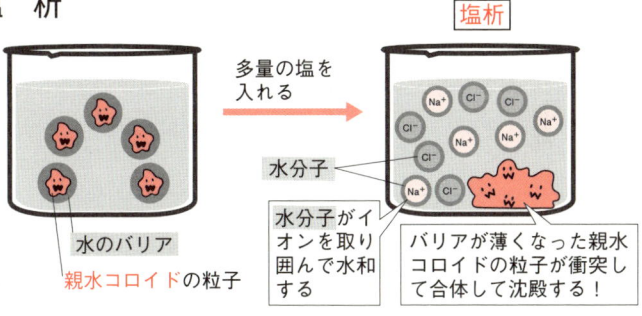

(1) 塩析

多量の塩を入れる → 塩析

水分子／水のバリア／親水コロイドの粒子
水分子がイオンを取り囲んで水和する
バリアが薄くなった親水コロイドの粒子が衝突して合体して沈殿する！

(2) 凝析

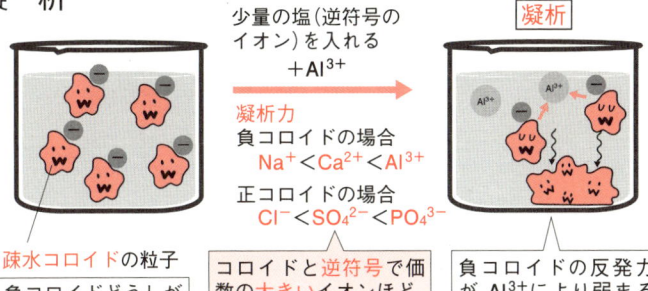

少量の塩（逆符号のイオン）を入れる $+Al^{3+}$ → 凝析

凝析力
負コロイドの場合 $Na^+ < Ca^{2+} < Al^{3+}$
正コロイドの場合 $Cl^- < SO_4^{2-} < PO_4^{3-}$

疎水コロイドの粒子
負コロイドどうしが反発し合っている
コロイドと逆符号で価数の大きいイオンほど、凝析させる力が強い！
負コロイドの反発力が Al^{3+} により弱まる → ぶつかって沈殿

Ⅹ 溶液

4 コロイドについてのその他の用語

(1) **ブラウン運動**…コロイド粒子に分散媒粒子が衝突して起こる不規則な運動。
(2) **チンダル現象**…コロイド粒子表面で光が散乱されて光の通路が見える現象。
(3) **保護コロイド**…沈殿しやすい疎水コロイドを，沈殿しにくくするために加える親水コロイド。　例 墨汁中の膠
(4) **透　析**…半透膜を利用してコロイドを精製する方法。

XI 反応速度と化学平衡

第30章　反応速度

1 反応速度の定義

$$a_1 \mathrm{A}_1 + a_2 \mathrm{A}_2 + \cdots \xrightarrow{v} b_1 \mathrm{B}_1 + b_2 \mathrm{B}_2 + \cdots$$

$a_1, a_2, b_1, b_2 \cdots$：係数，$\mathrm{A}_1, \mathrm{A}_2, \mathrm{B}_1, \mathrm{B}_2 \cdots$：物質

$$v = -\frac{1}{a_1} \times \frac{\Delta[\mathrm{A}_1]}{\Delta t} \cdots = \frac{1}{b_1} \times \frac{\Delta[\mathrm{B}_1]}{\Delta t} \cdots$$

$$\left\{ v_{\mathrm{A}_1} = -\frac{\Delta[\mathrm{A}_1]}{\Delta t},\ v_{\mathrm{A}_2} = -\frac{\Delta[\mathrm{A}_2]}{\Delta t},\ v_{\mathrm{B}_1} = \frac{\Delta[\mathrm{B}_1]}{\Delta t},\ v_{\mathrm{B}_2} = \frac{\Delta[\mathrm{B}_2]}{\Delta t} \right\}$$

- A_1の減少速度
- A_2の減少速度
- B_1の増加速度
- B_2の増加速度

$$v = \frac{1}{a_1} v_{\mathrm{A}_1} = \frac{1}{a_2} v_{\mathrm{A}_2} = \cdots \quad v = \frac{1}{b_1} v_{\mathrm{B}_1} = \frac{1}{b_2} v_{\mathrm{B}_2} = \cdots$$

2 反応速度式

$\mathrm{A} \xrightarrow{v} 2\mathrm{B}$　反応速度

$$\begin{cases} v = \dfrac{\Delta[\mathrm{A}]}{\Delta t} = -\dfrac{1}{2}\dfrac{\Delta[\mathrm{B}]}{\Delta t} \\ v = k[\mathrm{A}]^n \end{cases}$$

← n 次反応という！

k：反応速度定数

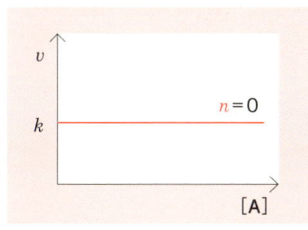

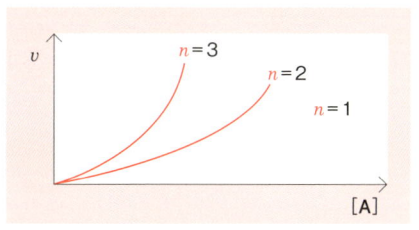

3 活性化エネルギーと反応速度定数

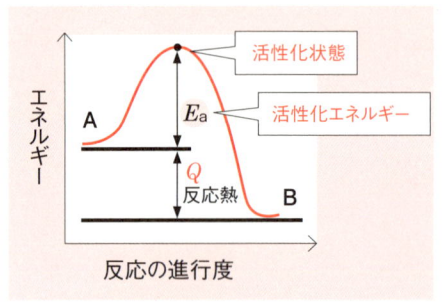

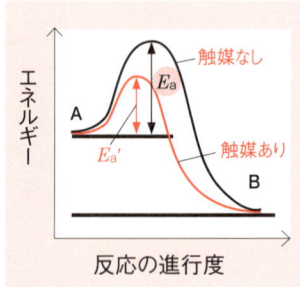

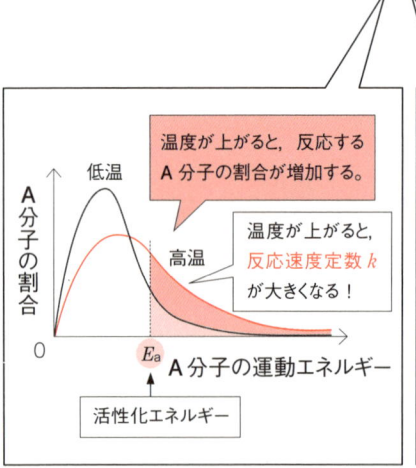

$$A \xrightarrow{v} B \qquad A = B + Q \text{ [kJ] のとき}$$

（左図）
エネルギー／反応の進行度
A、活性化状態、E_a 活性化エネルギー、Q 反応熱、B

（右図）
エネルギー／反応の進行度
A、触媒なし、E_a、E_a'、触媒あり、B

$$v = k[A]^n$$

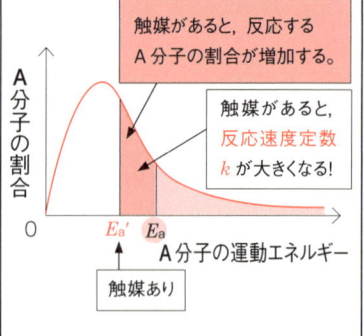

$\begin{pmatrix}\text{反応するA分子の割合（赤色の}\\\text{面積の割合）は}k\text{に比例するため}\end{pmatrix}$

（左下図）
A分子の割合／A分子の運動エネルギー
低温、高温、E_a 活性化エネルギー
温度が上がると，反応するA分子の割合が増加する。
温度が上がると，反応速度定数 k が大きくなる！

（右下図）
A分子の割合／A分子の運動エネルギー
E_a'、E_a、触媒あり
触媒があると，反応するA分子の割合が増加する。
触媒があると，反応速度定数 k が大きくなる！

第31章 化学平衡

1 可逆反応の活性化エネルギー

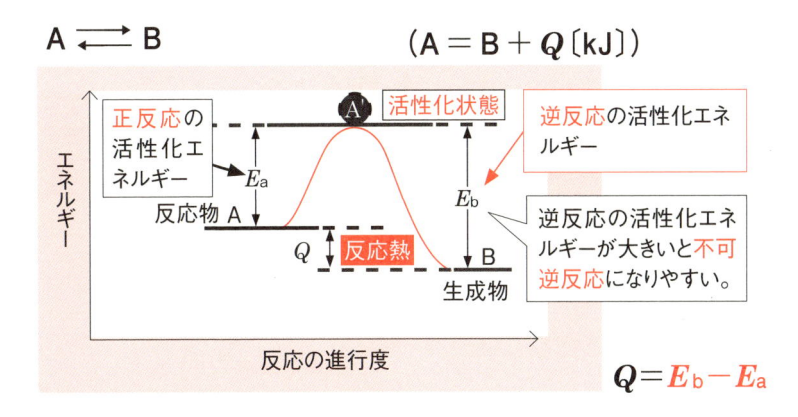

$A \rightleftarrows B$　　　$(A = B + Q \text{[kJ]})$

- 正反応の活性化エネルギー：E_a
- 逆反応の活性化エネルギー：E_b
- 活性化状態（A）
- 反応物 A → 生成物 B
- 反応熱：Q
- 逆反応の活性化エネルギーが大きいと**不可逆反応**になりやすい。

$$Q = E_b - E_a$$

2 化学平衡と質量作用の法則

$$a_1 A_1 + a_2 A_2 + a_3 A_3 + \cdots \underset{v_2}{\overset{v_1}{\rightleftarrows}} b_1 B_1 + b_2 B_2 + b_3 B_3 + \cdots$$

$a_1, a_2, a_3, \cdots, b_1, b_2, b_3, \cdots$：係数　$A_1, A_2, A_3, \cdots, B_1, B_2, B_3, \cdots$：物質

化学平衡の状態のとき… $v_1 = v_2$

$$K_c = \frac{[B_1]^{b_1} [B_2]^{b_2} [B_3]^{b_3} \cdots}{[A_1]^{a_1} [A_2]^{a_2} [A_3]^{a_3} \cdots} = \text{一定}$$

→ 質量作用の法則（化学平衡の法則）
（温度一定のとき）

K_c：濃度平衡定数

$$K_p = \frac{P_{B_1}^{b_1} P_{B_2}^{b_2} P_{B_3}^{b_3} \cdots}{P_{A_1}^{a_1} P_{A_2}^{a_2} P_{A_3}^{a_3} \cdots} = \text{一定}$$

（温度一定のとき）

K_p：圧平衡定数

$$K_p = K_c (RT)^{(b_1 + b_2 + b_3 \cdots) - (a_1 + a_2 + a_3 \cdots)}$$

3 ルシャトリエの原理（平衡移動の法則）

> はじめが平衡状態でなければ成立しない！

> 温度，圧力，濃度など

平衡状態にある可逆反応において，**条件**を変化させると，その変化を妨げる方向に平衡は移動する。

---

(1) 平衡が右向きに移動する例

- 濃度
  - $[N_2]$ または $[H_2]$ を増加する。 ➡ $[N_2]$ または $[H_2]$ が**減少する**方向へ
  - $[NH_3]$ を減少する。 ➡ $[NH_3]$ が**増加する**方向へ
- 圧力　ピストンを押す（加圧）。 ➡ 気体の総分子数が**減少する**方向へ
- 温度　温度を下げる。 ➡ **発熱反応**の方向へ

平衡は右向きに移動する。

$$\underbrace{N_2 + 3H_2}_{4個} \rightleftarrows \underbrace{2NH_3}_{2個} (+92kJ)$$

平衡は左向きに移動する。

---

(2) 平衡が左向きに移動する例

- 濃度
  - $[N_2]$ または $[H_2]$ を減少する。 ➡ $[N_2]$ または $[H_2]$ が**増加する**方向へ
  - $[NH_3]$ を増加する。 ➡ $[NH_3]$ が**減少する**方向へ
- 圧力　ピストンを引く（減圧）。 ➡ 気体の総分子数が**増加する**方向へ
- 温度　温度を上げる。 ➡ **吸熱反応**の方向へ

触媒を加えても平衡は移動しない。
（正反応と逆反応の両方の反応速度が増加する）

第32章　電離平衡

1 電離定数と平衡定数の関係

(1) 酸の電離定数　　$HA + H_2O \rightleftarrows H_3O^+ + A^-$

$$K_a = K_c [H_2O] \qquad K_a = \frac{[H^+][A^-]}{[HA]} \qquad K_a = 酸(acid)の電離定数$$

(2) 塩基の電離定数　　$B + H_2O \rightleftarrows HB^+ + OH^-$

$$K_b = K_c [H_2O] \qquad K_b = \frac{[HB^+][OH^-]}{[B]} \qquad K_b = 塩基(base)の電離定数$$

2 加水分解するイオン

加水分解しないイオン		加水分解するイオン	
陽イオン	陰イオン	ブレンステッド**塩基**として作用	ブレンステッド**酸**として作用
Na^+	Cl^-	CH_3COO^-	NH_4^+
K^+	I^-	ClO^-	
Ca^{2+}	NO_3^-		
Ba^{2+}	SO_4^{2-}		

3 共役の関係にある酸と塩基の公式

	電離定数	酢酸と酢酸イオン	アンモニウムイオンとアンモニア
共役酸	K_a	CH_3COOH	NH_4^+
共役塩基	K_b	CH_3COO^-	NH_3

$$K_a K_b = K_w$$

4 弱酸, 弱塩基, 塩の水素イオン濃度

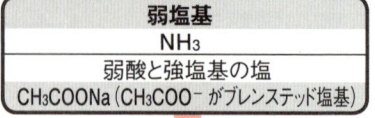

弱酸	弱塩基
CH_3COOH	NH_3
弱塩基と強酸の塩	弱塩基と強塩基の塩
NH_4Cl（NH_4^+ がブレンステッド酸）	CH_3COONa（CH_3COO^- がブレンステッド塩基）

↓

$$K_a \fallingdotseq C\alpha^2$$
$$[H^+] \fallingdotseq \sqrt{CK_a} \quad (\alpha \ll 1)$$

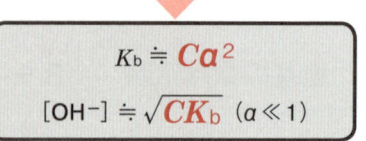

↓

$$K_b \fallingdotseq C\alpha^2$$
$$[OH^-] \fallingdotseq \sqrt{CK_b} \quad (\alpha \ll 1)$$

5 緩衝液

(1) **緩衝作用とは…** 少量の酸または塩基を加えたときに **pHの変化**をおさえる作用

(2) **緩衝液に必要なもの…** **ブレンステッド酸**（H^+を与える物質）＋ **ブレンステッド塩基**（H^+を受け取る物質）

ブレンステッド酸 H^+　　ブレンステッド塩基

(3) **緩衝液に H^+ または OH^- を加えたときの反応**

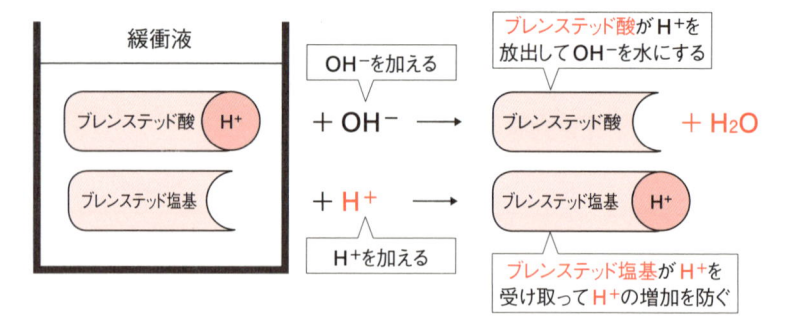

緩衝液（ブレンステッド酸 H^+／ブレンステッド塩基）

＋ OH^-（OH^-を加える）　⟶　ブレンステッド酸　＋ H_2O
　　　　　　　　　　　　　　　　　ブレンステッド酸が H^+ を放出して OH^- を水にする

＋ H^+（H^+ を加える）　⟶　ブレンステッド塩基 H^+
　　　　　　　　　　　　　　　　　ブレンステッド塩基が H^+ を受け取って H^+ の増加を防ぐ

6 緩衝液の例

緩衝液	例		
	組み合わせ	ブレンステッド酸（H^+を与える物質）	ブレンステッド塩基（H^+を受け取る物質）
弱酸＋弱酸の塩	CH_3COOH ＋ CH_3COONa	CH_3COOH	CH_3COO^-
弱塩基＋弱塩基の塩	NH_3 ＋ NH_4Cl	NH_4^+	NH_3

7 溶解度積と沈殿の有無

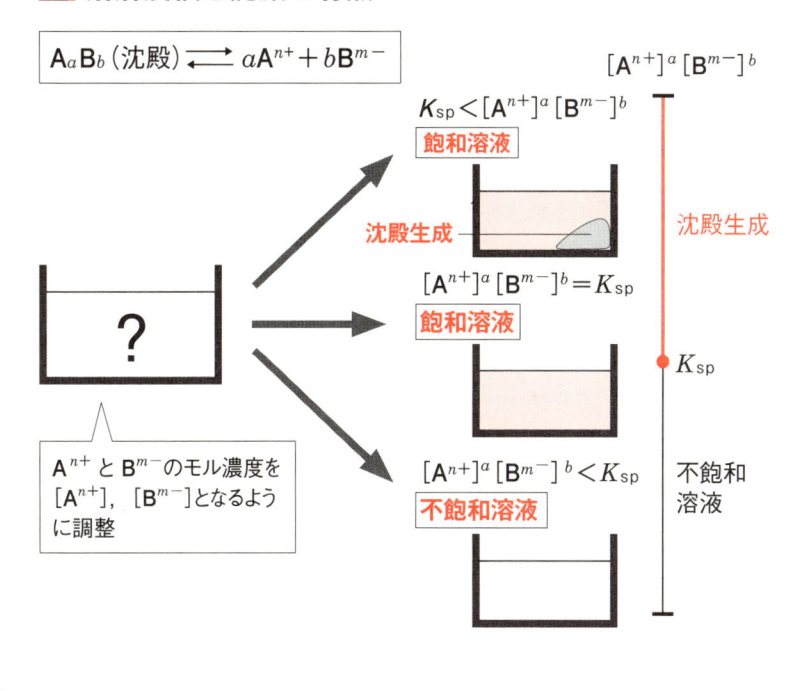

$$A_aB_b(沈殿) \rightleftarrows aA^{n+} + bB^{m-}$$

A^{n+} と B^{m-} のモル濃度を $[A^{n+}]$，$[B^{m-}]$ となるように調整

- $K_{sp} < [A^{n+}]^a[B^{m-}]^b$ 　飽和溶液　沈殿生成
- $[A^{n+}]^a[B^{m-}]^b = K_{sp}$ 　飽和溶液
- $[A^{n+}]^a[B^{m-}]^b < K_{sp}$ 　不飽和溶液

$[A^{n+}]^a[B^{m-}]^b$

沈殿生成

K_{sp}

不飽和溶液

XI 反応速度と化学平衡

元素周期表

凡例:
- 原子番号 → ₁H ← 元素記号
- 元素名 → 1.0 ← 原子量
- 水素
- 2.20 ← 電気陰性度
- ░ :気体
- ▓ :液体
- 他は固体
- ☢ :放射能が必ずあるもの

	1	2	3	4	5	6	7	8	9
1	₁H 1.0 水素 2.20								
2	₃Li 6.9 リチウム 0.98	₄Be 9.0 ベリリウム 1.57							
3	₁₁Na 23.0 ナトリウム 0.93	₁₂Mg 24.3 マグネシウム 1.31							
4	₁₉K 39.1 カリウム 0.82	₂₀Ca 40.1 カルシウム 1.00	₂₁Sc 45.0 スカンジウム 1.36	₂₂Ti 47.9 チタン 1.54	₂₃V 50.9 バナジウム 1.63	₂₄Cr 52.0 クロム 1.66	₂₅Mn 54.9 マンガン 1.55	₂₆Fe 55.8 鉄 1.83	₂₇Co 58… コバ… 1.8…
5	₃₇Rb 85.5 ルビジウム 0.82	₃₈Sr 87.6 ストロンチウム 0.95	₃₉Y 88.9 イットリウム 1.22	₄₀Zr 91.2 ジルコニウム 1.33	₄₁Nb 92.9 ニオブ 1.6	₄₂Mo 96.0 モリブデン 2.16	₄₃Tc 〔99〕 テクネチウム 1.9	₄₄Ru 101.1 ルテニウム 2.2	₄₅… 102… ロジ… 2.2…
6	₅₅Cs 132.9 セシウム 0.79	₅₆Ba 137.3 バリウム 0.89	57-71 ランタノイド	₇₂Hf 178.5 ハフニウム 1.3	₇₃Ta 180.9 タンタル 1.5	₇₄W 183.8 タングステン 2.36	₇₅Re 186.2 レニウム 1.9	₇₆Os 190.2 オスミウム 2.2	₇₇… 192… イリシ… 2.2…
7	₈₇Fr 〔223〕 フランシウム 0.7	₈₈Ra 〔226〕 ラジウム 0.9	89-103 アクチノイド	₁₀₄Rf 〔267〕 ラザホージウム —	₁₀₅Db 〔268〕 ドブニウム —	₁₀₆Sg 〔271〕 シーボーギウム —	₁₀₇Bh 〔272〕 ボーリウム —	₁₀₈Hs 〔277〕 ハッシウム —	₁₀₉… 〔27… マイト… —

←典型元素→ ←遷移元素→

*2013年12月現在

10	11	12	13	14	15	16	17	18
								2 He 4.0 ヘリウム —
			5 B 10.8 ホウ素 2.04	6 C 12.0 炭素 2.55	7 N 14.0 窒素 3.04	8 O 16.0 酸素 3.44	9 F 19.0 フッ素 3.98	10 Ne 20.2 ネオン —
			13 Al 27.0 アルミニウム 1.61	14 Si 28.1 ケイ素 1.90	15 P 31.0 リン 2.19	16 S 32.1 硫黄 2.58	17 Cl 35.5 塩素 3.16	18 Ar 39.9 アルゴン —
28 Ni 58.7 ニッケル 1.91	29 Cu 63.5 銅 1.90	30 Zn 65.4 亜鉛 1.65	31 Ga 69.7 ガリウム 1.81	32 Ge 72.6 ゲルマニウム 2.01	33 As 74.9 ヒ素 2.18	34 Se 79.0 セレン 2.55	35 Br 79.9 臭素 2.96	36 Kr 83.8 クリプトン 3.00
46 Pd 106.4 パラジウム 2.20	47 Ag 107.9 銀 1.93	48 Cd 112.4 カドミウム 1.69	49 In 114.8 インジウム 1.78	50 Sn 118.7 スズ 1.96	51 Sb 121.8 アンチモン 2.05	52 Te 127.6 テルル 2.1	53 I 126.9 ヨウ素 2.66	54 Xe 131.3 キセノン 2.6
78 Pt 195.1 白金 2.28	79 Au 197.0 金 2.54	80 Hg 200.6 水銀 2.00	81 Tl 204.4 タリウム 2.04	82 Pb 207.2 鉛 2.33	83 Bi 209.0 ビスマス 2.02	84 Po 〔210〕 ポロニウム 2.0	85 At 〔210〕 アスタチン 2.2	86 Rn 〔222〕 ラドン —
110 Ds 〔281〕 ダームスタチウム —	111 Rg 〔280〕 レントゲニウム —	112 Cn 〔285〕 コペルニシウム —						

← 典型元素 →

元素周期表

© 2013 Kazuhisa Kameda, Printed in Japan.

〔著者紹介〕

亀田　和久（かめだ　かずひさ）

　代々木ゼミナール化学講師。10年以上、代ゼミトップ講師として絶大なる人気を誇る。ダイナミックな授業を展開し、化学の真髄を絶妙なる語りで教えるスタイルで数多くの受験生を合格へと導いている。

　各回の授業で、講義した内容を黒板いっぱいにまとめるのだが、このまとめが単なる知識の羅列から"化学の本質"が身につく勉強法につながる。その独自のまとめ術によって『化学は楽しい！』ということを実感できるはず。また、色鉛筆でカラフルにまとめあげたノートは受験生にとってまさに化学のバイブルである。

　本部校をはじめとする首都圏内と名古屋校で講座を担当するほか、講習会では全国の校舎でオリジナルゼミが開講される。

　趣味は、独学で覚えたピアノで主にジャズを奏でること。年に1回チャリティーライブを開催し、観客を楽しませることが愉しみだという。

　著書に、『カリスマ講師の　日本一成績が上がる魔法の化学ノート』（KADOKAWA　中経出版）、『亀田の入試化学突破のバイブル〈理論化学編／有機・無機編〉』、『センター・マーク標準問題集 化学I［理論編／有機・無機編］』（以上、代々木ライブラリー）、『亀田講義ナマ中継　有機化学／生化学』（講談社）など、共著書として『9割とれる　最強のセンター試験勉強法』（KADOKAWA　中経出版）がある。

本書の内容に関するお問い合わせ先
　中経出版BC編集部　　電　話　03(3262)2124
　　　　　　　　　　　メール　chukei-henshu@kadokawa.jp

大学入試　亀田和久の
理論化学が面白いほどわかる本　　　　（検印省略）

2013年12月27日　第1刷発行

著　者　亀田　和久（かめだ　かずひさ）
発行者　川金　正法

発行所　株式会社KADOKAWA
　　　　〒102-8177　東京都千代田区富士見2-13-3
　　　　03-3238-8521（営業）
　　　　http://www.kadokawa.co.jp

編　集　中経出版
　　　　〒102-0083　東京都千代田区麹町3-2 相互麹町第一ビル
　　　　03-3262-2124（編集）
　　　　http://www.chukei.co.jp

落丁・乱丁のある場合は、送料小社負担にてお取り替えいたします。
古書店で購入したものについては、お取り替えできません。

DTP／エルグ　印刷／加藤文明社　製本／三森製本所

ⓒ2013 Kazuhisa Kameda, Printed in Japan.
ISBN978-4-04-600102-3　C7043

本書の無断複製（コピー、スキャン、デジタル化等）並びに無断複製物の譲渡及び配信は、著作権法上での例外を除き禁じられています。また、本書を代行業者などの第三者に依頼して複製する行為は、たとえ個人や家庭内での利用であっても一切認められておりません。